模态空间系列丛书

从这里学 NVH

——旋转机械 NVH 分析与 TPA 分析

谭祥军　编著

机械工业出版社

本书采用通俗易懂的语言介绍了旋转机械 NVH 和 TPA 分析实践所需的基础知识。书中内容从基本概念出发，侧重实际工程问题与相关理论，详述了 NVH 分析方法与应用对象、按照"源-路径-接收者"模型处理 NVH 问题的 TPA 分析方法等内容。

本书可以帮助从事旋转机械 NVH 和 TPA 分析的试验人员掌握试验方法，找到试验过程中相关问题的解决方案，深入理解试验背后的原理；也可以帮助仿真人员在了解旋转机械 NVH 和 TPA 分析理论的同时，深入了解试验原理与方法。

本书可以作为机械制造、汽车、航空航天、土木工程、石油化工、海洋工程、船舶、家电等领域的工程技术人员和科研工作者开展 NVH 工作的参考书，也可以作为高等院校相关专业学生学习旋转机械 NVH 和 TPA 分析的教材。

图书在版编目（CIP）数据

从这里学 NVH：旋转机械 NVH 分析与 TPA 分析/谭祥军编著. —北京：机械工业出版社，2020.12（2024.10 重印）

（模态空间系列丛书）

ISBN 978-7-111-67013-1

Ⅰ. ①从… Ⅱ. ①谭… Ⅲ. ①噪声控制②结构振动控制 Ⅳ. ①TB53 ②TB123

中国版本图书馆 CIP 数据核字（2020）第 239051 号

机械工业出版社（北京市百万庄大街 22 号 邮政编码 100037）
策划编辑：孔 劲 责任编辑：孔 劲 王春雨 王彦青
责任校对：樊钟英 封面设计：鞠 杨
责任印制：任维东
北京利丰雅高长城印刷有限公司印刷
2024 年 10 月第 1 版第 6 次印刷
184mm×260mm·22 印张·2 插页·544 千字
标准书号：ISBN 978-7-111-67013-1
定价：139.00 元

电话服务 网络服务
客服电话：010-88361066 机 工 官 网：www.cmpbook.com
　　　　　010-88379833 机 工 官 博：weibo.com/cmp1952
　　　　　010-68326294 金 书 网：www.golden-book.com
封底无防伪标均为盗版 机工教育服务网：www.cmpedu.com

自　序

　　2018 年 1 月 2 日笔者在公众号上发布了"模态空间 2020 愿景"，其中有一项是规划在 2020 年出版一本关于旋转机械 NVH 分析的书。这个愿景发布之后，很多同行都希望这本图书能早点上市，因为他们的一些工作内容与旋转机械相关，包括发动机、变速器、电机等旋转机械的 NVH 问题。当然，笔者也希望这本图书能早点出版。其实，早在 2017 年年底，在将第一本书稿《从这里学 NVH——噪声、振动、模态分析的入门与进阶》交付出版社之后，笔者就已经开始着手创作整理旋转机械 NVH 分析方面的内容了。

　　在本书编写的过程中，笔者得到了广大同行的支持、鼓励与肯定，还有一些同行提出了不少很有价值的问题，正是他们的提问使笔者获得了一些创作灵感。另一方面，当相关内容在模态空间公众号发布之后，有同行指出了文章中存在的一些错误，或提出了不少有意义的建议，使本书的内容更为准确。正是这些同行的默默支持与鼓励，才使得笔者能够一直满怀激情地坚持写作。

　　笔者几乎利用了所有可用的时间来创作本书，到 2019 年年中，创作了约 13 万字，但在笔者看来内容还是不够充分，还不能涵盖旋转机械 NVH 分析的主要知识点，如电机为什么会出现负阶次、为什么同一阶次的电磁力波对应不同的频率、如何计算电磁力波的激励频率等内容。

　　在接下来相当长的一段时间内，本书毫无进展。直到 2019 年年底，笔者转变了思路，考虑将传递路径分析（TPA）与旋转机械 NVH 分析的内容整合在一起，以使本书的内容更为丰富。

　　在做出这个整合决定之后，笔者就将本书的书名定为《从这里学 NVH——旋转机械 NVH 分析与 TPA 分析》，并立即开始创作 TPA 分析方面的相关内容。终于，在 2020 年 3 月中旬完成了全书的初稿。

　　对于初学者，为了能够完全理解旋转机械 NVH 分析和 TPA 分析的相关内容，建议先学习《从这里学 NVH——噪声、振动、模态分析的入门与进阶》一书的内容，因为其中包括了很多旋转机械 NVH 分析和 TPA 分析的基础知识。如书中的工程噪声基础、数据采集、信号处理和模态分析等内容，都是完全掌握与理解旋转机械 NVH 分析和 TPA 分析或者其他方面 NVH 分析的必备知识。

　　本书采用全彩印刷，可以更清晰地展示出图形与线条。希望本书的出版能够对从事旋转机械 NVH 分析和 TPA 分析的相关人员有所帮助。

　　虽然笔者已经出版了三本 NVH 系列图书，但仍然很难囊括 NVH 领域的方方面面。图书出版后，笔者将继续在模态空间公众号上为大家呈现精彩的 NVH 内容，敬请各位读者关注模态空间公众号。

前　言

　　旋转机械随处可见，小到日常生活所用的电动剃须刀、电动牙刷，大到巨型的汽轮机、内燃机、大型电机、大型风机、泵等。这类旋转设备工作时会产生振动和噪声，还可能出现动不平衡、疲劳等问题，而分析旋转机械的 NVH 问题正是解决上述问题的重要手段。

　　本书是《从这里学 NVH——噪声、振动、模态分析的入门与进阶》一书的姊妹篇，主要介绍了旋转机械的 NVH 分析方法与应用对象、按照"源-路径-接收者"模型（也称"输入-振动系统-响应"）处理 NVH 问题的传递路径分析（TPA）方法，包括单参考 TPA、多参考 TPA、OPA 和 OPAX 等内容。

　　在处理各类 NVH 问题时，应当按照"源-路径-接收者"模型加以考虑。对于常规的振动噪声测试，是评价该模型中的接收者；对于模态测试或者频响测试，是评价模型中的路径；对于 TPA 分析，则是综合考虑该模型中的源、路径和接收者三个部分。测试与评价的目的是为了减振降噪，也应从上述模型中的三个方面来考虑。首先，应减少激励源的振动与噪声；其次，是切断源与接收者之间的噪声和振动的传递路径；最后，是对接收者进行保护。

　　在处理旋转机械的 NVH 问题时，也同样按照这样的思路，从这个角度来讲，将旋转机械 NVH 与 TPA 分析放在一起，是适合的。

读者对象

　　本书主要面向从事旋转机械 NVH 分析和 TPA 分析的试验与仿真人员。书中内容既可以帮助试验人员掌握试验方法，找到试验过程中相关问题的解决方案，深入理解试验背后的原理，也可以帮助仿真人员在了解旋转机械 NVH 和 TPA 分析理论的同时，深入了解试验原理与方法。

- 对于初级人员：通过本书可以了解旋转机械 NVH 和 TPA 分析的基本概念与方法。
- 对于中级人员：通过本书可以加深对旋转机械 NVH 和 TPA 分析的理解与认识。
- 对于高级人员：通过本书可有助于进一步完善自己的 NVH 知识体系。

　　本书可以作为机械制造、汽车、航空航天、土木工程、石油化工、海洋工程、船舶和家电等领域的工程技术人员和科研工作者开展 NVH 工作的参考书，也可以作为高等院校相关专业学生学习旋转机械 NVH 和 TPA 分析的教材。

主要特色

- 本书使用通俗易懂的语言介绍旋转机械 NVH 和 TPA 分析实践所需的基础知识，极少使用繁琐的数学公式，便于理解与应用。

● 实用性强。本书是作者长期从事 NVH 工作的经验与总结，书中内容从实际应用出发，侧重实际工程问题与常用基本操作，即便是 NVH 初学者，也可轻松掌握旋转机械 NVH 和 TPA 分析的基本概念与方法，快速提升 NVH 工程实践能力。

● 书中既有理论介绍又有典型应用，便于读者加深理解相关内容。

● 对涉及的知识点加以扩展介绍，丰富了 NVH 的知识体系。

主要内容

全书共分 14 章，主要包括旋转机械 NVH 分析和传递路径分析两大部分。

第 1 章：阶次的理论基础，主要介绍阶次的基本概念与物理意义，以及产生谐阶次的可能原因。

第 2 章：瀑布图分析，主要介绍瀑布图分析过程、瀑布图的拖尾效应、阶次切片与阶次宽度和切片宽度、阶次的相位、提取与叠加等内容。

第 3 章：阶次跟踪，介绍了等角度采样、阶次跟踪过程以及与固定采样的区别与联系。

第 4 章：扭振分析，介绍了扭振产生的原因、测量理论、时域与振动数据处理方法。

第 5 章：包络分析与倒谱分析，介绍了希尔伯特-包络分析与倒谱分析。

第 6 章：旋转机械 NVH 分析一般流程，介绍了旋转机械 NVH 分析的一般流程。

第 7 章：轴承，介绍了轴承的各种失效形式、滚动轴承振动产生的可能原因及故障振动处理方法等内容。

第 8 章：齿轮，介绍了齿轮 NVH 问题产生的机理、频谱特征、特征阶次、行星齿轮的特征频率、传递误差以及齿轮的边频带与调制效应。

第 9 章：电机，介绍了电机定子模态的空间特征、PWM，以及出现伞状阶次的原因等。

第 10 章：传递路径分析介绍，内容包括传递路径分析的目的、两类 TPA 模型、主要的名词术语和"源-路径-接收者"模型等。

第 11 章：经典 TPA，主要介绍了各种载荷的识别方法（包括直接法、悬置动刚度法、逆矩阵法等），SVD 在 TPA 中的应用和多参考 TPA。

第 12 章：OPA，主要介绍了 OPA 分析的注意事项，以及在 Testlab 中的 OPA 流程。

第 13 章：OPAX 方法，主要介绍了该方法的基本思路、载荷估计模型以及其创新。

第 14 章：TPA 分析的一般原则、建议、技巧与考虑事项，主要介绍了通用 TPA 测量与分析过程的考虑事项、原则、建议与技巧，并针对不同方法，介绍了相关内容。

由于作者水平有限，书中难免有不足之处，真诚欢迎广大读者批评指正，提出宝贵意见。作者的邮箱为 linmue@ qq. com。

致　谢

　　撰写本书，我首先要感谢我的工作单位西门子数字化工业软件及公司总部，正是有了他们为我提供的一些素材与思路，我才能更迅速、快捷地完成本书。

　　在本书的创作过程中，得到了广大同行的支持、鼓励与肯定，还有一些同行提出了不少问题，使我获得了一些创作灵感。如同行孙罕就给出了一些关于阶次的补充建议，在此，对他们表示衷心的感谢！

　　在本书的出版过程中，得到了不少同事的帮助，在此表示感谢。特别要感谢的是法务部门的 Wang Isabel 女士，市场部中国区负责人郭涛先生以及孟南女士，test 售前技术经理孙卫青先生和客户支持中国区负责人 Pluym Luc 先生以及整个 test 售前售后技术团队。

　　我利用业余时间来写作，占用了大量本该与家人好好相聚的时光。特别是我妻子金艳梅女士，作为两个孩子的母亲，她为家庭付出巨大，如果没有他们的大力支持，我很难完成这部著作，对此我向他们表示深深的感谢。

目　录

第 2 部分　传递路径分析

第 1 部分

旋转机械 NVH 分析

第 1 章

阶次的理论基础

阶次分析是研究旋转机械振动噪声问题的基本方法，因此，理解并掌握阶次是分析旋转机械 NVH 问题的基础。本章主要介绍与阶次相关的基本概念和阶次的物理意义，以及产生谐阶次的可能原因。

1.1　什么是阶次

什么是阶次，为什么要关心阶次，怎么计算阶次，我们经常说结构有多少"阶"固有频率或模态，这个"阶"跟"阶次"又有什么区别呢？围绕这些问题，本节主要内容包括：

1) 阶次的概念。
2) 为什么要关心阶次。
3) 怎么计算阶次。
4) 阶次的显示方式。
5) 与"阶"的区别。
6) 阶次实例。

1.1.1　阶次的概念

处于旋转状态的结构会产生一定幅值的响应（振动或/和噪声）。随着转速的变化，这个响应也会发生变化，这个响应中有一部分响应与转速之间具有一定的关系，而阶次就是用来表征这部分响应与转速之间的物理关系的。结构旋转部件因旋转造成的这部分振动或/和噪声响应，可以用阶次来描述，如 1 阶次、2 阶次等，这些阶次对应的响应与转速或旋转频率（简称转频）之间有对应关系，确切地说，阶次是转速或转频的倍数。对转速保持不变，独立于旋转轴的实际转速，是参考轴转速的倍数或者分数，而结构因旋转引起的振动噪声响应通常出现在转速的倍数或者分数处，也就是这些阶次处。

当结构的旋转部件处于运转状态时，旋转本身就是一种激励，结构对这类激励会产生响应（振动或/和噪声），这些响应与转速直接相关。我们也可以这样理解：当结构受到激励时，产生的强迫响应频率与外界激励频率是同频率或者是激励频率的倍频。因此，对于旋转部件，在受到旋转激励时，结构会产生与旋转频率同频率的响应或者旋转频率倍频的响应，而这些响应的大小是随频率变化的。将这些响应与频率和转速结合起来，就形成了所谓的阶次，如 1 阶次为 1 倍转速，k 阶次为 k 倍转速。

因此，阶次是从激励（转速）角度来描述的，但又独立于参考轴的激励（转速），对转速保持不变。阶次关系由结构特点所确定，转速参考轴不同，同一位置的响应与转速之间的阶次关系也不同。

1.1.2 为什么要关心阶次

对于分析旋转机械的振动噪声，要进行阶次分析，这是因为系统产生的响应大多数情况下都与特定的阶次（当然还有其他非阶次成分的响应，如共振产生的响应）相关，在特定的阶次上会出现相应的响应。系统的每一个旋转部件（齿轮、轴、活塞、泵、轮胎等）对系统的振动噪声总量级（overall level，OA）都有贡献。通过阶次分析可确定每一个独立部件对总量级有多大的贡献。

确定信号中各阶次大小，可以帮助工程技术人员确定各阶次对总响应的贡献有多大，以及哪些阶次是主要的贡献者。计算 OA 与阶次的区别如图 1-1 所示，图 1-1a 所示为计算 OA 需要考虑整个带宽内的有效值，图 1-1b 所示为阶次切片只需要计算阶次宽度内的有效值。所有的阶次和非阶次能量之和就是所谓的 OA。每个部件对系统总响应的贡献是与特定阶次相对应的，通过阶次分析就可以确定这个部件对总响应的贡献。

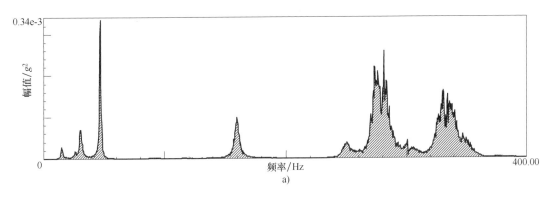

a)

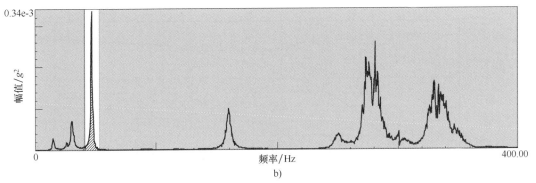

b)

图 1-1 计算 OA 与阶次的区别

a）计算 OA 考虑整个带宽内的 RMS 值　b）阶次切片只需要计算阶次宽度内的 RMS 值

阶次分析帮助工程师确定问题来源，如在发动机振动噪声分析中，测试之前，测试分析工程师需要确定发动机各旋转部件与曲轴转速之间的阶次关系，如图 1-2 所示。当实际测试时，如果发现某阶次的响应特别大，就可以通过阶次关系确定是发动机哪个部件产生的响应，也就找到了问题产生的根源，然后针对这个部件进行减振降噪工作。

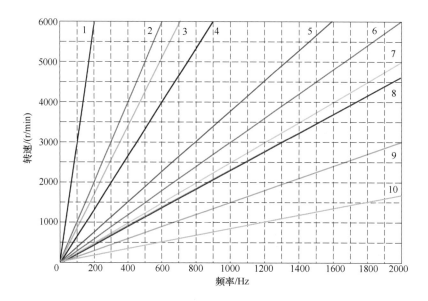

图 1-2　发动机各旋转部件与曲轴转速之间的阶次关系

1—发动机二阶点火阶次　2—水泵轴承滚珠　3—水泵叶片　4—水泵轴承滚柱　5—发电机轴承
6—曲轴正时齿轮　7—发电机前风扇　8—发电机后风扇　9—凸轮轴正时齿轮　10—发电机线槽

评价阶次的线性度，对于一个声音信号而言，虽然总是希望声压级越小越好，但有时，声压级小的信号并不一定就理想。图 1-3 所示为评价阶次的线性度，绿色阶次的声压级比红色阶次的声压级小，但是绿色阶次在 2300r/min 附近出现明显的下降，这表明声音突然降低了许多，然后又恢复了。听这个声音，人的主观感觉会觉得似乎结构存在问题。因此，这样的阶次声音也是不希望出现的。

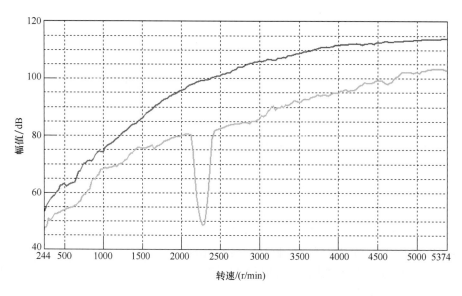

图 1-3　评价阶次的线性度

基于以上原因，我们知道，阶次分析是旋转机械 NVH 分析中一个非常有用的方法与工具。

1.1.3　怎么计算阶次

阶次本质上与旋转部件每旋转一圈发生的事件（碰撞、啮合等事件）次数有关，是参考转速或转频的倍数。首先，让我们来看一根旋转轴的阶次计算。图 1-4 所示为一根旋转轴，它是旋转机械的一个部件，假设这根旋转轴的转速为 300r/min，那么它的旋转频率是多少？

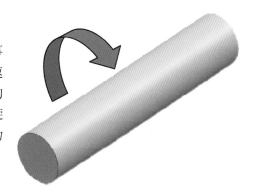

$$旋转频率 = \frac{300r}{60s} = \frac{5r}{s} = 5Hz$$

图 1-4　旋转轴转速 300r/min

这根旋转轴的旋转频率 5Hz 表示它在 1s 内旋转了 5r（r 表示转数）。将旋转频率和相应幅值（可以是声压、加速度等物理量）画成曲线，某位置在 300r/min 下的频谱如图 1-5 所示。这个幅值可以是结构上任何位置（如加速度）或相距结构一定距离（如声压）测量得到的值，它会随测量位置的变化而变化。如驾驶员耳旁的声压幅值远小于发动机舱内的声压幅值。

如果这根旋转轴的转速变化到 3150r/min，这时对应的频谱如图 1-6 所示。我们发现旋转频率随着转速的提高而增大，二者关系固定。

$$旋转频率 = \frac{3150r}{60s} = \frac{52.5r}{s} = 52.5Hz$$

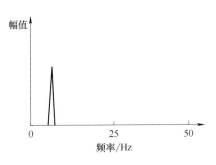

图 1-5　某位置在 300r/min 下的频谱

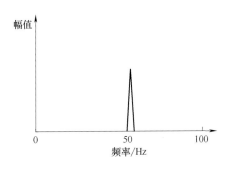

图 1-6　某位置在 3150r/min 下的频谱

再次将这根旋转轴的转速变化到 6000r/min，这时它的旋转频率是 100Hz。对于这个转速，对应的频谱如图 1-7 所示。

如果我们考虑以上已经测量的 3 个转速，并且将它们放置在用频率、幅值和转速表示的三维频谱图（瀑布图，旋转机械 NVH 分析中经常要用到的一种频谱显示方式）中，我们可以得到如图 1-8 所示的频谱。在图 1-8 中 3 个转速分别用红色线表示，3 个转速对应的频谱幅值用蓝色线表示，其在转速-频谱平面的投影直

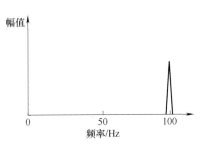

图 1-7　某位置在 6000r/min 下的频谱

线也用蓝色表示。

那么，我们得到的阶次数据是由这根旋转轴 3 个转速点所对应的数据得来的，由 3 个数据点获得的阶次会因为转速数据点太少而导致数据不真实。现在，让我们更进一步，假设转速连续稳定地增加，从 300r/min 增加到 6000r/min，沿着转速上升区间按较小的转速增量计算频率和幅值。整个转速上升阶段的频率-幅值-转速的三维频谱图如图 1-9 所示，这样就获得了粗蓝色线条表示的 1 阶次。注意，这里仅仅是示意性地介绍阶次，而实际的阶次并不是与转速相关的各个频率处幅值的连线。

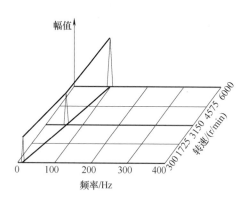

图 1-8　以瀑布图方式表示的频谱

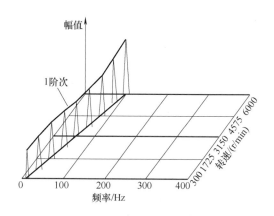

图 1-9　整个转速上升阶段的
频率-幅值-转速的三维频谱图

如果沿着深蓝色曲线作切片，得到的曲线称为阶次切片（注意，这还不是实际信号处理中的阶次切片，在这里仅是示意性说明，2.3 节将对它做详细介绍）。图 1-10 所示为三维频谱图中的 1 阶次和它的切片图，阶次切片幅值随转速的变化关系如图 1-10 右上角所示。

现在假设整个系统是通过带连接的两根旋转轴所组成，A 轴末端的带轮直径是 B 轴末端带轮直径的 4 倍。A 轴转速从 300r/min 增加到 6000r/min，同时通过带带动 B 轴旋转，如图 1-11 所示。在这里 A 轴是输入轴，通过带带动 B 轴旋转，我们假设二者之间按理想方式传动，即不存在带轮打滑、跳动等情况导致的传递误差。

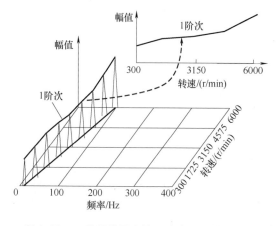

图 1-10　三维频谱图中的 1 阶次和它的切片图

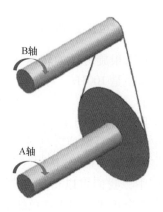

图 1-11　带连接两个带轮直径比为 4:1 的旋转轴

由于两个带轮的直径比为 4:1，那么，根据二者之间的传动关系可知，B 轴的转速将是 A 轴转速的 4 倍。如果 A 轴的转速为 300r/min，它的旋转频率为 5Hz，B 轴通过 4 倍的速比得到它的旋转频率，即

$$5\text{Hz} \times 4 = 20\text{Hz}$$

B 轴在 A 轴 300r/min 下的旋转频率与幅值如图 1-12 所示，300r/min 转速用红色线条表示。

现在，如果 A 轴的转速升高到 6000r/min，并在这个转速下稳定旋转，这时 B 轴的转速将是 24000r/min。24000r/min 对应 400Hz，在三维频谱图上绘出这个转速下的频率与幅值，如图 1-13 所示。

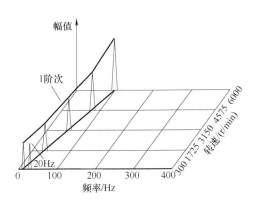

图 1-12　B 轴在 A 轴 300r/min 下的频率与幅值

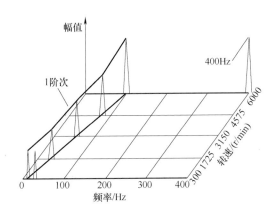

图 1-13　B 轴在 A 轴 6000r/min 下的频率与幅值

如果按图 1-11 所示的方式使 A 轴的转速连续变化，使其从 300r/min 上升到 6000r/min，这时再补上升速过程中其余的转速数据点，即转速、频率和相应的幅值，补充后得到的曲线是 4 阶次，如图 1-14 所示，也就是 B 轴的转速与参考转速（A 轴）的关系。

阶次数是相对于参考转速所对应的 1 阶次的每转事件的比率。在上面这个例子中，A 轴每转 1 转，B 轴将转 4 转，这使得 B 轴的响应为 4 阶次。也就是说 B 轴与 A 轴之间的阶次关系为 4 倍关系。

将 1 阶次所在的旋转轴设置成转速参考轴，随后确定的所有阶次都将是相对于 1 阶次的每转事件的比率。NVH 商业软件通常会自动设置 1 阶次所在的转速作为旋转部件的参考转速，用于跟踪分析。如果这个转速是从曲轴上读得的，那么曲轴将被设置成 1 阶次。如果这个转速是从电机上读得的，那么电机的转速将被设置成 1 阶

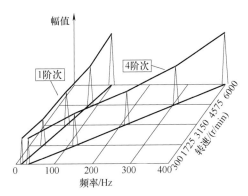

图 1-14　1 阶次和 4 阶次

次，此时，所有的阶次都将是相对于电机的每转事件而言的。因此，如果 B 轴用 1 阶次代替，那么 A 轴的阶次将是多少呢？对于 B 轴每转 1 转而言，A 轴将完成 1/4 转。因此，如果 B 轴是 1 阶次，那么 A 轴将是 1/4 阶次。也就是说，每个旋转轴的阶次数会随着参考转速的变化而变化，但是二者之间的比例关系是不变的，独立于参考转速。图 1-15 所示为阶次随

参考转速的变化而变化。

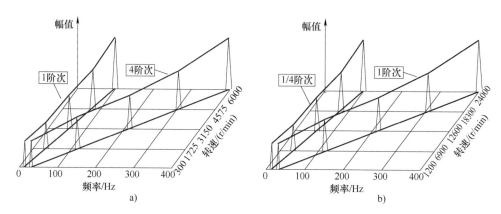

图 1-15　阶次随参考转速的变化而变化

a）以 A 轴的转速为参考　b）以 B 轴的转速为参考

因此，在计算阶次时，将实际测量的转速设置成 1 阶次，其他旋转部件的阶次通过结构之间的转速传递关系（传动比）确定阶次数。

另一方面，频率表示的是每秒发生的事件数，而阶次则是每转发生的事件数。假设参考轴的转速为 R r/min，那么阶次与转速的关系如下：

$$1\ 阶次 = R\ r/min = \frac{R}{60}r/s = \frac{R}{60}周期/s = \frac{R}{60}Hz$$

$$k\ 阶次 = kR\ r/min = \frac{kR}{60}r/s = \frac{kR}{60}周期/s = \frac{kR}{60}Hz$$

1.1.4　阶次的显示方式

瀑布图、colormap（彩图）和阶次切片图通常用于绘制阶次数据。瀑布图和 colormap 通常是线性自功率谱（也可以是其他类型函数，如频谱、PSD 等）沿着转速轴按照较小的转速增量得到的。图 1-16 所示为三维瀑布图表示阶次。

沿着转速轴的每一条曲线都是在特定转速步长增量下的单帧时域数据所对应的瞬时线性自功率谱。将这些线性自功率谱按照转速先后顺序排列在一起，则形成了瀑布图。

这个图更直观的版本是 colormap，colormap 是瀑布图的平面形式，因此，没有幅值轴，而是用颜色深浅表示幅值大小。更暗/冷的颜色表示更低的幅值，而更亮/暖的颜色表示更高的幅值。colormap/瀑布图中确定的关键信息是共振频率和阶次线。阶次线是从原点出发的斜线；共振频率是垂直频率轴的直线，且幅值更高，如图 1-17 所示。通常，以 dB 的形式显示幅值数据。这将使得颜色更为鲜明，使用户更易于区别共振频率和阶次线。

还有一种显示方式是阶次切片图，在以上两种图形显示方式中，如果要比较两个或多个阶次之间的相对大小，这是很不方便的，因而，此时需要把这些阶次作切片，将切出来的阶次放在同一个二维图中进行比较，则方便得多，这就是阶次切片图，如图 1-18 所示。

在阶次切片图中，由于横轴多为转速，则怎么求某个转速下的频率呢，如图 1-19 所示的峰值处的频率是多少呢？图中峰值处对应的转速为 3090r/min，该转速对应的转频为 3090/60 = 51.5Hz，而对应的阶次为 8 阶次，因此，对应的频率为 51.5 × 8 = 412Hz。

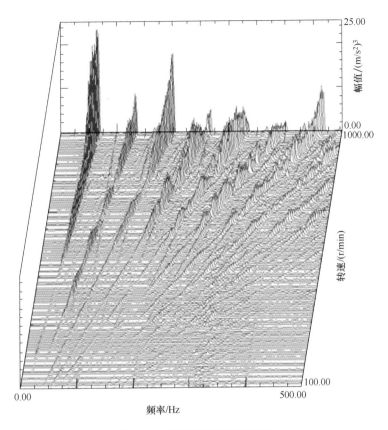

图 1-16　三维瀑布图表示阶次

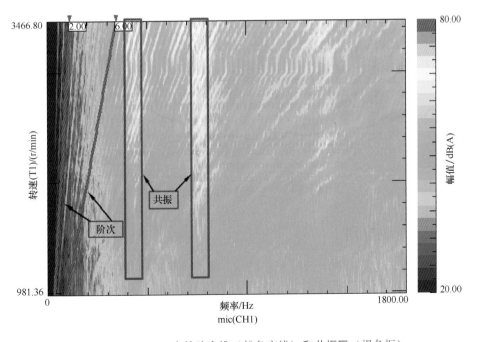

图 1-17　colormap 中的阶次线（粉色实线）和共振区（褐色框）

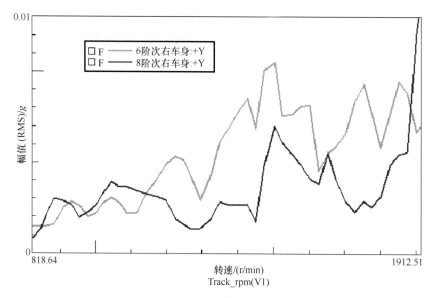

图 1-18　阶次切片图

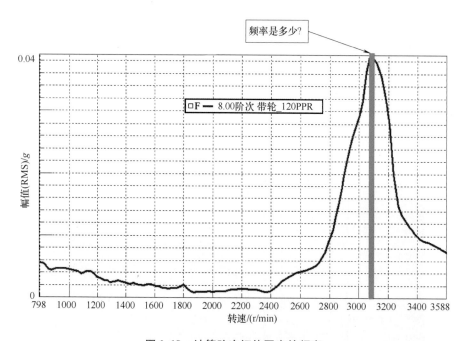

图 1-19　计算阶次切片图中的频率

1.1.5　与"阶"的区别

我们曾在《从这里学 NVH——噪声、振动、模态分析的入门与进阶》一书中讲到弹性体结构存在多阶固有频率或模态，那么这个每阶固有频率的"阶"与我们在这里所说的"阶次"有什么区别呢？

我们应明白每阶固有频率的"阶"是结构固有属性的一种描述方式，跟外界的激励是没有关系的，描述的是结构的固有频率或模态有多少"阶"或第几"阶"。并且，一般是针对结构而言的，该结构可以是旋转结构，也可以不是旋转结构。而"阶次"一定是针对旋转结构而言的，只有当结构处于旋转激励时，我们才谈阶次，此时，也经常将阶次简称阶，但不是我们之前所说的那个"阶"。

如上面瀑布图或 colormap 中（见图 1-17）斜线是我们所谈的某个阶次，垂直频率轴的亮线或峰值是共振频率，对应某阶固有频率。阶用来描述固有频率或模态，阶次用来描述响应与转速或旋转频率的倍数关系。

1.1.6 阶次实例

1. 风扇

风扇有 6 个均匀分布的叶片（见图 1-20），中心主轴的转速为 6000r/min，那么它的主轴频率是 100Hz。因为主轴每旋转 1 转，叶片通过某个位置 6 次，那么叶片的通过频率为 600Hz。叶片的通过阶次是 600Hz/100Hz = 6 阶次。注意，频率计算并不是必须的。简单地说，主轴每旋转 1 转，将有 6 个叶片通过，使得我们可以明白叶片的通过阶次是 6 阶次。或者说叶片的通过阶次是主轴的阶次乘以叶片数。

图 1-20　6 个叶片的风扇

2. 齿轮

图 1-21 所示的齿轮有 36 个齿，轴的转速为 1200r/min。主轴频率是多少？啮合频率是多少？啮合阶次是多少？

$$主轴频率 = \frac{1200r}{60s} = \frac{20r}{s} = 20Hz$$

$$啮合频率 = 20Hz \times 36 \text{ 齿} = 720Hz$$

啮合阶次是 36 阶次。这是因为对于齿轮而言，主轴每旋转 1 转，这个齿轮要与对应的齿轮啮合 36 次，或者说啮合这个事件在主轴每旋转 1 转中要发生 36 次，因而，对应的阶次为 36 阶次。

3. 两个齿轮啮合

假设大齿轮为主动轮，齿数为 13，小齿轮为从动轮，齿数为 8，如图 1-22 所示。主动轮主轴的转速为 80r/min，则小齿轮所在的旋转轴的旋转阶次是多少？啮合阶次是多少？

图 1-21　36 个齿的齿轮

图 1-22　两个啮合的齿轮

$$传动比 = \frac{从动轮}{主动轮} = \frac{8}{13} \approx 0.615$$

$$输出转速 = \frac{输入转速}{传动比} = \frac{80}{0.615} \approx 130\mathrm{r/min}$$

$$阶次_{小齿轮} = \frac{输出旋转频率}{输入旋转频率} = \frac{130/60}{80/60} \approx 1.625$$

$$啮合阶次 = 从动轮齿数 \div 传动比 = 8 \div 0.615 \approx 13$$

小齿轮旋转轴的响应阶次为 1.625，阶次不再是整数，因为传动比不是整数。齿轮的啮合阶次是 13 阶次，无论是由主动轮，还是由从动轮来计算，齿轮阶次都是相同的，它不随参考转速的变化而变化。

4. 4 缸 4 冲程发动机

4 缸 4 冲程发动机（见图 1-23），它的点火阶次是多少？4 冲程发动机，在每个缸中曲轴每转两圈点火 1 次（见图 1-24）。4 个冲程由进气、压缩、点火和排气组成。活塞每上下往复 1 次，曲轴完成旋转 1 转。因此，完成 4 个冲程，曲轴需要旋转 2 转。如果是一个单缸 4 冲程发动机，曲轴每转 2 转，完成 1 次点火，因此，点火阶次将是 0.5 阶次，因为阶次是针对旋转 1 转的点火事件。然而，因为发动机有 4

图 1-23　4 缸 4 冲程发动机

个缸，因此，点火阶次是 $4 \times 0.5 = 2$。因此，4 缸 4 冲程发动机的点火阶次是 2 阶次。

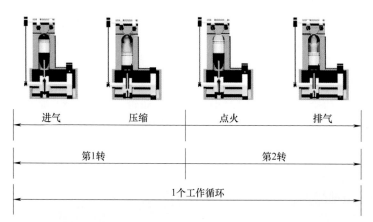

图 1-24　4 个冲程示意图

1.2　阶次所表征的物理意义

在 1.1 节已经介绍了什么是阶次、为什么要关心阶次、怎么计算阶次等内容。但是，我觉得关于阶次还有必要作进一步地讲解。本节主要内容包括：

1）阶次的物理意义。

2）阶次与频率的关系。

3）为什么高阶次不清晰。

4）实例：扇叶的通过阶次。

1.2.1　阶次的物理意义

按照振动理论，可以把振动分成线振动和角振动两类。线振动是我们通常所说的常规振动，用位移、速度和加速度来描述，对应的载荷是力；角振动是旋转振动或扭转振动，用角位移、角速度和角加速度来描述，对应的载荷是转矩或扭矩。一个刚体有 6 个自由度，分别为 3 个平动自由度和 3 个转动自由度，那么平动对应的是线振动，转动对应的是角振动。

对于线振动，通常用频率来描述 1s 内振动往复的次数，这就是所谓的振动频率，如图 1-25 所示，在 1s 内有 2 个周期，因此，振动频率是 2Hz，或者说 1s 内振动这个事件发生的次数是 2 次。

对于角振动，通常用阶次来描述，阶次表示的是旋转部件每旋转 1 转（360°）事件发生的次数，与阶次相对应的是角度或者旋转的转数，因此，转数与角度是等价的。扭转振动中的阶次与转数（或角度）对应于常规振动中的频率与时间。在图 1-26 中，横轴表示转数或角度，在 1 转内振动的周期是 2 个，那么振动这个事件在旋转 1 转时发生 2 次，我们可以说阶次是 2 阶次。因此，阶次的物理意义是表示旋转每转事件发生的次数。

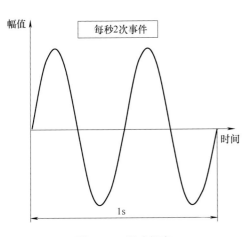

图 1-25　振动频率

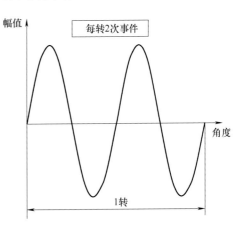

图 1-26　每旋转 1 转事件发生 2 次

对于有质量偏心的旋转部件而言，它的阶次是 1 阶次，这是因为每旋转 1 转，这个质量偏心的事件只发生 1 次。如果旋转部件的圆形截面变成了椭圆，那么，它的阶次将是 2 阶次，这是因为椭圆有一个长轴，但长轴有两端，每旋转 1 转长轴的两端导致质量偏心出现 2 次（或者是两端与其他部件碰撞 2 次），因此，是 2 阶次。倘若在旋转轴上有齿轮盘，齿数是 29 个，那么，齿轮啮合时，每旋转 1 转，齿轮碰撞将发生 29 次，因此，齿轮的阶次是 29 阶次。对于 4 缸 4 冲程发动机来说，首先考虑一个缸，完成一个工作循环需要旋转 2 转，才点火 1 次，因此，单缸每旋转 1 转点火 0.5 次，对应 0.5 阶次。由于有 4 个缸，因此，曲轴每旋转 1 转点火 2 次，因而，我们讲发动机的点火阶次是 2 阶次。

1.2.2　阶次与频率的关系

扭转振动用角度和阶次来描述，除此之外，还有一个关键的参数，即转速（角速度）。转速表示每分钟旋转的转数，单位为 r/min，如果用每秒旋转的转数来表示，则称为转动频率（简称转频），单位为 Hz，是频率的一种表现形式，也就是说转动频率与转速的关系如下

$$转动频率 = 转速/60$$

阶次是表示每转事件发生的次数，而转动频率是表示每秒旋转的转数，那么，阶次对应的事件的频率则是阶次乘以转动频率。因此，1 阶次对应的事件的频率是 1 倍的转动频率，k 阶次对应的事件的频率是 k 倍的转动频率，或者说 1 阶次对应的频率是 1 倍转动频率，k 阶次对应的频率是 k 倍转动频率。不管转速如何变化，这种关系都是固定不变的，因此，我们说阶次独立于转速。

阶次对应的事件的频率等于阶次乘以转动频率，事件的频率是不随参考轴的变化而变化的。但是当考虑用不同的旋转轴来表示时，对应的阶次数与轴的转速（或转动频率）是变化的，但二者的乘积是保持不变的，即事件的频率是不随参考轴变化的。

使用 1.1.3 节的例子，如图 1-11，A 轴的带轮直径是 B 轴带轮直径的 4 倍。A 轴转速从 300r/min 增加到 6000r/min，同时通过带带动 B 轴旋转。因此，B 轴的转速是 1200r/min 到 24000r/min。也就是说 B 轴的转速是 A 轴的 4 倍，B 轴的阶次是 A 轴的 4 倍，或者 A 轴的阶次是 B 轴的 1/4。

考虑 A 轴的事件的频率等于 A 轴的阶次乘以它的转频，如果以 A 轴的转速作为参考，即

$$A 轴事件的频率 = 1 \times 转速_A/60$$

如果以 B 轴的转速作为参考，此时，A 轴的阶次是 B 轴的 1/4，A 轴对应的事件的频率等于 A 轴的阶次乘以 B 轴的转频，即

$$A 轴事件的频率 = 1/4 \times 转速_B/60$$

因为 B 轴的转频是 A 轴的 4 倍，所以 A 轴阶次对应的事件的频率是不变的，不管以哪个轴的转速作为参考，即

$$1 \times 转速_A/60 = 1/4 \times 转速_B/60$$

同理，B 轴阶次对应的事件的频率也是相同的道理，不以转速参考轴的变化而变化，都是固定不变的。

这个例子也说明，同一根轴，当以不同的旋转轴作为参考轴时，其对应的阶次数是不同的，但彼此之间的阶次关系是确定的，由两轴之间的转速关系（传动比）决定。如果以 A 轴的转速作为参考时，A 轴的阶次是 1 阶次，B 轴的阶次是 4 阶次。但如果以 B 轴的转速作为参考时，那么，B 轴的阶次是 1 阶次，A 轴的阶次是 1/4 阶次。但是 A 轴与 B 轴的阶次关系为 1:4 是不随转速参考轴的变化而变化的，如图 1-15 所示。因此，在计算阶次时，将实际测量的转速设置成 1 阶次，其他旋转部件的阶次通过结构之间的转速传递关系确定其阶次数。

1.2.3　为什么高阶次不清晰

在做阶次分析时，经常发现 colormap 中的高阶次成分模糊不清，不利于从这些高阶次中提取有用的信息，如图 1-27 所示，低阶次非常清楚，但是高阶次却模糊不清，这是在做阶次分析时常遇到的现象。

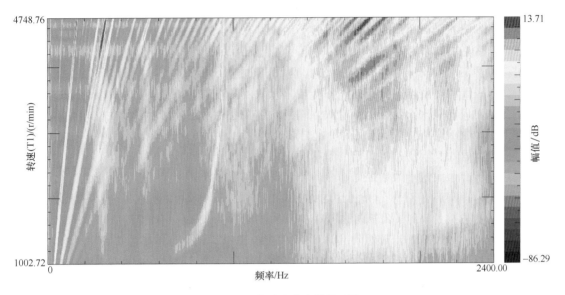

图 1-27　高阶次成分模糊不清

假设某旋转机械的转速以固定速率发生变化，在 50s 的时间间隔内转速从 600r/min 上升到 6600r/min，那么，转速的变化速率是 120（r/min）/s，转频的变化速率是 2Hz/s。1 阶次将以 2Hz/s 的速率发生变化，第 3 阶次将以 6Hz/s 的速率变化，第 30 阶次将以 60Hz/s 的速率变化，也就是说阶次越高，频率变化速度越快，正比于阶次成分。对于旋转轴带有 30 个齿的齿轮盘而言，就属于这种情况，旋转轴 1s 变化 2Hz，而齿轮 1s 变化 60Hz。

对于高阶次而言，频率成分是很高的，在同样的时间长度内，如果是一个低频信号，可以认为幅值变化不大，但对于一个高频信号，幅值变化是很明显的。除了幅值变化之外，还有频率变化。假设 1s 之内，低频 1 阶从 100Hz 变化到 102Hz，只有 2Hz 的差别。但是 30 阶次，高频 3000Hz 已变化到 3060Hz，这个时候变化的频率有 60Hz。在这个时间之内，除了这两个边界频率之外，还有 3000 ~ 3060Hz 之间的频率成分，因为信号一直在变化，是从 3000Hz 连续变化到 3060Hz，也就是说 1s 的时域信号里面包含了 3000 ~ 3060Hz 的频率成分，实际上这个信号变化过程中永远只有一个频率，这个频率对应旋转轴转频的 30 倍频。在这个过程中，它永远是转频的 30 倍频，只不过从频率上看是连续变化的，但实际上在任何时刻只有一个频率，就是旋转轴转频的 30 倍频。

由于转速连续变化，30 阶次这 1s 内的频谱从 3000Hz 连续变化到 3060Hz，频谱变成了连续谱，离散的谱线变成了谱带或者说谱线变宽，从而导致高阶次在频域的阶次线变得模糊。另一方面，相邻的高阶次的频带也很宽，使二者可能存在频带重叠的情况，导致频谱连成一片，这将进一步导致高阶次模糊不清。这种模糊的阶次尤其针对高阶谐波，带宽按阶次比例改变，谱带更宽，谱图变得模糊不好分辨。这就是为什么阶次分析时，高阶次成分模糊不清的根本原因。特别是转速变化速率越快的情况，这个现象越明显，因为频率改变速率更快。这同时也说明在进行瀑布图分析时，需要考虑转速变化速率。

1.2.4　扇叶的通过阶次实例

带有 6 个大小相同、均匀分布叶片的风扇（见图 1-20）的主轴阶次是 1 阶次，叶片的通过阶次是 6 阶次。简单地说，主轴每转 1 转，将有 6 个叶片通过，此时叶片的通过阶次是 6 阶次。或者说主轴每旋转 1 转，在任一角度位置都可以看到 6 个叶片通过该位置，每个叶片通过该位置的时间间隔是相同的，因此，叶片通过这个角度位置每旋转 1 转发生 6 次，对应 6 阶次。由于叶片是均匀分布的，各个相邻叶片的角度差始终是 60°，所以，通过的时间间隔不变，对应的频次不变，为 6 阶次。除了 6 阶次之外，还会产生谐阶次，即 6 阶次的倍频，如 12 阶次、18 阶次等。出现 6 阶次的谐阶次的可能原因是旋转轴不对中，如旋转轴的轨迹是椭圆，这时就容易产生 2 倍的谐阶次。

更进一步，假设这个风扇还是 6 个扇叶，每个扇叶形状都相同，但每两个扇叶之间的角度都不相同，即扇叶非对称分布。这时候产生的阶次可能 1 ~ 12 阶次（连续的整数阶次）都有。如果叶片数为 n，那么非对称分布的叶片的阶次为 $n \pm k$（$k = 0$，1，2，…，$n - 1$），如这个 6 个叶片的风扇，非对称阶次为 $6 \pm k$，这样 1 ~ 12 阶次都存在。如果叶片均匀分布，那么噪声能量主要集中在 6 阶次，人的主观感觉是噪声会非常明显，而叶片非对称分布，噪声能量分布在 6 阶次及邻近的阶次上，更符合人的主观感觉期望。图 1-28b 箭头所指处是一种设计下比较集中的阶次噪声，而图 1-28a 箭头所指处是分布式设计下的阶次噪声。这样的非对称分布叶片设计是出于减少主阶次噪声的目的。

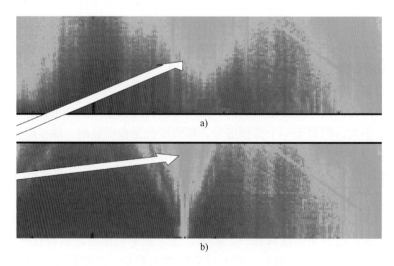

图 1-28　对比集中阶次噪声与分布式阶次噪声

a）分布式阶次噪声　b）集中阶次噪声

假设风扇还是 6 个扇叶，每个扇叶形状都相同，而且前三个扇叶为第 1 组，组内每两个叶片之间的角度都不相同；后三个扇叶为第 2 组，组内每两个叶片之间的角度也不相同，但是第 1 组和第 2 组呈中心对称，那么其产生的阶次噪声为 2、4、6、8 等连续的偶数阶次。

如果扇叶非对称分布，如前文那种情况，则产生的阶次为 $n \pm k$ （$k = 0$，1，2，$\cdots$，$n - 1$）。现在由于叶片分两组，两组呈对称分布，这时的阶次为 $n \pm 2k$ （$k = 0$，1，2，$\cdots$，$n/2 - 1$），这种情况下产生的阶次为连续的偶数阶次。

1.3　产生谐波或谐阶次的可能原因

现实世界有许多旋转部件和系统的复杂机械，它们经常会同时产生不同类型的振动和噪声问题。测量这些复杂机械的振动和噪声信号，我们可以将信号分解出不同的频率成分（或阶次）。调查这些频域信息时，利用与机械设计的相关信息能指出哪些频率是由机械哪个部件产生的。复杂机械的每个部件和系统都会产生特征频率（或阶次）如图 1-29 所示。

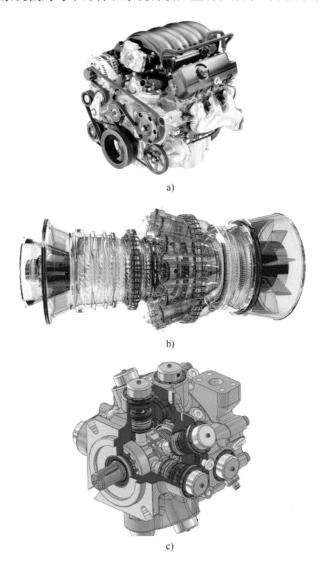

a)

b)

c)

图 1-29　复杂机械的每个部件和系统都会产生特征频率（或阶次）

a）内燃机发动机　b）涡轮发动机　c）液压泵

1.3.1　谐波的定义

有时部件会因同一个现象（如振动的弦、房间的声模态或发动机的燃烧）产生多个相关的频率成分（或阶次），这些相关的频率成分称为激励的主要频率成分的谐波，而激励的主要频率成分称为基频。当试图去强调一个振动或噪声问题：通过修改一个会产生多个谐波的频率成分，一个基频可能会影响频域多个区域时，这个基频对于确定谐波的频率成分是非常有帮助的。图 1-30 所示为 4 缸 4 冲程发动机的点火阶次和前 3 个谐阶次。

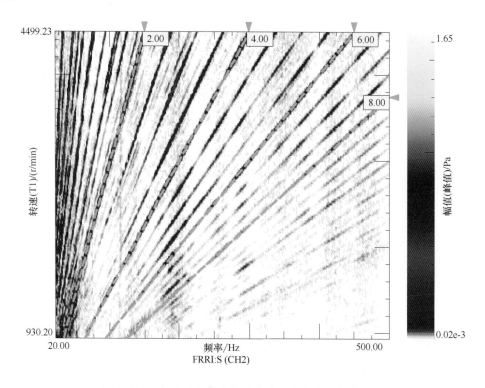

图 1-30　4 缸 4 冲程发动机的点火阶次和前 3 个谐阶次

谐波是指对周期性非正弦信号进行傅里叶变换所得到的大于基频的各次分量，通常称为高次谐波。谐波的频率等于基频的整数倍，如基频 3 倍的波称之为三次谐波，基频 5 倍的波称之为五次谐波，以此类推。不管几次谐波，它们都是正弦波。基频整数倍的谐波也称为谐波分量。谐波分量在频域的频率成分称为谐频，如图 1-31 所示为工频 50Hz 的各个谐频成分。在与旋转机械相关的瀑布图或阶次域中，谐波被称为谐阶次，图 1-30 所示的 4 缸 4 冲程发动机的 4 阶次、6 阶次、8 阶次为点火阶次（2 阶次）的谐阶次。

1.3.2　谐波成分非傅里叶变换导致

我们经常使用声校准器校准传声器的灵敏度，声校准器发出的声音频率为 1000Hz，大小为 94dB 或 114dB，我们以为这个声音是一个纯音。但实际上，不是。声校准器发出的声音的频谱如图 1-32 所示，使用对数幅值显示时，从频谱图上可以看出这个声音包含了

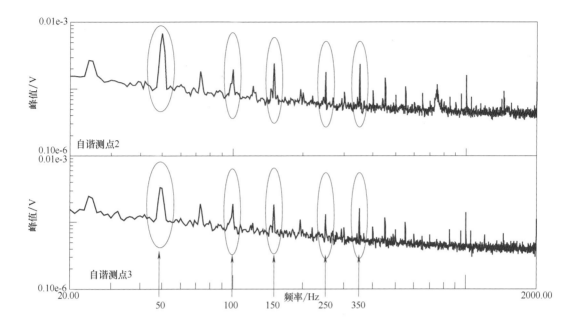

图 1-31　工频及其谐频

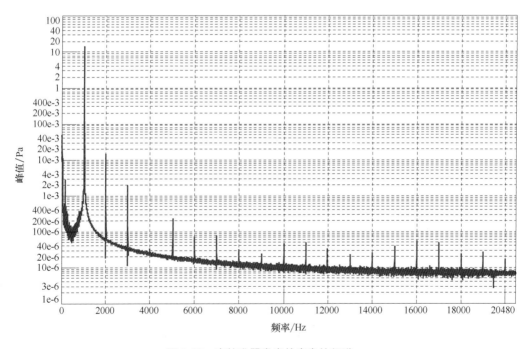

图 1-32　声校准器发出的声音的频谱

1000Hz 的多个谐波。只是二次谐波以上的分量幅值很小而已，采用对数尺度显示能方便地看出这些高次谐波分量。

由于信号从时域变换到频域需要使用傅里叶变换，那么，是不是图 1-32 的这些谐波分量是由傅里叶变换引起的呢？由软件生成一个 1000Hz 的单频正弦波，然后，对这个信号进行傅里叶变换，得到的频谱如图 1-33 所示。由图 1-33 可以看出，即使使用对数幅值形式，频谱仍然只有 1000Hz 这个单一的频谱成分，没有其他谐波分量。这说明信号中的谐波分量不是由于傅里叶变换引起的，而是原始信号中就包含这些谐波分量。

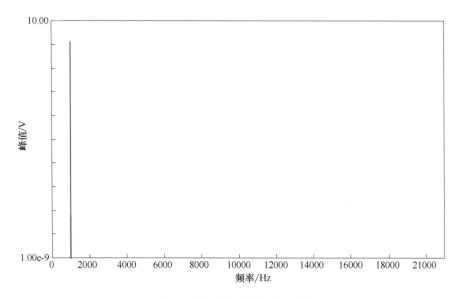

图 1-33　软件生成的单频信号的频谱

1.3.3　包含谐波成分的常见信号的傅里叶变换

数学上最熟悉的谐波成分的例子之一是方波，时域方波信号和它的频率成分如图 1-34 所示。它不像正弦波只包含一个频率成分，理论上讲，是由无穷的正弦波组合而成的，这些正弦波的频率成分是基频的整数倍（高次谐波）。在方波中，只包含奇数倍的高次谐波，对于幅值为 1、周期为 $2\pi/\omega$ 的方波信号，它的傅里叶变换为

$$x_{方波}(t) = \frac{4}{\pi}\left(\sin\omega t + \frac{1}{3}\sin3\omega t + \frac{1}{5}\sin5\omega t + \frac{1}{7}\sin7\omega t + \cdots\right)$$

对于幅值为 1、周期为 $2\pi/\omega$ 的三角波信号（见图 1-35），它的傅里叶变换为

$$x_{周期三角波}(t) = \frac{1}{2} + \frac{4}{\pi^2}\left(\cos\omega t + \frac{1}{9}\cos3\omega t + \frac{1}{25}\cos5\omega t + \cdots\right)$$

对于幅值为 1、周期为 $2\pi/\omega$ 的锯齿波信号（见图 1-36），它的傅里叶变换为

$$x_{周期锯齿波}(t) = \frac{2}{\pi}\left(\sin\omega t - \frac{1}{2}\sin2\omega t + \frac{1}{3}\sin3\omega t + \cdots\right)$$

对于幅值为 1、周期为 $2\pi/\omega$ 的周期半波余弦信号（见图 1-37），它的傅里叶变换为

$$x_{周期半波余弦}(t) = \frac{1}{\pi} + \frac{1}{2}\left(\cos\omega t + \frac{4}{3\pi}\cos2\omega t - \frac{4}{15}\cos4\omega t + \cdots\right)$$

对于幅值为 1、周期为 $2\pi/\omega$ 的全波余弦信号（见图 1-38），它的傅里叶变换为

$$x_{周期全波余弦}(t) = \frac{2}{\pi} + \frac{4}{\pi}\left(\frac{1}{3}\cos2\omega t - \frac{1}{15}\cos4\omega t + \frac{1}{35}\cos6\omega t + \cdots\right)$$

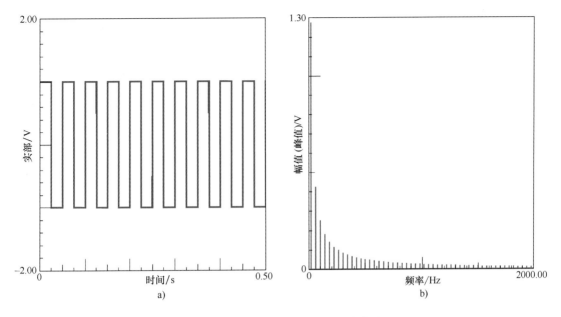

图 1-34　时域方波信号和它的频率成分

a）时域方波信号　b）频率成分

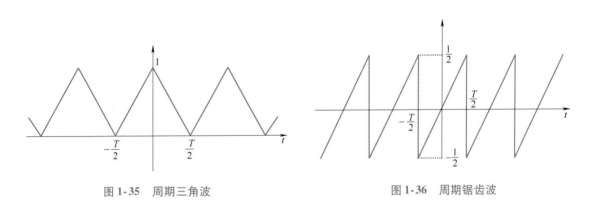

图 1-35　周期三角波

图 1-36　周期锯齿波

　　由方波和三角波信号的傅里叶变换可知，它们的频率成分包含奇数倍的高次谐波；由锯齿波和周期半波余弦信号的傅里叶变换可知，它们的频率成分包含整数倍的高次谐波；由周期全波余弦信号的傅里叶变换可知，它的频率成分包含偶数倍的高次谐波。如果激励信号是包含多个谐波成分的信号，如方波、三角波、锯齿波等，那么，必然在响应中也存在这些谐波成分。在电动汽车的交流电转换成直流电的过程中，就存在半波整流（见图 1-37）或全波整流（见图 1-38），对于单相半波整流而言，电路中的频率成分是 1 倍的线频率；单相全波整流电路中的频率成分为 2 倍的线频率。对于三相整流而言，半波整流的频率为 3 倍的线频率；全波整流的频率为 6 倍的线频率。如果控制器出现问题导致某相交流电丢失，则信号频率将出现其他倍频（谐频）。如果在三相全波整流中出现高的 2、3、4 和 5 倍线频率，则表明整流电路出现了问题，这些倍频都是问题频率，在信号的频谱中会体现出来。

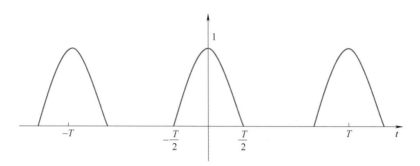

图 1-37　周期半波余弦信号

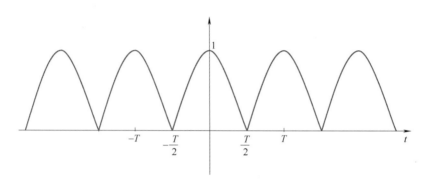

图 1-38　周期全波余弦信号

1.3.4　琴弦实例

如果我们拨动一根琴弦（如吉他的琴弦），将能激起多个谐波。每个谐波都会有不同的振动模式或模态振型。当我们拨动琴弦时，能听到同时被激起来的所有模态产生的声音。因为琴弦两端约束，所有的谐波模态频率都是第 1 阶模态频率的整数倍（高次谐波），第 1 阶是基频。图 1-39 所示为振动琴弦的前 7 阶谐波的模态振型。

取决于怎样和在什么位置拨动琴弦，能激起所有的谐波，或者只能激起它们其中的少数几个。激励起来的谐波数量与大小将决定振动琴弦产生的声音。如果拨动琴弦的位置靠近中点，那么在中点没有节点的奇数阶谐波被激励起来的幅度远大于在中点有节点的偶数阶谐波。如果我们观察琴弦的平均频谱，我们能看到这些谐波以及它们的相对大小，琴弦平均频谱中的谐波成分如图 1-40 所示。

因此，当系统被激励起多个谐波分量时，必然会在频谱中体现出来，像信号是方波、三角波等一样，这些谐波的频率是基频的整数倍。

1.3.5　为什么会产生谐阶次

对于旋转机械而言，除了转频对应的 1 阶次之外，经常还会出现谐阶次的情况，如图 1-30 中的点火阶次的谐阶次，这是什么原因造成的呢？如果激励信号中包含多个谐波成分，那么，同样地，也会在旋转机械响应信号的频谱中有体现。但对于旋转机械而言，与前面所述的琴弦又有差异。

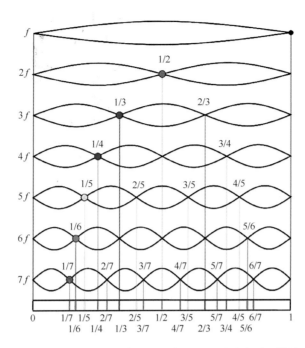

图 1-39 振动琴弦的前 7 阶谐波的模态振型（图片来源于维基百科）

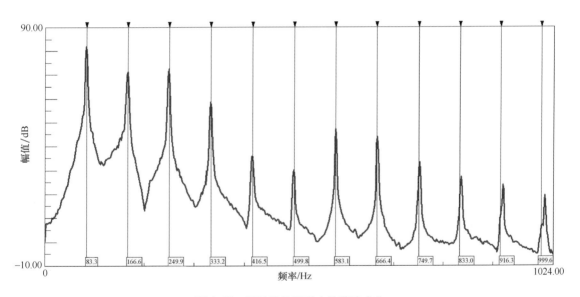

图 1-40 琴弦平均频谱中的谐波成分

在回答这个问题之前，让我们简单回顾一下阶次的概念。在前文中，我们已经清楚地说明阶次的物理意义是表示旋转 1 转，事件（振动噪声等）发生的次数。1 阶次表示每旋转 1 转，事件发生 1 次，2 阶次表示每旋转 1 转，事件发生 2 次，n 阶次表示每旋转 1 转，事件发生 n 次。如 51 个齿的齿轮，在振动噪声信号中为 51 阶次，我们都能很好地理解，因为 51 个齿在每旋转 1 转时，轮齿需要啮合 51 次，对应的阶次为 51 阶次。那么 102 阶次、153 阶次或者更高阶次，又是什么原因导致的呢？

对信号分析得到的阶次可以看成是转轴阶次与齿轮阶次的乘积。如果转轴是 1 阶次，而齿轮的制造、安装和几何都完美，51 个齿对应 51 阶次，那么，二者的乘积将是 51 阶次（啮合阶次）。而对于 102 阶次或者更高阶次而言，就存在三种可能性：第一种情况是谐阶次仅来自转轴；第二种情况是谐阶次仅来自齿轮；第三种情况是二者都有其他的高阶谐阶次。

首先讨论第一种情况：谐阶次仅来自转轴，假设齿轮制造、安装和几何都完美。对于旋转轴而言，如果仅存在不平衡、轴弯曲或偏心，那么只会引起 1 阶次的振动。但通常存在轴系不对中的情况，并且这种现象还非常普遍。不对中包括三类：①角度错位，轴中心线相交但不平行，如图 1-41a 所示；②中心线偏置，轴中心线平行但不相交，如图 1-41b 所示；③二者组合的结果。但现实当中不可能是单独一种不对中的类型，通常是两种类型的组合。

a)   b)

图 1-41　两种轴系不对中类型（图片来源于 Vibration School）
a）角度错位　b）中心线偏置

轴系不对中会导致出现 2 阶次、3 阶次或更高阶次。通常角度错位不对中会使信号的频率成分除了有较高的 1 阶次之外，还有较低的更高阶次，如图 1-42 所示。而中心线偏置也会出现高阶次，但通常 2 阶次分量更大，如图 1-43 所示。如果转轴出现了 2 阶次及 2 阶次以上的高阶次，那么，轴系的阶次乘以齿轮的阶次，必将导致测量的信号中会出现更高阶次，如之前 51 个齿的齿轮的 102 阶次、153 阶次等。

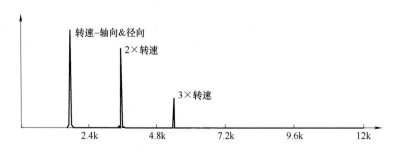

图 1-42　角度错位对应的频谱
（图片来源于 Vibration School）

中心线偏置类型的不对中会引起高的 2 阶次（2 倍频），除此之外，转子热态不对中、裂纹、松动、水平方向上支承刚度过差等，也都会引起 2 阶次振动分量增大，绝大多数是轴系不对中。

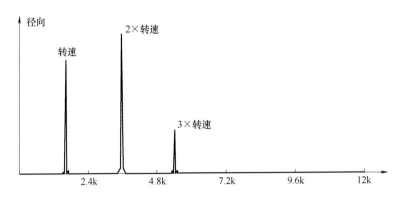

图 1-43　中心线偏置对应的频谱（图片来源于 Vibration School）

电机的径向电磁力波形状或定子的模态振型会出现如图 1-44 所示的形状。如果转轴是按这样的形状旋转，也就是轴心轨迹（利萨如图）是这样的形状，那么转轴必然出现相应的 n 次谐阶次，如 $n=2$，则出现 2 阶次，$n=5$，则出现 5 阶次。我们知道模态分析得到的各阶振型向量是模态空间的"基向量"，任何测点处的响应都是各阶"基向量"与相应的模态坐标（贡献量）的乘积的叠加，那么，在这里，我们也可以认为图 1-45 所示的各个轴心轨迹是实际轴心轨迹的"基向量"，轴的实际轨迹是这些"基向量"与相应的贡献量（系数）的乘积的叠加，由于贡献量的大小不同，导致各阶次的幅值高低不一样（见图 1-42 和图 1-43），因而，将会导致在轴系的频率成分中出现基频及其高次谐频。这时，必使齿轮（或其他旋转结构，如风机、泵等）的振动噪声信号出现高阶谐阶次。在诸自强教授的《电机噪声的分析与控制》一书中讲到，"加于轴承的轴向负荷引起了交变挠曲弹性变形振动，可以这样来看，由于轴向负荷使得轴承所有的钢球对轴承外圈施加等距离的径向负荷，从而使得轴承外圈从圆变成多少有点多边形了"。这也验证了轴承的变形使转轴会出现高阶谐次。

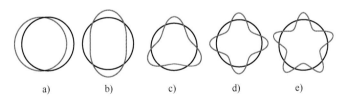

图 1-44　电机的径向电磁力波形状或定子的模态振型
a）$n=1$　b）$n=2$　c）$n=3$　d）$n=4$　e）$n=5$

现在讨论第二种情况：谐阶次仅来自齿轮，假设轴系安装、刚度都完美，使得其旋转过程中只有 1 阶次。齿轮自身的高次谐波需要从两方面着手：一方面与齿轮的几何变形相关；另一方面与齿的啮合相关。也可以按静态误差和动态误差来分类。静态误差主要是指齿轮制造误差和几何误差，而动态误差是指啮合过程中受到周期变化的作用，如啮合刚度的变化、载荷的变化、温度的变化等。

对于啮合完美的齿轮而言，不存在几何变形、偏心或对中等问题，则只有啮合阶次，如之前例子中的 51 阶次。但是由于制造误差等原因将导致齿轮偏心或几何变形，如变成了椭圆，如图 1-45 所示，虚线表示完美的齿轮，这时将会出现 2 阶次，因为椭圆有一根长轴，旋转 1 转时会发生 2 次碰撞，因此，对于 51 个齿的齿轮而言，几何形状变成椭圆则会出现 102 阶次。齿轮几何形状的变化将导致齿轮啮合时存在径向跳动，径向跳动周期相对于啮合周期而言，周期更长，因此，是一种低频运动，如图 1-46 所示。这是一个齿数为 51 的齿轮的径向跳动波形，由图 1-46 可以看出，径向跳动的周期刚好是旋转 1 转对应的时

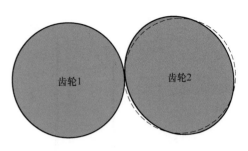

图 1-45　制造误差引起齿轮啮合不完美

间长度。如果是椭圆形状，则径向跳动对应 2 阶次，其频率成分远小于啮合阶次 51 阶次。当然如果齿轮变形如图 1-45 所示，那么，必然出现高阶谐阶次。

　　对于齿轮的变形我们也可以遵循之前转轴的轴心轨迹的思路。把图 1-45 认为变形的基向量，实际变形是这些基向量的叠加，那么，同样道理，齿轮也会出现各个高阶谐阶次。

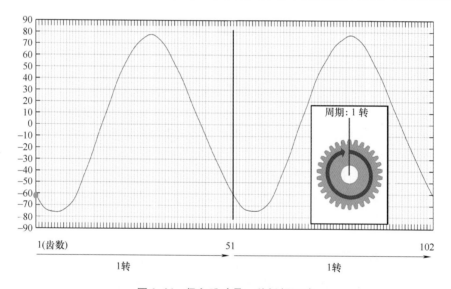

图 1-46　径向跳动是一种低频运动

　　另一方面的原因与齿的啮合相关。在齿轮的啮合过程中，由于主动轮与从动轮的单、双齿啮合交替变换，啮合位置、轮齿啮合刚度和载荷的周期性变化会引起高阶谐阶次。另一方面，载荷的不平稳也会引起齿轮本身的刚度变化。

　　齿轮在装配过程中，可能会存在如下的装配误差：对中误差、角度误差、装配公差和结构变形等，这些装配误差也会导致类似轴系的高次谐波，从而使齿轮出现除了啮合阶次之外的高阶谐阶次。

　　另一方面，因轮齿和齿轮刚度的变化、轮齿微观几何误差、制造误差和装配误差等方面导致的齿轮传递误差也会产生高次谐波。这是因为传递误差是以 1 个啮合周期为周期，而齿轮的啮合频率高，因而这些误差导致的传递误差是一种低幅值高频的传递误差，如图 1-47 所示。局部放大一个齿周期内的传递误差信号，如图 1-48 所示，可以看出，传递误差幅值量级特别小，因此，要分辨出这些传递误差，要求极高的分辨率，从放大的一个周期的信号

可以看出，这个信号不是一个正弦波，因此，不是一个单频信号，而是一个复合波形，这样就可能含有诸多的谐频成分。另一方面，由于是啮合过程产生的传递，因而，这些信号中包含了明显的阶次成分。

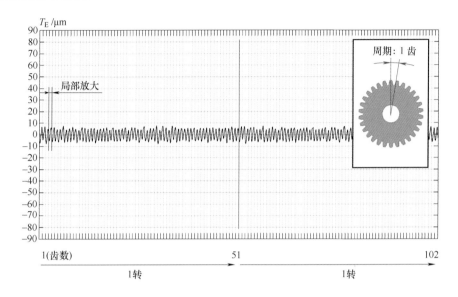

图 1-47 齿通过激励造成的传递误差

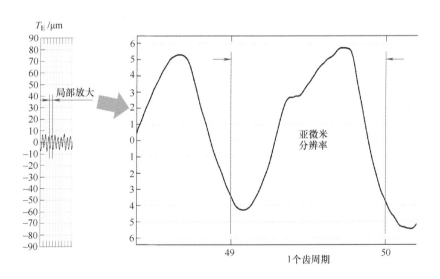

图 1-48 齿通过激励造成的传递误差局部放大

以上说明的情况是高阶谐阶次分别来自转轴和齿轮的情况，但现实中更多可能情况是二者共同组合的结果，使得信号的频谱出现了高阶谐阶次。

在这里仅是以齿轮为例进行了说明，但实际上还有很多其他的旋转机械，如发动机、泵、风机等。虽然这些结构与齿轮有很大的不同，但二者也有相同之处，即都是通过转轴带动的，因此，对于轴系的谐阶次可以按相同思路来理解。

第2章 瀑布图分析

对于非稳态工况而言，经常需要对信号做瀑布图分析（或称作为跟踪分析），常采用跟踪时间或跟踪转速的方式，得到的结果需要使用瀑布图或 colormap 显示。除了跟踪时间与跟踪转速之外，还可以跟踪车速等。本章主要介绍与瀑布图分析相关的内容，如瀑布图分析过程与阶次切片等。

2.1 瀑布图分析过程

分析旋转机械的振动噪声，离不开瀑布图分析，瀑布图分析是旋转机械振动噪声分析最常用的方法。它采用跳跃式的 FFT 变换方式计算瞬时频谱，用三维图（瀑布图或 colormap）来显示分析结果，是所有瞬时 FFT 频谱的集总显示，如图 2-1 所示，各瞬时频谱按时间或转速先后顺序排列。瀑布图分析不平均任何瞬时频谱，这对于待测旋转机械时刻变化的转速来说，非常有利于突出显示随转速变化的特征，如阶次特征，同时也能反映出共振特征。

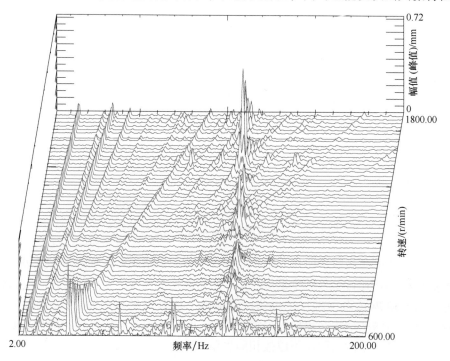

图 2-1 瀑布图显示分析结果

2.1.1 为什么要做瀑布图分析

通常情况下，非旋转结构的频谱分析，使用二维频谱图来显示相应的结果，且二维频谱是平均之后的频谱，这时，频谱主要反映的是结构的共振特征。对于旋转机械而言，结果显示谱图除了要反映共振特性之外，还需要反映出与转速变化相关的信息，这个信息就是所谓的阶次信息。我们知道，旋转机械任一时刻的响应大多数都是以阶次的形式体现出来的，因此，在谱图中应能反映出结构相应的响应阶次。图 2-2 所示为某旋转机械的一个瞬时二维频谱图，这个频谱图反映不出阶次随转速的变化关系。另外，如果使用二维频谱图来分析旋转机械的共振特征，那么，将分不清楚共振频率与阶次对应的频率，特别是在二者一致的情况下。

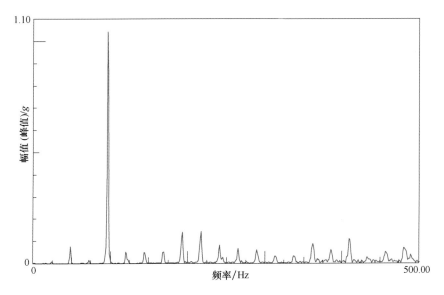

图 2-2　二维频谱图

另一方面，由于转速时刻变化，每帧数据与下 1 帧数据对应的转频也是不相同的，如图 2-3 所示，对于这样的数据是不能使用平均处理的。由于转速时刻变化，二维频谱图反映不出这种时刻变化的特性。

另一方面，对于某些特定的结构，如混合动力汽车，除了内燃机产生的阶次之外，还存在电机脉冲宽度调制产生的开关频率和伞状阶次，因此，阶次相当混乱，如图 2-4 所示。对于这样凌乱的阶次，二维频谱图不足以显示其相应的特性。

因此，对于旋转机械而言，需要这样一种分析方式：分析结果既能反映出与随转速变化的阶次信息，又能反映出结构的共振特性。瀑布图分析刚好就是这样一种分析方式。瀑布图不做任何平均，将所有瞬时频谱按时间（跟踪时间方式）或转速（跟踪转速方式）先后顺序排列显示，这更有利于突出信号的这种变化特性，特别是阶次特性。我们知道，阶次是转速的倍数，因此，当跟踪转速时，更易于突出阶次对响应的贡献。另一方面，瀑布图也能反映出结构的共振特性，因为共振是不随转速变化的，如图 2-5 所示。图 2-5 显示的方式是跟踪转速，因此，阶次是斜线，而共振特性不随转速变化，因而，共振是垂直于频率轴的亮线。

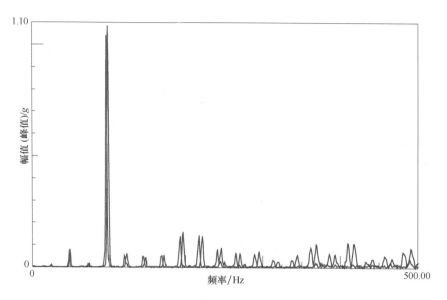

图 2-3　重叠相邻两帧频域数据

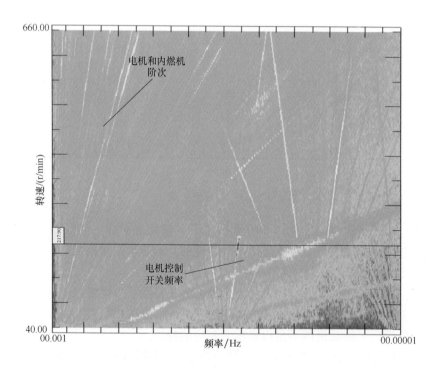

图 2-4　混合动力汽车的 colormap

2.1.2　处理过程

瀑布图分析处理过程要对随转速（或时间）变化的每个固定长度的时域数据块进行 FFT 变换计算相应的瞬时频谱，转速的变化可能是升速也可能是降速。对瞬时（单次）FFT 计

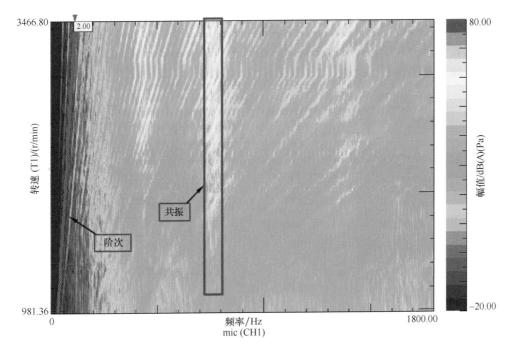

图 2-5 瀑布图分析

算所采集的时域数据块而言，机械设备的转速将从这个时域数据块采集开始时到结束一直在发生变化。

　　瀑布图分析仍然采用跳跃式的 FFT 变换方式，与通用频谱分析方式相同，也就是说，每次 FFT 计算采用固定长度的时域数据块（1 帧数据），这块数据长度由频率分辨率决定，但每帧时域数据与下 1 帧时域数据有一定的间隔，也就是所谓的步长。瀑布图分析可采用跟踪转速方式，也可采用跟踪时间方式，当然还有其他跟踪方式，如跟踪车速，主要介绍常用的跟踪转速和跟踪时间方式。跟踪转速方式与跟踪时间方式的区别在于，跟踪转速执行 FFT 变换时，跳跃的步长为等转速步长，而非等时间步长；而跟踪时间方式执行 FFT 变换时，跳跃的步长为等时间步长，而非等转速步长。另外，在使用三维谱图显示结果时，纵轴是相应的跟踪量。（关于与 FFT 变换相关的名词术语，可参考《从这里学 NVH——噪声、振动、模态分析的入门与进阶》一书）

　　以等转速步长计算瞬时 FFT 频谱，如转速步长为 25r/min，则表示转速每变化 25r/min 计算一次瞬时频谱。每个数据块对应一个转速（实际上各个数据块对应的转速一直在变化，但处理过程会按某种算法得到这个数据块对应的转速，如平均转速），然后按照转速的先后顺序将各瞬时频谱排列得到三维瀑布图。以等时间步长计算瞬时频谱时，则时间步长是固定的，由于转速改变速率不一致，因而，等时间步长所对应的转速变化量则不相同。这时，每个瞬时频域数据块（瞬时频谱）对应一个时刻，然后按每个瞬时频谱的时间先后顺序排列形成瀑布图。另外，两种方式下得到的阶次线也存在明显的差异，表现为跟踪转速为笔直的斜线，跟踪时间为曲线。

　　以发动机噪声数据为例，说明以跟踪转速方式进行瀑布图分析的全过程，跟踪时间方式计算过程类似，区别在于将等转速步长换成等时间步长而已。图 2-6 所示为瀑布图分析处理全过程示意图，左上角为测试的全程时域数据，有噪声数据和转速数据，按等转速步长计算每个固定长度的时域数据块（时间长度为频率分辨率的倒数）得到各数据块对应的瞬时频谱图。然后按照等转速步长时域数据块对应的转速先后顺序将所有的瞬时 FFT 频谱进行排列，得到三维瀑布图。

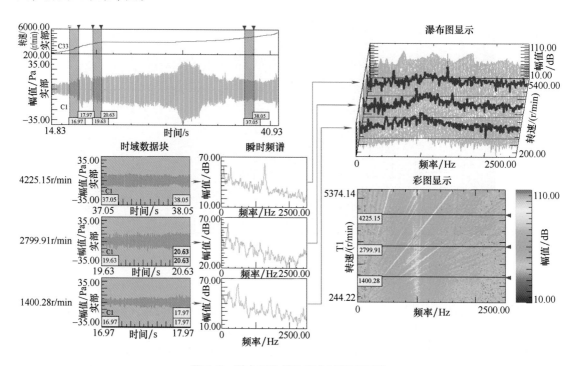

图 2-6　瀑布图分析处理全过程示意图

从测试的全程时域数据中取 3 帧数据进行说明，左上角三个阴影区域对应这 3 帧时域数据。时域数据块长度为 1s（频率分辨率为 1Hz），计算相应的瞬时频谱，由于是等时间采样，采样频率不变，所以瞬时频谱对应的带宽都相同，为采样频率的一半，这三个数据块对应的瞬时频谱如图 2-6 下部中间所示，对应的转速分别为 1400.28r/min、2799.91r/min 和 4225.15r/min。然后在瀑布图中按转速的先后顺序排列所有的瞬时频谱，图 2-6 中选取的 3 帧数据对应的瞬时频谱在瀑布图或彩图中对应的频谱为图 2-6 中右侧图中的紫色线条所示的切片。

2.1.3　显示方式

瀑布图分析得到多张瞬时频谱，如果是跟踪时间方式，则是按时间步长来排列的；如果是跟踪转速，则是按转速步长来排列。任一张瞬时频谱都是一个二维频谱图，类似图 2-2 所示。但如果要显示所有的频谱，则必须要用瀑布图或 colormap 来显示。

瀑布图是一种三维显示方式，如图 2-7 所示，有频率轴、转速轴或时间轴、以及幅值轴。将所有瞬时频谱按时间或转速先后顺序沿时间轴或转速轴排列，则得到瀑布图显示。这时，由于相邻瞬时频谱之间有时间或转速步长，因此，瀑布图显示是离散的，步长为时间步长或转速步长，图 2-7 中为转速步长。

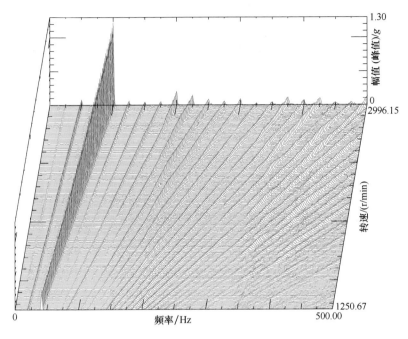

图 2-7 瀑布图显示

colormap（也称为彩图）则是用二维图来显示瀑布图分析结果，如图 2-8 所示，这时用颜色深浅来表示幅值大小，右侧彩色标尺表示各个颜色对应的幅值大小。在瀑布图或彩图中，频谱都不连续，各频谱之间有间距，间距为时间或转速步长。但在瀑布图中可以看出各频谱之间有间距，而在彩图中看不出来这种间距，这主要是因为 colormap 做了相应的处理。

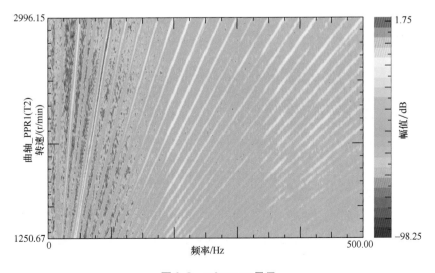

图 2-8 colormap 显示

colormap 通常横轴为频率，纵轴为转速，如图 2-8 所示，但横轴与纵轴可以交换，如图 2-9 所示，横轴为转速，纵轴为频率，这时的 colormap 称为坎贝尔图。坎贝尔图通常在振动监测中使用。

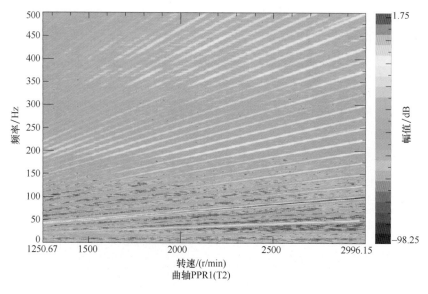

图 2-9　坎贝尔图

以上都是按跟踪转速方式进行的瀑布图分析，如果对数据按跟踪时间方式进行瀑布图分析，得到的瀑布图如图 2-10 所示。图 2-10 中也有明显的深色亮线，这些深色亮线与跟踪转速方式下的阶次相对应，但这时的阶次并不能反映出与转速的关系，不像在跟踪转速的瀑布图中可以直接明确阶次关系。因此，对于旋转机械的振动噪声分析，按跟踪转速方式进行瀑布图分析更合适。

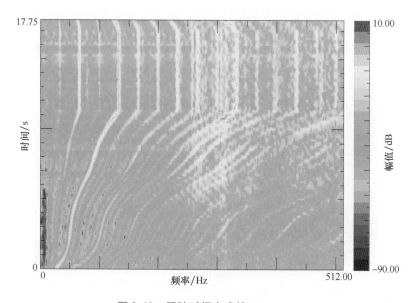

图 2-10　跟踪时间方式的 colormap

由于 colormap 是用颜色深浅来表示幅值大小的，有时为了显示某些阶次成分，可设置不同的显示幅值范围。如图 2-11 所示，当设置不同的幅值区间时，实际上是过滤了区间之外的幅值，只显示区间内的幅值大小。

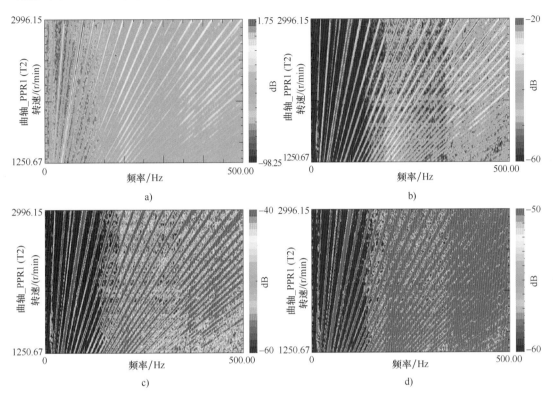

图 2-11　同一个数据在不同幅值区间下（从最大值到最小值）的显示
a）–98.25 ~ 1.75dB　b）–60 ~ –20dB　c）–60 ~ –40dB　d）–60 ~ –50dB

2.1.4　各类切片图

瀑布图中很容易看出一些信息，如阶次，但当要比较某些信息的相对大小时，很不方便，这时就需要做一些切片了，切片都是二维图。常用的切片有阶次切片、频率切片和倍频程切片。

阶次对于旋转机械而言，非常重要，通过阶次可以看出主要的阶次成分，比较各阶次成分的相对大小以及阶次的线性度。如对于车内噪声而言，要求阶次成分比较平直，不能起伏明显。

瀑布图分析能获得多张瞬时频谱，因此，可以将同一频率处的不同时间或转速下的数据单独切出来（具有一定的带宽）生成一条二维图，就是所谓的频率切片。

倍频程切片是以倍频程中心频率作为指示，以这个中心频率对应的频率上下限作为带宽，计算各个时间或转速下的这个频带内的幅值得到的二维曲线。

图 2-12 所示为阶次切片、倍频程切片和频率切片，二维图中包含了 5.5 阶次、250Hz 处的 1/3 倍频程切片和 230Hz 的频率切片。实际上，后两个切片光标所对应的位置都是 230Hz 处，但因为 230Hz 对应的 1/3 倍频程中心频率为 250Hz，所以，图 2-12 中给出的倍频程切片频率为 250Hz。可以看出，这三种切片都是按转速变化的，这是因为跟踪方式是转速

跟踪。这样一来，很方便比较各个切片之间的相对大小，或者与 OA 比较，以判断主要的贡献成分。

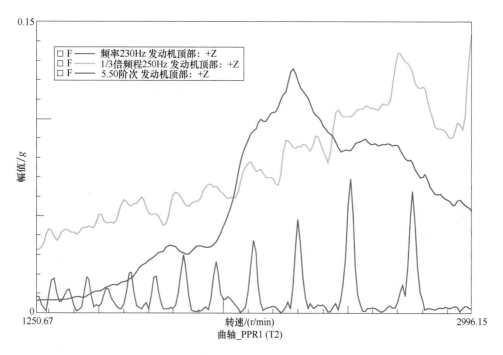

图 2-12　阶次切片、倍频程切片和频率切片

2.1.5　瀑布图中的混叠现象

根据采样定理，当信号中还有高于奈奎斯特频率（采样频率的一半）以上的频率成分时，这些高于奈奎斯特频率以上的频率成分会混叠到分析带宽以内。因此，在瀑布图或 colormap 中也可能存在频率混叠现象，如图 2-13 所示。当采样频率为分析带宽的 2 倍时，可能在分析带宽 80% 以上的区域存在混叠，此时，在 colormap 中对应的现象为阶次线关于带宽（分析频率上限）进行镜像，镜像到分析带宽内，如图 2-13 中的右侧部分所示。这是受到分析频带的限制，造成了频率混叠。

在进行扭振测量时，经常要求测量每转多个脉冲下的转速，而不是每转 1 个脉冲。图 2-14 所示为最大阶次数是每转脉冲数的一半，高于 21 阶次以上，不存在任何信息。这是由每转的最大脉冲数所决定的，也就是说，采集该信号时所使用的每转脉冲数为

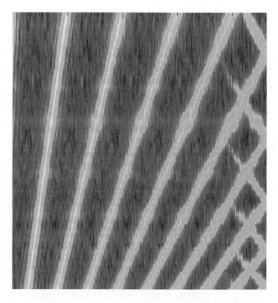

图 2-13　colormap 中的频率混叠现象

42。当每转脉冲数（PPR）为 M 时，能获得的最大阶次为 M/2。在这种情况下，因为每转脉冲数不足，而导致出现阶次混叠现象。

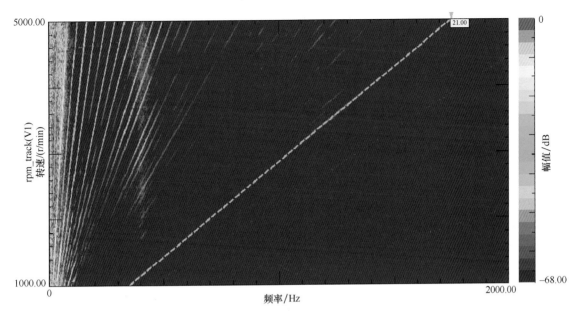

图 2-14　最大阶次数是每转脉冲数的一半

图 2-15 所示为 14 阶次关于 10 阶次镜像混叠成了 6 阶次，图 2-15a 所示为 60 个 PPR 采集得到的信号，那么，能分析到的最大阶次为 30 阶次。信号的主要阶次为 1、2、5、14，图 2-15b 所示为 20 个 PPR 采集得到的信号，那么，能分析的最大阶次为 10 阶次。此时，图 2-15b 中的主要阶次为 1、2、5、6。图 2-15b 中没有 14 阶次，多出来一个 6 阶次。这是由于采用 20 个 PPR 进行信号采集时，只能采集得到 10 阶次以内的信息，14 阶次高于最大阶次，此时，14 阶次将关于最大阶次线混叠成了 6 阶次（14 阶次关于 10 阶次镜像成了 6 阶次），这是阶次混叠。

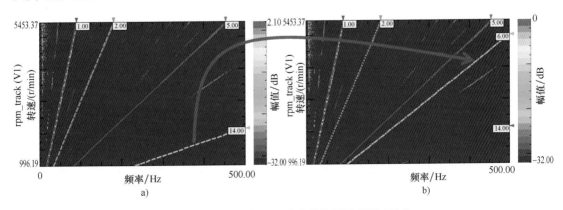

图 2-15　14 阶次关于 10 阶次镜像混叠成了 6 阶次

当信号还有高于最大阶次成分的阶次存在时，就可能存在阶次混叠现象，频域和阶次域的阶次混叠如图 2-16 所示，都是关于最大阶次镜像到能观测的阶次区域。所以，在进行阶次分布时，也要避免阶次混叠现象出现。

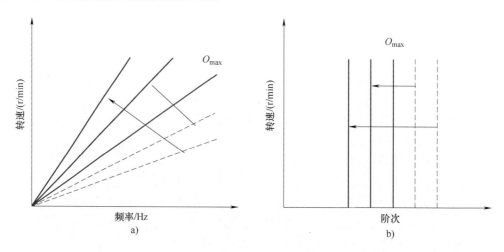

图 2-16　频域和阶次域的阶次混叠

a）频域混叠　b）阶次域混叠

2.2　瀑布图的拖尾效应

进行瀑布图分析时，可能会遇到高阶次模糊不清的情况；另一方面，对瀑布图做阶次切片时，不是取阶次的峰值，而是取一定的阶次带宽（有多种不同的宽度表征参数，如阶次、频率、谱线等）。这实质上都是因为对旋转机械的振动噪声信号作瀑布图分析时，会遭遇拖尾效应。当旋转机械处于非稳定转速下运转时，对采集的响应信号做瀑布图分析，总是会遭遇或多或少的拖尾效应，且不可避免。

2.2.1　什么是拖尾效应

进行 FFT 分析时，信号截断分周期截断和非周期截断。如果是周期截断，那么信号满足 FFT 变换的周期性要求，不存在泄漏（关于泄漏，请参考《从这里学 NVH——噪声、振动、模态分析的入门与进阶》一书）；如果是非周期截断，那么信号肯定不满足 FFT 变换的周期性要求，存在泄漏。如对一个单频的正弦信号，分别按周期截断和非周期截断来做 FFT 变换，得到的频谱结果分别如图 2-17 和图 2-18 所示。

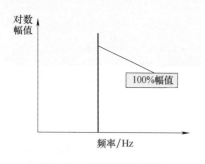

图 2-17　周期截断的频谱

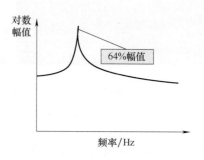

图 2-18　非周期截断的频谱

非周期截断的 FFT 频谱已远远不是我们预期的那种单条线谱形状了（周期截断的频谱样子）。对比周期截断的频谱，可以看出，此时频谱在整个频带都有分布了，这就是频谱"拖尾"效应。拖尾效应的结果体现在以下方面：①峰值处的频率与原始信号的频率相近，但并不相等；②峰值处的幅值已不再等于原始信号的幅值，为原始信号幅值的 64%（矩形窗的影响）；③幅值的其他部分（36% 的幅值）则拖尾分布在整个频带的其他谱线上。实质上，拖尾效应是泄漏的表现，泄漏是数字信号处理所遭遇的最严重误差。

为什么会出现这种误差呢？原始实际信号为一个单频正弦波，它的频谱怎么会变得如此失真？这个问题很容易解释。这是因为截断后的信号不是整数倍个周期信号或者信号不再重复出现。如果是周期截断，1 帧数据长度为周期的整数倍，包含整数个周期，1 帧数据的始末时刻幅值相等，那么我们知道用傅里叶级数中的一项就可以描述了，形如 $A\sin(\omega t + \varphi)$。但是对于非周期截断信号，1 帧数据长度不是周期的整数倍，包含非整数个周期，一帧数据的始末时刻幅值不相等，那么傅里叶级数要包含很多项才能近似这个明显不连续的信号。这在频谱图中体现为拖尾现象（需要多条谱线，甚至需要所有谱线才能近似这个正弦信号）。

对于旋转机械而言，在采集每帧时域数据的过程中，转速都在变化，因而对采集到的时域数据块做 FFT 变换时将会出现拖尾现象。在这里强调数据产生拖尾现象的原因，是想让大家明白当采集和分析旋转数据时必须要考虑的因素：转速变化速率。

2.2.2 转速变化速率的影响

在采集旋转机械时域数据的过程中，假设待测的旋转机械的转速将以固定速率发生变化。例如，在 10s 的时间间隔内采集的转速数据从 600r/min 上升到 6600r/min，那么，转速的改变速率是 600（r/min）/s，对应的频率变化速率为 10Hz/s，这时，我们可以得出以下结论：

1) 1 阶次将以 10Hz/s 的速率变化。
2) 3 阶次将以 30Hz/s 的速率变化。
3) 5 阶次将以 50Hz/s 的速率变化。

因此，相应阶次对应的频率变化速率等于阶次数乘以转频变化速率。阶次越高，变化速率越大。假设对采集的数据进行分析，使用 1Hz 的频率分辨率，那么经 FFT 计算后，信号 1 阶次的能量将分布在 10 条谱线上，3 阶次的能量将分布在 30 条谱线上，5 阶次的能量将会分布在 50 条谱线上。这也就是说，1 阶次拖尾了 10 条谱线，3 阶次拖尾了 30 条谱线，5 阶次拖尾了 50 条谱线。阶次越高，能量分布的谱线数越多，拖尾越严重。这实际上也说明了在做阶次切片时，必须按一定的宽度来做切片，而不是考虑阶次的峰值。另一方面，关心的阶次越高，阶次切片对应的宽度应越宽。

从以上分析可以看出，转速变化速率越快，阶次拖尾越严重。因此，对于旋转机械的数据进行分析时，必须要考虑转速变化速率带来的影响。但实际上，很多工程师，即使是经验丰富的工程师也经常忽略这个参数带来的影响。

2.2.3 频率分辨率的影响

瀑布图分析采用跳跃式的 FFT 变换方式计算瞬时频谱，这个瞬时频谱所对应的 1 帧时域数据的长度等于频率分辨率的倒数。因此，做频谱分析时，需要确定合适的频率分辨率。

1）如果需要 0.5Hz 的频率分辨率，那么获得这个频率分辨率所要求的时域数据块的长度为 2s。

2）如果需要 1Hz 的频率分辨率，那么只需要 1s 长度的时域数据块。

仍考虑转速按固定的变化速率 600 （r/min）/s 变化，对应的频率变化速率为 10Hz/s，当按 0.5Hz 的频率分辨率时，每帧时域数据的时间长度为 2s，这时每帧数据所对应的频率变化量和转速变化量为：

1）1 阶次对应的频率变化量为 20Hz，转速变化量为 1200r/min。

2）3 阶次对应的频率变化量为 60Hz，转速变化量为 3600r/min。

3）5 阶次对应的频率变化量为 100Hz，转速变化量为 6000r/min。

描述这个变化量，1 阶次需要 40 条谱线，3 阶次需要 120 条谱线，5 阶次需要 200 条谱线。由于描述每个阶次的谱线数量多（拖尾严重），那么相邻的两个阶次就存在共用一些谱线的可能性，从而导致阶次变得模糊不清，特别是高阶次。

如果取频率分辨率为 5Hz，那么每帧时域数据的时间长度为 0.2s，这时每帧数据所对应的频率变化量和转速变化量为：

1）1 阶次对应的频率变化量为 2Hz，转速变化量为 120r/min。

2）3 阶次对应的频率变化量为 6Hz，转速变化量为 360r/min。

3）5 阶次对应的频率变化量为 10Hz，转速变化量为 600r/min。

描述这个频率分辨率下的变化量，1 阶次仅用 1 条谱线，3 阶次仅用 2 条谱线，5 阶次也仅用 2 条谱线。相比较之前 0.5Hz 的频率分辨率，拖尾效应改善明显，但还存在。

因此，从上面分析可以看出，当转速变化速率一定时，每帧时域数据的长度越短，频率变化量和转速变化量越小，拖尾现象越轻，相应的阶次线会越清晰。因此，对于旋转机械的振动噪声信号进行瀑布图分析时，必须要考虑转速变化速率和频率分辨率的影响：当转速变化速率越快，频率分辨率应越粗糙，相应的瀑布图阶次线才越清晰。

2.2.4 分析实例

在这里分别考虑跟踪两种不同转速变化速率来做瀑布图分析，如图 2-19 所示。图 2-19a 的转速在 30s 的时间内从 1203.18r/min 增加到 3006.30r/min，转速变化速率为 60.1 （r/min）/s，对应的频率变化速率为 1.0Hz/s。图 2-19b 的转速在 21.07s 的时间内从 865.80r/min 上升到 4799.89r/min，转速变化速率为 186.7 （r/min）/s，对应的频率变化速率为 3.1Hz/s。

由于转速变化速率不同，对比二者按相同的频率分辨率进行瀑布图分析的结果。首先，考虑 1Hz 的频率分辨率，1Hz 分辨率对应的时域数据块长度为 1s，得到的结果如图 2-20 所示。在相同的时间长度内，同一阶次图 2-20b 所对应的频率变化量是图 2-20a 的 3 倍。当采用 1Hz 的分辨率时，跟踪图 2-20a 的转速的瀑布图在高阶次仍清晰时，但跟踪图 2-20b 所对应的转速的瀑布图在高阶次已变得模糊不清。

再对二者考虑 5Hz 的频率分辨率的瀑布图结果，5Hz 分辨率对应的时域数据块长度为 0.2s，得到的结果如图 2-21 所示。对比两种频率分辨下跟踪同一个转速的结果，从图 2-20a 和图 2-21a 中可以看出，跟踪图 2-19a 的转速，两种频率分辨率下的阶次还都清晰，但相对而言，5Hz 的频率分辨下阶次线更宽，这是因为谱线间隔更大。因此，当跟踪图 2-19a 的转速时，用 1Hz 的频率分辨率做瀑布图分析效果更好。

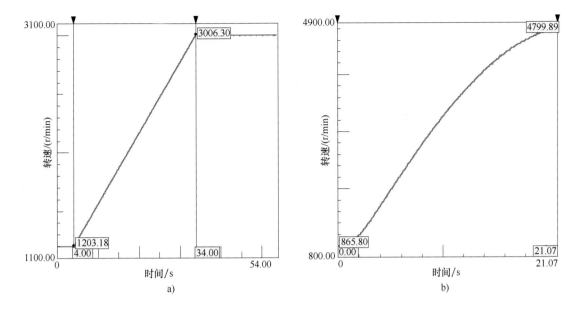

图 2-19　两种不同的转速变化速率

a）转速变化速率为 60.1（r/min）/s　b）转速变化速率为 186.7（r/min）/s

再对比图 2-19b 对应的转速在两种分辨率下的瀑布图分析结果。从图 2-20b 和图 2-21b 中可以看出，5Hz 的频率分辨率下各阶次更明显，特别是高阶次，这是因为相应的时域数据块长度更短（0.2s），在这个更短的时间内，转速变化没有之前 1Hz 对应的时域数据块变化大，因此，频率拖尾不如之前严重，对应的阶次反而更清晰。

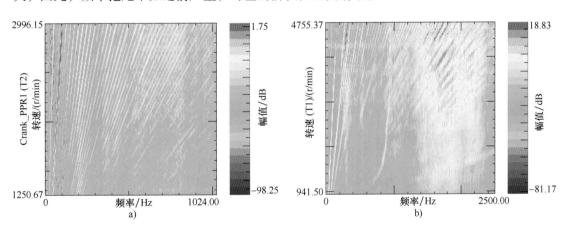

图 2-20　频率分辨率 1Hz 的 colormap

a）转速变化速率为 60.1（r/min）/s　b）转速变化速率为 186.7（r/min）/s

对旋转机械的振动噪声信号做瀑布图分析时，时域数据块越短，转速变化量越小，越可以认为在该时间段内信号是稳态信号。因此，当做瀑布图分析时，需要根据转速的变化速率来选择合适的频率分辨率。更优的频率分辨率（频率间隔越小），频谱拖尾可能越严重，特别是在转速变化速率快的情况下。

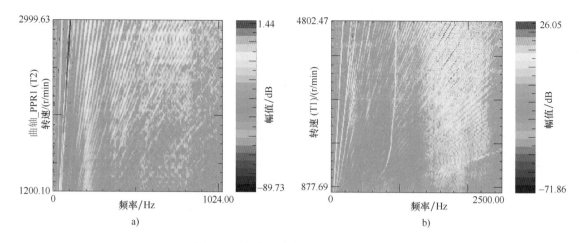

图 2-21　频率分辨率 5Hz 的 colormap

a）转速变化速率为 60.1（r/min）/s　b）转速变化速率为 186.7（r/min）/s

如果能控制转速变化的速率，那么这总是最合适的测试方式。然而，往往转速变化的时间却总是不确定的，比如，汽车测试的工况是节气门全开工况（WOT），这种情况下的瀑布图分析，频率分辨率应该更粗糙。当转速变化速率越快时，频谱对应的能量"拖尾"越严重，为了减少拖尾现象，应选择更短的时域数据块，即频率分辨率应越粗糙越好。

通常想获得高的分辨率（更小的频率间隔），但这要求采集更长的时域数据块用于 FFT 计算。在采集时域数据块的过程中，转速变化可能非常快，那么，这将导致能量分布到多条相邻的谱线上，出现拖尾现象。因此，当频率分辨率高的情况下，可能频率拖尾现象更严重，特别是转速变化速率快的情况下。所以，我们要明白，进行瀑布图分析时，为了减少频率拖尾效应，需要在转速变化速率与频率分辨率这两个参数之间进行权衡。总的原则是，转速变化速率越快，瀑布图分析的频率分辨率应越粗糙，对应的阶次才会更清晰，特别是高阶次。

2.3　什么是阶次切片

在第 1 章已经讲了什么是阶次、怎么计算阶次和阶次的物理意义等内容。但阶次切片又是什么呢？实际上，阶次切片处理正是为了获得相应的阶次。

2.3.1　为什么要做阶次切片

旋转机械的本质特点是振动或/和噪声响应出现在转速的倍数或者分数处。例如，如果旋转轴的转速为 3600r/min，频率为 60Hz，那么，我们将会看到响应出现在这个频率的倍数处，这个倍数就是阶次。1 阶次的频率等于转频，在这个例子中，1 阶次是 60Hz，3 阶次是 $3 \times 60Hz = 180Hz$。阶次 O、转速 R（r/min）和频率 f 的关系为

$$f = OR/60$$

为什么要使用阶次？这是因为阶次对转速保持不变。1 阶次始终是转频，2 阶次始终是

2 倍的转频。可以看出，阶次对应的频率（阶次频率）等于阶次数乘以转频，频率为单一数值，那为什么在做阶次切片时要考虑一定的带宽？

通过前文，我们明白了进行瀑布图分析时，由于在每帧数据的时间长度内，转速始终是变化的，这将导致频谱出现拖尾现象。也就是说，各个阶次对应的不是一条谱线，是多条谱线，这是能量泄漏造成的拖尾效应。为了把这些泄漏到邻近谱线上的能量囊括进来，阶次切片必须考虑一定的带宽。

瀑布图分析得到的三维谱图（如瀑布图或 colormap）中存在明显的阶次成分，为了比较各个阶次的相对大小，或者评价各个阶次对 OA 的贡献，或者是为了评价阶次的线性度等方面，都需要做阶次切片。在三维谱图中，进行以上这些方面的评价是极不方便的，因而，需要将关心的阶次成分切割出来，放到二维图中进行比较与评价，这个切割过程得到的结果就是所谓的阶次切片。

图 2-22 所示为阶次切片示意图，从瀑布图分析得到的结果中得到了 2 阶次和 6 阶次的切片，显示在图 2-22 下侧的二维图中，可方便地比较二者的相对大小。图 2-22 中上侧三个不同转速对应的瞬时频谱下的阶次切片值对应于下图三个转速处的数值。具体如何得到阶次切片，接下来将以一个实例进行说明。

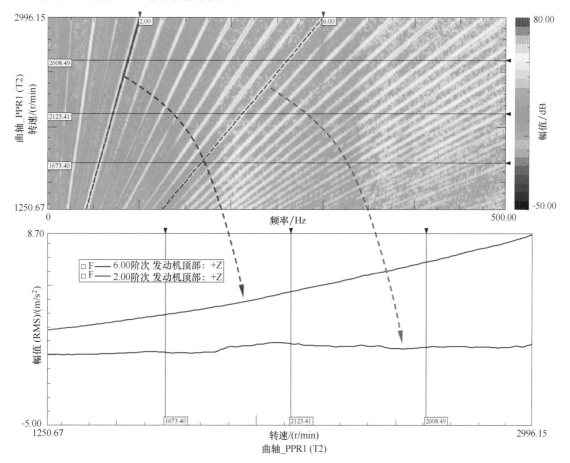

图 2-22　阶次切片示意图

2.3.2 怎么进行阶次切片处理

对一个 4 冲程 4 缸发动机顶部的垂向加速度信号做瀑布图分析，跟踪发动机曲轴的转速，得到的瀑布图如图 2-23 所示，在这里以 2 阶次的切片为例进行说明。首先，我们局部放大频率轴的区间，显示 0 ~ 150Hz，得到的 colormap 如图 2-24 所示，从图中可以明显看出，2 阶次存在一定的宽度，不是一条线，而是一个宽的频率区间。

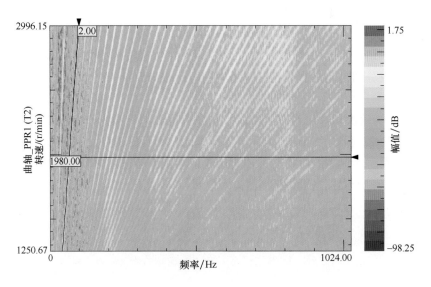

图 2-23 发动机顶部加速度的 colormap

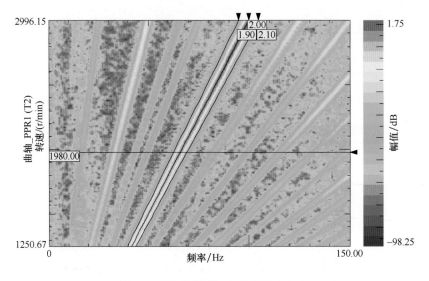

图 2-24 放大频率轴突出显示 2 阶次

对旋转机械的振动噪声信号进行瀑布图分析时，我们知道转速是时刻变化的，瀑布图中的阶次线只斜交通过一些频率，如图 2-24 中的 2 阶次曲线。在那个转速下的 FFT

分析频率不可能完全刚好匹配相应的阶次频率。频谱会遭受泄漏，从而出现拖尾效应。这样会使得频谱宽而平坦，能量分布在一些谱线上，因此，在进行阶次切片时要包含这些存在能量泄漏的谱线，因而阶次切片要包含一定的频率范围，通常这个范围称为阶次带宽。

进行阶次切片处理时，要求相应阶次宽度内的总有效值（RMS）。数学上，转速 s 下的 j 阶次成分为

$$\text{阶次}_{js} = \sqrt{\sum_{k=j-b}^{j+b} x_{ks}^2}$$

式中，b 为半个阶次带宽，表征阶次带宽的物理量可以是频率、谱线、百分比和阶次等。各种谱函数对应的有效值的具体计算公式可参考《从这里学 NVH——噪声、振动、模态分析的入门与进阶》一书。图 2-23 中标识转速为 1980r/min 对应的瞬时频谱如图 2-25 所示。虽然阶次切片也是求总有效值，但不是整个瞬时频谱的总有效值。如果是整个瞬时频谱的总有效值，那么，则是 OA，也就是说 OA 包括了所有的阶次成分和非阶次成分的能量，而阶次切片仅考虑相应的阶次宽度内的总有效值。假设阶次切片的宽度为 0.5 阶次（以阶次来表征宽度参数），对于 2 阶次而言，其对应的阶次宽度为 1.75 ~ 2.25 阶次，对应的频率区间为 57.75 ~ 74.25Hz。因此，1980r/min 对应的瞬时频谱 2 阶次的总有效值为这个频率区间的总有效值，计算的结果为 0.4g，如图 2-26 所示。而当考虑整个频带的总有效值时，则在这个转速下的总有效值，也就是 OA = 0.46g，如图 2-27 所示。

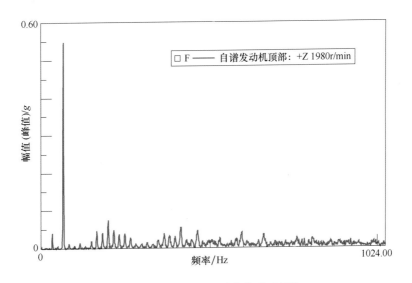

图 2-25　1980r/min 对应的瞬时频谱

同时显示这个数据的 OA 和 2 阶次曲线，并标识 1980r/min 处的值，如图 2-28 所示，可以看出，按上面方式计算得到的有效值与相应曲线在这个转速下的数值相等。

上面仅是给出了 1980r/min 处的值，其他转速下的 2 阶次是如何计算的呢？在《从这里学 NVH——噪声、振动、模态分析的入门与进阶》一书中，我们给出了频域计算 OA 值的思路。实际上，二者的计算思路是相同的，不同的地方在于频率范围。阶次切片处理比计算

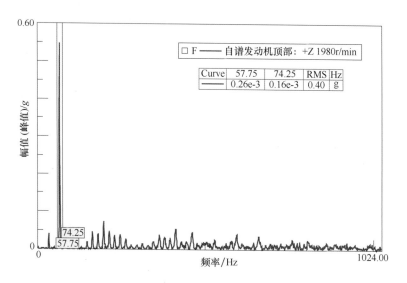

图 2-26　1980r/min 对应的瞬时频谱中 2 阶次的总有效值

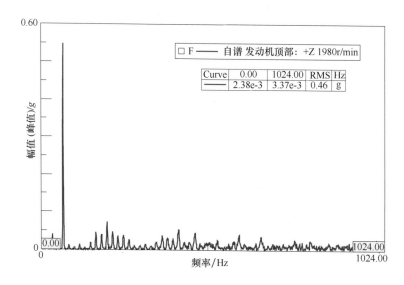

图 2-27　1980r/min 对应的瞬时频谱的总有效值

OA 要略微复杂，因为即使同一阶次，在不同的转速下对应的频率带宽是不同的，而 OA 是整个频带上的总有效值，不需要考虑不同的带宽。另一方面，当阶次不同时，即使是相同的转速，对应的频率带宽也不相同。

　　频域阶次切片处理的思路如下，以第 2 阶次，0.5 阶次宽度为例，其他阶次类似：第 1 帧时域数据计算得到瞬时频谱 S_0 之后，这帧时域数据对应一个转速（如以平均转速或中间转速标识这块数据），计算这个转速下的 2 阶次对应的频率范围，然后计算这个瞬时频谱在这个频率范围内的总有效值 A_0，然后再按步长计算下 1 帧时域数据的瞬时频谱 S_1，这帧时域数据又对应另一个转速，再计算这个转速下的 2 阶次对应的频率范围，然后计算这个瞬时

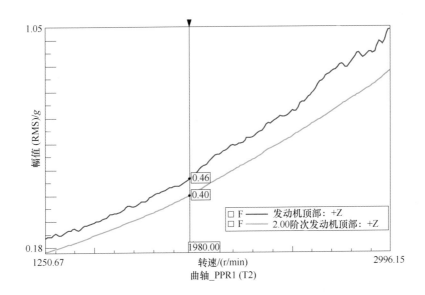

图 2-28　OA 与 2 阶次在 1980r/min 处的数值

频谱这个频率范围内的总有效值 A_1，循环这个过程，直至计算最后 1 帧时域数据所对应的总有效值 A_N，将每个瞬时频谱 2 阶次对应的频带的总有效值 A_0，A_1，…，A_N 按转速先后顺序排列连成曲线，就是所谓的阶次切片曲线，整个计算过程如图 2-29 所示。

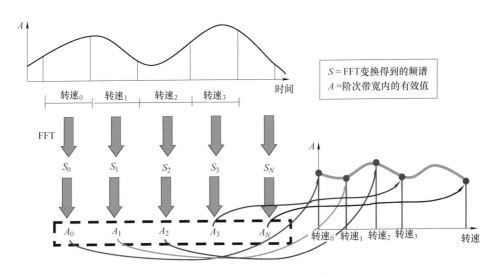

图 2-29　阶次切片处理过程示意图

　　通过上面的讨论，我们知道阶次切片只计算阶次宽度内的有效值，而 OA 则计算整个频带范围内的有效值。因此，我们总是认为所有的阶次之和应小于 OA，但实际上可能存在大于的情况。

　　如果我们考虑所有重要的阶次，对其求平方和，取平方根，那么，我们将此值作为 OA 的一种估计。如果阶次分离合适，那么我们将漏掉一些噪声和一些能量非常小的阶次。因此，由阶次计算得到的有效值将小于 OA 值。

有时一些阶次对应的带宽会重叠，这样一些能量将会重复计算。这时计算的有效值将大于实际的 OA 值。如果出现这种情况，那么说明有阶次带宽重叠。这种情况通常出现在低转速下，因为转速低，各个阶次频率比较接近，计算这部分的阶次切片时存在频率区间重叠的可能性大。

对之前的发动机顶部加速度信号计算 OA 和典型的发动机点火阶次及其谐阶次，如图 2-30 所示。

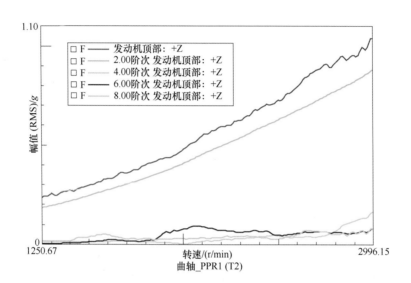

图 2-30　OA 和各个阶次曲线

2.3.3　转速变化速率的影响

在前文中，介绍了转速变化速率对频谱拖尾的影响：相应阶次对应的频率变化速率等于阶次数乘以转频变化速率。阶次越高，变化速率越大。假设频率分辨率为 1Hz，现在考虑转速变化速率为 120（r/min）/s 和 1200（r/min）/s 的两种情况，这两种情况对应的转频变化速率分别为 2Hz/s 和 20Hz/s。阶次越高，频率变化率越快。如 1 阶次二者分别以 2Hz/s 和 20Hz/s 的速率发生变化，但 5 阶次，则二者将分别以 10Hz/s 和 100Hz/s 的速率发生变化。要充分描述各阶次切片的变化，就必须要有足够宽的频率带宽。也就是说，转频变化速率越大，各阶次切片的频率宽度越宽，如图 2-31 所示。从图 2-31 中可以看出，同一转速变化速率情况下，阶次越高，阶次切片宽度越宽。同一阶次时，转速变化越快，阶次切片带宽越宽。这也可以从另一方面理解，频率分辨率为 1Hz，那么 2Hz/s 和 20Hz/s 的变化速率只需要 2 条和 20 条谱线即可描述，但考虑 5 阶次时，则需要 10 条和 100 条谱线才能正确描述。

阶次切片计算需要考虑一定的带宽，实际上是因为能量发生了泄漏，导致频谱拖尾到这些谱线上了，转速变化速率越快，频谱拖尾越严重。因此，转速的变化速率对阶次切片带宽是有影响的，转速变化速率越大，阶次切片所对应的阶次宽度越宽。

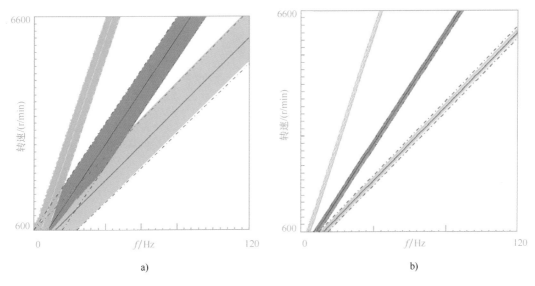

图 2-31　转速变化速率对阶次切片宽度的影响

a）1200（r/min）/s　b）120（r/min）/s

2.4　阶次宽度和切片宽度

做阶次切片处理时，有多种表征阶次切片宽度的参数，如频率、谱线、阶次和百分比等，到底选择哪个参数更合适？以及选择多大的宽度才正确？

2.4.1　阶次宽度的表征参数

计算阶次切片时，一定是以阶次频率（转频乘以阶次）或阶次为中心，左右两侧考虑半个阶次宽度。如考虑 2 阶次，阶次宽度为 0.5 阶次，则考虑的阶次区间为 1.75 ~ 2.25 阶次，对应的频率区间下限为转频乘以 1.75 阶次，上限为转频乘以 2.25 阶次，阶次频率（中心频率）为转频乘以 2 阶次。

表征阶次切片的宽度（也称为阶次切片积分宽度）参数有频率、谱线、阶次和百分比，如图 2-32 所示。前两种以频率表示宽度区间，后两种以阶次表示宽度区间。

频率宽度有两种表示形式：频率和谱线数。若按频率表示时，则整条阶次切片的频率宽度是常数；若按谱线数表示，则此时频率宽度等于谱线数乘以频率分辨率，对应的频率宽度仍是常数。也就是说，若按频率或谱线数做阶次切片时，整条阶次切片的频率宽度是相同的，如图 2-32a 所示。选取的频率宽度是阶次频率两侧各取半个频率宽度作为阶次切片的积分宽度。这时整个阶次切片的阶次宽度是变化的，阶次宽度等于频率宽度除以转频。转速越高，对应的阶次宽度越小。如果所有的阶次切片都采用相同的频率宽度是不合适的，因为，高阶次对应的阶次切片宽度应该宽于低阶次对应阶次的切片宽度。

用阶次表示切片宽度时，阶次切片的阶次宽度是常数，此时的阶次切片宽度是该阶次两侧各取半个阶次宽度作为阶次积分宽度。而此时阶次切片对应的频率范围等于转频乘以阶次

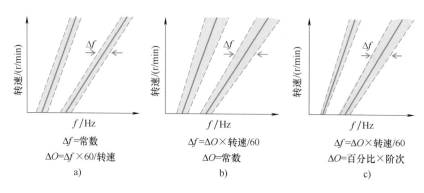

图 2-32　阶次切片宽度的 4 种表现形式
a）频率（或谱线）　b）阶次　c）百分比

宽度。随着转速的增加，阶次切片对应的频率宽度越来越宽，如图 2-32b 所示。但有一点需要注意，当所有阶次切片采用相同的阶次宽度时，同一转速下，不同阶次对应的频率宽度是相同的。也就是说，不管高低阶次，对应的频率宽度都是相同的。

百分比表示切片宽度时，是以当前阶次的百分比作为阶次切片宽度，切片宽度等于阶次数乘以百分比，因而切片的阶次宽度是常数。如对 1 阶次做阶次切片，当百分比选取 50% 时，则阶次的切片宽度 =1×50% =0.5 阶次，此时与阶次切片宽度按阶次选取 0.5 阶次得到的结果是相同的。因此，百分比的阶次切片，阶次切片的频率宽度等于阶次数×百分比×转频。随着转速的增加，切片对应的频率宽度是越来越宽的，如图 2-32c 所示。当所有的阶次切片采用同一个百分比时，由于阶次增加，那么，即使同一转速，高阶次对应的频率宽度宽于低阶次。也就是所有阶次即使采用同一百分比宽度，高阶次对应的频率宽度会宽于低阶次对应的频率宽度。

在这 4 种表示阶次切片宽度的参数中，频率和谱线表示整条切片等频率宽度。阶次和百分比表示整条切片等阶次宽度，假设给定 4 种表示方式的宽度，则 1 阶次、5 阶次、10 阶次宽度计算见表 2-1。用阶次表示时，虽然整条阶次切片阶次宽度相等，但低转速对应的频率宽度窄，高转速对应的频率宽度宽。

表 2-1　计算各种阶次宽度

宽度参数	宽度	1 阶次	5 阶次	10 阶次
频率	20Hz	转速/60 ±10Hz	5 转速/60 ±10Hz	10 转速/60 ±10Hz
谱线	20 条谱线	转速/60 ±10Δ/Hz	5 转速/60 ±10Δ/Hz	10 转速/60 ±10Δ/Hz
阶次	0.5 阶次	1 阶次 ±0.25	5 阶次 ±0.25	10 阶次 ±0.25
百分比	50%	1 阶次 ±0.25	5 阶次 ±1.25	10 阶次 ±2.5

2.4.2　如何选择切片宽度

倘若整个升降速过程按固定的转速变化速率改变，那么，同一个阶次频率变化速率相同，可采用相同的频率宽度。但在高阶次，频率变化速率与阶次数成正比，因此，高阶次应使用更宽的频率宽度。

倘若升速过程转速的变化速率是先慢后快，那么，在低转速下频率改变速率慢，对应的频率宽度窄，高转速下频率改变快，对应的频率宽度宽，这时，宜用阶次宽度来表示阶次切片参数。另一方面，在对高阶次进行切片时，阶次宽度应该更宽。

考虑图 2-33 所示的转速在 30s 的时间内从 1203.18r/min 匀速上升到 3006.3r/min，转速变化速率为 60.1 (r/min)/s，对应的频率变化速率为 1.0Hz/s。2 阶次将以 2Hz/s 的速率变化，10 阶次将以 10Hz/s 的速率变化。因此，2 阶次将以阶次频率为中心，左右各拖尾 2Hz，10 阶次将在阶次频率左右两侧各拖尾 10Hz，如图 2-34 所示，此时的转速为 1980r/min，转频为 33Hz，2 阶次的频率为 66Hz，10 阶次为 330Hz，频谱分辨率为 1Hz，因此，在图 2-34 中 2 阶次在 66Hz 两侧拖尾 2 条谱线，在图 2-35 中 10 阶次在 330Hz 两侧拖尾 10 条谱线。

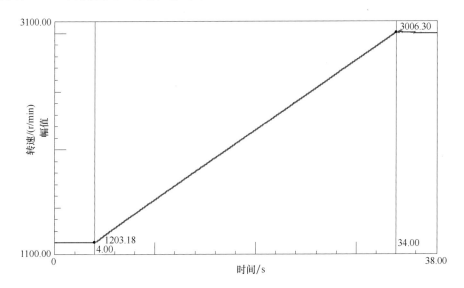

图 2-33　转速按固定变化速率上升

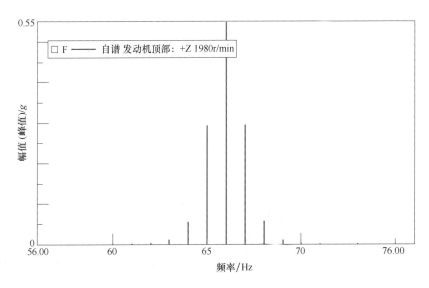

图 2-34　2 阶次的频谱拖尾

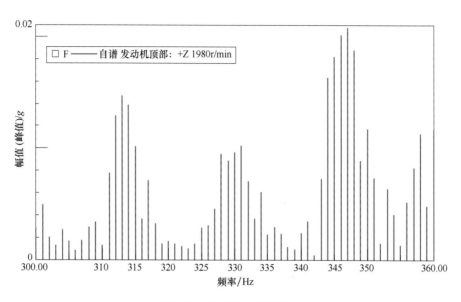

图 2-35 10 阶次的频谱拖尾

考虑对 2 阶次分别按 4Hz 的频率宽度和 0.1 阶次宽度（2～5Hz）做切片；对 10 阶次分别按 20Hz 的频率宽度和 0.5 阶次宽度（10～25Hz）做切片，结果如图 2-36 和图 2-37 所示。

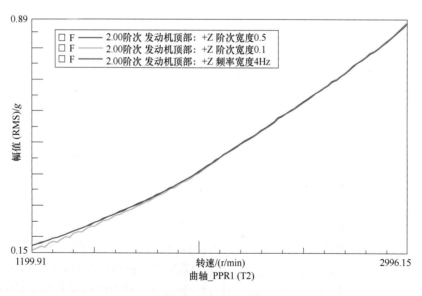

图 2-36 2 阶次切片

由图 2-36 和图 2-37 可以看出，差异主要出现在低转速下，由于转速低，当采用阶次宽度时，对应的频率区间窄，从而导致阶次的能量低。另一方面，商业软件默认的阶次切片采用 0.5 阶次宽度时，对于低阶次可能没有问题（见图 2-36），但当对高阶次也使用 0.5 阶次时，在低转速下会造成阶次值偏小（见图 2-37）。这是因为高阶次频率变化速率大，低转速的阶次宽度没有包含整个相应的频率拖尾频带。所以，对于高阶次，应采用更大的阶次宽度，特别是低转速。

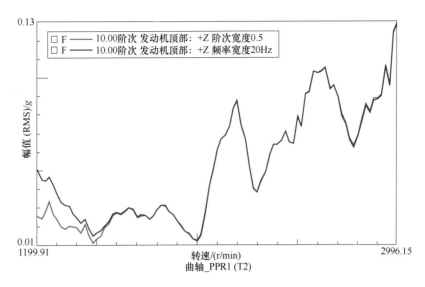

图 2-37　10 阶次切片

由以上分析可以看出，对于转速按固定速率 v 变化时，n 阶次切片的频率宽度应不低于 $2nv$Hz。如果按阶次方式（阶次或百分比）应保证在低转速时，对应的频率宽度也大于 $2nv$Hz。只要保证这一条，不管用何种宽度参数，阶次切片都是准确的。

对于转速变化速率先慢后快的情况，用阶次宽度参数更合适，因为阶次宽度参数低转速对应的频率范围窄，高转速对应的频率范围宽。

不管转速按哪种变化方式，阶次越高，对应的切片频率宽度也应越宽，而不能对所有的阶次采用同一个宽度参数。

2.5　阶次的相位、提取与叠加

当需要比较各阶次的相对大小、对总量级 OA 的贡献，以及评价阶次的线性度时都需要对阶次进行提取。而常规提取出来的阶次是不带相位信息的，下文将介绍带相位的阶次提取以及各种阶次提取的方法与阶次的叠加。

2.5.1　阶次的相位

在 2.3 节，我们已经明白阶次提取时是计算相应阶次宽度内的有效值，然后按照时间或转速的先后顺序，将各个瞬时频谱的这个阶次宽度内的有效值连成曲线，即为要提取的阶次。如提取图 2-38 所示的 2 阶次时，阶次宽度设置为 0.5 阶次（从 1.75 ~ 2.25 阶次，图中两条蓝线所示的区域），计算每个瞬时频谱这个阶次宽度内的有效值如图右侧所示，然后将这些有效值按转速的先后顺序连接得到 2 阶次，如图 2-39 所示。

在图 2-38 所示的转速区间，总共有 21 个瞬时频谱，因而在这个转速区间绘制的 2 阶次也只有 21 个数据点（每个十字表示 1 个数据点）。另外，注意到提取出来的阶次是不带相位的，每个转速点对应的相位为 0。阶次没有相位是因为计算阶次时是按能量（有效值表示能量）的方式来考虑的。

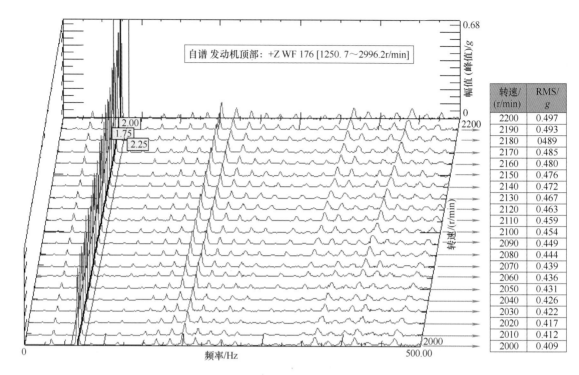

图 2-38　2 阶次对应的各个瞬时频谱的有效值

转速/(r/min)	RMS/g
2200	0.497
2190	0.493
2180	0489
2170	0.485
2160	0.480
2150	0.476
2140	0.472
2130	0.467
2120	0.463
2110	0.459
2100	0.454
2090	0.449
2080	0.444
2070	0.439
2060	0.436
2050	0.431
2040	0.426
2030	0.422
2020	0.417
2010	0.412
2000	0.409

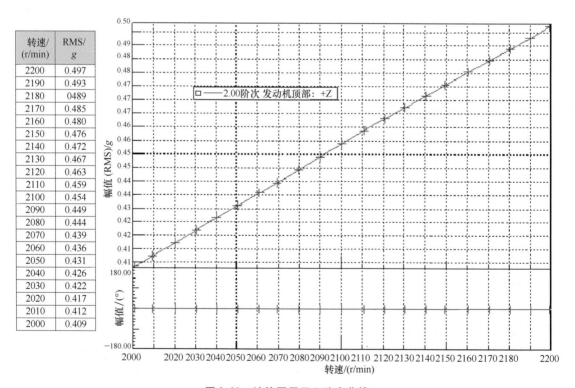

图 2-39　波德图显示 2 阶次曲线

虽然常规的阶次提取是没有相位的，但是某些情况下提取到的阶次是可以带相位的，如图 2-40 所示。

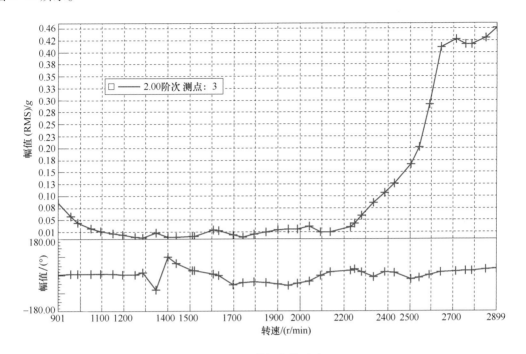

图 2-40　带相位的阶次

如果想提取带相位的阶次，则应计算相位参考谱，基于相位参考谱才能提取到带相位的阶次。相位参考谱在 Simcenter™ Testlab 软件中的设置如图 2-41 所示，选择的函数为频谱，还需要选择一个通道作为相位参考通道。

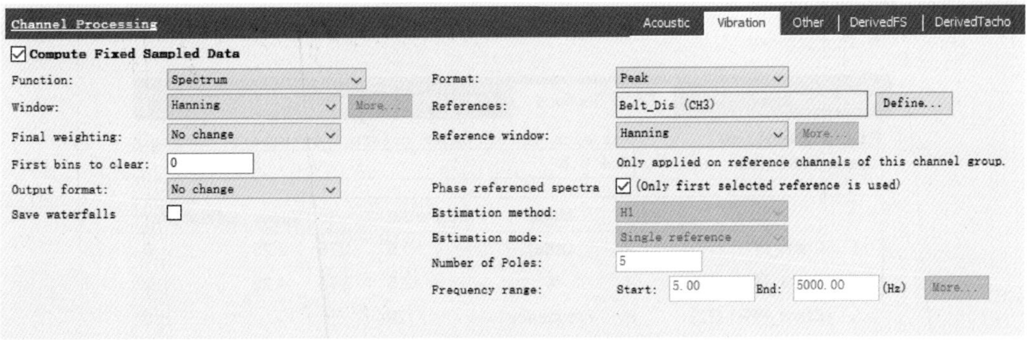

图 2-41　相位参考谱的设置

对同一个信号按常规阶次提取（计算的函数为自谱，绿色）和按相位参考谱提取到的带相位的阶次（红色）的对比如图 2-42 所示。从图 2-42 中可以看出，两个阶次的大小完全相同，不同的是相位。也就是说，不管哪种方式提取阶次，计算得到的阶次都是计算阶次宽度内的有效值，而常规阶次提取是没有相位的，实际上由于计算阶次宽度内的有效值是按能量计算的，此时，是不考虑相位的，那么，在计算相位参考谱提取阶次时，得到的阶次相位是拟合出来的。

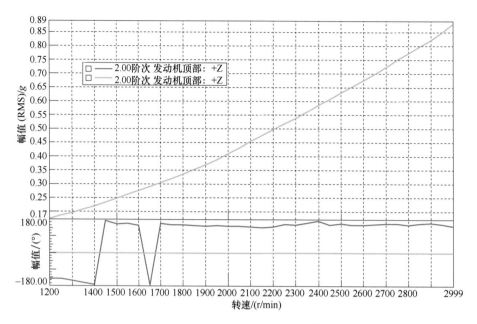

图 2-42　对比同一阶次带相位与不带相位

2.5.2　阶次的提取

基于 Testlab 的阶次提取，常规做法是频谱分析的同时进行阶次提取，界面如图 2-43 所示，提取阶次时可以按阶次宽度、阶次百分比、频率宽度和谱线数来考虑相应阶次对应的频率范围。

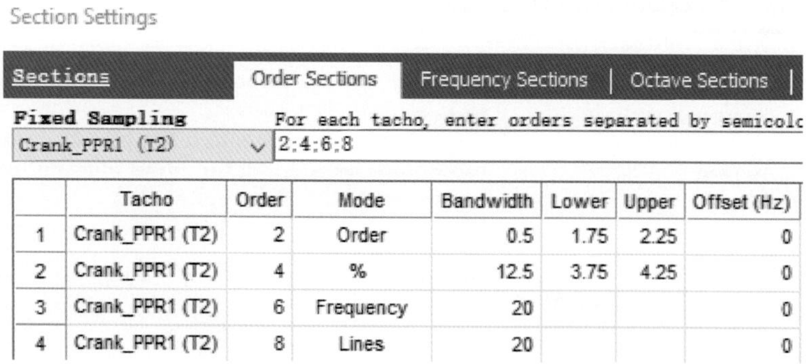

Section Settings

Sections	Order Sections	Frequency Sections	Octave Sections

Fixed Sampling　For each tacho, enter orders separated by semicolo
Crank_PPR1 (T2)　2;4;6;8

	Tacho	Order	Mode	Bandwidth	Lower	Upper	Offset (Hz)
1	Crank_PPR1 (T2)	2	Order	0.5	1.75	2.25	0
2	Crank_PPR1 (T2)	4	%	12.5	3.75	4.25	0
3	Crank_PPR1 (T2)	6	Frequency	20			0
4	Crank_PPR1 (T2)	8	Lines	20			0

图 2-43　常规阶次提取方法的设置

倘若在进行瀑布图分析的时候，没有按上述方法进行设置，则不会提取到任何阶次，后续如果想提取阶次，当然可以再进行 1 次频谱分析。但实际上，也可以不用再进行频谱分析也能提取到阶次。有两种方法可用于后续提取到阶次，一种方法是频域后处理；另一种方法是阶次处理光标。

频域后处理时，首先需要选中要提取的瀑布图结果，然后在【处理函数及处理集定义】下面选择函数为【阶次切片】，在【阶次】一栏中输入要提取的阶次，各阶次之间用分号隔开，通过【更多…】按钮设置阶次切片宽度模式，设置页面如图2-44所示，然后单击【计算】按钮即可将提取到的阶次自动保存在当前项目中。

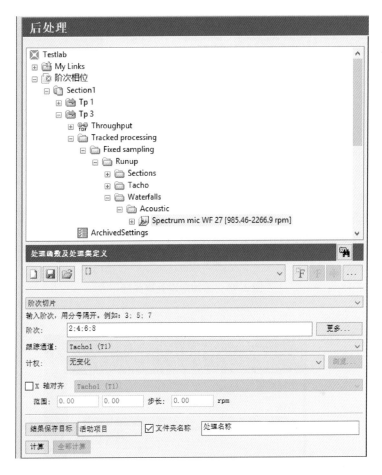

图2-44　频域后处理提取阶次

阶次处理光标是直接在瀑布图或colormap中使用阶次处理光标，如图2-45所示。通过单击右键选择【添加处理光标】—【阶次】就会在图中增加一条阶次处理光标，同时跳出【光标处理】页面，可移动光标或输入阶次值到想要提取的阶次处，单击右键【光标处理】页面中的阶次，会出现【参数…】选项，可设置相应的阶次宽度参数，默认是0.5阶次宽度，如图2-46所示，然后将这个阶次切片拖入前后图中显示即可。

2.5.3　阶次的叠加

当考虑各主要阶次成分对OA的贡献时，可能会对各主要阶次进行叠加，然后与OA进行比较。叠加时应按能量方式叠加，而不应该是幅值直接相加。计算某转速下叠加之后的阶次为

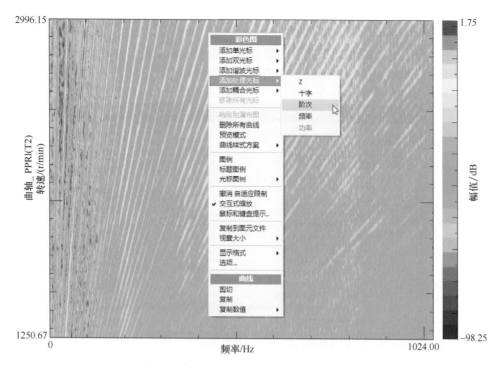

图 2-45   添加阶次处理光标

图 2-46   阶次提取页面

$$\text{阶次}_{\text{sum}} = \sqrt{\sum_{k=1}^{N} x_k^2}$$

式中，x_k 是第 k 条阶次在当前转速下的有效值；N 是总阶次数。

对图 2-47 所示的 2 阶次、4 阶次、6 阶次、8 阶次进行叠加，得到叠加之后的阶次如图 2-48 中的 Sum1 曲线所示。如果是各阶次直接相加，结果如图 2-48 中的 Sum 曲线所示，此时，这 4 个阶次直接相加之和大于 OA，这是不正确的。因此，阶次相加必然按能量相加的方式进行，而不是代数相加。

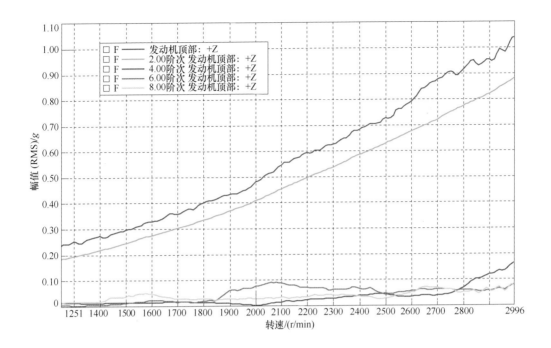

图 2-47　各阶次成分与 OA

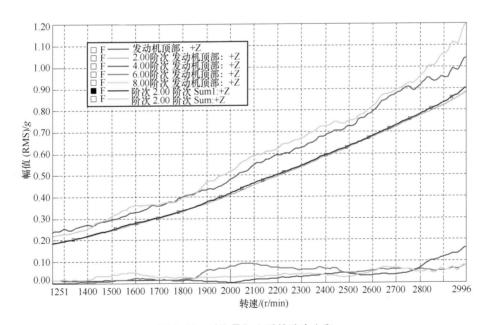

图 2-48　对比叠加之后的阶次之和

第3章 阶次跟踪

在对旋转机械的振动噪声进行转速跟踪分析时，得到的高阶次通常会因为拖尾效应而模糊不清，不利于跟踪问题。因而，对于高阶次就需要另一种分析方法，即阶次跟踪。

3.1 什么是等角度采样（同步采样）

我们通常所讲的采样方式都是等时间采样，也就是采样过程中采集相邻两个数据点之间的时间间隔是固定不变的。而对于等角度采样，是指采样过程中采集相邻两个数据点之间的角度间隔是固定不变的。等时间采样方式既适用于非旋转结构，也适用于旋转结构，而等角度采样只适用于旋转结构。

3.1.1 为什么需要等角度采样

对于旋转机械而言，低转速时旋转1转所用的时间长，高转速时旋转1转所用的时间短。如果按等时间采集旋转机械的振动噪声信号，则会出现这样的情况：低转速时，旋转1转采集的数据点多；高转速时，旋转1转采集的数据点少。即使旋转设备在某一名义转速下工作，但实际的转速也是在一个小范围内波动，因而等时间采样时每转采集的数据点也是不相同的。低转速下满足采样定理，而高转速下，可能不满足采样定理。另外，高转速下每转数据点少则说明包含的信息量少，同时可能因不满足采样定理而发生混叠现象。

那么，等时间采样方式对旋转机械随转速波动的信号采集（如升降速信号）则存在一定的缺陷：一是有可能因设定的采样频率跟不上转速的变化而无法满足采样定理的要求，造成信号混叠；二是由于转速变化，信号不再是周期信号，不满足傅里叶变换要求，导致泄漏严重，从而使频谱拖尾严重，离散的谱线变成了谱带或者说谱线变宽，尤其高阶谐波，带宽按阶次比例改变，谱带更宽，谱图变得模糊不好分辨，这一点可参见2.2节。这种模糊的谱线成分由于信号能量分散在一串谱线上，除使幅值有较大误差外，有时还会淹没旁边结构的细节，这对旋转机械的故障分析是不利的，如果能改变采样频率使其与旋转机械的转速的变化同步起来，则在频谱图上显示的转速频率及其各次谐波就会保持确定的关系，频谱拖尾的现象就可以消除。

因此，需要另一种采样方式，能保证不管转速如何变化，采样的信号仍是周期信号，不存在频谱拖尾现象。而等角度采样能满足这一点，采用等角度触发同步采样，能保证每转采样点数相同，相当于信号具有周期性质，从而可获得清晰的阶次谱图。

3.1.2 等角度采样定理

对于等角度采样，我们考虑每转采集 M 个点，通常使用齿轮盘或者类似的结构，如码盘，每转给定 M 个齿。这个采样过程独立于实际轴的转速。因此，等角度采样方式下的采样率总是每转采集 M 个样本点（或称为数据点），不管转速如何变化，采集相邻两个数据点的角度间隔为（360/M）°。

等角度采集到的信号是信号幅值随角度的变化曲线，我们把以角度为变量的域称为角度域，类似于时域；与角度域相对应的是阶次域，类似于时域对应的频域。也就是说如果我们对等角度采样的数据进行傅里叶变换，那么将得到阶次谱（横轴为阶次），如图 3-1 所示，即角度域信号通过傅里叶变换到阶次域。

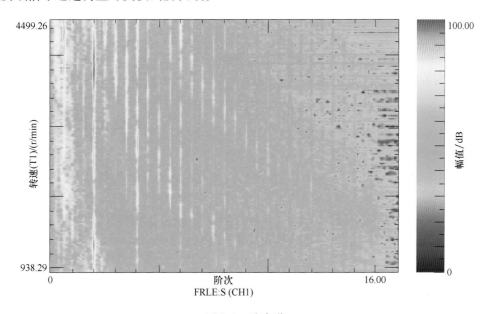

图 3-1 阶次谱

对于等角度采样方式直接应用香农采样定理，也就是当我们以每转采集 M 个样本点进行等角度采样时，在不引起混叠的情况下能得到的最高阶次 O_{max} 为

$$O_{max} = M/2$$

也就是说，对于等角度采样，如果关心的最高阶次为 O，则每转的采样点数不能低于 2O，类似于通常我们所讲的采样要求。

3.1.3 等角度采样的采样频率

虽然等角度采样过程中满足采集相邻两个数据点的角度间隔是固定不变的，如图 3-2 所示，但是采样过程中采集相邻两个数据点的时间间隔却是变化的，也就是时域采样频率（采样频率等于时间间隔的倒数）是变化的。

实际上等角度采样时，采集的样本点还是按时域进行采样的，只不过不是固定采样率，而是变化的采样率。假设每转采集 M 个数据点，那么，时域采样频率 f_s 与转速的关系为

$$f_s = M \text{ 转速}/60 = M \text{ 转频} \tag{3-1}$$

由式（3-1）可以看出，采样频率正比于转频，低转速下，采样频率低，高转速下采样频率高，这样才能满足每转采集 M 个数据点的要求，二者的关系如图 3-3 所示。图 3-3 为前后图形式，红色表示的转速纵轴为左侧纵轴，绿色表示的采样频率的纵轴为右侧纵轴。随着转速的升高，采样频率随之升高。

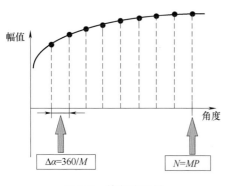

图 3-2 等角度采样

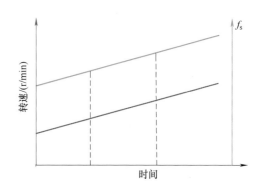

图 3-3 采样频率与转速的关系

当每转采集 M 个数据点时，能得到的最大阶次为 $O_{\max} = M/2$，因而 $M = 2O_{\max}$，将其代入式（3-1），则有

$$f_s = 2O_{\max}\text{转频} = 2f_{bw} \tag{3-2}$$

因此，由式（3-2）可以看出，当采样频率随转速变化时，不管转速如何，始终是满足香农采样定理要求的。

由于等角度采样方式的采样频率始终与转速同步变化，二者有明确的关系，或者说采样频率与转速是同步的，因此，我们也将等角度采样称为同步采样。即等角度的采样频率与转速是同步的。

3.1.4 基本名词术语

等时间采样方式有相应的名词术语，如 1 帧数据长度 T、时间分辨率 Δt 和数据块大小 N 等时域名词术语。相同的道理，等角度采样也有类似的名词术语，如 1 帧数据对应的旋转转数（或圈数）P、角度分辨率 $\Delta\alpha$、每转样本点数 M 和数据块大小 N 等角度域名词术语。

每转样本点数 M 是指旋转 1 转采集的数据点，如果每转对应 M 个齿（假设为齿轮盘），那么，样本点数 M 也等于

$$M = f_s \times 60/\text{转速} \tag{3-3}$$

式中，f_s 是采样频率；转速是瞬时转速，而 60/转速是表示旋转 1 转所需要的时间，因此采样频率乘以时间为采样点数。

假设一次做傅里叶变换的数据块时间长度为 T，则在时间 T 内旋转的转数 P 为

$$P = T \times \text{转速}/60 = \text{转速}/(\Delta f \times 60) \tag{3-4}$$

式中，Δf 是频率分辨率，由于转速在变化，旋转 P 转所需要的时间是变化的，但是每次 FFT 变换的转数 P 是固定不变的。顺便提及一下，如果我们用傅里叶分析一个精确的转数 P，那么得到的阶次间距是 $1/P$ 阶，也就是说，阶次谱的阶次分辨率是 $1/P$ 阶次。

每转采集 M 个样本点，当旋转 P 转时，总的样本点数 N 为

$$N = MP \tag{3-5}$$

由于每帧数据的样本点数总是 N，这将满足 FFT 计算时要求每帧数据有相同数目的样本点数要求。

等角度采样示意图如图 3-4 所示。1 帧数据对应 P 转，总的数据样本为 $N = MP$，即每转 M 个数据点乘以转数。

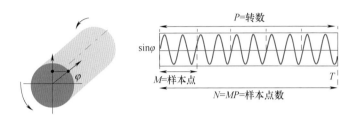

图 3-4　等角度采样示意图

3.2　什么是阶次跟踪

工程上虽然普遍使用常规的频谱分析来处理振动噪声问题，但当旋转机械在某种工况下出现故障时，如启停过程、加速过程等，很难通过单一的频谱分析确定故障的频率成分，这是因为频谱发生了拖尾现象。而当使用阶次跟踪分析时，则可得到单一的故障频率成分，对于确定故障原因非常有帮助。

3.2.1　阶次跟踪的概念

我们知道阶次表征的是转速的倍数关系，是一个无量纲，独立于变化的转速。物理意义是每转事件（振动噪声等）发生的次数，因此不管转速如何变化，每旋转 1 转，事件发生的次数都是不变的，即阶次是不变的，而转速是时刻变化的。这也是阶次跟踪虽然跟踪的是转速，但并不叫转速跟踪的原因之一。

阶次跟踪是一种信号处理技术，是指根据转速的变化而相应的改变采样频率以获得等角度采样数据（也称为同步数据），再对等角度数据进行 FFT 分析，得到清晰的阶次谱的过程。由于转速时刻变化，而傅里叶分析要求每帧数据有固定数目的样本点，这将导致等时间采样的信号不满足 FFT 变换的周期性要求。而阶次跟踪能保证每转采集相同的数据点，相当于信号具有周期性质，从而对角度域数据进行 FFT 变换时，满足变换的周期性要求，可获得清晰的阶次谱。

确切地讲，阶次跟踪是一种数字信号处理技术，因为最开始采集信号时还是按固定采样频率的方式进行的，然后对固定采样频率获得的数字化的时域数据进行重采样，获得角度域数据，然后再进行 FFT 变换得到阶次谱。

3.2.2　阶次跟踪的过程

由于最原始的信号是按固定采样频率的方式获得的，因此，需要对原始的时域数据进行数字重采样，获得等角度数据。而重采样过程中，需要保证重采样频率始终与转速同步，这样才能保证每转获得相同数目的样本点。因而，对于阶次跟踪，转速是必须要测量的信号，可以仅仅每转 1 个脉冲，得到平均的转速。

数字重采样保证每转相同的数据点如图 3-5 所示，每转 1 个脉冲下按固定采样频率获得的时域信号，在图 3-5 所示的每转中（相邻两个脉冲表示旋转了 1 转）时域数据点都是不同的，分别为 20 个、15 个和 10 个。为了保证每转采集相同的数据点，假设为 10 个，则需要对原始的时域数据信号进行重采样，获得每转 10 个数据点，重采样后的信号如图 3-5 底部所示。

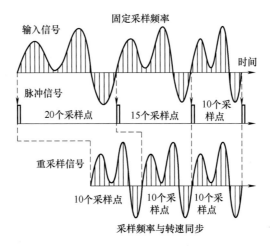

图 3-5　数字重采样保证每转相同的数据点

对图 3-5 所示的原始时域信号进行 FFT 分析，得到的频谱结果（用谱线表示）如图 3-6a 所示，可以看出，频谱拖尾严重。而对重采样后的角度域信号进行 FFT 变换，得到的阶次谱如图 3-6b 所示，此时，阶次仅为一条谱线，不存在拖尾现象。

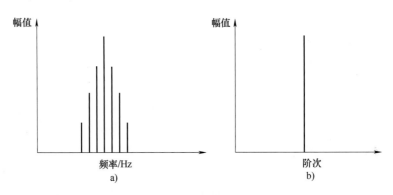

图 3-6　两种方式下的频谱

a）频谱　b）阶次谱

阶次跟踪处理过程如图 3-7 所示，首先按固定采样频率获得原始的时域信号，在测量原始时域信号的同时同步采集每转 1 个脉冲的转速脉冲信号，通过使用高时针频率的计数器来精确定位脉冲的检测电平通过时间，获得更为精确的转速脉冲信号。然后基于每转 1 个脉冲的转速脉冲信号来计算角度-时间关系，如图 3-7 中第 3 个图所示，用时域采样数据去精确确定角度位置。在每转内，根据定义的最大阶次数来获得角度分辨率或每转的采样点数，从而定义想要的角位置时刻。根据定义的角位置时刻对原始的时域数据采用自适应数字重采样得到角度域数据。在这一步中，会用到插值方法或抽样方法将等时间采样的信号转化为同步（等角度）数据。最后再按照瀑布图分析方式对角度域数据进行 FFT 变换到阶次域，得到阶次谱。这一步处理方式与瀑布图分析方式完全相同，不同之处是从角度域到阶次域。

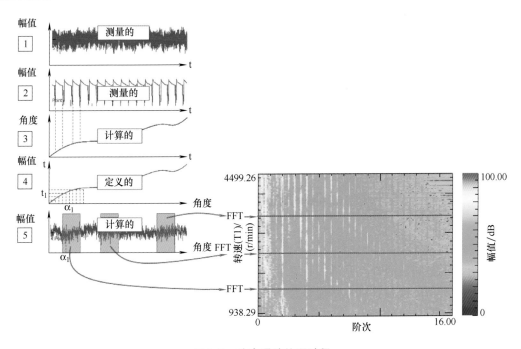

图 3-7　阶次跟踪处理过程

在 2.3 节，我们讲到做阶次切片时需要考虑一定的阶次宽度，不能只提取阶次频率的峰值，不然将产生明显的误差。而阶次跟踪得到的阶次谱中各阶次对应的有效值不会像频谱中那样带有明显的误差，正弦分量的频率不会匹配一些离散的谱线上，而只会匹配一条阶次谱线。

3.2.3　最高阶次

我们知道频率 f 与阶次 O 的关系为

$$f = O \times 转速/60 \qquad (3\text{-}6)$$

因此，最大频率（带宽，也是采样频率 f_s 的一半）f_{max} 与最大阶次 O_{max} 的关系为

$$f_{max} = O_{max} \times 转速/60 = f_s/2 \qquad (3\text{-}7)$$

由式（3-7）可推导出最大阶次 O_{max} 与采样频率 f_s 的关系为

$$O_{max} = 30 \times f_s/转速 = M/2 \qquad (3\text{-}8)$$

如果每转采样点数 M 越多，则关心的最高阶次越大。如果采样频率固定，那么，最高阶次由最小转速决定，但整体可导的最大阶次（整体可导阶次是指阶次贯穿整个转速区间，而不是匹配一部分，如图 3-8 中 22 阶次是整体可导阶次，但 27 阶次不是）由最大

转速决定。如果对固定采样频率的信号做阶次分析，得到的结果如图 3-8 所示，可以看出，转速越小，最大阶次越高。但是由于带宽一定，如果转速越大，能得到的整体可导阶次越小。如图 3-8 中最高转速 5483.27r/min 对应的最大整体可导阶次为 22 阶，如果转速降低为 4467.85r/min，那么整体可导的最大阶次将变为 27 阶次。

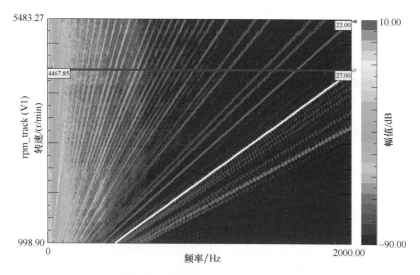

图 3-8   最高阶次与整体可导阶次

以上针对的是频域的阶次分析，如果对固定采样频率的数据进行数字重采样，转换到阶次域，也存在类似的关系。对采样频率为 2048Hz 的信号进行阶次跟踪，如果关心的最高阶次为 32 阶次，根据式（3-8），最大转速为 1920r/min，Testlab 软件参数设置页面如图 3-9 所示，实际的转速信号和原始时域信号如图 3-10 所示。如果关心的最高阶次更大，则最高转速更小。

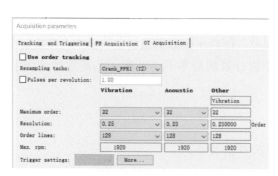

图 3-9   参数设置页面

按图 3-9 所示的设置进行阶次跟踪处理，得到的阶次谱如图 3-11 所示。注意到图 3-11 中的右上角，即黄色曲线以上的区域没有相应的阶次。采样频率固定后，转速越高，获得的最大阶次越小，在图 3-11 中，关心的最高阶次为 32 阶次时，对应的最大转速为 1920r/min，而最高转速 2996.15r/min 对应的最大阶次仅为 20.5 阶次。因此，随着转速通过 1920r/min 之后，可获得的最大阶次在逐步减小，到最高转速时只有 20.5 阶次。因而在图 3-11 所示的阶次谱图的右上角不存在任何阶次成分。

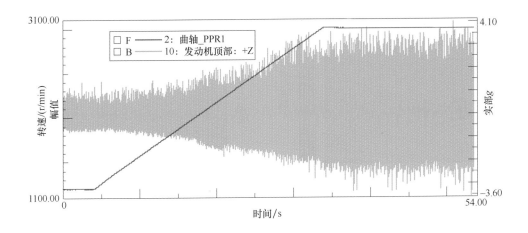

图 3-10 实际的转速信号和原始时域信号

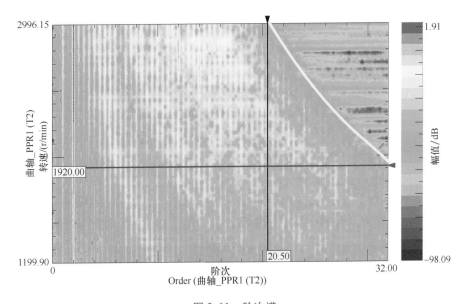

图 3-11 阶次谱

　　另外，假如我们关心的最高阶次一定，在进行阶次跟踪时，有没有必要处理得到更高阶次的阶次谱呢？实际上没有必要！

　　现在我们有一组固定采样频率获得的数据，关心的最高阶次为 16 阶次，因此，时域的采样频率对关心 16 阶次而言是足够的。现在对这组数据进行阶次跟踪处理，首先处理的最高阶次为关心的最高 16 阶次，那么每转重采样获得 32 个数据点，采样间隔为 11.25°，得到的阶次谱如图 3-12a 所示。当然我们也可以每转采集更多的点，如每转采集 256 个数据点，关心的最高阶次为 128 阶次，此时，重采样间隔为 1.40625°，获得相应的阶次谱，局部放大显示前 16 阶次的结果，如图 3-12b 所示。由图 3-12 可以看出，对于关心的最高阶次而言，只要时域采样频率足够，那么阶次跟踪处理时的重采样分辨率将不会影响阶次跟踪的精度。

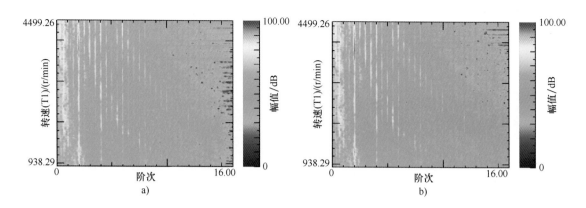

图 3-12　两种重采样率下的阶次谱

a）采样间隔 11.25°　b）采样间隔 1.40625°

3.2.4　阶次分辨率

根据频率 f 与阶次 O 的关系：

$$f = O \times 转速/60 \qquad (3-9)$$

可以得到频率分辨率与阶次分辨率的关系：

$$\Delta f = \Delta O \times 转速/60 \qquad (3-10)$$

根据式（3-10），可以得到阶次分辨率为

$$\Delta O = \Delta f \times 60/转速 = 1/P \qquad (3-11)$$

从式（3-11）可以看出，FFT 分析时，1 帧数据对应的转数 P 越多，那么表示更优的阶次分辨率。如果采样频率固定，那么 FFT 分析时的频率分辨率也是固定的，因而，此时的阶次分辨率的最大值由最小的转速决定。转速越小，阶次分辨率越差，越不易于分辨出低转速下的各个阶次，如图 3-13 所示，当最低转速为 998.9r/min 时，各个阶次在这个转速下非常靠近，不易于区分；如果最低转速为 3000r/min，此时阶次分辨率提高，各个阶次可以明显区分开来。

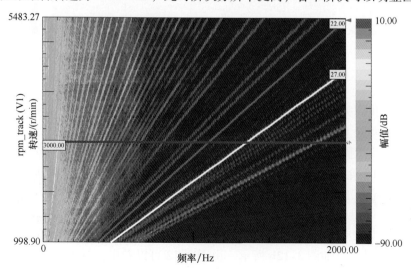

图 3-13　频域的阶次分辨率

现在，我们来考虑同一组数据在不同阶次分辨率下的 colormap，以及相应的阶次切片结果。关心的最高阶次为 32 阶次，分别考虑不同的阶次分辨率 1 阶次、0.5 阶次、0.25 阶次和 0.125 阶次，得到的阶次谱如图 3-14 所示。可以看出，阶次分辨率越小，得到的阶次线条越细，各阶次越明显。当阶次分辨率粗糙时，各阶次线也模糊不清，似乎也存在拖尾现象。因此，阶次分辨率影响阶次的清晰度，在进行阶次跟踪处理时要注意这一点。

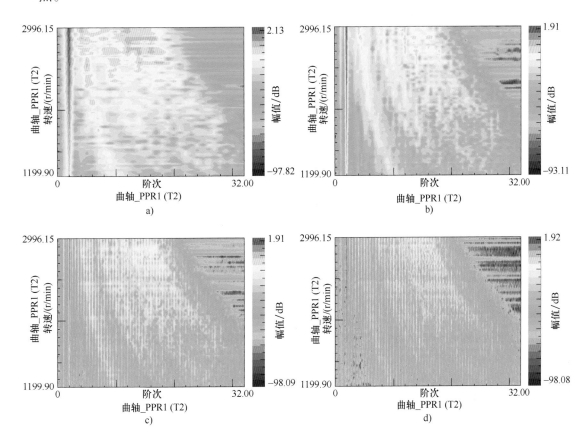

图 3-14 不同阶次分辨率下的阶次谱

a）阶次分辨率：1 阶次　b）阶次分辨率：0.5 阶次
c）阶次分辨率：0.25 阶次　d）阶次分辨率：0.125 阶次

由图 3-14 可以看出，2 阶次是最明显的阶次（这是 4 冲程 4 缸发动机的振动信号），我们考虑在以上阶次分辨率下的 2 阶次大小。阶次谱中对阶次进行切片处理时，均按 1 条谱线的宽度来计算，得到的结果如图 3-15 所示。同时也对比考虑频谱分析下得到的 2 阶次（阶次宽度 0.5 阶次）。除了阶次分辨率为 1 阶次时，数据波动较大之外，其他 4 种情况下的数据一致性好。阶次谱中对阶次进行切片处理时，只考虑 1 条阶次线，与频谱分析得到的阶次相同，因此，这也验证了，阶次分析不存在泄漏，FFT 分析时无须加窗函数。各阶次线的有效值均代表了当前阶次的能量，不像频谱分析中仅考虑阶次频率的有效值时会存在相当大的误差。

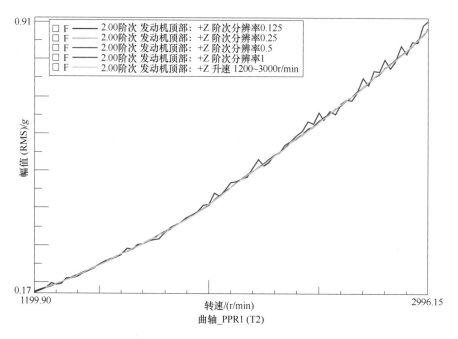

图 3-15   不同处理下的 2 阶次曲线

3.3   阶次跟踪与固定采样的区别

固定采样的数据分析和阶次跟踪作为旋转机械两种分析技术，各有各的优缺点。如阶次跟踪获得的阶次谱描述阶次特征非常清晰，不管阶次的高低，但阶次谱描述共振特性却不那么明显。而固定采样得到的频谱描述共振特性非常明显，低阶次也较清晰，但高阶次却可能拖尾严重，导致模糊不清。

3.3.1   采样方式的区别

不管待测结构是否是旋转设备，都可以使用固定采样频率进行测量分析，而且绝大多数情况下都是使用固定采样方式，因此，固定采样方式的采样频率（绿色）独立于转速，不随转速（红色）的变化而变化，如图 3-16 所示。采样频率由关心的最高阶次和最高转速决定。如最高 30 阶次，最高转速为 6000r/min，那么采样频率应不低于 6000Hz。由于采样频率 f_s 固定，每次 FFT 分析时，都要求使用相同数量的样本点数 N，而频率分辨率 Δf 为

$$\Delta f = f_s / N \qquad (3\text{-}12)$$

因此，对于固定采样而言，频率分辨率是固定不变的，那对于确定结构的共振特性是非常有帮助的。因此，对于固定采样的数据

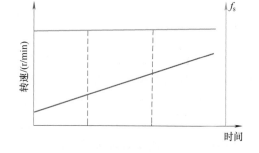

图 3-16   固定采样的采样频率不随转速变化

分析，关心的参数是最高频率（带宽，采样频率的一半）和频率分辨率（1 帧数据时间长度的倒数）。

阶次跟踪属于高级的分析技术，原始的时域信号也是按固定采样获得的，但是还需要对固定采样获得的时域信号进一步做数字重采样，此时的采样频率（绿色）与转速（红色）同步，随转速的变化而变化，如图 3-17 所示。重采样频率由最大阶次（每转采集点数的一半）和当前的转速决定，时刻随转速变化。由于每转采集相同数目的样本点，FFT 分析使用相同数目的转数，因此，阶次跟踪分析的阶次分辨率（等于转数的倒数）是固定的，但频率分辨率是变化的。对于阶次跟踪而言，关心的分析参数是最高阶次和阶次分辨率。

由于固定采样时，不管转速如何变化，1 帧数据的时间长度总是相同的，这将导致同一阶次在低转速时采集 1 转的数据点多，用时长，1 帧数据采集的转数少；高转速时，采集 1 转的数据点少，用时短，1 帧数据采集的转数多。从而时域信号表现为低转速信号稀疏，高转速时稠密，如图 3-18a 所示。而对于阶次跟踪，采样频率与转速同步，不管转速如何变化，旋转 1 转总是采集相同数目的数据点，因此，同一阶次数据在 1 帧数据中总是具有相同数目的数据点，不会出现时域波形疏密有变化的情形，如图 3-18b 所示。

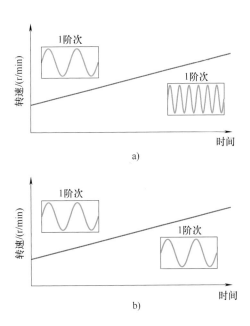

a)

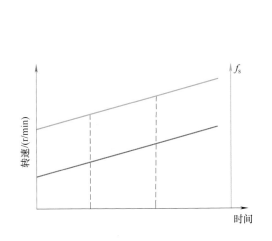

图 3-17　阶次跟踪的重采样频率与转速的关系

b)

图 3-18　采样信号波形的区别

a）固定采样　b）阶次跟踪

3.3.2　与 FFT 分析的区别

对于 FFT 分析而言，我们主要从加窗、分辨率、分析结果和阶次切片处理等四个方面来描述二者的不同之处。

固定采样的时域数据在进行信号截断时，很难保证是周期截断，这将导致 FFT 变换时存在泄漏，为了减少泄漏，需要加窗函数。而阶次跟踪重采样按等角度方式采用等角度触发同步采样，能保证每转采样点数相同，相当于信号具有周期性质，因而满足 FFT 变换的周期性要求，不需要加窗函数。

对于固定采样，最大阶次 O_{max} 与采样频率 f_s 的关系为

$$O_{max} = 60 f_s / (2\,转速) \tag{3-13}$$

因此，转速不同时，获得的最大阶次是不相同的。低转速时，最大阶次高；高转速时，最大阶次低。

固定采样时，频率分辨率是固定的。那么，阶次分辨率将随着转速的变化而变化。低转速时，阶次分辨率粗糙；高转速时，阶次分辨率更优。因此，固定采样的最大阶次和阶次分辨率都随转速的变化而变化，而最大频率和频率分辨率固定不变。

阶次跟踪时，由于每转采集相同数目的样本点，因而最大的阶次是固定不变的。为了保证每转采样相同数据的样本点数，数字重采样频率与转速同步，随转速的变化而变化。阶次跟踪的阶次分辨率也是固定不变的，那么，根据式（3-10），频率分辨率将随转速的变化而变化。低转速时，频率分辨率优；高转速时，频率分辨率粗糙。由于频率分辨率不同，那么意味着每帧数据的时间长度是不一样的。因此，对于阶次跟踪而言，关心的分析参数是最大阶次和阶次分辨率。

固定采样得到的时域信号通过 FFT 变换到频域，得到相应的频谱，横轴为频率。而阶次跟踪的数据通过 FFT 转换到阶次域，得到阶次谱，横轴为阶次，如图 3-19 所示。同时注意到在频谱图中超过最高阶次将不存在任何阶次信息，如图 3-19a 中右下角区域所示。相同的道理，在阶次谱的右上角也没有任何阶次信息，如图 3-19b，这是因为转速越高，最高阶次越小。

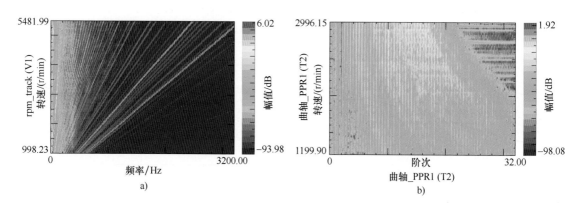

图 3-19　频谱与阶次谱

a）频谱　b）阶次谱

对于旋转机械的频谱分析而言，由于总是存在能量泄漏，导致进行阶次切片时，需要考虑一定的宽度，并且阶次越高，考虑的阶次宽度应越宽。而对于阶次跟踪而言，阶次切片时只需要考虑阶次这一条谱线即可，无须考虑一定的宽度，这是因为阶次跟踪满足 FFT 变换的周期性要求，不存在泄漏。在频谱分析中合理地考虑了一定的阶次宽度下得到的阶次与阶次跟踪中单条阶次线得到的阶次切片是相同的，如图 3-20 所示。这就体现了阶次跟踪的一

个好处，即阶次跟踪中阶次提取的有效值仅是一条阶次线，而如果频谱分析仅读取阶次频率对应的有效值将存在极大的误差。

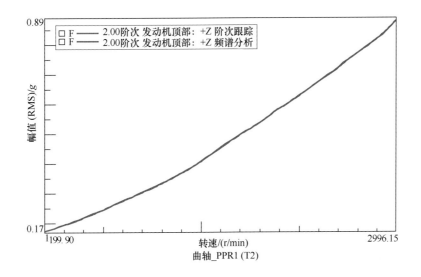

图 3-20　两种方式下的阶次切片是相同的

3.3.3　应用场合的区别

对于普通的信号频谱分析而言，共振特性通常是我们关心的，那么这个时候应该采用固定采样，即使关心阶次，但关心的阶次不高的情况下，仍可以使用固定采样方式进行信号处理。由于固定采样的信号处理在高阶次能量泄漏严重，能量泄漏的频率宽度正比于阶次，因此，阶次越高，泄漏到邻近的谱线越多，频率越宽，将导致高阶次模糊不清，不能很好地区别出这些阶次成分，对于故障诊断是非常不利的，那么，这个时候应该使用阶次跟踪。另外，如果仅仅只关心阶次成分，不关心共振特性，建议使用阶次跟踪。

图 3-21 所示为车辆在升速过程中的振动加速度的瀑布图分析结果。图 3-21a 是频率对转速的瀑布图利用阶次重绘得到的阶次对转速的瀑布图，可以得到阶次信号合适的描述，但是对于高阶次不明显。然而，如果我们再次处理这个数据，采用同步方式，那么我们可以得到如图 3-21b 所示的瀑布图。从图 3-21 中显然可以看出高阶次的阶次信息更清晰明了。

从转速的改变速率上来讲，如果转速改变速率慢，那么，固定采样的频谱分析是适用的。但如果转速改变速率快的情况下，如果用常规的频谱分析，那么，拖尾效应将非常明显，这时，选择阶次跟踪更合适。

3.3.4　小结

对于旋转机械，大多数信号现象都与转速及其谐波相关。因此，固定采样和阶次跟踪是旋转机械两种不同的分析技术，固定采样是基本的方法，而阶次跟踪是高级方法，二者的区别总结如下。

采样频率的差别：固定采样的采样频率是不变的，而阶次跟踪的重采样频率与转速同

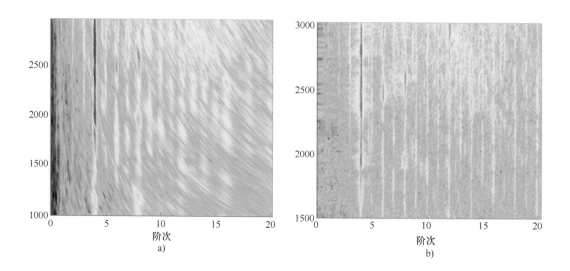

图 3-21   加速工况下的阶次瀑布图

a) 阶次重绘   b) 同步方式处理

步，随转速的变化而变化。

固定采样的频谱分析通常需要加窗函数，而阶次跟踪不需要施加窗函数。

对于固定采样，相关的分析参数是最高频率（带宽）和频率分辨率。而对于阶次跟踪而言，分析参数是最高阶次和阶次分辨率。固定采样的最高频率是采样率的一半，而阶次跟踪的最高阶次是每转采样点数的一半。固定采样的频率分辨率是 1 帧数据时间长度的倒数，而阶次跟踪的阶次分辨率是 1 帧数据转数的倒数。

固定采样与阶次跟踪的关系见表 3-1。

表 3-1   固定采样与阶次跟踪的关系

频率与阶次的关系	固定采样	阶次跟踪
$f = O \times 转速/60$ $f_{max} = O_{max} \times 转速/60$	$f_{max} = f_s/2$	$O_{max} = M/2$ $M = 60f_s/转速$
$\Delta f = \Delta O \times 转速/60$	$\Delta f = 1/T$	$\Delta O = 1/P$ $P = T \times 转速/60$

固定采样的频谱分析结果横轴为频率，单位为 Hz，阶次分析的结果横轴是无量纲参数阶次。如果在频谱分析中考虑的阶次宽度合适，那么，二者得到的阶次切片是相同的。

频谱分析在低转速时阶次分辨能力差，而阶次跟踪即使是转速改变速率快的情况下，低阶次也有很好的分辨能力。阶次跟踪对于分辨阶次功能是非常强大的，哪怕是高阶次，但对于分辨共振，作用有限，从阶次谱中很难直接识别出共振信息。而频谱分析对于共振问题非常有效。因此，对于共振问题的分析还是基于固定采样的频谱分析。

第4章 扭振分析

扭转振动是机械振动的另一种表现形式，它与常规振动可能会同时发生，使得结构的 NVH 问题更为复杂。除此之外，扭转振动还会引起结构疲劳、降低产品的性能（如降低汽车的燃油经济性）等。因此，研究扭转振动也是 NVH 问题分析的重要手段。

4.1 什么是扭转振动

扭转振动简称为扭振，不同于我们所说的常规振动。除了常规的振动之外，扭振是结构动力学行为的另一种表现形式，通常与其他振动同时出现，也就是说，结构发生振动时，除了常规的振动之外，还有可能存在扭振。扭振会引起结构疲劳，同时也会引起振动、噪声、舒适性等方面的问题。本节主要内容包括：

1) 与常规振动的区别。
2) 表征的物理参数。
3) 扭振的表现形式。
4) 扭振的危害。

4.1.1 与常规振动的区别

对于自由的刚体而言，共有 6 个自由度，即 3 个平动自由度和 3 个转动自由度。因此，我们可以把运动自由度分为平动与转动两类。如果用牛顿第二定律来描述，那么，平动对应的是三个加速度，转动对应的是三个角加速度。平动对应的载荷是力，转动对应的载荷是力矩。

我们大多数情况下所讲的机械振动，指的是平动所对应的振动，也称为线振动。而在这里，我们要讨论的扭转振动（简称扭振），指旋转部件沿旋转方向的往复圆周运动，也称为角振动，需要注意的是角振动一定是针对旋转结构。在汽车中有诸多的旋转部件，因此，除了考虑线振动之外，还需要考虑角振动。通过单自由度系统的线振动和角振动来讨论它们的区别。

对于弹簧-集中质量（见图 4-1）系统而言，它的基本运动（线振动）方程为

$$m\ddot{x} + kx = f(t) \tag{4-1}$$

其振动角频率为

$$\omega = \sqrt{k/m} \tag{4-2}$$

对于单自由度的扭转振动（角振动，见图 4-2），其基本的运动方程为

$$J\ddot{\varphi} + k_\varphi\varphi = M(t) \tag{4-3}$$

式中，J 是转动惯量；k_φ 是抗扭刚度；$M(t)$ 为扭矩。角振动对应的扭转频率公式为

$$\omega_\varphi = \sqrt{k_\varphi / J} \tag{4-4}$$

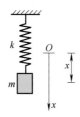

图 4-1　线振动模型

图 4-2　扭转振动模型

从上面两类振动所对应的运动方程可以看出，两类振动的描述参量、振动参量和所受的载荷类型完全不同，见表 4-1。相对而言，在大多数情况下，工程领域只考虑线振动，只有少数情况才会考虑角振动，而且考虑角振动时，一定是针对旋转机械，如发动机曲轴、传动轴等旋转部件。

表 4-1　两类振动的区别

类　型	载　荷	描　述　参　量		振　动　参　量		
线振动	力	刚度	质量	加速度	速度	位移
角振动	力矩	抗扭刚度	转动惯量	角加速度	角速度	角位移

另一方面，从时域信号上来看两类振动的区别。对于常规的线振动，其振动加速度信号都是围绕基线进行波动，如图 4-3 所示。而角振动，通常是测量角速度，也就是转速信号，测量得到的时域信号更多情况如图 4-4 所示，当然也有转速稳定的情况下的时域信号类似图 4-3。由图 4-3 和图 4-4 可以看出，振动加速度的基线是平直的，而扭振信号的基线不是平直的（如果转速稳定，那么也是平直的），这是因为扭振信号是叠加在平均转速之上，关于这一点在后文将详细介绍。

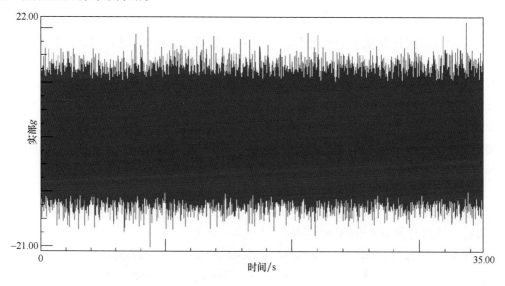

图 4-3　振动加速度时域信号

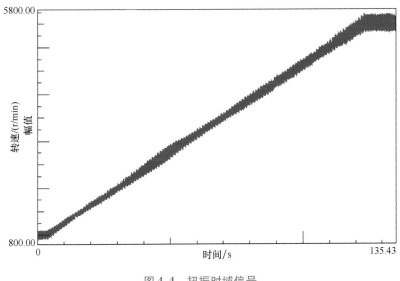

图 4-4　扭振时域信号

4.1.2　表征的物理参数

表征扭振的物理振动参量是角位移（或称为角度）、角速度和角加速度。

对于角位移，用 $\alpha(t)$ 表示，其单位为 rad 或 °。

对于角速度 $\dot{\alpha}(t)$，其单位为 rad/s 或 °/s 或者 r/min，角速度与角位移的关系如下

$$\dot{\alpha}(t) = \frac{\mathrm{d}\alpha(t)}{\mathrm{d}t} \tag{4-5}$$

另外，rad/s 与 r/min 的关系如下

$$1\,\mathrm{rad/s} = \frac{2\pi}{60}\mathrm{r/min} \tag{4-6}$$

对于角加速度而言，其单位为 rad/s² 或者 °/s²，它与角位移的关系如下

$$\ddot{\alpha}(t) = \frac{\mathrm{d}^2\alpha(t)}{\mathrm{d}t^2} \tag{4-7}$$

由于扭振是针对旋转部件而言的，从以上表征的物理量可以看出，最适合且最方便测量的是转速。因此，在扭振的实际测量过程中，普遍测量旋转结构的转速信号。

除了测量单个测量截面的转速之外，经常会测量旋转轴两个截面处的转速，如图 4-5 所示，然后计算它们的相对转速以及相对扭转角。如测量图 4-5 中位置 1 和位置 2 两个截面处的转速，计算这两个截面处的相对转速和相对扭转角公式如下

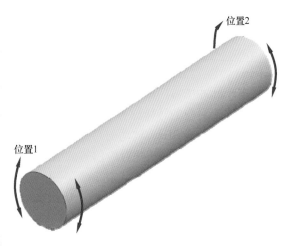

图 4-5　测量两个截面的扭振信号

$$相对转速 = 转速_{位置2} - 转速_{位置1} \quad \Delta 转速(t) = 转速_2(t) - 转速_1(t) \tag{4-8}$$

$$相对扭转角 = 角位移_{位置2} - 角位移_{位置1} \quad \Delta\alpha(t) = \alpha_2(t) - \alpha_1(t) \tag{4-9}$$

另一方面，从扭振所受的载荷来考虑。由于扭振针对的是旋转结构，因此，扭振所受载荷为扭矩。转动的牛顿第二定律为扭矩 T 等于转动惯量 J 乘以角加速度 $\ddot{\alpha}$，即

$$T = J\ddot{\alpha} \tag{4-10}$$

扭矩除了用式（4-10）表征之外，也可以用剪应力来表示，即

$$T = \frac{\tau J_z}{R} \tag{4-11}$$

式中，τ 是旋转轴外表面最大的剪应力；J_z 是旋转轴的极惯性矩；R 是旋转轴的半径。对于圆形截面，其极惯性矩为

$$J_z = \frac{\pi R^4}{2} \tag{4-12}$$

对于旋转轴，扭矩也可以通过相对扭转角来计算

$$T = \frac{G J_z \Delta\alpha}{l} \tag{4-13}$$

式中，G 是剪切模量；GJ_z 是抗扭刚度；$\Delta\alpha$ 是相对扭角；l 是两个测量截面之间的轴长。

4.1.3　扭振的表现形式

我们对扭振进行测量时，最常测量的物理量是转速，得到转速随时间变化曲线，如图 4-6a 所示。初看起来，这个转速-时间曲线比较宽，远不如平常我们所见到的单脉冲对应的转速-时间曲线光滑，如图 4-6b 所示。如果我们局部放大（109~110s）左侧的转速信号，会发现转速信号如图 4-7 所示。可以看出，转速出现了明显的波动，并且是围绕图中的红色曲线进行上下波动。图 4-7 中的绿色曲线是图 4-6a 中所对应的多脉冲转速-时间曲线，而红色曲线是图 4-6b 中单脉冲所对应的转速-时间曲线。

由图 4-7 可以看出，对于升速过程，扭振信号不再是稳定增加，而是出现了细微的上下波动。初看图 4-7，似乎与图 4-3 所示的振动加速度信号相类似，都是围绕基线上下波动。在这一点上，线振动与角振动是相同的，因为都遵循振动的本质特点：围绕平衡位置（基线）做往复运动（上下波动）。因此，扭振体现在旋转部分的转速波动上。为了将波动的转速测量出来，在测量转速时，要求每转多个脉冲。

图 4-7 中红色的转速-时间曲线是每转 1 个脉冲（单脉冲）所对应的转速，而绿色曲线是每转多个脉冲所对应的转速，正是因为每转存在多个脉冲才能捕捉到波动的转速。我们可以将单脉冲所对应的转速称为平均转速，波动的转速是围绕平均转速上下波动。平均转速所对应的频率成分是 0Hz，波动的转速所对应的频率成分是非零成分，因此，平均转速对应信号的 DC 部分，波动的转速对应信号的 AC 部分，关于这一点请参考《从这里学 NVH——噪声、振动、模态分析的入门与进阶》一书。因此，不同于线振动，扭振主要是旋转部件受交变的扭矩作用导致转速出现波动，从而产生扭振现象。

4.1.4　扭振的危害

我们知道，线振动会引起结构的振动、噪声、舒适性等问题，还可能会引起结构疲劳问

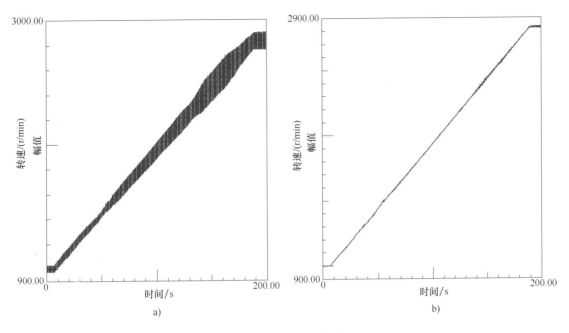

图 4-6　转速-时间曲线

a) 多脉冲　b) 单脉冲

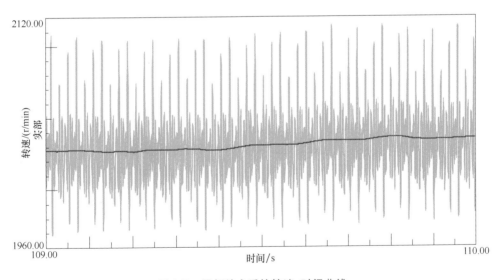

图 4-7　局部放大后的转速-时间曲线

题。同样，扭转振动作为结构动力学行为的一个方面，也会引起结构的振动、噪声、舒适性和疲劳问题。并且扭振不会单独出现，结构所受到的载荷，包括扭振所受的扭振载荷和其他（如线振动）振动载荷会同时出现，因而，结构会同时存在线振动和角振动，这样一来，使得结构的 NVH 问题更为复杂。

在 NVH 领域有"源-传递路径-接收者"模型，因此，这个模型同样适用于扭振，如图 4-8 所示。由于结构的共振或反共振效应，源可能在传递过程中被放大或者被衰减。此外，它们可能沿多个不同途径，传递至接收部位，引起相应的 NVH 与疲劳问题。

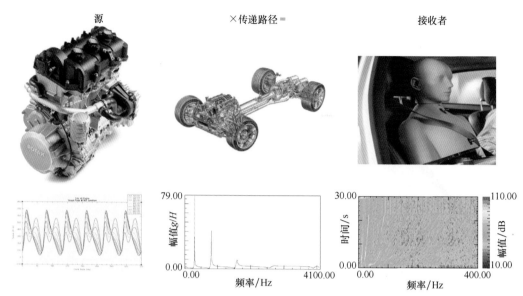

图 4-8　扭振的"源-传递路径-接收者"模型

　　线振动存在共振现象，同样，扭振也存在扭转共振现象。如图 4-9 所示的曲轴扭振信号则被弯曲和扭转共振放大了，图中有两个明显的幅值增大区域，这是由于曲轴的弯曲共振和扭转共振所引起的，这两阶模态振型所图 4-10 所示。

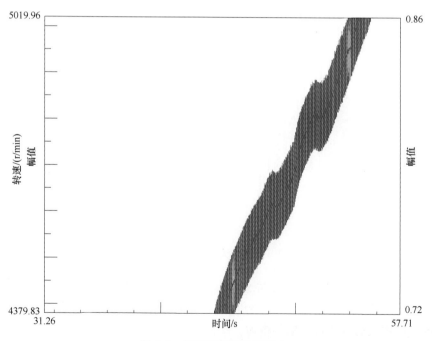

图 4-9　扭振信号被共振放大

　　扭振会引起相应的 NVH 与疲劳问题。比如，汽车的扭振会引起一些啮合齿轮的齿与齿面疲劳、弹性联轴器等疲劳，引起方向盘、座椅、踏板振动，从而引起振动舒适性问题。扭

a)   b)

图 4-10 两阶模态振型

a) 弯曲模态 b) 扭转模态

振会引起相应的噪声问题，如发动机起停噪声、驱动轴共振引起车内噪声、变速器齿轮啮合噪声等。扭振除了引起 NVH 和疲劳问题之外，还会降低产品的性能，如降低汽车的燃油经济性等其他方面的问题。因此，对于旋转结构而言，在产品设计阶段同样需要考虑扭振问题。

4.2 产生扭振的原因

扭振的表现形式是旋转部件的转速围绕平均转速出现了上下波动，但出现转速波动的本质是旋转部件受到了不平滑的扭振载荷的作用。扭振载荷也就是扭矩，扭矩的波动导致了扭振。当然旋转部件除了受到波动的扭矩作用之外，还有自身的结构特点导致扭振现象。本节主要内容包括：

1）"源-路径-接收者"模型。

2）旋转部件自身特点。

3）往复式发动机。

4）扭振其他源。

4.2.1 "源-路径-接收者"模型

不管是研究振动还是噪声都离不开所谓的"源-路径-接收者"模型，同样的道理，研究扭振也采用"源-路径-接收者"模型，如图 4-8 所示。在某个测量截面（接收者部位）观测到的响应是激励源在结构某条传递路径产生的效果。实质上也就是观测位置的响应是激励乘以激励位置与观测位置二者之间的频响函数。而我们知道，频响函数起到了滤波器的作用，在一些频率处起到放大的作用，在一些频率处起到了衰减的作用，因此，激励源在传递过程中存在被放大或被衰减的可能性。当然，结构的传递路径不会是一条，可能沿多条不同的路径，传递至接收者位置（观测位置）。

在结构某个观测位置测量得到的振动，通常包括刚体运动与弹性运动。而刚体运动不会产生交变应力，只有弹性运动会存在交变应力。交变应力的存在正是因为振动往复运动的结果，它将成为某种疲劳耐久性问题的根源。

在材料力学中曾学过，当结构处于纯扭状态时，结构产生的应力状态是纯剪应力状态。因此，扭振将产生动态的剪应力。这种动态的扭转剪应力不同于静态剪应力，动态剪应力时间长了之后，会使旋转轴产生疲劳损伤，因此，这是一个渐变的过程。如果曲轴产生了疲劳损伤,则会造成曲轴断裂。曲轴断裂是不可想象的,因此,为了防止曲轴断裂,通常曲轴输出端有个扭振减振器,它的作用是减轻曲轴的剪切疲劳损伤,防止发生断裂现象。

研究车辆的扭振问题,源通常是发动机,发动机输出交变的扭矩,扭矩在传递过程中会涉及轴系、齿轮传动系或带轮传动系,最终表现出来的是在观测位置的转速的波动。如果沿整个旋转轴,各部位的转速变化都是相同的、一致的,那么从严格的意义上讲,这不能算作是扭振,只是转速在变罢了(这相当于线振动分析中的刚体模态)。仅当沿轴不同部位检测到的转速增量有幅值和相位的相对变化时,扭振才确实发生了。当激励频率接近于扭振谐振频率时,会导致旋转件产生很大的内应力,这时将可能发生严重的耐久性问题。

4.2.2　旋转部件自身特点

如果旋转部件各个截面大小与形状是相同的,如图 4-11 所示,也就是各个截面的刚度(确切地说是抗扭刚度)是相同的。那么,对于这样的旋转部件是很难发生扭振的,通常只有圆柱形振动和圆锥形振动(实际是两阶刚体模态运动)。

但是,大多数的旋转部件都不是均匀截面,旋转部件上可能会有不同大小的圆盘、键槽或其他凹凸物,如图 4-12 所示的发动机曲轴,这样将导致旋转部件各个截面的抗扭刚度不相同,因而,从旋转结构自身的特点来讲,就使得扭振的产生有了物理基础。另一方面,从旋转部件所受的载荷来看,如果扭矩是连续平滑的,那么,也很难发生扭振,但实际各个截面形状不同的旋转部件所受到的扭矩载荷也是不平滑的,存在波动。因此,载荷的波动使得扭振产生存在了外部条件。

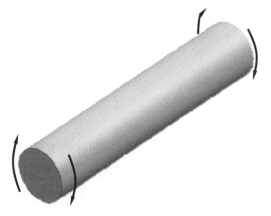
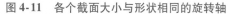

图 4-11　各个截面大小与形状相同的旋转轴

图 4-12　发动机曲轴

4.2.3　往复式发动机

往复式发动机大概是大多数扭振问题的根源所在,也就是说,往复式发动机是扭振产生的激励源。对于 4 冲程发动机而言,完成 1 个工作循环分 4 个冲程:进气、压缩、点火、排气。不同的冲程气缸内的压力是不相同的,气缸内压力的变化曲线如图 4-13 所示。由图 4-13 可以看出,发动机曲轴旋转过程中,燃气压力不断变化,各个缸内的气体压力是平衡的,但是因燃烧引起的压力会作用于曲轴上引起交变的力矩分量。

另一方面,曲轴将活塞的平动转变为转动,本质上会造成转动的不均匀:如活塞的位移在燃烧过程中不是匀速的（存在爆燃和压缩工况）、曲柄连杆机械本身需要克服活塞的运动惯性、曲轴本身可能存在动平衡问题等，这些原因将导致因机械运动产生的输出扭矩存在交变。因此，除了燃烧因气体压力产生的扭矩之外，还存在机械运动的惯性力产生的扭矩以及不平衡的惯性力矩。

气缸内燃烧压力变化产生的交变扭矩和运动部件的惯性载荷引起的交变扭矩是扭振产生的主要激励载荷。这两种载荷合成一不规则的扭矩，从而引起转速的变化，在好的发动机设计中，这种转速变化通过采用惯性飞轮和扭振减振器等特殊部件，尽最大可能地平滑输出扭矩。

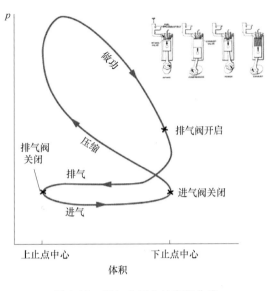

图 4-13　气缸内压力的变化曲线

另外，发动机的缸数对输出扭矩也有影响。相对而言，缸数越多，输出扭矩越平滑，如图 4-14 所示。可以看出，单缸的扭矩波动最明显，随着缸数的不断增加，输出扭矩越来越平滑，这样扭振产生的可能性越小。

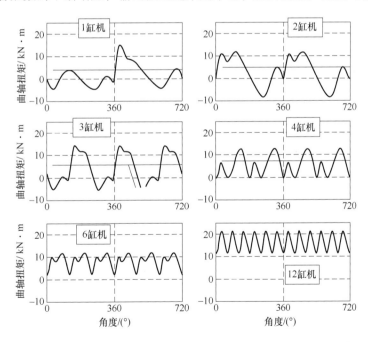

图 4-14　气缸数对输出扭矩的影响

在转速变化的工况下，发动机输出扭矩存在交变。但即便在稳定的工作状态下，也会存在某些附加的扭振变化。有许多正常的或非正常的现象可能诱发扭振，例如气缸失火、发动机起停，以及哪怕是不太大的载荷变化等。

由于往复式发动机主要用于工业领域，扭振问题也就受到相关部门的关心和重视。采用往复式发动机的设备有轿车、载重车、采用柴油发动机的大型船只、轻型游乐船、各种动力设备和飞机等。

4.2.4　扭振其他源

除了发动机，扭振也可能在传动系的其他部位发生或放大。这些传动系包括前端附机、涡轮增压器、阀系、变速器、离合器、扭振减振器、驱动轴等传动部件。

对于变速器而言，齿轮的质量至关重要，齿轮啮合不良，可产生大的接触力，啮合力的顺序变化，可导致扭矩和转速的变化。齿轮副扭矩变化会产生两类典型的噪声。一类典型的噪声是齿轮 Rattle（拍击声，即嗒……嗒作响），这是非动力齿轮副由于扭矩变化引起齿相互击打而产生的随机噪声，Rattle 噪声是一种频带较宽的噪声，它是由连续击打所产生的噪声。另一类典型的噪声是齿轮 whine（唔……唔……作响），是动力齿轮副由于扭矩脉动产生的啮合噪声。齿轮 whine 噪声涉及转速的许多阶次。产生的噪声无疑会传到齿轮箱上，甚至可被放大，如果它的频率与箱体的谐振频率吻合的话。

离合器也必须有良好的设计，以降低扭振的风险。操纵离合器时，产生的周期性扭矩变化，会引起离合器振颤，其固有频率与传动系从离合器动力分离时的固有频率相接近。振颤作为车辆沿纵向的振动，通过各工作部件传递到驾驶人座椅导轨上。它还可能作为一种内部噪声被感知到。

离合器脱开和接合时发生的撞击，会引起踏板作低频振动，这使得踏板移位时间变长，并伴随恼人的噪声。

虎克万向联轴器或卡尔丹万向联轴器，一种变换转速的设计，其传动比与万向联轴器所连接轴之间的夹角有关。对于双万向联轴器连接情况，如果输入轴与输出轴是平行的，那么轴端的扭振应当可以消除掉。然而，如果失调的话，仍可能产生扭振。

对转轴本身，也必须经过精心的设计，以保证其扭振谐振频率不至于和发动机的工作范围发生严重冲突。扭矩的变化，不但有可能激发扭振的谐振，而且可能激发弯曲振动的谐振。

最后，传动带的谐振，也会引起它所驱动的带轮产生转速变化，而转速的变化，会引起带张力的变化，甚至出现带打滑的现象。

不但往复式发动机可能发生扭振，电动机也可能产生变扭矩。一个共性的问题是，这种现象一般都是突然发生的，这种扭矩脉动可引起严重的谐振。一旦工作转速正常了，扭矩的变化很快又变小。

扭矩和转速的变化，也可能是负荷变化的结果。例如，当压缩机、涡轮增压器和泵的气体或液体压力有脉动时，都可以观测到扭振和转速的变化。

4.3　扭振测量理论

扭振测量可以通过测量角度、角速度或角加速度来描述，其中使用角速度来表征扭振的变化是最常用的。角速度的一种表征形式是转速，因此，通常通过测量旋转部件某个截面的转速的时域信号来进行扭振分析。为了准确地描述扭振，则要求测量的转速信号非常精确。

本节主要内容包括：

1）瞬时转速计算公式。

2）数字转速与模拟转速。

3）采样要求。

4）每转脉冲数的影响。

4.3.1 瞬时转速计算公式

转速测量通常有两种用途，一种用于跟踪处理，一种用于扭振分析。跟踪处理的转速每转只需要 1 个脉冲即可，而扭振分析则要求每转多个脉冲。用于表征每转脉冲数（Pulse Per Revolution，PPR）的常用工具有反光纸、齿轮盘、码带和码盘等。

倘若 PPR = 1，即 1 转只有 1 个脉冲，这种情况下测量的转速是旋转部件的平均转速。这时，旋转部件的转频为旋转 1 转所需时间的倒数，因此，瞬时转速为

$$f = \frac{转速}{60} = \frac{1}{T} \Rightarrow 转速 = \frac{60}{T} \tag{4-14}$$

由式（4-14）可以看出，如果将每转的时间测量精确，则可以获得精确的转速。对于转速测量而言，获得精确的脉冲的相邻上升沿（脉冲电压由低到高）或下降沿（脉冲电压由高到低）的时间差 T（见图 4-15），则可获得精确的转速，而脉冲的幅值大小对转速测量来说反而不重要。

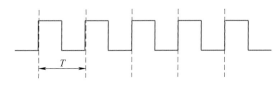

图 4-15 脉冲相邻上升沿的时间差

倘若 PPR = N（N > 1），即每转有多个脉冲，相当于将 360°划分为 N 份，角度间隔为 360°/N，而转速传感器每经过 1 个角度间隔便输出 1 个脉冲。这时如果可以得到两个连续脉冲的相邻上升沿或下降沿的时间差，即可计算得到相应的瞬时转速。如果两个连续脉冲对应的时间周期是 Δt s，则瞬时转速为

$$转速 = \frac{60}{N \Delta t} \tag{4-15}$$

如果用弧度（rad/s）来表示转速，则

$$转速 = \frac{2\pi}{N \Delta t} \tag{4-16}$$

由于扭振的表现形式是转速的波动，为了准确地测量出转速的波动部分，则要求 PPR 越多越好，这样越能精确地测量到波动的转速。测量得到的波动转速是围绕平均转速上下波动，如图 4-16 所示。绿色为带有波动的转速，对应每转多个脉冲；而红色为平均转速，对应每转 1 个脉冲，而扭振分析实际上就是对波动的转速进行分析。

4.3.2 数字转速与模拟转速

根据信号的类型可以将转速分为数字转速和模拟转速两类。如果通过采集硬件内部的时

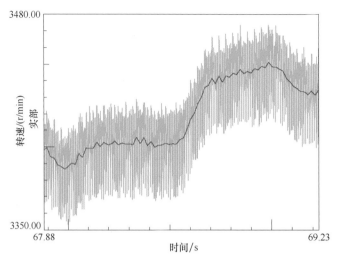

图 4-16　转速围绕平均转速上下波动

钟计数器获得的转速，则称为数字转速。如果是通过模拟采样方式获得的转速，则称为模拟转速。数字转速只获得脉冲相邻上升沿或下降沿的时间差，不关心脉冲的电压幅值。而模拟转速既从时间轴上对脉冲信号进行采样，又从幅值轴上对脉冲电压幅值进行量化，模拟转速采集方式与我们常规的振动噪声信号采样方式相同。

对于数字转速而言，其脉冲信号如图 4-17 所示，实际上只关注脉冲相邻上升沿或下降沿与检测电平（trigger level）的交点处所对应的时间差，如图 4-17 中长箭头指示的两个相邻上升沿的时间差。因此，数字转速对应的脉冲没有幅值与形状信息。如果时钟计数器的时针频率越高，则测量的时间误差越小。如 LMS SCADAS 采集设备的时针频率为 820MHz，则时间分辨率约为 1.2ns，如图 4-17 所示的相邻两条虚线之间的距离视为一个时间分辨率。因此，转速误差与时针频率成反比，时域频率越高，误差越小。对于特定的转速而言，增加每转的脉冲

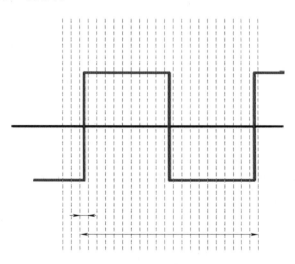

图 4-17　数字转速对应的脉冲信号

数将增加估计的瞬时转速的绝对误差。这时因为 PPR 增大，将导致相邻脉冲的上升沿或下降沿的时间变短。对于每转脉冲数不变的转速测量，转速误差与转速的平方成正比，导致误差随转速的增加更快速地增长。另一方面，由于时针计数器是一个高频设备，因此易受高频噪声的影响。

对于模拟转速而言，这种采样是基于信号的高频采样。首先要使用抗混叠滤波器滤掉信号中的所有高频成分，由于使用的是 24 位 ADC，因此，信号的形状（时间与幅值）是精确确定的，如图 4-18 所示。然而，因为信号中的最大频率成分是已知的，所以，可以利用可

用的样本点非常精确地重构滤波后的信号，如图 4-18 中的绿色信号。对于模拟转速而言，估计的转速误差主要由 ADC 的分辨率决定，因而绝对误差正比于实际转速。如 LMS SCA-DAS 模拟信号的最高采样频率是 204.8kHz，那么采样信号的时间分辨率是 4.9μs。

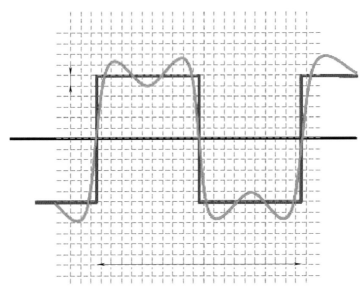

图 4-18　模拟转速对应的脉冲信号

　　对比两种类型的转速信号，可以看出，模拟转速的采样率远低于时钟计数器的时钟频率，为了进一步提高模拟信号的时间分辨率，Testlab 将进一步通过 32 位拉格朗日插值获得更为精确的过零检测（检测电平）时刻，过程如图 4-19 所示。

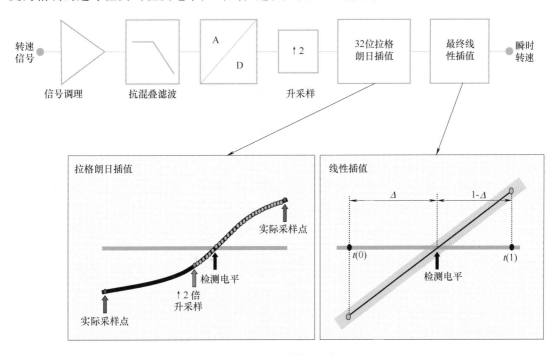

图 4-19　32 位拉格朗日插值

在 A/D 转化前的过程与普通的振动噪声信号采样是相同的，但 A/D 转换之后，要进行 2 倍升采样。2 倍升采样的目的是为了在两个实际采样点之间的中间时刻插入一个升采样得到的数据点，通过升采样得到的样本点对应的电压幅值与检测电平进行对比，以确定实际的过零时刻（脉冲上升沿或下降沿与检测电平的交点，图 4-19 中是上升沿）到底位于升采样样本点的哪一侧。如果升采样得到的样本点的幅值低于检测电平，则过零时刻位于升采样样本点之后，反之，则位于升采样样本点之前。图 4-19 中显示的过零时刻位于升采样样本点之后，因而，对升采样样本点与它右侧的实际采样点之间的时间段进行 32 位拉格朗日插值，找到更为精确的过零时刻。最终的过零时刻点位于插值的两个样本点之间，再对这两个样本点按线性插值得到最终的过零时刻。这样一来，便获得了相邻两个过零时刻对应的更为精确的时间差，从而求得精确的瞬时转速。

4.3.3 采样要求

对于等角度采样，我们考虑每转采集 N 个点，通常使用齿轮盘或者类似的结构，每转给定 N 个齿。这个采样过程同样独立于实际轴的转速。因此，我们的采样速率是每转 N 个采样点数。

直接应用香农采样定理，得到简化的结果，也就是当我们以每转采集 N 个点进行采样时，在不引起混叠的情况下能得到的最高阶次 O_{max} 为（注意：扭振信号的采样不是按等角度方式采样的，引入等角度的采样定理是为了说明扭振采样对 PPR 的要求）

$$O_{max} = N/2 \tag{4-17}$$

对于普通振动信号采集而言，为了防止混叠，要求采样频率至少是关心的最高频率的 2 倍。如采集 50Hz 的正弦信号，采样频率至少应 2 倍于信号频率，即采样频率至少为 100Hz。

对于扭振信号，更多的是考虑扭振阶次。因此，如果要采集 50 阶次的扭振信号，每转脉冲数应该为多少呢？按照上述要求，为了采集到最高阶次的扭振信号，要求每转的脉冲数至少应 2 倍于关心的最高阶次。如果要采集 50 阶次的扭振信号，每转的脉冲数应至少为 100 个 PPR。图 4-20 所示为最大 PPR 数对瀑布图的影响，每转脉冲数为 42 个 PPR，因而，在高于 21 阶次之上，看不到任何信息，这正是因为每转脉冲数的限制，导致在 21 阶次以上区域什么也没有。

如果采样频率不满足采样定理的要求，那么将会存在频率混叠。相同的道理，如果 PPR 数不满足 2 倍于关心的最高阶次数，那么，将有可能存在阶次混叠，如图 4-21 所示，图 4-21a 是 60 个 PPR 得到的 colormap，能采集到 30 阶次以内的信号，但图 4-21b 是 20 个 PPR 得到的 colormap，这时只能采集到 10 阶次以内的信号。从图 4-21 中可以看出，原来 14 阶次的信号因 PPR 数过少混叠成了 6 阶次出现在图 4-21b 中。

4.3.4 每转脉冲数的影响

根据 4.3.3 节的等角度采样定理可知，每转的 PPR 数目至少为关心的最高阶次数的 2 倍，即

$$PPR \geqslant 2O_{max} \tag{4-18}$$

在确定的扭振带宽 BW 内，带宽可由式（4-19）确定

$$BW = O_{max} \times 转速_{min}/60 \tag{4-19}$$

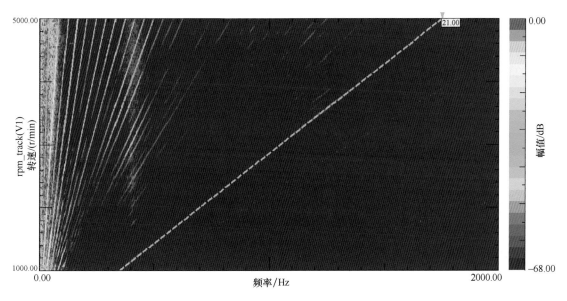

图 4-20 最大 PPR 数对瀑布图的影响

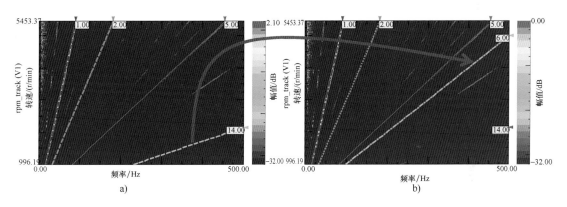

a)   b)

图 4-21 PPR 数过少导致阶次混叠

因而

$$O_{\max} = 60BW/\text{转速}_{\min} \qquad (4\text{-}20)$$

将式（4-20）代入式（4-18），则有

$$PPR \geqslant 120BW/\text{转速}_{\min} \qquad (4\text{-}21)$$

假设转速范围为 600~6000r/min，带宽为 5120Hz，则按式（4-21）要求的 PPR 数目为 1024，而通常实际测量中很难满足这个要求，比如用齿轮盘、码带或码盘来表征 PPR 数量只不过区区几十个或上百个。但常用于轴端部测量的编码器的脉冲数较大，有 1024、2000 或者更高数目的 PPR。

另一方面，如果 PPR 数目太高，转速也不低，会导致脉冲频率过大，超过数据采集设备可接收的最大脉冲频率上限。脉冲频率计算公式为

$$\text{脉冲频率} = \text{转频}(\text{转速}/60) \times PPR \qquad (4\text{-}22)$$

假设某型号数据采集设备可接收的脉冲频率上限为 40kHz，PPR 为 1000，那么，能测量

的最大转速为 2400r/min。除了数据采集设备有可接收的最大脉冲频率上限之外，转速传感器也有可输出的最大脉冲频率。当通过式（4-22）确定可测量的最大转速时，式（4-22）左侧的脉冲频率应使用数据采集设备可接收的最大脉冲频率和转速传感器能输出的最大脉冲频率的较小者。关于这一点的详细介绍，可参考 4.5 节。

虽然每转脉冲数越大，可测量的转速波动越精确，但它也限制了可测量的最高转速。因此，当使用高脉冲数来测量转速时，应谨慎。

4.4 什么是吉布斯现象

在测量转速时，我们经常会看到方波脉冲在转折处信号出现明显的振荡，如图 4-22 所示。另外在进行锤击试验时，有的时候力脉冲也会在脉冲的末端位置出现振荡，如图 4-23 所示。我们已经知道力脉冲出现振荡现象称之为振铃现象。那么，为什么会在信号的转折处出现振铃现象呢？在回答这个问题之前，我们仔细观察一下这两个信号的时域特征，可以看出，这两个信号在转折处都存在阶跃突变。

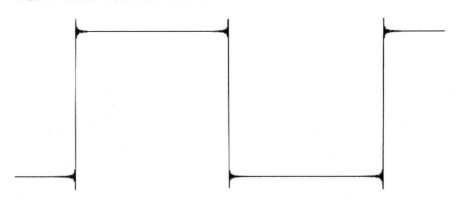

图 4-22   方波脉冲在转折处信号出现明显的振荡

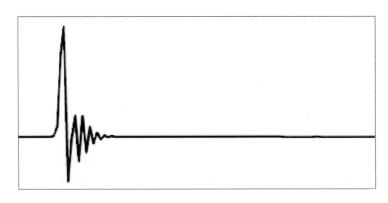

图 4-23   力脉冲在末端处出现振荡

4.4.1 背景

在对信号进行 FFT 处理时，需要做截断。假设原始信号是单频正弦波，如果截断的时间长度刚好是信号周期的整数倍，那么，截断后的每帧数据仍是周期信号，可重构得到原始的周期信号，如图4-24所示，此时，信号的频谱为单一频率的线状谱，正弦信号正确的频谱如图4-25所示。

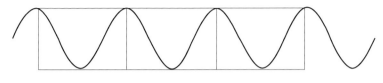

图 4-24　周期信号

倘若信号截断的时间长度不是原始正弦信号周期的整数倍，那么，截断后的信号则不是周期信号。对同一个正弦信号进行非周期截断，如图4-26所示，截断后的信号起始时刻和结束时刻的幅值明显不等，将这个信号再进行重构，在连接处信号的幅值不连续，出现阶跃，如图4-26中黑色圆圈区域所示。对这个信号进行FFT分析，得到的频谱如图4-27所示，不再是正确的线状谱了，而是出现了明显的频率拖尾效应，频率成分分布在整个频带上了。

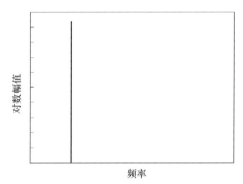

图 4-25　正弦信号正确的频谱

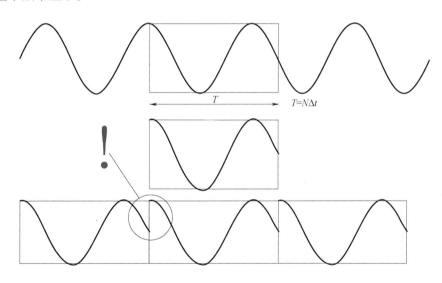

图 4-26　非周期截断

根据傅里叶变换理论，任何一个信号都可认为是一系列正弦波之和。对于一个单频正弦波而言，使用傅里叶级数中的一项就可以描述了，形如$A\sin\omega t$。但是对于一些信号，比如矩形脉冲信号，傅里叶级数要包含很多项，才能近似这个信号，这是因为矩形脉冲信号不连续，不像平滑的正弦波。因此，需要多个傅里叶展开项（多条谱线）去近似明显不连续的信号。不同的时域信号和对应的频谱如图4-28所示。

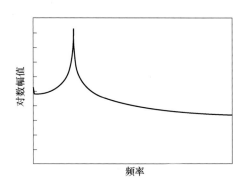

图 4-27   非周期截断导致频谱拖尾

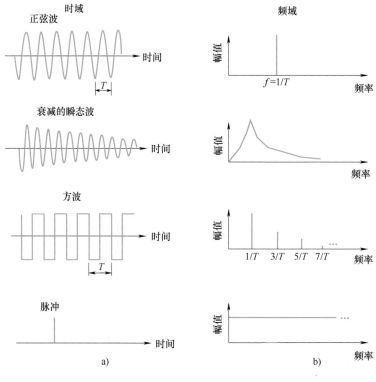

图 4-28   不同的时域信号和对应的频谱

a) 时域信号   b) 频谱

对于图 4-28 所示的信号, 注意到方波和脉冲信号具有无穷的频率成分。这两个信号都有存在不连续或阶跃的情况。对于这种瞬间改变的信号, 它具有无穷的频率成分, 使用有限带宽的数据采集系统是很难重现它们的。这就给测量系统增加了出现吉布斯现象的风险。

4.4.2   吉布斯现象

美国耶鲁大学的科学家 Josiah Willard Gibbs 于 1899 年在《自然》杂志上发表了关于一个阶跃函数的傅里叶级数中的过冲与下冲, 这就是后来知名的吉布斯现象, 这个现象其实已经被英国数学家 Henry Wilbraham 在 1848 年发现了，尽管这样，这个现象还是以吉布斯的名字命名。吉布斯是美国第一位工程学博士，他专攻数学物理学，他的工作影响了化学热力学、物理光学等多个领域。

在时域描述一个不连续的信号时，要求信号有无穷的频率成分，但实际情况是不可能采集到无穷的频率成分。信号采集系统只能采集到一定频率范围内的信号，这将导致频率截断，频率截断会引起时域信号的振铃效应，这一现象称为吉布斯现象，如图 4-22 和图 4-23 所示。

任何突然不连续或阶跃信号总是会出现吉布斯现象，我们使用一个方波信号来说明。现实世界中可能出现吉布斯现象的信号包括汽车驶过坑时产生的冲击、力脉冲、爆炸声或者高尔夫球杆击球时产生的振动等。

方波中的吉布斯现象如图 4-29 所示。

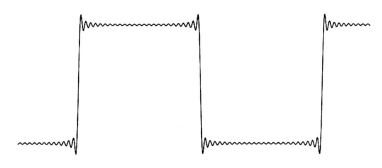

图 4-29　方波中的吉布斯现象

在数字信号采集系统中，信号的每一个阶跃处，振铃使信号出现不一致。信号的幅值出现变化或者完全不变化，这依赖于信号的瞬变时刻与数据采样点数的相对关系。

当使用少于合适数目的频率成分来描述信号时，就会产生振铃效应。用不同数量的正弦波来描述方波信号，随着正弦波数量的增加，叠加后的信号越来越接近方波信号，振铃现象越来越弱，振荡的幅值越来越小，持续时间越来越短，信号的斜率越来越陡峭，如图 4-30 所示。

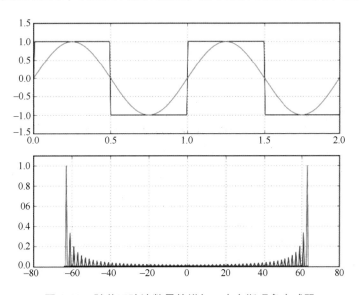

图 4-30　随着正弦波数量的增加，吉布斯现象在减弱

现实中，经常有一些应用情况会少于理想数目的频率成分，譬如如下两类常见情况：

1）频率截断：测量系统不可能测量无穷的频率带宽。如一个方波信号应包含无穷的谐波频率成分，当测量一个方波信号时，不可能测量到无穷的谐波频率成分，信号总会出现频率截断。

2）滤波器形状：滤波器（如抗混叠滤波器）是测量系统经常要用的工具，它能引入与滤波器锐度相关的振铃效应。

在时域信号的每一个不连续处或阶跃处，围绕原始信号会出现过冲与下冲振铃。从幅值角度来看，时域信号的振铃并不总是想要的，会导致测量得到的幅值与实际信号的幅值存在差异。

4.4.3　吉布斯现象产生的原因与控制

从以下两个方面来描述吉布斯现象产生的振铃效应。

1）幅值：原始信号中有多大的过冲与下冲。

2）持续时间：振铃现象持续多长时间。

吉布斯现象振铃效应的幅值与持续时间如图 4-31 所示。

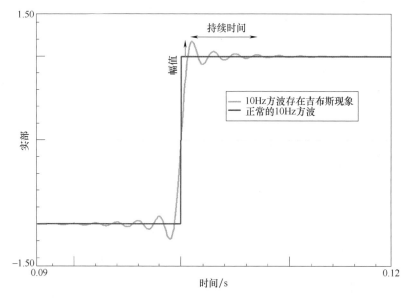

图 4-31　吉布斯现象振铃效应的幅值与持续时间

振铃现象的持续时间由描述信号的频率成分数量控制，而幅值受使用滤波器的类型影响。接下来将使用具有无穷频率成分的方波来说明吉布斯现象。

1. 振铃的持续时间：谐波截断

方波信号包含奇数的谐波成分，如图 4-32 所示。如果移除一些谐波（如截断），那么，方波的时域描述将不精确。

移除这些谐波，将引入吉布斯现象。在方波波形的转折处将产生振铃效应。不同频率成分的方波的频谱和时域波形如图 4-33 所示，在图 4-33 中，显示了同一个方波不同的情况：具有所有的谐波（蓝色）、谐波截断到 2000Hz（红色）和谐波截断到 750Hz（绿色），这是通过使用低通滤波器实现的。图 4-33a 所示为同一方波的不同频谱：原始方波（蓝色）、低

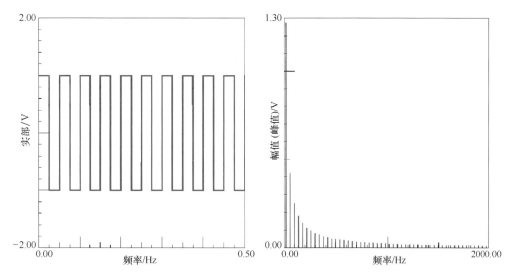

图 4-32　方波是一个具有无穷奇数谐波的信号

通 2000Hz（红色）和低通 750Hz（绿色），图 4-33b 所示为时域波形（与图 4-33a 相对应）。图 4-33 的时域信号表明，移除的谐波成分越多，振铃效应的持续时间越长。另外，包含的谐波成分越少，方波的阶跃或不连续过渡越平滑。在图 4-33 中，绿色曲线的斜率没有蓝色曲线和红色曲线的斜率陡峭。

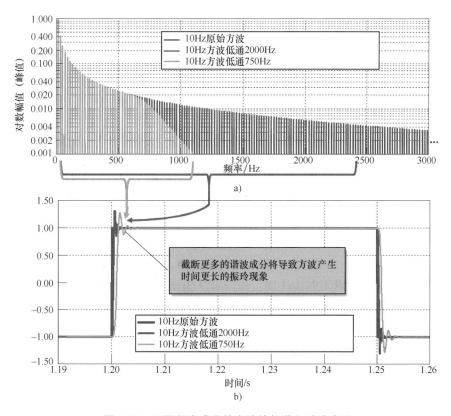

图 4-33　不同频率成分的方波的频谱和时域波形

a）方波的频谱　b）时域波形

通过测量信号可判断是否出现吉布斯现象。如果信号不出现频率截断，那么，吉布斯现象将不会出现。例如，对一个单频正弦波施加低通滤波，那么，将不会出现振铃效应，如图 4-34 所示。对这个正弦波应用与图 4-33 相同频率设置的低通滤波，由于信号频率远低于低通滤波的截止频率，将不会影响单频正弦波，因为没有频率截断，从而不会出现吉布斯现象。因此，信号的类型也会影响吉布斯现象的出现。

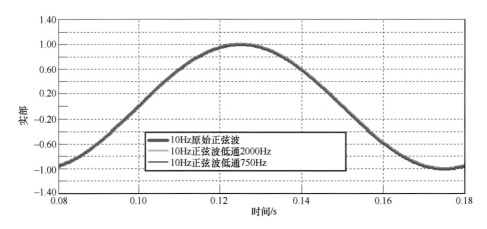

图 4-34　对正弦波设置不同的低通滤波频率，不出现吉布斯现象

当吉布斯效应出现时，振铃的幅值也部分受采集过程中的抗混叠低通滤波器形状的影响。

2. 振铃的幅值：滤波器形状

信号测量经常使用抗混叠滤波器，这个低通抗混叠滤波器的形状对决定吉布斯现象中的振铃效应的幅值来说，是非常重要的。滤波器的锐度越大，振铃的幅值越大。

图 4-35 中重叠显示了两种不同类型的滤波器：一种是贝塞尔滤波器，一种是巴特沃斯滤波器。相比巴特沃斯滤波器，贝塞尔滤波器衰减更平坦，锐度更小，贝塞尔滤波器和巴特沃斯滤波器有相同的 -3dB 截止点（它们的交点）。

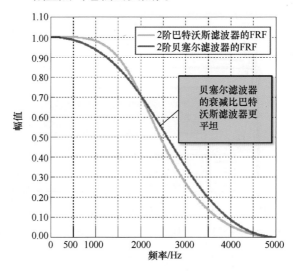

图 4-35　对比 2 阶，低通截止 2000Hz 的贝塞尔滤波器与巴特沃斯滤波器

在图 4-36 中，贝塞尔滤波后的方波的振铃效应的幅值低于相同的方波经巴特沃斯滤波后的振铃幅值。实际上，设计的巴特沃斯滤波器具有固定的过冲。从图 4-36 中可以看出，更平坦的贝塞尔滤波不会引入时域的振铃效应，不像更锐的巴特沃斯滤波。

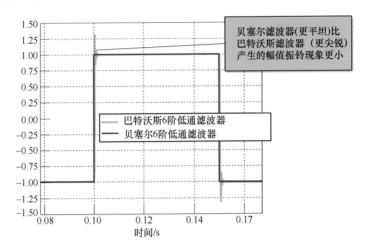

图 4-36　经贝塞尔滤波器与巴特沃斯滤波器低通截断后的方波

滤波器的形状越尖锐，时域数据出现吉布斯现象的可能性更大。为什么会这样呢？本质上，它与滤波器的时域形状相关。

当对频域的滤波器形状进行傅里叶逆变换时，结果称之为脉冲或时间阶跃函数。滤波器的频域带宽越宽，时域脉冲持续时间越短。随着脉冲持续时间的变短，振铃现象越占主导。这就是为什么更陡峭的巴特沃斯滤波器产生了振铃，而更平坦的贝塞尔滤波器却没有。

4.4.4　吉布斯现象实例

设置不同的频率带宽对观测到的振铃效应的影响，使用 4 种不同硬度的锤头，设置两组不同的频率范围，四种锤头分别为非常软的红色气囊锤头、中等硬度的蓝色塑料锤头、较硬的白色塑料锤头和金属锤头。每种情况下，锤头锤击结构便获得一条时域力脉冲波形。在一组测试中，设置频率带宽为 400Hz，另一组测试中，设置频率带宽为 1600Hz。图 4-37 和图 4-38 所示为两组不同带宽、不同锤头锤击得到的力脉冲时域波形，图 4-37 和图 4-38 从顶部到底部，分别对应的锤头由最软到最硬。

注意到 400Hz 带宽内，随着锤头由软到硬，力脉冲振铃现象越来越明显。比较 400Hz 和 1600Hz 的带宽，力脉冲振铃效应有明显的变化：1600Hz 带宽几乎没有明显振铃现象，前面两个锤头根本看不出振铃现象，后面两个锤头有很轻微的振铃现象。

这是因为越硬的锤头，力脉冲作用时间越短，越能激起更宽的频率范围，或者说描述更短的力脉冲，需要更多数目的频率成分。随着锤头由软到硬，能激起的频率范围越来越宽，当带宽设置为 400Hz 时，移除的频率成分会越来越多，即频率截断越严重，原理同图 4-33，这样导致振铃效应越来越明显。而当带宽设置为 1600Hz 时，这个带宽内的频率成分用来描述前面两个软锤头的力脉冲是合适的，因此，不会出现吉布斯现象。但当采用白色塑料头和金属头时，力脉冲的作用时间更短，能激起更宽的频率范围，这在一定程度上超出了 1600Hz，因而造成了频率截断，这两个锤头也出现了很轻微的振铃现象。

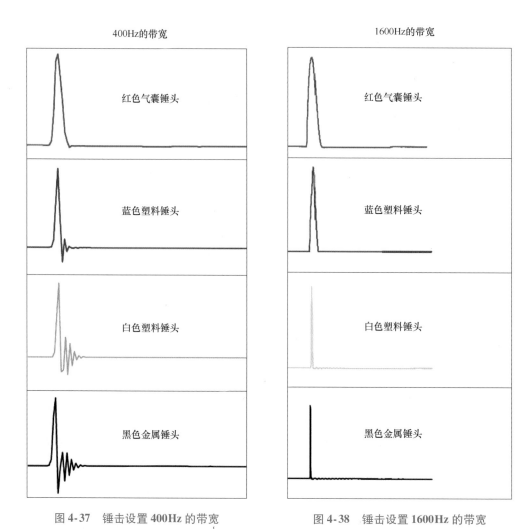

图 4-37　锤击设置 400Hz 的带宽　　　　　图 4-38　锤击设置 1600Hz 的带宽

4.4.5　结论

采样过程中，由于数据采集系统只能采集到一定频率范围内的信号，如果信号的频率成分没有超出数据采集设备采样时的带宽，那么将不会出现吉布斯现象；如果信号的频率成分超出了数据采集设备采样时的带宽，那么，将会出现吉布斯现象。但是可通过使用合适的抗混叠低通滤波器，吉布斯现象对测量的时域信号的影响可以很大程度上减小或消除。以下方法应时刻记住：

1）可通过在数据采集过程中使用合适的抗混叠低通滤波器避免产生不可预测的过冲的振铃效应的吉布斯现象。滤波器的频率截断和形状影响着吉布斯现象的幅值和持续时间。

2）在包含阶跃或不连续的瞬态信号中，也可观察到吉布斯现象。正弦信号不会出现吉布斯现象。在数据采集过程中，只有当移除了信号的部分频率成分时，才会出现吉布斯现象。

3）吉布斯现象主要影响时域，不影响频域。

4.5 脉冲数与可测转速的关系

扭振分析或者角度域分析时，要求获得精确的转速信息，这个时候通常会使用高脉冲数（PPR）的转速传感器，如编码器、角标仪等。这些转速传感器每经过1个角度间隔输出1个脉冲。如果每转有 N 个脉冲，那么显然，每经过 $360°/N$ 会输出1个脉冲信号。确定转速名义上非常简单：只需要测量两个连续脉冲所对应的时间即可。如果两个连续脉冲对应的时间周期是 ΔT，角度变化为 $360°/N$，那么转速简单地通过 $360°/(N\Delta T)$ 或者 $60°/(N\Delta T)$ 来估算。

由于传感器输出的是脉冲信号（也有的是正弦信号），因而，对应的会存在脉冲频率，脉冲频率计算公式为

$$脉冲频率 = 转频（转速/60）\times 脉冲数（PPR） \tag{4-23}$$

转速越高，脉冲数越多，则输出的脉冲频率越高。

像编码器等转速传感器参数中有一项非常重要的指标，就是它的最大输出频率，这个最大输出频率实际上就是传感器能输出的最大脉冲频率。根据式（4-23）可知，这个频率和编码器的脉冲数决定了能测的最大转速。

暂时不考虑测量仪器的相关参数，如某型号编码器最大输出频率 $\leqslant 100 \text{kHz}$，假设每转脉冲数为600，则能测的最大转速计算公式由式（4-23）推导得出：

$$可测的最大转速 = 60 \times 最大输出频率(脉冲频率)/PPR \tag{4-24}$$

按式（4-24）计算这个编码器能测的最大转速为 10000r/min。因此，编码器的输出频率越高，脉冲数越小，能测的转速上限越高。当输出频率一定时，脉冲数越大，能测量的转速上限越低。

以上计算转速传感器能测量的最大转速仅考虑了传感器本身，还没有考虑数据采集仪的指标。如果考虑数据采集仪的指标的话，以上公式中的最大输出频率则应该用传感器的最大输出频率和数据采集仪能接收的最大频率的较小者来计算。假设传感器能输出很高的脉冲频率，但是数据采集仪接收不了这么高的脉冲频率，则能测量的最大转速必然降低。因此，需要综合考虑传感器的最大输出频率和数据采集仪能接收的最大脉冲频率。

如考虑 LMS SCADAS 系列数据采集设备，在进行转速测量时，由于数据采集仪的扭振测量模式有三种：模拟信号、数字信号和 IE（增量式编码器）。模拟信号能接收的最大转速脉冲频率是 40kHz，而其他两种模式均为 200kHz，如图 4-39 所示。而转速脉冲频率等于转频 × PPR，因而，当数据采集设备能接收的最大脉冲频率一定时，PPR 越大，能测的转速上限越小。同时考虑数据采集设备能接收的最大脉冲频率和转速传感器的最大输出脉冲频率，应满足式（4-25）。

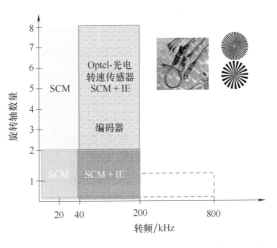

图 4-39　不同模式下可接收的最大脉冲频率不同

$$最大转速 \times PPR/60 \leqslant Min(数据采集设备最大脉冲频率、传感器最大输出频率)$$

$$(4\text{-}25)$$

因此，当用模拟信号模式采集转速信号，使用之前那个脉冲数为 600 的转速传感器时，高转速（超过 4000r/min）就有可能没有转速信号了。因为使用模拟信号模式，数据采集设备能接收的最大脉冲频率为 40kHz，按这个频率计算出来这个编码器只能测量到 4000r/min。

如果改用数字信号或 IE 模式，按数据采集设备能接收的最大脉冲频率为 200kHz 计算，能测的最大转速为 20000r/min。但由于这个传感器最大的输出频率是 100kHz，按这个输出频率计算能测量的最大转速为 10000r/min。综合考虑二者，取最小者为系统能测的最大转速，因此，采用数字信号或 IE 模式，这个传感器能测量的最大转速为 10000r/min。使用高脉冲数的转速传感器测量高转速时，如果数据采集设备为 LMS 的设备，应使用数字信号或 IE 模式。

综上所述，当使用高脉冲数的转速传感器测量转速时，应综合考虑传感器的最大输出频率、数据采集仪能接收的最大脉冲频率和脉冲数来确定传感器能测的最大转速。

4.6　常见的扭振测量传感器

扭振测试常使用磁电式、光电式和编码器等类型的转速传感器，每种传感器都有各自的适用限制条件。主要介绍这三种类型的转速传感器在扭振测量中的应用，同时并对比它们对同一旋转部件的测量结果，以说明各自的优缺点。本节主要内容包括：

1）磁电式转速传感器。
2）光电式转速传感器。
3）增量式编码器。
4）测量结果对比。

4.6.1　磁电式转速传感器

齿轮是动力传动装置中常见的部件，齿轮盘上的齿数决定了齿轮是起到加速还是减缓转速传递的作用。当使用磁电式转速传感器测量转速时，齿轮盘上的齿数作为脉冲输出。这是因为磁电式转速传感器是利用磁电感应效应来测量转速的。磁电式转速传感器由铁心、磁钢、感应线圈等部件组成，被测量的齿轮转动时，转速传感器的线圈会产生磁力线，齿轮转动切割磁力线，磁路由于磁阻变化，在感应线圈内产生电动势。因此，每个齿经过磁电式转速传感器测量位置时，都会切割磁力线，从而使转速传感器输出相应的电压信号。通常，转速传感器输出的电压信号是方波，但对于磁电式转速传感器而言，输出的信号大多数是正弦波。常见的磁电式转速传感器如图 4-40 所示。

磁电式转速传感器利用磁电感应来测量物体转速，属于非接触式转速测量仪表。使用磁电式转速传感器具有容易安装、质量轻、价格低等优

图 4-40　磁电式转速传感器

点，通常作为发动机的标配部件，甚至在恶劣的环境下也能正常工作，又具有宽的温度范围，且可重复使用，因此，在以齿轮作为基本传动部件的结构中通常作为转速测量的标配传感器。虽然具有这么多优点，但是磁电式转速传感器也有缺点，由于齿轮上的齿数是固定的，因此，每转的脉冲数通常有限，当齿数较少时，可能很难精确测量到波动的转速。另一方面，用于测量扭振的齿轮可能存在齿形制造误差、几何误差、变形等问题，这都会影响到扭振的测量精度。由于磁电式转速传感器利用磁电感应效应，因此，对测量附近存在的磁电敏感。长久运转的齿轮难免会有尘土、污渍等，这些对测量精度也有影响。

对于发动机而言，经常使用磁电式转速传感器测量发动机飞轮端的转速，而飞轮端的齿数大多数是 58 个（60 个齿缺 2 个）。测量飞轮盘的转速如图 4-41 所示，从图中可以明显看出缺少的 2 个齿。缺少的 2 个齿将导致传感器输出的脉冲信号缺少 2 个脉冲，因此，如果直接使用这个脉冲信号来计算转速，必然导致转速不连续，所以，需要对缺失的脉冲进行修正以便得到连续的转速，修正示意图如图 4-42 所示。

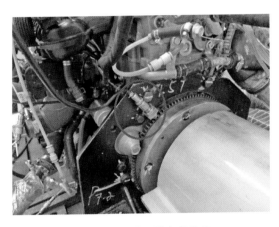

图 4-41　测量飞轮盘的转速

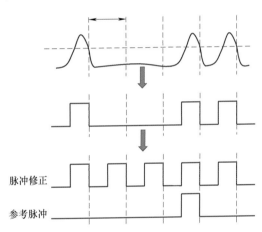

图 4-42　对缺失的脉冲信号进行修正

4.6.2　光电式转速传感器

光电式转速传感器也是一种非接触式传感器，通常在旋转轴或旋转盘上粘有见光与不见光交替间隔的部分，如常见的有码盘和码带，也可用齿轮，但因齿轮反光与不反光区域不明显而造成精度不高，然后用光电开关进行采集，当旋转的轴或盘上挡光部分变成不挡光部分，光电开关会响应输出高低电平，输出的电平的频率正比于转速，测出频率就测出了转速，也可将频率转化成电压或电流信号输出。如 Optel 各种光电式转速传感器探头如图 4-43 所示。

光电式转速传感器通常用码带与码盘（见图 4-44）来表征每转脉冲数，因此，通常在旋转轴上粘贴码带或在旋转盘上粘贴码盘。相比较磁电式转速传感器，光电式传感器的每转脉冲数更多，而且也易于安装。但是由于自身的光电特性，会对测量环境的光敏感，另外由于安装原因会导致传感器与反光部件之间有相对位移，影响测量精度。虽然市面上有各种各样的光电式转速传感器，但只有少数能用于扭振测量。

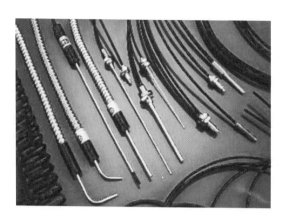

图 4-43　光电式转速传感器探头

图 4-44　码带与码盘

　　使用码带缠绕旋转轴进行测量时，必然导致在码带两个端部的连接处的黑白反光部分间距不连续，如图 4-45a 所示的宽黑色区域，这个区域由于脉冲宽度较正常的间距宽，因而输出的脉冲宽度有大的变化，导致转速突变，如图 4-45b 红色曲线所示。因此，当使用码带时需要对因码带两端部交接处不连续造成的转速突变进行修正，修正后的结果如图 4-45b 中绿色曲线所示。另一方面，根据实际测量经验可知，如果转速突变很严重，有可能后续修正不了，这时，可通过调近探头与待测旋转部件的距离或调高亮度解决。所以，当用码带进行测量时，在拆卸测量传感器之前，应对数据进行修正，如果不能修正，应调节后再次测试，以便获得能够修正的转速。

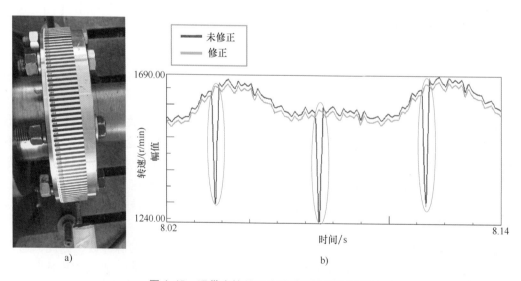

a)　　　　　　　　　　　　　　　　b)

图 4-45　码带交接处不连续造成转速不连续

　　使用码盘来表征每转的脉冲数时，如果码盘能与旋转盘成为同心圆，那么测量时不会存在因安装不对中带来误差。但实际情况是测试工程师在粘贴码盘时，很难使码盘与旋转盘成为同心圆，二者存在或多或少的偏差，因而，当旋转时，会存在因粘贴误差带来的1阶偏心，在对转速信号进行瀑布图分析时，会出现明显的1阶分量过估计，这个阶次分量的过估计正是由于粘贴带来的误差。

由于光电式转速传感器的探头由一束束封装的光纤组成，因此，在使用时需要特别小心，不能将探头所带的导线拧成麻花、对折、打结，更不能使用重锤击打探头导线等。

4.6.3 增量式编码器

增量式编码器（见图4-46）的主要工作原理是光电转换，但其输出的是A、B、Z三组方波脉冲，其中A、B两组脉冲相位相差90°以判断旋转方向，Z脉冲为每转1个脉冲用于基准点的参考，脉冲输出如图4-47所示。由于增量式编码器每转脉冲数可达上千个，因此，测量的转速脉冲更精确。但是由于需要将增量式编码器安装在旋转部件上，因此给安装带来了麻烦，另一方面，在旋转部件上安装增量式编码器，可能会带来质量载荷的影响，如动平衡问题等。通常增量式编码器适用于台架测试，作为测试台架的一部分是非常方便的。

图4-46 不同类型的增量式编码器

利用增量式编码器进行扭振测试时，可以任意选择A组或B组输出脉冲来得到转速，因为二者是正交的，相位相差90°。但是有一点，需要值得注意，由于脉冲数更高，会导致增量式编码器的输出脉冲频率更高，如PPR=1000，转速为6000r/min，则输出的脉冲频率高达100kHz。如LMS SCADAS数据采集设备可接收的最大数字脉冲频率为200kHz，对于PPR=1000的编码器，

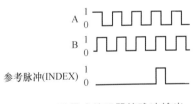

图4-47 增量式编码器的脉冲输出

最大转速只能是12000r/min；如果PPR=2000的增量式编码器，最大转速只能是6000r/min，因此，使用增量式编码器时，需要着重注意这一点。

4.6.4 测量结果对比

使用光电式转速传感器（码带PPR=142与码盘PPR=120作为脉冲输出）、增量式编码器（PPR=1024）以及双光束激光测量设备共三种类型的转速传感器测量某品牌1.4L 4缸4冲程发动机的曲轴扭振，如图4-48所示。

图 4-48   4 缸 4 冲程发动机的曲轴扭振测量

对各个传感器测量到的数据进行分析，得到的 colormap 如图 4-49 所示，图 4-49a 为双光束激光测量系统的结果，图 4-49b 为增量式编码器的结果，图 4-49c 为光电式转速传感器使用码盘的结果，图 4-49d 为光电式转速传感器使用码带的结果。可以看出，除了码盘之外，其他三个分析结果相差不大，而码盘存在明显的 1 阶分量，这是由于粘贴码盘时，码盘未与旋转部件成为同心圆所致。另外，在码盘的结果中还出现了明显的干扰成分。

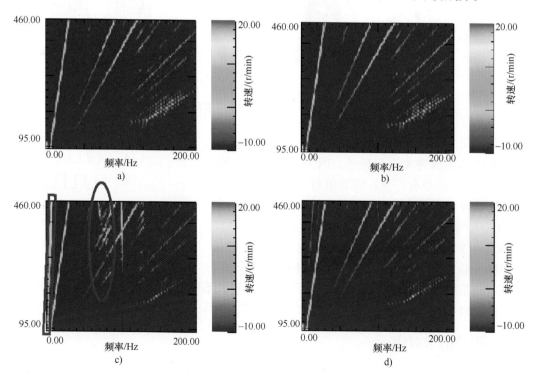

图 4-49   4 种测量下的 colormap

a）双光束激光测量 DBL   b）增量式编码器   c）光电式转速传感器（码盘）   d）光电式转速传感器（码带）

从 colormap 上只能大致地看出各阶次成分，为了进一步对比各主要阶次的相对偏差，从瀑布图中提取 1、4、16 阶次，得到的结果如图 4-50 所示。从图中可以看出，各阶次重合非常好，但由于码盘安装不对中，导致 1 阶次过估计。双光束激光测量系统得到的 1 阶次有波动，这是由旋转轴表面不光滑所导致的。码盘的 16 阶次波动明显，与图 4-49 中的干扰相对应。

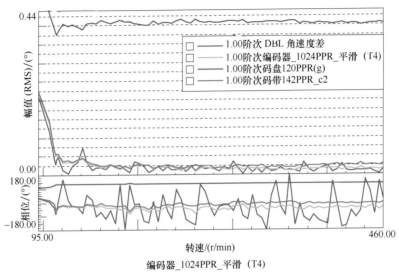

a)

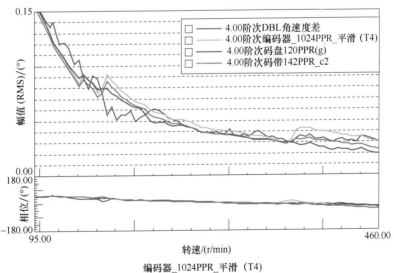

b)

图 4-50　比较 1、4、16 阶次

a）1 阶次　b）4 阶次

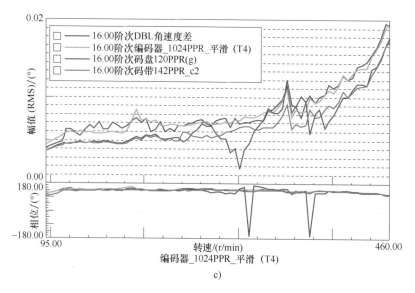

图 4-50　比较 1、4、16 阶次（续）

c）16 阶次

4.7　码带粘贴的影响

当对旋转轴进行扭振测量时，通常使用码带作为反光设备，这时需要将码带粘贴在旋转轴某个截面上。由于码带是一根细长的带条，缠绕旋转轴 1 转时，必然在端部交接处存在多出或缺少黑白条纹的情况，如图 4-51 所示。

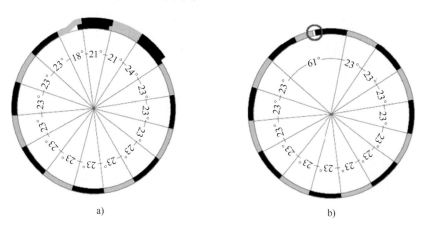

图 4-51　粘贴码带出现的可能情况

a）多出了条纹　b）缺少了条纹

在图 4-51a 中多出了 3 块黑白条纹，这将导致在 4 块连续的条纹区域将受到影响。图 4-51 中每块黑白条纹对应的角度是 23°，但由于多出了 3 块条纹，将导致第 1 块与第 4 块条纹所对应的角度发生了变化，而中间两块由于半径变大，相同宽度的条纹对应的角度将变小。即使半径变大非常小（因为码带非常薄），但对于脉冲计数器 ns 级的时间间隔来说也是极其敏感的。因此，图 4-51a 中的情况将影响 4 块连续的条纹区域，导致转速测量出现误差。

图 4-51b 中在交接处缺少了一小块条纹，这也将影响转速测量，因此，需要对这个不连续的交接处进行处理，通常是用白色或黑色条纹粘上，如图 4-52 所示，用黑色条纹粘贴。虽然这将导致连续的三块条纹区域受到影响，但是，由于这三块区域的颜色相同，只会影响到 1 个脉冲输出，如图 4-53 所示，使得这个区域的脉冲变宽，从而使这个区域对应的转速降低，这种情况下测量得到的转速信号如图 4-54 所示。后续利用修正功能对这个突变的转速进行修正。

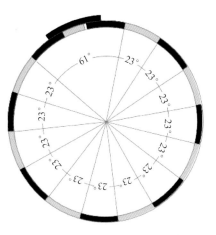

图 4-52　黑色条纹粘贴在不连续处

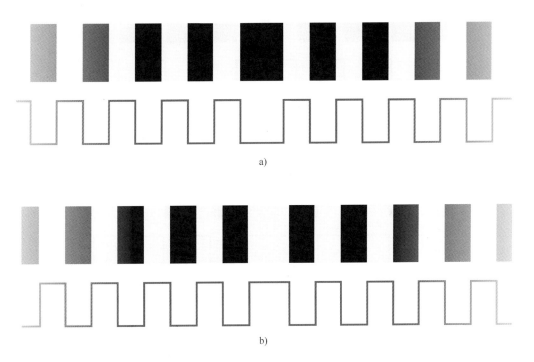

图 4-53　只有一块条纹受影响

a）黑色条纹变宽　b）白色条纹变宽

在粘贴码带时，还可能遇到交接处的一块白色或黑色条纹变窄的情况，如图 4-55 所示黑色条纹变窄，这时对应的理论脉冲宽度将变窄。但实际上可能存在因条纹太窄不能被转速传感器感知的情况，从而影响转速的测量。这时，解决方案是使用白色条纹遮挡窄的黑色条纹，使之形成一个较宽的白色条纹区域，如图 4-56 所示。如果粘贴时交接处是一条窄的白色条纹，则用黑色条纹遮挡窄的白色条纹，使之形成一个较宽的黑色条纹区域。在这种情况下，也只有一个颜色相同的区域受到影响，导致测量得到的转速如图 4-54 所示。

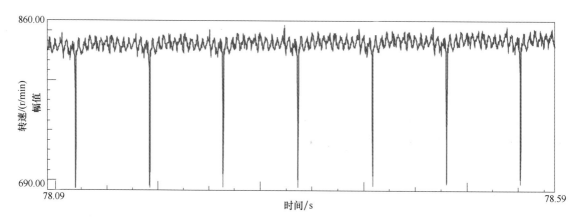

图 4-54　码带不连续造成转速在这个位置突变

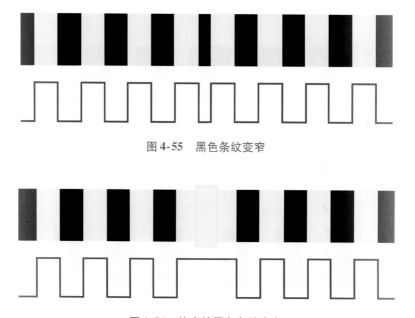

图 4-55　黑色条纹变窄

图 4-56　使窄的黑色条纹变白

　　除了上述两种情况之外，可能还存在这样的情况：相邻的两块黑白条纹均较窄，如图 4-57 所示。这时对应的脉冲输出如图 4-57 中红色曲线所示，但当在选择脉冲的上升沿或下降沿时，则会带来不同的结果。当选择上升沿时，只有 1 个脉冲受到影响，但是当选择下降沿时，相邻的两个脉冲将受到影响，如图 4-58 所示。因此，在这种情况下，需要选择合适的上升沿或下降沿。但实际上有时选择不一定正确，所以，这种情况的解决方案是将其中一个窄的条纹用相反颜色的条纹遮挡，如将图中的窄黑色条纹用白色条纹遮挡，形成一个宽的白色条纹区域，如图 4-56 所示。

　　综上所述，码带粘贴时两端交接处不应重叠，如果重叠不应出现多个条纹区域重叠，仅限于重叠一种颜色区域。出现宽度不同的条纹区域时，可以用相反颜色的条纹将其遮挡。实际测量中，更偏向使用黑色记号笔将白色区域涂黑，形成一个宽的黑色条纹区域。

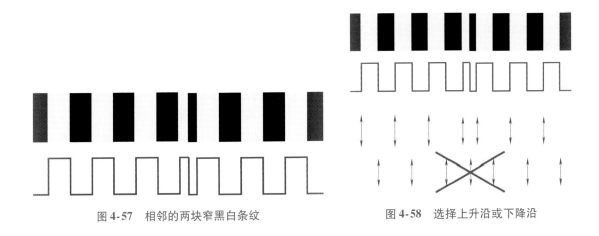

图 4-57　相邻的两块窄黑白条纹　　　　　图 4-58　选择上升沿或下降沿

4.8　基于 Testlab 的扭振测量

本节主要介绍基于 Simcenter™ Testlab 的扭振测量，由于 LMS SCADAS 硬件有三种测量模式，所以首先介绍这三种测量模式的区别，然后介绍扭振测量流程。主要内容包括：

1）三种测量模式。

2）通道设置。

3）跟踪设置。

4）其他设置。

4.8.1　三种测量模式

LMS SCADAS 硬件支持三种转速测量模式：模拟转速模式、数字转速模式和增量式编码器模式，见表 4-2。实际上增量式编码器模式获得的转速信号也是数字转速。

表 4-2　三种转速测量模式差异

转速测量模式	模 拟 转 速	数 字 转 速	增量式编码器
输入类型	模拟转速、TTL	TTL	RS485、A 组、B 组和参考信号
输入保护	±40V 无损害	±40V 无损害	±40V 无损害
采样率	24 位 AD 204.8kHz 采样率	820MHz 时针频率	820MHz 时针频率
时间分辨率	>4.9μs	1.2ns	1.2ns
最大脉冲频率	40kHz	200kHz	200kHz
典型应用	360PPR 在 6500r/min 处	1440PPR 在 8000r/min 处	1440PPR 在 8000r/min 处

从表 4-2 中可以看出，三种测量模式最大的差异是采样率和最大脉冲频率的不同。理论上讲采样率越高，时间分辨率越高，采集到的脉冲与检测电平的交点时刻越精确，误差越小。当每转脉冲数高，转速也高时，宜采用后面两种测量模式，这是因为后两种模式的最大

脉冲频率高，而脉冲频率等于每转脉冲数乘以转频。

LMS SCADAS 数据采集硬件除了主板卡 SYSCON（与计算机通信的板卡）上有两个专门的转速通道可用于扭振测量之外，还提供专门的扭振测量板卡 RV4。板卡 SYSCON 只支持模拟转速和数字转速两种测量模式，而 RV4 板卡则支持三种测量模式。

通过 Testlab 软件的 Signature 测试模块下的 Tool→Channel Setup Visibility，在弹出的对话框中的 Source field names 栏下面选择 TorsionMode，单击 Add 按钮添加到右侧栏中，见图 4-59，单击 OK 按钮，则在 Channel Setup Visibility 页面中将出现 TorsionMode 列，如图 4-60 所示。如果是 SYSCON 板卡，则 TorsionMode 栏只有前两项可供选择，因为这块板卡不支持增量式编码器测量模式。如果不进行任何选择，默认是模拟转速模式。

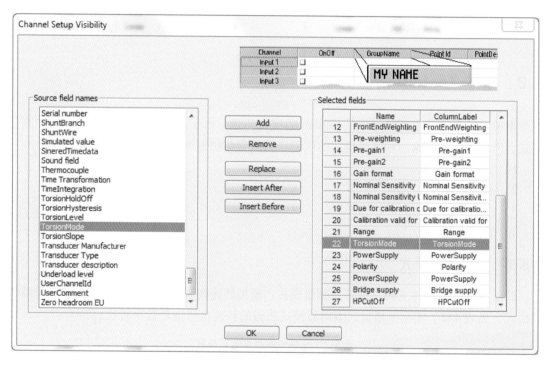

图 4-59　添加 TorsionMode

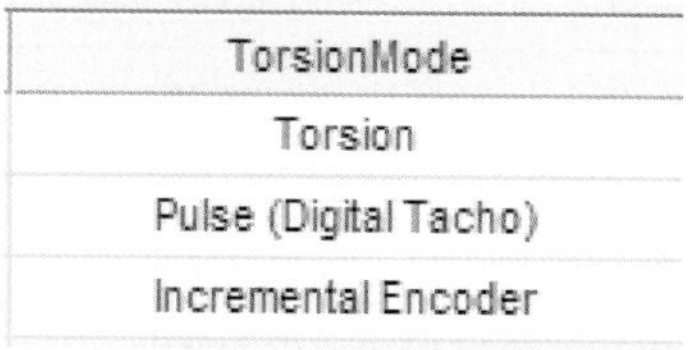

图 4-60　TorsionMode 栏的选项

4.8.2　通道设置

启动 Testlab Signature 测试模块，在通道设置界面，勾选需要使用的转速通道，如图 4-61 所示。

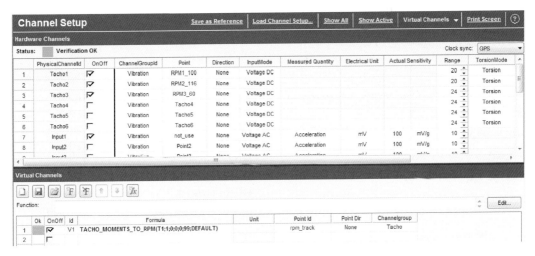

图 4-61　通道设置界面

　　如果只测量转速，不进行其他振动噪声测试，此时 input1 通道也会默认勾选，且是必须的，即使该通道不连接任何传感器，因为进行一次测量，软件要求至少勾选一个 input 通道。

　　ChannelGroupId 列默认是 Tacho 组，建议修改成 Vibration 组，这样最终会保存两个分组的转速信号，一组为 Tacho 组，另一组为 Vibration 组。这样设置的目的是为了后续的处理需要，因为 Tacho 组的转速信号不能用于 FFT 分析，因此，需要将 Tacho 组的信号复制成 Vibration 组。只有非 Tacho 组的信号才能进行 FFT 分析。

　　Point 列是自定义转速测点名称，建议用测量位置 + 脉冲数（PPR），如 Pulley_1024。

　　InputMode 是根据传感器的类型选择输入模式（耦合方式），大多数转速传感器采用默认设置 Voltage DC 即可。

　　TorsionMode 列需要通过 Tools→Channel Setup Visibility 将该栏添加进来，默认选择是 Torsion。但如果使用 RV4 扭振测量板卡，则有两种工作模式：一种为使用 4 个 RPM 通道；另一种为使用 2 个编码器（IE）通道。这两种工作模式，使用时只能选择其中一种模式。当选择 IE 通道时，则需要选择 Incremental Encoder。

　　Virtual Channel 可设置提取用于跟踪的平均转速，也就是 1 个 PPR 对应的转速。当跟踪模式（Tracking Setup 页面）选择 Tacho 时，此时应选择虚拟通道生成的一个脉冲所对应的转速，即图 4-61 界面中的 rpm_track。在虚拟通道中选择函数 TACHO_MOMENTS_TO_RPM 实现平均转速提取，假设对 PPR = 100 的 Tacho1（T1）进行 1 个脉冲的转速提取，则该函数设置界面所图 4-62 所示，跳过 99 个脉冲。

　　当按上述设置进行数据采集时，保存的数据如图 4-63 所示。这组信号实测的转速有 2 个，分别为 Flywheel_Mag 和 Pulley_IE，每个转速对应两个 Tacho 信号，其中 raw 是该转速对应的脉冲计数随时间变化曲线，另一个是转速随时间变化曲线，Flywheel_Mag 对应通道 2，Pulley_IE 对应通道 14。Not_use 是表示实际未测量通道 input1 的信号。转速 3333：rpm_track 则是由虚拟通道生成的 1 个脉冲所对应的平均转速，通道组为 Tacho，用于跟踪分析。4001：Pulley_IE 和 4003：Flywheel_Mag 则是由通道设置中的分组选择 Vibration 后生成的 Vibration 组的转速信号。

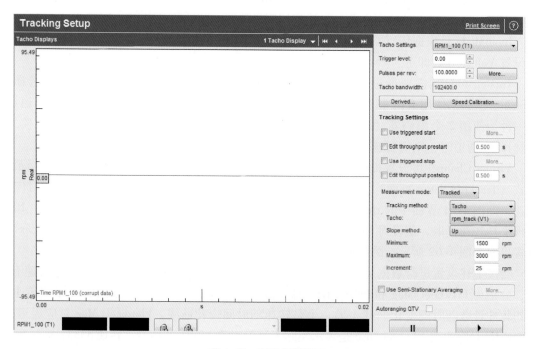

Name	Channelgroup
2:Flywheel_Mag	Tacho
2:raw:Flywheel_Mag	Tacho
3:Not_use	Vibration
14:Pulley_IE	Tacho
14:raw:Pulley_IE	Tacho
3333:rpm_track	Tacho
4001:Pulley_IE	Vibration
4003:Flywheel_Mag	Vibration

图 4-62　虚拟通道设置函数　　　　　　　　图 4-63　保存的数据

因此，当通道分组设置中将转速信号设置成 Vibration 组之后，系统会自动生成对应的 Vibration 组的转速信号，然后再用该组信号进行扭振分析处理。如果现场试验时没有设置成 Vibration 组，也可后续利用 Time Signal Calculator 获得 Vibration 组的转速信号。

4.8.3　跟踪设置

进入 Tracking Setup 测试页面，如图 4-64 所示，在这个页面需要对转速的触发电平（Trigger level）与脉冲数及测量模式进行设置。

图 4-64　跟踪设置界面

在图 4-64 的右上角进行转速设置。首先，前面通道设置中已经勾选了相应的转速通道，如果同时打开了多个转速通道，则需对每个 Tacho 通道分别设定以下两个参数。

　　Trigger level 称为触发电平或检测电平，该参数是指转速脉冲信号（常为矩形方波或者正弦波）过零的基准线的电压值（这个值在脉冲信号图上用一横线来表示，如图 4-65 所示的黑色水平线），这样每个脉冲信号与触发电平基准线的交叉点所处的时刻就可以知道了，然后根据相邻两个脉冲的上升沿或下降沿过基准线的时间差来实时计算瞬时转速。因此，如果检测电平与脉冲信号没有交点，则不能检测到任何时刻，从而不能计算转速。所以，这个 Trigger level 一般建议设定在脉冲电压信号的中间值附近。比如脉冲信号的电压在 0V 到 +5V 之间，那么可以把 Trigger level 设为 2.5V 附近，这些区域，脉冲信号的上升沿或下降沿基本上是垂直于基准线的，得到的转速会相对稳定，也可以避开干扰信号。从图 4-65 可以看出，在最大或最小脉冲电压附近，脉冲信号都有明显的干扰。另外我们也可以在脉冲信号图上直接用鼠标左键上下拖动基准线来调节这个基准电平高度。设置此参数时，待测的旋转部件必须转动起来，此时才有脉冲信号输出，根据脉冲信号对应的电压来设置相应的触发电平。

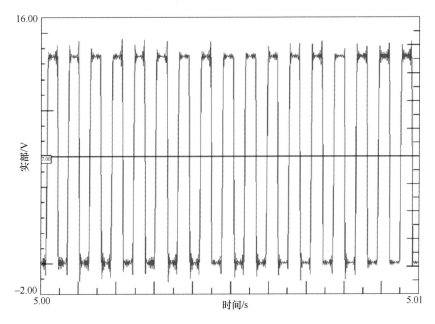

图 4-65　触发电平设置

　　Pulses per rev 表示每转脉冲数，是指测量转速采集点处每转多少个脉冲输出，这个需根据实际情况来设定。很多时候我们是通过齿轮盘脉冲来测量转速的，这时候这个参数就是齿轮盘的齿数。如果使用增量式编码器来测量转速，由于增量式编码器一般 1 转能输出非常多的脉冲，这一参数要根据增量式编码器的参数来设定。另外，还有使用码盘或码带来表征每转的脉冲数，这时，要根据实际脉冲数来进行设定。如果脉冲数设定过大，则转速欠估计；如果设定过小，则转速过估计，因此，需要设定正确的 PPR 值。

4.8.4　其他设置

　　由于很多设置跟普通的振动噪声测试设置相同，因此，在这里不再描述，仅介绍一些有别于普通振动噪声测试的设置。主要介绍由角速度（转速）积分得到角位移和计算相对转角。

有时需要将角速度积分得到角位移，按角位移来评价扭振。在在线处理设置页面，则需要对振动组的转速信号进行积分设置，将 Output format 设置成 Displacement，如图 4-66 所示，则可得到角位移随频率变化的频谱图。

对 Vibration 组的转速信号进行在线处理时，积分得到角位移，在 Derived FS 页面可以对两个通道的转速进行相减，得到相对扭角（如果不进行积分，则是相对转速）。需要注意的是，在这个页面扭振信号对应的通道简称为 TCH（Torsion Channel），不再

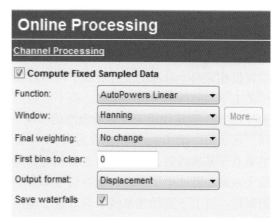

图 4-66　积分设置

是 CH 或 T，选择的函数类型可以是线性自谱或频谱，如图 4-67 所示。

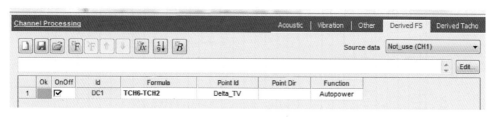

图 4-67　计算相对扭角

4.9　扭振数据处理方法

扭振数据处理包括对数据进行预处理，然后可采用时域、频域或阶次域方法进行处理，甚至还可以得到扭振动画。时域法得到的最终结果为扭角（角位移）随时间变化曲线，频域法得到的结果为不同阶次或频率下的扭角（也可以是角速度或角加速度）大小。本节主要内容包括：

1）预处理。

2）时域处理。

3）固定采样处理。

4）阶次跟踪处理。

4.9.1　预处理

数据预处理主要包括以下三个方面的处理：提取 1 个脉冲对应的平均转速、获得 Vibration 组的转速信号和对码带测量的转速进行修正。如果在测量时设置了转速信号的分组为 Vibration，通过虚拟通道提取到了 1 个脉冲对应的平均转速，则预处理可对这两方面不再做处理。但是在这里，仍介绍这三个方面的处理，主要用到的模块是 Testlab 软件中的 Time Signal Calculator 模块。

提取 1 个脉冲对应的平均转速使用函数是 TACHO_MOMENTS_TO_RPM，在 pulse_per_ rev 栏中设置参数为 1，表示设定 1 个 PPR，而在 pulse_to_skip 中设置的数目为测量时实际 PPR-1，其他参数设置如图 4-68 中下面第 1 行所示。

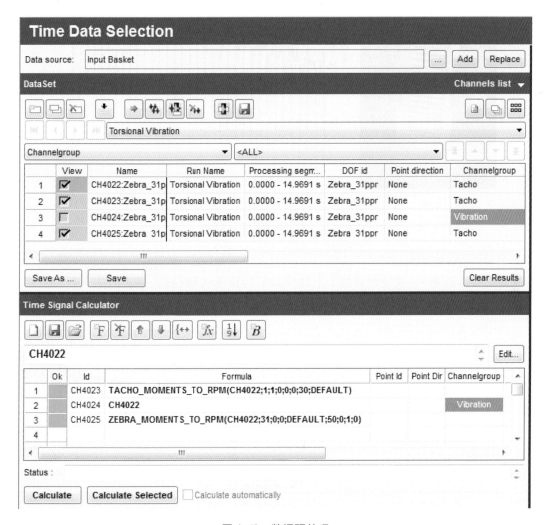

图 4-68　数据预处理

获得 Vibration 组的转速信号只需要复制信号，将其通道分组改成 Vibration 即可，因此，在公式栏中仅输入测量信号的通道号，形如 CHX（大小写均可，X 可以是 1 位或多位数），如图 4-68 中下面第 2 行所示。

如果是使用码带对旋转轴进行扭振测量，那么在码带端部的结合处（见图 4-69a），必须引起转速的不连续（见图 4-69b），测量时需要将端部细小的不连续区域用黑色水笔涂黑或黑色反光片覆盖。图 4-69b 为用码带测量得到的转速信号，向下突变的转速即为码带的不连续区域引起的。因此，需要对不连续的转速进行修正。可通过特定的函数 ZEBRA_ MOMENTS_TO_RPM 修正这个问题，得到正确的转速信号，参数设置如图 4-68 下面第三行所示。另外，注意修正后的转速必须设置成 Vibration 组，因为要对修正后的转速进行下一步分析。

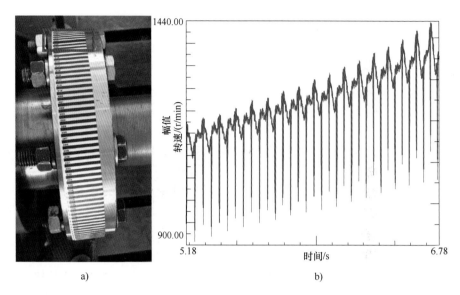

a)　　　　　　　　　　　b)

图 4-69　码带测量带来的影响

a）码带端部连接处不连续　b）转速不连续

原始信号（红色）、预处理后的 1 个脉冲的平均转速（绿色）、修正后的 Vibration 组的转速信号（蓝色）如图 4-70 所示，图中上面曲线为全程时域数据，下图为上图阴影区域的局部放大图。

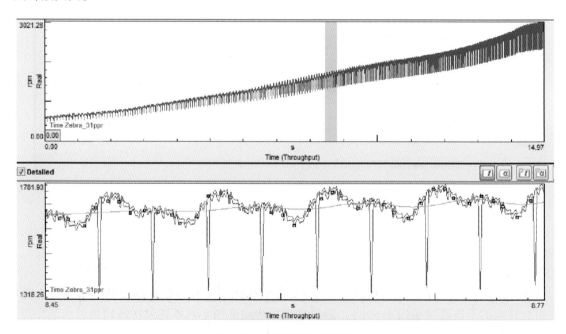

图 4-70　修正后的转速数据

4.9.2　时域处理

时域处理的最终结果是得到角位移（在这里以角位移为例）随时间的变化曲线。处理的基本思路：首先提取转速的波动部分，然后对波动的转速进行积分得到最终的结果。为了提取到转速的波动部分，需要用修正后（只有码带测量得到的转速才需要修正）的转速信号减去1个脉冲的平均转速信号。然后对转速的波动部分积分1次，得到转角随时间的变化曲线。由于积分易受低频的干扰，因此需要对积分后的信号进行高通滤波，滤波主要是滤掉因积分引起的低频成分造成的基线波动等影响。使用 Time Signal Calculator 处理，处理过程如图 4-71 所示，得到的角位移-时间曲线如图 4-72 所示，然后可以进一步对该时域信号作各种处理，如 FFT 分析、时域统计等。

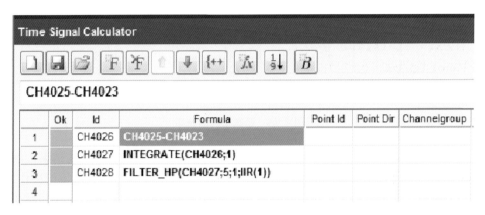

图 4-71　处理过程

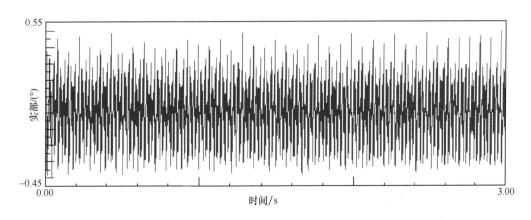

图 4-72　角位移-时间曲线

4.9.3　固定采样处理

固定采样频率下的处理主要包括稳态分析和跟踪分析。如果测量的旋转部件仅在某一固定转速下工作，则可进行稳态分析。分析的目标参数可以是角位移、角速度或角加速度。由于测量的参数是转速（角速度），需要在频域进行积分1次得到角位移随频率的变化曲线。因而在 FFT 分析时需要将输出格式选择 Displacement。如果想得到角加速度随频率的变化曲线，则需要将输出格式选择 Acceleration。如果是稳态工况，则可以得到平均的二维频谱图（参量是角速度），如图 4-73 所示。

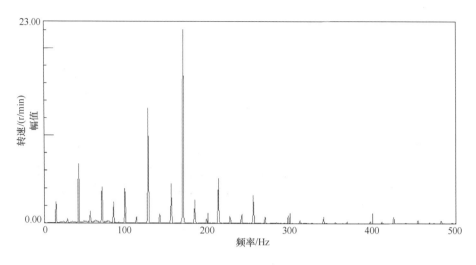

图 4-73　稳态工况的结果

如果是升降速工况，可进行阶次分析，得到瀑布图及各主要阶次切片的结果，如图 4-74 所示。如果用角位移表示瀑布图的幅值，这时需要对频谱作 1 次积分。用角位移作为幅值，这是因为大多数厂家都用角位移来评价扭振阶次，常规要求是各扭振阶次的角位移不能超过 $0.2° \sim 0.25°$。用角位移表示的 colormap 和各主要阶次切片如图 4-74 所示。

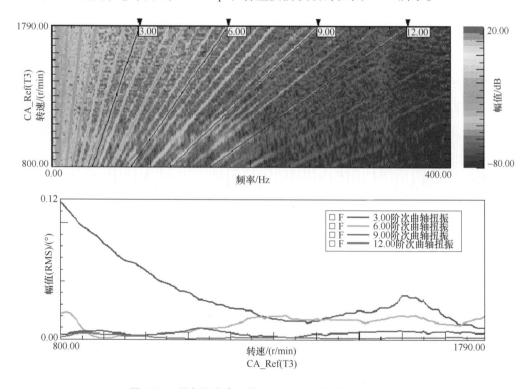

图 4-74　用角位移表示的 colormap 和各主要阶次切片

如果同时测量了两个截面，则可以计算相对扭角。对相对扭角信号进行瀑布图分析，数据结果如图 4-75 所示。由于扭转共振和其阶次相对较小，可通过提取轴上两个位置的相对扭角或相对转速突显轴的扭转共振频率，如图 4-76 所示。即得到相对扭角之后，可分析其扭转共振的固有频率，如某旋转结构的扭转共振的固有频率为 81.12Hz。

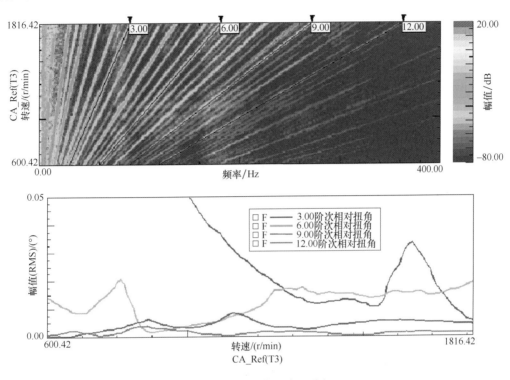

图 4-75　相对扭角瀑布图分析

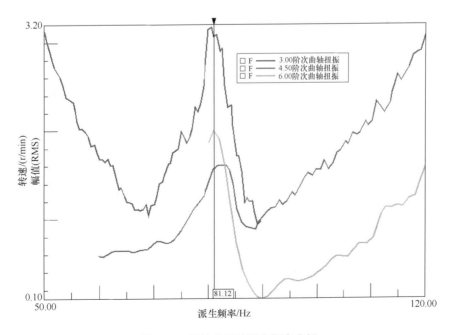

图 4-76　扭转共振的固有频率分析

4.9.4　阶次跟踪处理

除了常规的阶次分析，也可以对扭振数据进行阶次跟踪处理，如某个旋转轴的阶次跟踪处理结果如图 4-77 所示。通常如果关心高阶次成分，可以用阶次跟踪处理，这是因为阶次跟踪对于处理高阶次是非常有效的，而用阶次分析，则高阶次会发生严重的拖尾效应。

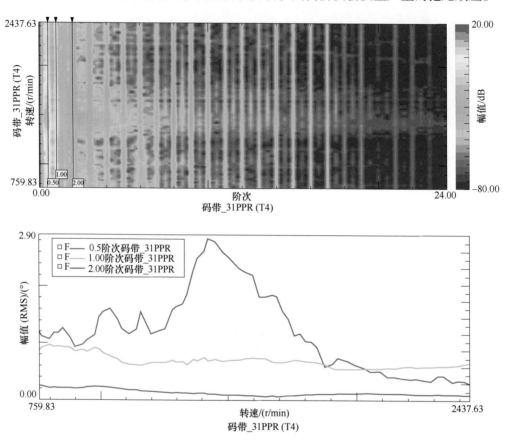

图 4-77　阶次跟踪处理结果

除了以上的分析之外，如果同时测量了多个测量位置，则可以使用动画的形式来显示扭振动画。

第5章　包络分析与倒谱分析

旋转机械的振动噪声信号经常会遭遇调制，从调制后的信号中分离出调制信号有利于帮助工程人员确定故障来源。而包络分析与倒谱分析是对调制后的信号进行解调（分离出调制信号）的两类常用方法。

5.1　为什么需要包络分析

拍频信号包括三个正弦分量：合成振动波的频率为两个简谐波和频的一半，拍频为两个简谐波的差频，包络频率为两个简谐波差频的一半（实际上拍频对应的曲线也是一种包络）。由于拍是两个频率非常接近的正弦波的叠加，对叠加后的时域信号进行 FFT 分析时，得到的频谱只包含原始两个正弦波的频率成分，如图 5-1 所示，虽然从时域信号上可以看出存在包络，但得不到包络曲线对应的频率成分，特别是当信号包含多个频率成分时。

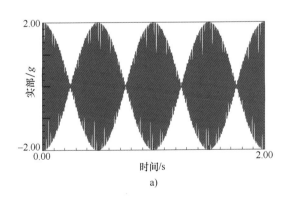
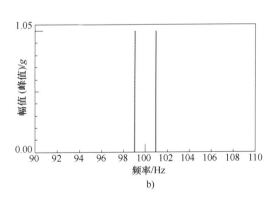

图 5-1　拍的时域信号与频谱

a）时域信号　b）频谱

另一方面，对于幅值调制而言，FFT 分析时能得到以载波频率为中心，以调制频率为间隔的边频带，如图 5-2 所示，但直接得不到包络曲线的频率。另外，对于信号调制而言，很多情况下，都是既有幅值调制又有频率调制的混合调制，除此之外，还存在很多其他频率成分，如相关部件的固有频率、啮合频率及轴频的谐频，这样就使得边频带极不规律，从而导致获取边频带的间隔频率（调制频率）很困难。

对于存在局部缺陷的轴承而言，如某部件上的滑动和点蚀，会产生极短时尖锐的冲击，

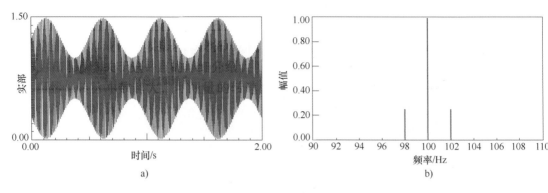

图 5-2　幅值调制后的时域波形和相应的频谱

a）时域波形　b）频谱

这些冲击将激起结构共振，相应的振动通过安装在轴承座上的传感器能测量到。每次遭遇一个局部缺陷产生的冲击，测量到的振动信号将是按指数衰减的正弦振荡。但由于轴承旋转的周期性，这些冲击也会体现出相应的周期性，导致一次冲击与下一次冲击存在时间间隔，并且，这个时间间隔远大于冲击作用时间。我们知道时域上越短的信号，在频域上表现出越宽广的特性，因此，轴承受到的极短的时域冲击，其能量分布在极宽的频带上，如图 5-3 所示，因而能激起相关部件的固有频率（高频）。

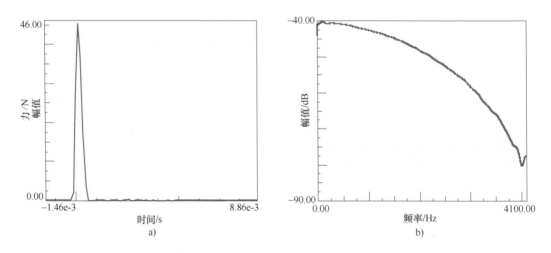

图 5-3　极短的脉冲能量分布在极宽的频带上

a）短暂的冲击力　b）FFT 变换得到对应的力谱

　　例如，使用传感器测量到轴承外圈带有局部缺陷的振动信号后，首先对采集到的时域信号高通滤波 500Hz，以便滤掉轴承振动信号中的低频部分，以消除各种低频干扰，突出冲击特性，如图 5-4 所示，可以看出，在 3s 的时间内，出现了时间间隔约为 0.6s 的极短的冲击信号，冲击作用的时间远小于 0.6s。冲击间隔时间约为 0.6s，那么，冲击事件对应的频率应该在 $1/0.6 = 1.66$Hz 附近，但是当对冲击信号做频谱分析时，得到的频谱如图 5-5 所示，看不出 1.66Hz 附近的频率成分，反而是杂乱的高频成分。为什么频谱图中没有出现故障频率（冲击间隔频率）呢？

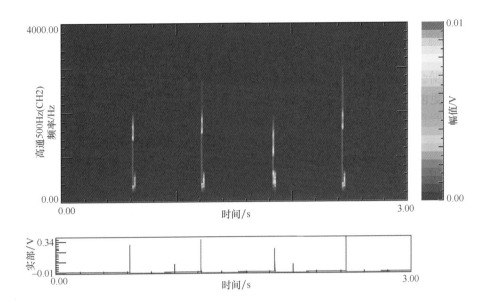

图 5-4　极短冲击事件的 colormap

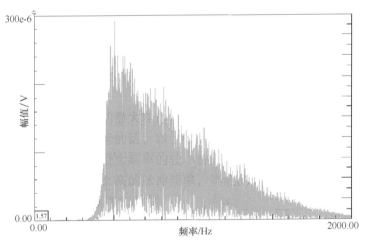

图 5-5　冲击事件的频谱

另一方面，对比良好的外圈与带有局部缺陷的振动原始时域信号，如图 5-6 所示，从时域信号上很难看出存在与缺陷相关的冲击事件。由于原始的时域信号包含了各种频率成分，如轴频、部件的固有频率、故障特征频率及其谐频等，因此，很难直接从原始的时域信号上看出存在的冲击事件。如果想看出冲击现象，那么，应对原始的时域信号进行带通滤波。

振动信号的频谱图中没有出现冲击事件的发生频率，这是因为，相对冲击事件的频率而言，时间间隔约为 0.6s，那么，我们可以说，冲击事件发生的很缓慢，而信号中存在大量的高频成分，因此，频谱分析很难直接从变化迅速的高频信号中分离出变化缓慢的低频信号。因而，需要一种新的分析方法，以便能从迅速变化的信号中分离出缓慢变化的信号。那么，包络分析正是能满足这种要求的方法。

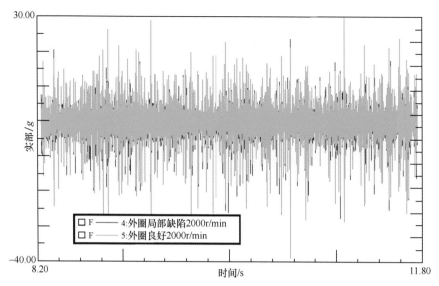

图 5-6 对比良好的外圈与带有局部缺陷的轴承振动原始时域信号

包络分析是 20 世纪 70 年代早期被开发出来的方法，最初称为高频共振技术。它也有很多其他名称，如幅值调制解调、共振解调分析、窄带包络分析，而更多时候将其称之为包络分析。包络信号的计算可用于稳态信号、非稳态信号以及瞬态信号。

用于包络分析的方法有基于模拟电路的方法、基于数字信号的希尔伯特变换的方法等。平方解调的基本思路是积化和差的过程：平方相当于两个信号（假设为正弦信号）的乘积，从而能得到它们的和频（高频）与差频（低频，如拍频就是两个信号的差频）；然后再低通滤掉高频的和频，对滤波后的低频信号进行 FFT 分析得到解调谱。关于这一点后续在介绍包络分析时会着重介绍其分析过程。而希尔伯特变换的基本思想是通过对采样的实值时域信号进行希尔伯特变换，得到以采样的时域信号作为实部、其希尔伯特变换作为虚部，二者构成解析信号，解析信号的幅值就是信号的包络曲线；对包络进行低通滤波，作 FFT 求出包络谱，得到包络频率。现在包络分析更多是基于希尔伯特变换的包络分析，因此，这种方法的包络分析也称为希尔伯特-包络分析。

对于包络分析，我们首先应该明白什么叫做包络或包络曲线。对于时域信号而言，把时域信号各个峰值点连接起来得到的曲线就叫时域包络曲线，如图 5-7 所示的信号，绿色是指数衰减的高频信号，把它时间轴上各个峰值点连接起来得到的蓝色曲线就是它的包络曲线。

如在幅值调制信号中，载波频率通常是高频信号，而调制频率是低频信号，如图 5-2 所示。因此，这个高频调制信号，它的幅值是按低频调制信号变化的。如果把高频调制信号的峰值点连接起来，就可以得到一条与低频调制信号相对应的曲线，这条曲线就是包络曲线。因而，包络曲线代表的物理意义是低频变化缓慢的信号，如调制信号、拍频、冲击事件的间隔频率（见图 5-4）等。

如果要提取到这些信号中的低频包络曲线，如图 5-1 所示的拍频，必须要对时域信号做包络分析，获得包络曲线，然后对包络曲线进行 FFT 分析得到包络曲线的频谱。如对图 5-1 所示的拍的时域信号进行包络分析得到包络曲线如图 5-8a 所示，然后对这条包络曲线进行 FFT 分析，得到拍的频谱如图 5-8b 所示，可以看出，拍频为 2Hz。

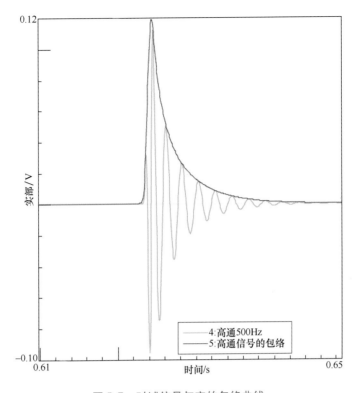

图 5-7　时域信号与它的包络曲线

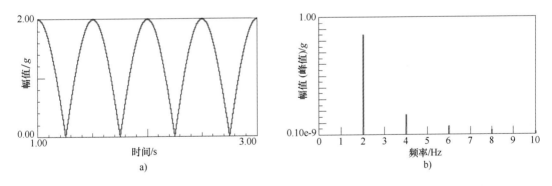

图 5-8　拍的包络曲线和频谱

a）拍的包络　b）相应的频谱

　　对图 5-4 所示的冲击信号作包络分析，得到包络曲线的频谱（红色）与原始信号的频谱（绿色）如图 5-9a 所示。由于包络曲线对应的频率非常低，需要局部放大低频段，如图 5-9b 所示，可以看出，冲击事件对应的频率成分为 1.57Hz。从而有效地从变化迅速的信号中分离出了变化缓慢的信号的频率成分。

　　对于轴承的故障诊断而言，包络分析是必不可少的分析方法，它可以帮助分析人员识别轴承内外圈、滚动体和保持架的故障。对于齿轮箱而言，根据啮合频率可以确定发生故障的齿轮对，根据包络分析可以确定具体是哪个轴上的齿轮发生了故障。对于涡轮叶片而言，从

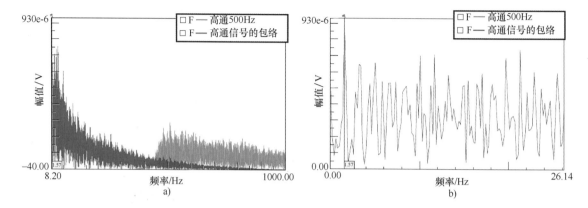

图 5-9 冲击事件的包络分析

a）包络分析频谱 b）局部放大

叶片的通过频率的调制可识别断裂和扭曲的叶片。对于周期性的往复机械而言，可以确定一个循环中的周期事件，从而确定其发生的精确时间点。由于轴承、齿轮箱、叶片等结构在往复式旋转机械（如发动机、变速器、泵、压缩机、鼓风机等）中随处可见，因此，包络分析广泛用于各行各业相关旋转设备的故障诊断。

5.2　希尔伯特变换

在进行包络分析时，首先需要对实值的时域信号进行希尔伯特变换，将其相位移动90°，变换成一个纯虚数，然后再与实值的时域信号组成一个复值的解析信号。由于在希尔伯特变换的过程中涉及相量、解析信号等概念，因此，首先，我们需要明白这两个基本概念。

5.2.1　什么是相量

为了直观地表明简谐运动的三个基本特征量的物理意义，可以用一个旋转向量来表示简谐运动：

1）旋转向量的长度等于振动幅值 A。

2）向量在平面内绕原点以角速度 ω 作逆时针匀速旋转。

3）在 $t=0$ 时刻，向量与 x 轴正向的夹角等于初相位 φ。

则在任一时刻 t，该向量与 x 轴正向的夹角为 $\omega t+\varphi$，向量末端在 x 轴上的投影的长度为时间的余弦函数

$$x(t)=A\cos(\omega t+\varphi) \tag{5-1}$$

因此，旋转向量的末端在 x 轴上的投影点的运动是简谐运动，如图 5-10 所示。

在物理和工程领域，经常会用到名词相量（Phasor），它实际上是上述旋转向量的扩展，上述旋转向量是在实数范围内描述。而相量是在复平面内描述一个旋转的位置向量，是相位向量的混合词，也具有上述类似的特征。在复平面内，相量是一个位置向量，原点是复平面的零点，而终点以恒定的速度作圆周运动，终点到原点的距离是恒定的，因此，它的运动轨

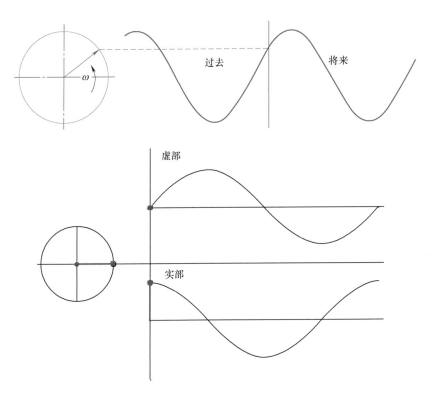

图5-10　用旋转矢量来表示正弦或余弦信号

迹在复平面上是一个圆。随着圆周运动的进行，相量在实轴上的投影的长度是一个随时间变化的向量，这个向量的长度是时间的余弦信号。因此，相量是一个余弦信号的时变复数描述。

根据欧拉公式，有

$$A\exp[\ +\mathrm{j}(\omega t+\varphi)] = A\cos(\omega t+\varphi)+\mathrm{j}\cdot A\sin(\omega t+\varphi) \tag{5-2}$$

因而，有

$$A\cos(\omega t+\varphi) = A/2\exp[\ +\mathrm{j}(\omega t+\varphi)]+A/2\exp[\ -\mathrm{j}(\omega t+\varphi)] \tag{5-3}$$

这表明余弦信号数学上可表示成两个复值函数之和。实质上，式（5-3）也表明了一个余弦（或正弦）信号的傅里叶变换是一个双边频：存在正负相同的频率成分，但两个频率处的幅值为原来幅值的一半。

或者，余弦信号也可以表示成欧拉公式的实部，即

$$A\cos(\omega t+\varphi) = \mathrm{Re}\{A\exp[\ +\mathrm{j}(\omega t+\varphi)]\} = \mathrm{Re}\{A[\exp(\mathrm{j}\varphi)+\exp(\mathrm{j}\omega t)]\} \tag{5-4}$$

我们知道，在复平面，函数 $A\exp[\ +\mathrm{j}(\omega t+\varphi)]$ 是一个长度为 A 的旋转向量，轨迹是一个半径为 A 的圆，如图5-11所示，我们称这个函数是一个相量。

相量在复平面的实轴上的投影是一个随时间变化的余弦函数，投影的长度就是这个余弦函数的幅值，相量旋转的角频率是这个余弦函数的角频率，相量在初始位置与实轴正向的夹角是余弦函数的初相位。因此，实值的余弦信号可以写成两个长度相同、频率相同、初相位相反、旋转方向相反的相量之和，即

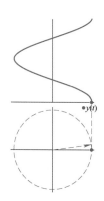

图 5-11 相量实例

$$A\cos(\omega t + \varphi) = A/2 \cdot A \cdot \exp\left[+j(\omega t + \varphi)\right] + A/2 \cdot A \cdot \exp\left[-j(\omega t + \varphi)\right] \qquad (5\text{-}5)$$

定义

$$X^+ = \frac{A}{2}\exp\left[+j(\omega t + \varphi)\right], X^- = \frac{A}{2}\exp\left[-j(\omega t + \varphi)\right] \Rightarrow X^+ = (X^-)^*$$

那么，任何时刻这两个相量之和是一个沿实轴方向长度随时间变化的矢量，如图 5-12 所示，这个矢量也就是一个实值的余弦函数。相加之后的信号幅值为原始相量幅值的 2 倍。

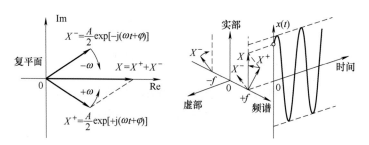

图 5-12 实值信号可以认为是两个相量之和

5.2.2 解析信号

如果一个信号只有正频率部分，则称这个信号是解析信号，它也是一个复值信号，因为虚部是实部的希尔伯特变换。一个信号的解析信号是其频谱的正半轴对应信号的 2 倍。对于希尔伯特-包络分析而言，首先就要构造相应的解析信号。

一个沿正方向（逆时针）旋转的相量就是一个解析信号。对于希尔伯特变换而言，变换之前的信号为实值的时域信号，而相量 X^+ 和相量 X^- 旋转方向相反，旋转速度相同，它们之和将生成一个实值的时域信号，即

$$X = X^+ + X^- \qquad (5\text{-}6)$$

虽然这两个相量都是复数，但它们的和是一个随时间变化的实数，这就是我们要变换的实值时域信号 $x(t)$。为了使信号成为解析信号，需要消除 X^-，这就需要一个相位相反、方向相同的相量 $-X^-$。令

$$Y^+ = -jX^+, Y^- = jX^- \qquad (5\text{-}7)$$

也就是正方向旋转的相量的相位向后移动 90°变成了负方向，这个相位移动等于相量 X^+ 与 $-j$ 的乘积。负方向旋转的相量的相位向前移动 90°变成了正方向，这个相位移动等于相量 X^- 与 j 的乘积。

实际上，式（5-7）就定义了希尔伯特变换，相量 Y^+ 与相量 Y^- 的和为

$$Y = Y^+ + Y^- = -jX^+ + jX^- = -j(X^+ - X^-) \tag{5-8}$$

解析信号是一个有虚部的复值信号，这个虚部就是信号实部的希尔伯特变换。解析信号 Z 定义如下

$$Z = X + jY = X^+ + X^- + j(Y^+ + Y^-) = X^+ + X^- + (X^+ - X^-) = 2X^+ \tag{5-9}$$

解析信号的定义表明解析信号是正方向的原始信号的相量的 2 倍。

5.2.3　希尔伯特变换的定义

首先，我们要明白希尔伯特变换是针对包含正弦（或余弦）成分的连续时域信号，因此，信号具有周期性。希尔伯特变换一定是在时域，是将时域信号通过希尔伯特变换后再回到时域。那么，对希尔伯特变换而言，输入输出信号都是时域信号，只不过是相位发生了变化：移动了 90°。因而，希尔伯特变换可视作一个滤波器，可以通过传递函数来描述它。起到希尔伯特变换作用的滤波器，我们称之为希尔伯特变换器或 90°相位移动器。假设输入信号 $x(t)$ 和输出信号 $y(t)$ 的傅里叶变换分别为 $X(j\omega)$ 和 $Y(j\omega)$，那么，希尔伯特变换使相位移动 90°，定义为

$$H_{\mathrm{HT}}(j\omega) = \frac{Y(j\omega)}{X(j\omega)} = \begin{cases} -j, & \omega > 0 \\ +j, & \omega < 0 \end{cases} \tag{5-10}$$

我们知道正弦信号相位移动 90°，可以变成余弦信号，反之亦然。那么，我们可以说，正弦信号的希尔伯特变换是余弦信号，余弦信号的希尔伯特变换是正弦信号。

除了用传递函数来描述希尔伯特滤波器的特性之外，还可以用脉冲响应函数来描述。脉冲响应函数由频响函数经傅里叶逆变换得到。但式（5-10）不能直接进行逆变换，因为它不是一个衰减函数。为了使之满足逆变换的要求，对式（5-10）乘以一个指数函数，而指数函数求逆非常方便。如果变量 σ 趋于 0，如图 5-13 所示，那么，原始的传递函数乘以指数函数后，变换成

$$H(j\omega) = \begin{cases} -je^{-\sigma\omega}, & \omega > 0 \\ +je^{+\sigma\omega}, & \omega < 0 \end{cases} \qquad \lim_{\sigma \to 0} H(j\omega) = H_{\mathrm{HT}}(j\omega) \tag{5-11}$$

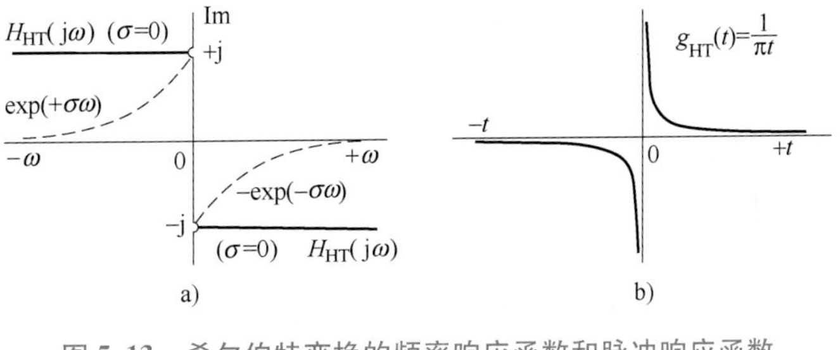

图 5-13　希尔伯特变换的频率响应函数和脉冲响应函数

a）频率响应函数　b）脉冲响应函数

修改后的传递函数 $H(j\omega)$ 的脉冲响应函数为

$$g(t) = \frac{1}{2\pi}\int_{-\infty}^{+\infty} H(j\omega)e^{j\omega t}d\omega = \frac{1}{2\pi}\Big[j\int_{-\infty}^{0} e^{\sigma\omega+j\omega t}d\omega - j\int_{0}^{+\infty} e^{-\sigma\omega+j\omega t}d\omega\Big]$$

$$= \frac{j}{2\pi}\Big(\frac{e^{\sigma\omega+j\omega t}}{\sigma+jt}\Big|_{-\infty}^{0} - \frac{e^{-\sigma\omega+j\omega t}}{-\sigma+jt}\Big|_{0}^{+\infty}\Big) = \frac{t}{\pi(\sigma^2+t^2)} \tag{5-12}$$

对式（5-12）求极限，可以得到希尔伯特变换的脉冲响应函数为

$$g_{HT}(t) = \lim_{\sigma\to 0}g(t) = \lim_{\sigma\to 0}\frac{t}{\pi(\sigma^2+t^2)} = \frac{1}{\pi t} \tag{5-13}$$

时域信号的希尔伯特变换也可以通过一个确定的公式来计算，类似傅里叶变换。通过上面的脉冲响应函数我们知道，它在 $t=0$ 时刻是没有定义的。对于这个定义而言，涉及卷积积分。而对于无穷积分或瑕积分而言，可使用柯西主值（Principal Value，PV）来表示，如对于

$$\xi \in (a,b)\int_a^{\xi} f(x)dx = \pm\infty, \int_{\xi}^{b} f(x)dx = \mp\infty$$

则称

$$\int_a^b f(x)dx = \lim_{\varepsilon\to 0}\Big[\int_a^{\xi-\varepsilon} f(x)dx + \int_{\xi+\varepsilon}^{b} f(x)dx\Big] \tag{5-14}$$

为柯西主值。

使用柯西主值表示的输入信号 $x(t)$ 经希尔伯特变换的输出信号 $y(t)$ 可定义为

$$y(t) = \frac{1}{\pi}PV\int_{-\infty}^{+\infty}\frac{x(\tau)}{t-\tau}d\tau \tag{5-15}$$

一些常见函数的希尔伯特变换见表 5-1。

表 5-1 希尔伯特变换

信 号	希尔伯特变换
$\sin\omega t$	$-\cos\omega t$
$\cos\omega t$	$\sin\omega t$
$1/(t^2+1)$	$t/(t^2+1)$
$\sin t/t$	$(1-\cos t)/t$
$\sigma(t)$	$1/\pi t$

5.2.4 希尔伯特变换的计算

希尔伯特变换的以上定义都是针对连续的时域信号，而实际工程上的采样都是离散的数字采样点信号。针对采样信号有两种方法可用于计算希尔伯特变换，一种为快速傅里叶变换（FFT），一种为数字滤波器方法。但是由于数字滤波器存在相位延迟，因而，通常使用 FFT 来计算希尔伯特变换。

对于 FFT 计算而言，每帧数据点数都是 2 的 n 次幂，因此，数据点数都是偶数，这就保证了相量能成对出现。基于 FFT 的希尔伯特变换分三步：

第一步，对有限偶数个采样点的输入数据进行 FFT 变换，以便得到信号中包含的正负相量。

第二步，对正方向的相量旋转 −90°（乘以虚数单位 −j）；对负方向的相量旋转 90°（乘以虚数单位 j）。这相当于交换了信号的实部与虚部。

第三步，准备数据用于快速傅里叶逆变换计算（IFT），然后进行逆变换到时域。

图 5-14 所示为频率为 100Hz、初相应为 70° 的正弦信号（红色）和它的希尔伯特变换信号（绿色）。我们知道时间移动对应于相位移动，而相位 ϕ 与时间 t 的关系为

$$\phi = \omega t = 2\pi f t \qquad (5\text{-}16)$$

取图 5-14 相邻的峰值数据点的时间差来计算，应满足以下关系

$$2\pi f \Delta t = \pi/2 \qquad (5\text{-}17)$$

二者的时间差为 2.5ms，代入式（5-17），刚好满足，因此，验证二者的相位差为 90°。

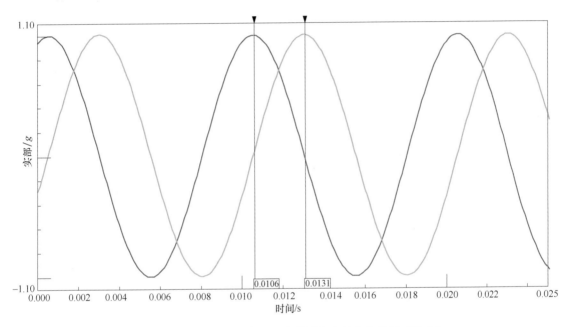

图 5-14　正弦信号（红色）和它的希尔伯特变换信号（绿色）

5.3　包络分析

在 5.1 节已经明白了包络分析广泛应用于各类往复式旋转机械的故障诊断中，能从迅速变化的高频信号中分离出缓慢变化的低频信号。但如何实现信号分离的呢？或者说包络分析是如何实现的呢？在这一节介绍包络分析的实现过程。

对于滚动轴承早期故障的检测和诊断而言，包络分析已经成为振动信号主要的处理技术之一，它是由美国机械技术公司于 20 世纪 70 年代早期开发出来的。包络信号的计算可用于稳态信号、非稳态信号以及瞬态信号。

包络分析的基础是基于滚动轴承的一个局部缺陷，每次在受载荷作用下与轴承其他表面接触时，总是会产生振动冲击。这个冲击作用时间极短，远小于相邻两个冲击之间的时间间隔，因此，它的能量将分布在极宽的频率范围内。结果是它将激起轴承各部件和周围结构的固有频率。这个激励是重复的，因为故障缺陷与其他接触面的接触是周期性的。冲击出现的

频率也称为轴承故障特征频率。人们经常认为共振受故障特征频率的幅值调制，这样就不能检测到受共振激励的故障存在，也不能诊断出轴承出现故障的部件。而包络分析为提取出周期激励或共振中的幅值调制提供了手段。

5.3.1 模拟包络分析

计算窄带包络曲线的经典方法是使用模拟电路对模拟振动信号进行带通滤波，围绕结构的共振频率进行滤波，然后使用半波或全波整流，接下来再用平滑电路去恢复近似的包络信号。市场上可用的模拟电路包络分析通常是个黑匣子。

包络分析的困难之一是如何确定最佳的频率范围进行分析。市场上绝大多数可用的模拟电路包络分析设备都有许多固定的频率范围可用。这些固定的频率范围可能包括、也可能不包括由轴承缺陷激起的结构共振频率。通常，频谱比较技术，如常百分比带宽频谱，可用于确定这些频率范围。如果幅值有明显的增加（如 6dB），那么这个频带是包络分析潜在的候选频带。对于复杂的旋转机械，如直升机的齿轮箱，在一些更高齿轮啮合谐频之间，这些频率是隔开的。当精确地指明滤波频带时，包络分析是有效的。然而不幸的是，模拟包络分析不能轻易满足这些要求。

进一步调查模拟包络分析（带通滤波之后进行整流，然后是平滑）的一个非常有用的近似方法，即使用平方操作代替整流，通过低通滤波器代表平滑电路，这个方法在数学上很容易实现（这也称作为平方解调）。假设带通滤波之后的振动信号包含 N 个频率成分，那么，这个信号在时域上可以写成

$$x(t) = \sum_{i=1}^{N} a_i \cos(\omega_i t + \varphi_i) \tag{5-18}$$

式中，ω_i 是滤波后的信号中第 i 个幅值为 a_i、相位为 φ_i 的频率成分。平方以后，这个信号可以写成

$$x(t)^2 = \sum_{i=1}^{N} \sum_{j=1}^{M} a_i a_j \cos(\omega_i t + \varphi_i) \cos(\omega_j t + \varphi_j) \tag{5-19}$$

展开式（5-19）之后，得

$$x(t)^2 = \sum_{i=1}^{N} \sum_{j=1}^{M} \frac{1}{2} a_i a_j \{ \cos[(\omega_i + \omega_j)t + \varphi_i + \varphi_j] + \cos[(\omega_i - \omega_j)t + \varphi_i - \varphi_j] \}$$

$$\tag{5-20}$$

可以看出，平方之后由原始的频率成分产生了和频与差频，和频为（$\omega_i + \omega_j$），而差频是（$\omega_i - \omega_j$）。平方之后，低通滤波这个信号，滤掉了高频的和频项，保留了低频的差频项，这个步骤类似于平滑处理。最终的包络信号为

$$y(t) = \sum_{i=1}^{N} \sum_{j=1}^{M} \frac{1}{2} a_i a_j \cos[(\omega_i - \omega_j)t + \varphi_i - \varphi_j] \tag{5-21}$$

应该注意到原始频谱图中频率间隔相同的所有对谱线在包络信号中只给出了一个单频成分。而原始的振动信号可能具有相对高的频率成分，但相应的包络信号只包含低频成分。

接下来将举例说明这个处理过程。考虑一个振动信号包含随机噪声和 3 个频率成分，分别为 1320Hz、2048Hz 和 2242Hz，采样频率为 12800Hz，带通滤波 1280 ~ 2560Hz 后的频谱如图 5-15 所示。

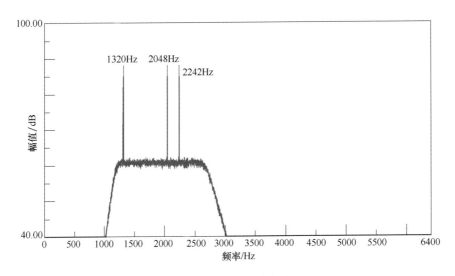

图 5-15　原始信号的频谱

　　滤波后的信号包含 3 个频率成分，对它进行平方后的频谱将包含这 3 个频率成分的和频与差频，如图 5-16 所示。可以看出，和频为各个频率成分的 2 倍频和彼此之间的代数和，即为 2640Hz、3368Hz、3562Hz、4096Hz、4290Hz 和 4484Hz，而差频为彼此之间的代数差，即为 0Hz、194Hz、728Hz 和 922Hz。如上面讨论的一样，对平方后的信号进行低通滤波可以移除和频成分，仅保留差频成分，而这恰恰是包络信号。

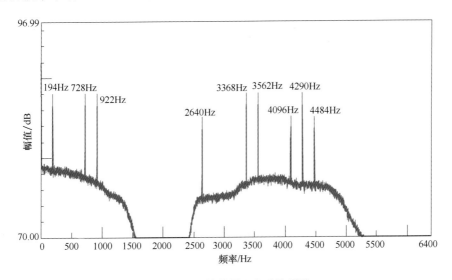

图 5-16　原始信号平方后的频谱

5.3.2　希尔伯特-包络分析

　　随着信号处理技术的发展，逐渐使用数字信号处理技术代替了模拟电路包络分析，就是以希尔伯特变换为基础的包络分析，即希尔伯特-包络分析。此时的解析信号是一个复值的时域信号，有实部与虚部，而虚部是由实部经希尔伯特变换得到的。假设原始的时域信号为

$a(t)$，经希尔伯特变换后的信号为

$$\tilde{a}(t) = H\{a(t)\} \tag{5-22}$$

H 表示希尔伯特变换，那么，解析信号定义为

$$\hat{a}(t) = a(t) + \mathrm{j}\tilde{a}(t) \tag{5-23}$$

j 表示复数符号。希尔伯特变换没有改变信号中的独立变量，因而同一个域的结果与原始信号相同。希尔伯特变换只是在时域将信号的相位移动了 90°。因此，可使用傅里叶变换计算希尔伯特变换，通过对正频率成分乘以 −j（相位移动 −90°）；对负频率成分乘以 +j（相位移动 90°）实现。这就为计算解析信号提供了非常便捷的计算方法，因为通常信号中的负频率是 0，正频率的幅值加倍，而 DC 项保持不变。时域信号通过傅里叶变换到频域，可计算得到解析信号，设置负频率为 0，正频率幅值加倍，然后逆变换到时域。

对于复数而言，可以用幅值和相位写成复指数形式，因此，解析信号可以表示成复指数形式

$$\hat{a}(t) = |\hat{a}(t)| e^{j\theta(t)} \tag{5-24}$$

其中幅值为

$$|\hat{a}(t)| = \sqrt{a(t)^2 + \tilde{a}(t)^2} \tag{5-25}$$

相位为

$$\theta(t) = \arctan\left[\frac{\tilde{a}(t)}{a(t)}\right] \tag{5-26}$$

一个普通的调制信号可以描述成解析信号的实部，解析信号的幅值表示幅值调制函数（包括 DC 偏置），也就是信号的包络部分。解析信号的相位表示相位调制。因此，解析信号为获得信号的幅值和相位调制提供了一种便捷的方法。

可用一个简单的例子来帮助理解使用解析信号去计算幅值调制或包络函数和相位调制。如果实际的时域信号是用频率为 ω_0 的余弦函数表示，那么希尔伯特变换可以用正弦函数来表示，分别为

$$a(t) = \cos(\omega_0 t) \tag{5-27}$$

$$\tilde{a}(t) = \sin(\omega_0 t) \tag{5-28}$$

按上述理论，幅值调制或包络曲线的幅值为单位幅值，相应的相位将随时间按 $\omega_0 t$ 线性增加，相位曲线的斜率代表频率。余弦信号对应的解析信号如图 5-17 所示，相应的解析信号是围绕时间轴前行的螺旋线，复值时域信号的幅值或包络是单位幅值，相位每个周期线性增加 2π。

一个模拟的实例可用于说明包络分析可获得时域信号幅值调制的包络曲线。一个频率为 5kHz，幅值为 1 的余弦信号为载波信号，显示 0.01s 的时域信号如图 5-18a 所示，图 5-18b 所示为频率为 500Hz 的调制信号，调制载波信号的 50%，相应的调制后的信号如图 5-18c 所示。如同上面讨论的，两种方法都可得到信号的包络曲线，首先使用解析信号，然后使用信号的平方去产生和频与差频，接着使用低通滤波去移除高频的和频成分。图 5-18d 所示为使用希尔伯特-包络分析从图 5-18c 中的已调信号中获得的幅值调制的包络曲线，图 5-18e 所示为使用平方和低通滤波方法获得的幅值调制的包络曲线，纵轴尺度有所调整。可以看出，除了平方处理在起始部分之外，两种方法都精确地获得了原始的调制信号的波形（见图 5-18b）。

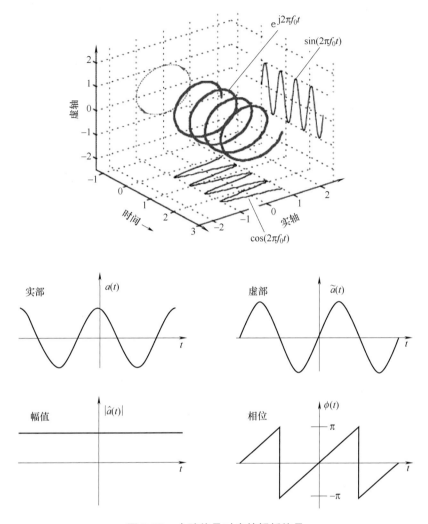

图 5-17 余弦信号对应的解析信号

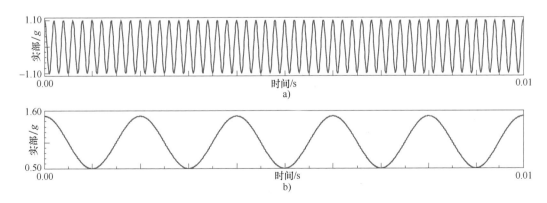

图 5-18 幅值调制的包络实例

a) 0.01s 的时域信号 b) 500Hz 的调制信号

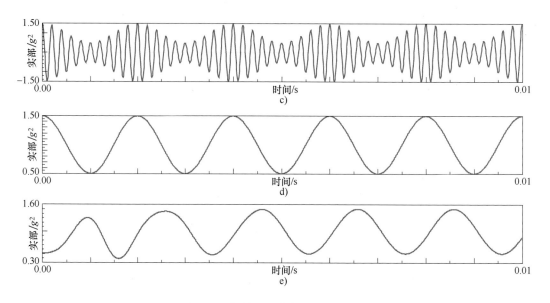

图 5-18　幅值调制的包络实例（续）

c）调制后的信号　d）希尔伯特-包络分析获得的包络曲线
e）平方和低通滤波方法获得的包络曲线

5.4　希尔伯特-包络分析实例

在 5.3 节，我们已经明白现在数字信号处理中的包络分析普遍是基于希尔伯特变换方法，通过对时域信号进行希尔伯特变换构造解析信号提取包络曲线。但实际信号的频率成分非常复杂，存在多个载波频率与调制频率，还有结构的固有频率，因此，对于希尔伯特-包络分析而言，必须掌握相应的分析步骤，才能准确地提取到想要的信息。

5.4.1　希尔伯特-包络分析流程

对于齿轮箱振动信号而言，由于存在多对齿轮同时参与啮合，那么，测量得到的信号可能出现多个以齿轮啮合频率或以其谐频为载波频率、轴频为调制频率的幅值调制、频率调制或混合调制的情况，除此之外，还可能是箱体的固有频率等其他频率作为载波信号的调制现象。这些调制使得信号的频谱错综复杂，给解调分析带来更大的困难。图 5-19 所示为某齿轮箱的振动频谱，从频谱图中可以看出，多个频带存在明显的调制现象，出现多个边频带（如箭头所示位置）。由于存在多个调制频率（和频与差频）、混合调制等使得边频带分布极不规律，很难直接从边频带中解调出调制频率。

对于滚动轴承的故障诊断而言，由于外圈、内圈及滚动体上存在局部缺陷，使得出现以它们的故障特征频率或其谐频为载波频率，以轴频、保持架公转频率或二者的差频为调制频率的调制现象存在。另一方面，滚动轴承故障诊断的频带通常特别宽，高达数万赫兹。如果对存在多个调制现象或宽频带的信号进行包络分析的话，必然给包络分析带来困难，导致分离不出缓变的信号，或者分不清楚主要的缓变信号的频率成分。因此，在进行包络分析之

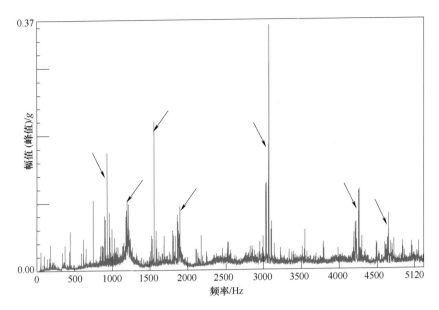

图 5-19　频谱图中存在多处调制

前，必须要进行滤波处理，以确定关心的频率范围。因此，对于包络分析而言，通过带通滤波确定感兴趣的频带是必要的准备工作。

对于希尔伯特-包络分析而言，其分析步骤如下。

第一步：对原始时域信号进行 FFT 分析确定感兴趣的频带。通常可以从以下两个方面来确定感兴趣的频带：根据频谱中的峰值对比已知的轴承缺陷频率或对比良好的轴承的频谱。如果没有良好的轴承的频谱，那么，也可以从 FFT 频谱图中存在的调制现象来确定感兴趣的频带，如图 5-20 所示，一次分析时可以只关心一处调制现象，从而确定以载波频率为中心频率，以最外侧的边频带频率作为感兴趣频带的边界确定感兴趣的带宽。

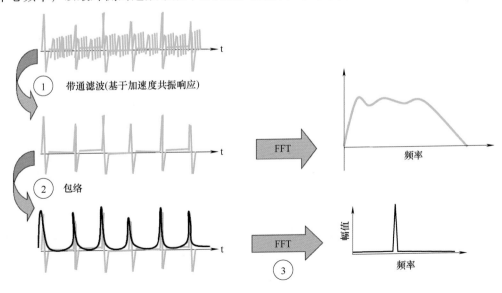

图 5-20　包络分析流程

第二步：根据上一步确定的频带进行时域带通滤波。滤掉干扰信号，使滤波后的时域信号仅包含要解调的成分。如果对带通滤波后的信号进行 FFT 分析，得到的频谱仍是宽频的高频成分，或者是在这个频带内调制复杂，直接得不到包络频率，如图 5-20 所示。

第三步：对带通滤波后的时域信号进行希尔伯特变换，将滤波后的时域信号相位移动 90°，使其成为解析信号的虚部。

第四步：计算由上一步得到的解析信号的幅值，得到包络曲线。在某些情况下，可能还需要对包络曲线进行低通滤波，以进一步滤掉其他信号。

第五步：计算包络曲线的 FFT，从而得到包络谱，如图 5-20 所示。当然图中的包络谱频率单一，但现实情况可能并非如此。

5.4.2 分析实例

图 5-19 所示的信号是变速器台架试验输入端轴承座位置的振动信号，对它进行包络分析。现在对图 5-19 第一个箭头所示频带位置进行包络分析，这个频带是以齿轮对的啮合频率 930Hz 为载波频率，输入输出轴的转频为调制频率的调制。其中输入轴的转频为 30Hz，输出轴的转频为 34.4Hz。局部放大 800 ~ 1100Hz 频率区间，可以看出，信号存在明显的调制现象，且又存在交叉调制的现象，如图 5-21 所示。

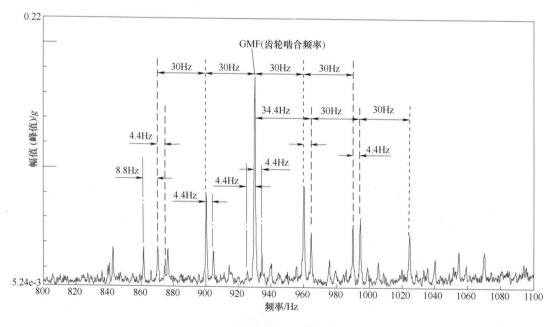

图 5-21 调制引起的边频带

对这个频率区间进行带宽滤波，然后对滤波后的时域信号进行希尔伯特-包络分析，提取到包络曲线。对比原始的时域信号、滤波后的时域信号与包络曲线，见图 5-22，可以看出，带通滤波的时域信号的幅值远小于原始的信号，另外，包络曲线的幅值只有正值。

对提取到的包络曲线进行 FFT 分析，得到的频谱如图 5-23 所示，可以看出，主要的峰值对应的频率分别是这对齿轮输入轴与输出轴的转频及谐频，以及它们的和频与差频。如

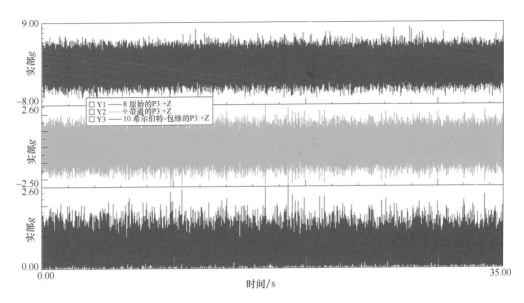

图 5-22　原始、带通滤波和包络曲线的时域信号

4.4Hz 是它们的差频，60Hz 是 30Hz 的 2 倍频，64.4Hz 是二者的和频，94.4Hz 是 30Hz 的 2 倍频与 34.4Hz 的和频。

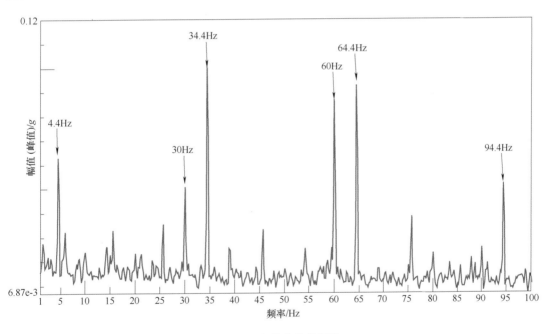

图 5-23　包络曲线的频谱

5.5　倒谱分析

倒谱（也称为倒频谱，在这里我们统一称为倒谱）分析是 1963 年由 Bogert 等人提出来

的，最初用于从地震数据中分离出回声的影响，后来广泛用于各种信号处理领域，包括振动噪声领域。倒谱分析关注频谱中的周期成分、关心基频的谐频或者是边频簇。频谱中的这些等距分布的频率成分数目通常很多，初看起来很难识别，因为它们通常不是频谱中的主要成分。倒谱分析通常用于轴承或齿轮的故障诊断，振动或噪声频谱中的频率成分通常是由滚动轴承或变速器引起的。这些故障激起的响应不是一个纯正弦波信号，而是包含了许多谐波成分，而这些谐波成分是需要识别出来的。

5.5.1　倒谱的定义

将英文单词"spectrum"的前四个字母颠倒顺序，便得到倒谱的名称（cepstrum）。倒频率（quefrency）的形成与倒谱命名方式类似，也是通过改变英文单词"frequency"前几个字母的顺序得到的。另外，为了描述倒谱分析的结果，还有其他一些名词，命名方式与倒谱类似，见表 5-2。

表 5-2　倒谱相关名词

原 始 术 语	中　文	派 生 术 语	中　文
spectrum	频谱	cepstrum	倒频谱
frequency	频率	quefrency	倒频率
harmonics	谐频	rahmonics	倒谐频
magnitude	幅值	gamnitude	倒幅值
phase	相位	saphe	倒相位

倒谱最初被定义为"对数功率谱的功率谱"，但实际定义有多种形式，比如复倒谱、实倒谱、功率倒谱和相位倒谱等，这些定义有细微的差异。我们将主要关注实倒谱，它定义为对数形式的双边傅里叶频谱的逆傅里叶变换的实部。倒谱分析的计算过程如下

$$C(q) = 取实部\{IFFT[\log|FFT(x(t))|]\} \tag{5-29}$$

式中，q 是倒频率，原始的频谱 $FFT[x(t)]$ 可以是功率谱或者复数频谱。在倒谱的一些定义中，会直接使用 FFT 代替 FFT 逆变换。两种计算得到的结果是相同的，除了缩放因子之外。第二次傅里叶变换的作用是为了计算频谱的频谱。第二次变换的重点不是分解正弦成分，而是谱线。

使用频率成分的对数形式来计算是为了减少幅值的差异。线性形式的优点是直观，缺点是不能同时显示数值相差很大的成分；而对数形式恰恰相反，可以同时显示出数值相差很大（1000 倍甚至更高）的频率成分，但这些成分之间是不成线性比例关系的。在轴承或齿轮的故障诊断中，通常需要分离出来的信号幅值较小，如果采用线性形式，是很难突显出这些小信号的。图 5-24 所示为基频 50Hz 的谐频成分，50Hz 的幅值为 1，100Hz 的幅值为 0.5，150Hz 的幅值为 0.25，200Hz 的幅值为 0.125，采用线性形式如图 5-24b 所示，采用对数形式如图 5-24a 所示，从图中可以明显看出，对数形式更易于突出小信号。

某信号的频谱及相对应的倒谱如图 5-25 所示，倒谱的纵坐标与频谱可采用相同的单位，而横坐标为倒频率（见图 5-25b），采用时间量纲，单位为 s 或 ms，因为用于傅里叶变换的输入信号是对数形式的傅里叶频谱。构成倒谱的类似谐频成分称为倒谐频，它与旋转机械信号中的谐频成分有相似之处，如图 5-25b 中存在以 21ms 为基础倒频率的倒谐频。

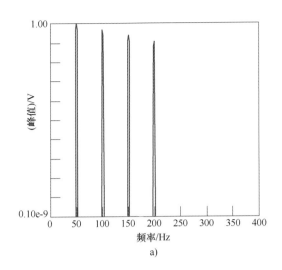 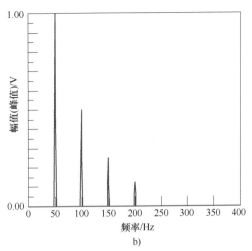

图 5-24　信号幅值不同的显示方式

a）对数形式　b）线性形式

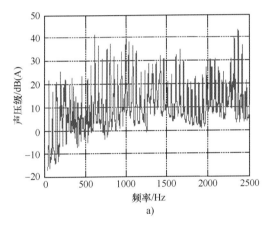 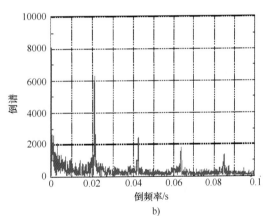

图 5-25　某信号的频谱及相对应的倒谱

a）频谱　b）倒谱

我们知道自功率谱与自相关函数是一对傅里叶变换对：对自相关函数进行傅里叶变换可以得到自功率谱；对自功率谱进行傅里叶逆变换可以得到自相关函数。而倒谱分析也是对功率谱进行傅里叶逆变换，因此，倒谱的自变量与自相关函数的自变量是一样的。但二者的主要区别在于倒谱经过了一次对数变换，为傅里叶变换增添了新的活力，为研究齿轮和轴承振动故障提供了新思路。

5.5.2　倒谱分析的优点

倒谱分析的主要用途之一是在轴承、齿轮故障诊断过程中用于检测频谱中的周期信号，这些频谱是轴承频率的谐频和相关的边频带。因为实际齿轮箱振动信号的频谱图是十分复杂的，当有几个边频带相互交叉分布在一起时，仅依靠频率细化分析法是不够的，往往难以看出边频带。而倒谱则能够较为清晰地显示出频谱图中的这些周期性成分。如图 5-25a 中存在以 48Hz 为基频的谐频，通过倒谱分析得到以 21ms 为基础倒频谱的倒谐频。

倒谱是对原频谱图上周期性频率成分的能量作了一次集中，并在功率的对数转换时给低幅值分量有较高的加权，而对高幅值分量以较低的加权，结果是突出了小信号周期。因此，利用倒谱图可以有效地识别频谱上的周期成分。这是倒谱分析的第一个优点。

倒谱分析的第二个优点是受信号传递路径的影响很小。传感器在齿轮箱上的安装位置不同，信号传递路径不同，形成了不同的传递函数，这些传递函数反映在输出响应谱上的结果是不同的，有时会使部分频率成分幅值相差悬殊，造成故障特征信息的误抓、漏抓。然而，不同传递路径的信号在经过倒谱处理后，两个倒谱图上一些倒频率较高的重要成分几乎完全相同，这就给齿轮箱故障诊断提供了十分有利的条件。

此外，由于幅值调制和频率调制的同时存在以及两种调制在相位上的变化，使得边频具有不稳定性，造成在功率谱图上往往得不到对称的边频带，给识别边频带增加了难度。然而，在倒谱图上，代表调制程度的幅值却不受稳定性的影响。两振动信号调制后，即使在功率谱上对应位置的边频幅值相差很大，但是，相位差给它们在频谱上带来的影响完全不会在倒谱上反映出来，在倒谱图上，这两个振动信号的倒谱峰值完全相同。

5.5.3　与包络分析的区别

在很多方面，倒谱分析类似于包络分析，二者都可以检测出周期性的频率成分，倒谱分析可以分析频谱对应的整个频带，而包络分析通常有一个预定的频带。但从效果上分析，个人觉得包络分析效果更优。

5.5.4　Testlab 中的分析步骤

在 Testlab 软件中，倒谱分析位于导航页面下的数据计算（data calculator）中，由于该模块处理的数据对象为数据块，而非原始的时域数据，因此，不能直接对原始的时域信号进行倒谱分析，需要先对时域数据进行后处理，将数据处理成一个时域数据块，然后再进行倒谱分析。

在进行时域后处理之前，也可以进行带通滤波处理，对滤波后的信号再进行时域后处理，在函数类型中需要将默认的 autopower linear 更改成 time，其他设置与常规的频谱分析相同，见图 5-26。

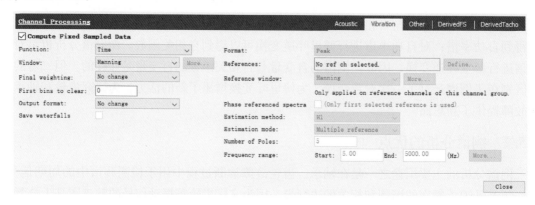

图 5-26　计算时域数据块设置

　　将计算得到的时域数据块添加到数据栏，然后到导航页面的第三个子页面，即数据计算中，将添加到数据栏中的时域数据块导入到数据组（data set）中，在下面的 Active Formula Set 中添加倒谱公式，倒谱分析设置见图 5-27，计算得到实倒谱或复倒谱，倒谱结果类似图 5-25b。

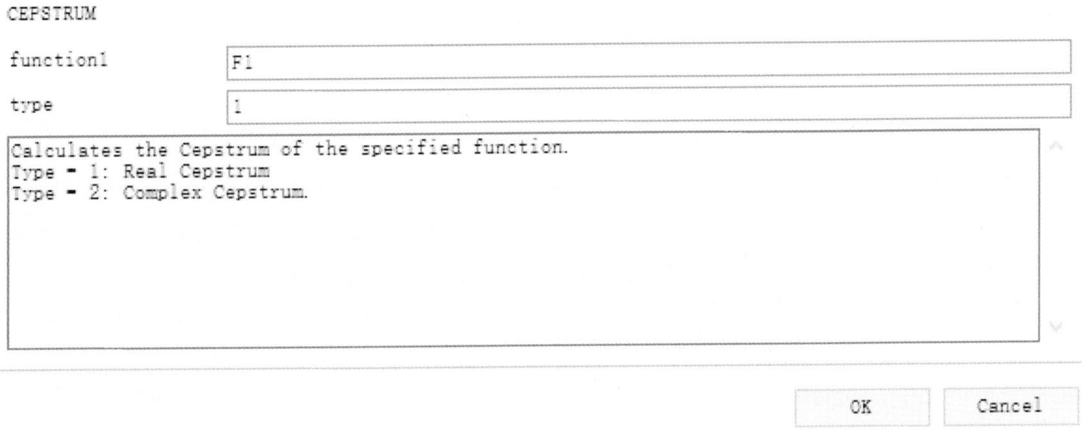

```
CEPSTRUM

function1          F1

type               1

Calculates the Cepstrum of the specified function.
Type - 1: Real Cepstrum
Type - 2: Complex Cepstrum.



                                          OK          Cancel
```

图 5-27　倒谱分析设置

第6章 旋转机械 NVH 分析一般流程

在汽车等行业，对旋转机械进行 NVH 分析是结构改进的重点，它使得工程师可以跟踪齿轮箱、传动系统和轴承的故障。在车辆开发过程中测试振动噪声对最终的设计十分重要，高质量的测量分析对成功开发新车型有重要作用。

机械设备中的每一个旋转部件都会产生振动，因而产生噪声，导致平衡被打破或者部件传动不平稳等。另外，也有所谓的"叶片通过"现象，这个现象与风扇叶片数和泵有关。在每一种情况中，我们可以将振动的频率与机械的转速关联起来。比如，风扇类结构带有 5 片空间角度均匀分布的叶片，将会在转频的 5 倍处产生噪声，有时也会在转频的更高倍数处，如 10 倍、15 倍等，这取决于适当位置的风扇支承数目。如果这些支承靠近叶片，那么频率将变成叶片数与支承数目的乘积。

这些振动对机械设备或车辆起到了激励的作用，当旋转部件产生的激励频率与结构的某一阶固有频率相等时，将出现最严重的影响。这些"一致的"频率通常是设计部门努力的目标，以限制这些影响，不管它们是疲劳、振动或者相应的噪声等。

对于转速变化的旋转机械，为了降低振动噪声的可接收程度，面临的挑战更大。旋转部件通常传递着更大的功率（或能量），不幸的是，即使较小的功率（或能量）转化为振动噪声，也能引起不良反应。因此，作为 NVH 工程师，我们首先需要量化这些振动噪声，然后再提出合适的方案解决它们。

6.1 理论计算

在对旋转机械进行测试之前，需要做一些准备工作（以变速器为例）：首先，需要根据各档位的动力传递路径，确定测试档位有哪些齿轮对参与传动，计算相应的传动比。其次，根据参与动力传递的齿轮对的传动比，确定各级旋转轴的转速及相应的转动频率（或阶次）。第三，根据各级轴的转动频率（或阶次），计算得到各级轴承的特征频率（或特征阶次）。第四，根据各级轴的转动频率及轴上的各参与传动的齿轮的齿数，计算得到齿轮的啮合频率（或特征阶次）。对于稳定工况，我们计算相应的特征频率；对于非稳态工况，我们计算相应的特征阶次。

在试验之前计算这些特征频率或特征阶次，是因为后续对数据进行频谱分析时，在频谱图中将出现这些特征频率或特征阶次及其谐波，根据频谱图中出现的特征频率或阶次从而可以确定故障齿轮或轴承，或潜在的故障齿轮或轴承。在后续的频谱分析中，频谱图中的特征频率或阶次可能与理论计算得到的稍有偏差，这是因为实际的齿轮结构可能存在传递误差、齿距误差等。

6.2　数据采集

获得相应的理论特征频率或阶次之后，接下来就要进行数据采集了，数据采集非常重要，因为数据最终分析结果的质量严重依赖于数据采集的质量。在数据采集过程中决定采用什么样的测量参数是非常重要的，这些参数包括信号采样频率、最高阶次、转速变化速率、频率分辨率、测量位置、测量工况、测量周期等。

采样频率决定最终数据分析的频率范围，对于齿轮结构而言，建议采样频率在啮合频率的 10 倍以上，这样分析带宽能包含 5 倍的啮合频率。对于一般性的旋转机械，采样频率建议不低于 10kHz。另一方面，也可从转速的范围和分析的最高阶次来确定采样频率。如果转速从 600r/min 上升到 6000r/min，那么基频是 10 ~ 100Hz。假设对待测结构的工作原理基本了解，并且意识到潜在的振动和/或噪声的产生可能是旋转部件的旋转频率导致的。例如，一个带附机的 6 缸内燃机，其特征频率如下：

1）点火频率将是基频（1 阶次）的 3 倍。

2）阀系凸轮的转速是基础转速的一半，因此，产生的阶次为 0.5 阶次及其倍频。

3）电机的带轮比为 6∶1，依赖于电机的极数，将产生 6 阶次及其倍频。

4）交流压缩机可能有 2.5∶1 的带轮比，带有 6 个往复式空气压缩机，这将可能产生 2.5 阶次、15 阶次及其倍频。

使用感兴趣的最高阶次和最大的基频，就可以计算得到感兴趣的最高频率，采样频率就可以基于这个信息确定。

对于旋转机械测试，测试工程师最容易忽略的参数是转速变化速率。即使是很有经验的工程师也可能忽略这一点，因为这个参数决定了频率分辨率和频率拖尾现象。对于随转速变化的信号而言，在 1 帧数据的起始与结束时刻转速变化相当明显，转速变化速率越大，二者差异越明显。在一帧数据长度确定的情况下（频率分辨率决定了这帧数据的长度），转速变化速率越大，频率拖尾越严重，阶次越不清晰。另一方面，转速变化速率对阶次切片也有影响，因此，转速变化速率对于数据分析相当重要。

频率分辨率决定了 1 帧数据的长度，在转速变化速率相同的情况下，频率分辨率越高，1 帧数据越长，数据的起始与结束时刻转速差异越明显，因而，可认为数据越不是稳态数据。而傅里叶变换要求的是稳态数据，因此，为了满足傅里叶变换要求，对于非稳态数据而言，转速变化速率越大，频率分辨率应越粗糙，对应的 1 帧数据越短，这样的数据才越可以认为是一个准稳态数据。

对于测量位置，通常转速测量位置是输入端，振动传感器则通常位于轴承座位置或某些特别关心的位置，而声压传感器通常位于距待测结构 1m 处的位置，这是因为 1m 波长对应的声音频率为 340Hz，也就是说，测量 1m 处的声压级，对于大多数关键频率成分来说，已处于远场中。

测量工况通常分为稳态工况、非稳态工况和问题工况三种。需要根据实际情况来选择相应的工况进行测量。

测量周期是指测量时间，测量周期至少应包含一个完整的工作周期。

6.3 数据分析

数据分析的目的是确定是否存在异常噪声振动，判断故障频率或阶次。故障频率可能是结构问题，这时应查找结构传递特性，定位到某个结构部件，优化结构。对于故障阶次而言，应查找到对应的故障根源。这又分两种情况，故障根源为某对齿轮的啮合引起的，这时应优化齿轮来解决问题。另一种情况是某个轴的转频引起的，这时应从装配、动平衡等方面着手。

数据分析方法除了常规的频谱分析之外，还会用到瀑布图分析、包络分析和倒谱分析等方法。

瀑布图分析经常用于评估旋转机械噪声和/或振动的表现，可以说瀑布图分析是旋转机械振动噪声分析中最常规也是最重要的分析方法。这个处理过程要对随转速变化的每帧时域数据块进行 FFT 变换计算频谱，转速的变化可能是升速也可能是降速。从瀑布图中可以看出故障所对应的阶次，如图 6-1 所示，可以看出 30.31 阶次、50.93 阶次和 101.88 阶次是分析人员关心的阶次，图中的阶次不再是整数，这是因为动力传递的传动比不是整数所导致的。

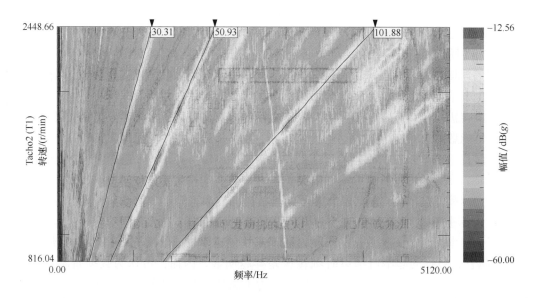

图 6-1 某加速度信号的瀑布图

包络分析能从快速变化的信号中分离出缓慢变化的包络信号，削弱了高频成分的影响，更容易识别包络频率，比如齿轮的啮合频率是非常高的，而转频则相对较低，此时，包络分析可从这些交织的信号中分离出低频的转频，从而可以确定是哪根轴或哪个轴上的齿轮存在问题。

在变换过程中，倒谱是对数谱图上周期性频率结构成分的能量做了又一次集中，在功率的对数转换时给低幅值分量有较高的加权，而给高幅值分量以较低的加权，使幅值较小的周期信号在倒谱图中得到了突出，从而使边频现象在倒谱中得到全面的反映。当对多段平均的功率谱取对数后，功率谱中与调制边频带无关的噪声和其他信号也得到了较大的加权系数而放大，所以当调制边频带的幅值不大或信号中含有较大噪声时，倒谱中得到的调制频率的幅值并不明显。

对于同时有数对齿轮啮合的齿轮箱振动频谱图，由于每对齿轮啮合时都将产生边频带，几个边频带交叉分布在一起，并且相互叠加与调制，因此在频谱图上则形成多族谐波成分，仅进行频谱分析识别边频带特征是不够的。由于倒谱处理算法将功率谱图中的谐波族变换为倒谱图中的单根谱线，其位置代表功率谱中相应谐波族（边频带）的频率间隔时间（倒谱的横坐标表示的是时间间隔，即周期），因此可解决上述问题。

倒谱对传感器的测点位置或信号传输途径不敏感，对幅值和频率调制的相位关系不敏感。这种不敏感，反而有利于检测故障信号的有无，而不看重某测点振幅的大小（可能由于传输途径而被过分放大）。

6.4 分析流程小结

旋转机械的分析流程总结如下：

1）根据各档位的动力传递路径，确定测试档位有哪些齿轮对参与传动。

2）根据参与动力传递的齿轮对的传动比，确定各轴的转速及相应的转动频率（或阶次）。

3）根据各轴转动频率（或阶次），计算得到轴承的特征频率（或特征阶次）。

4）根据各轴转动频率及轴上各参与传动的齿轮的齿数，计算得到齿轮的啮合频率（或特征阶次）。

5）确定是否存在异常噪声振动，判断故障频率或阶次。

6）故障频率：查找结构传递特性问题，定位到某个结构部件，优化结构。

7）故障阶次：查找对应的故障根源，定位到某组齿轮的啮合频率，优化齿轮；定位到某个轴的转动频率，优化装配。

第7章　轴承

轴承可支撑机械旋转体，降低其运动过程中的摩擦系数，保证回转精度等。旋转机械出现的各种轴承失效形式对机器的振动响应都有主要贡献，如电动机噪声来源之一的机械噪声就有来自轴承的贡献，因而，研究轴承的振动噪声问题显得尤其重要。

7.1　轴承的失效形式

轴承的类型有滚珠轴承、滚柱轴承、滚针轴承、圆锥滚柱轴承、球面滚柱轴承和推力轴承等（见图7-1），它们应用广泛，如自行车、航天器、控制系统、车桥和各类旋转机械等。

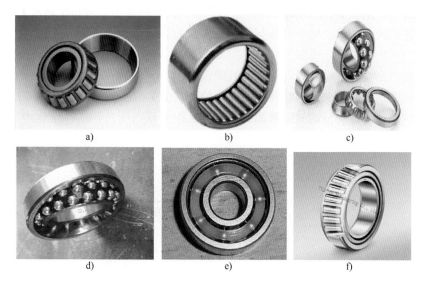

图7-1　各种类型的轴承

对于常见的滚动轴承而言，它一般由内圈、外圈、滚动体和保持架组成，如图7-2所示。

1）内圈（又称为内环），通常固定在轴颈上，内圈与轴一起旋转。内圈外表面上有供滚珠或滚子滚动的沟槽，称为内滚道。

2）外圈（又称外环），通常固定在轴承座或机器的壳体上，起支承滚动体的作用。外圈内表面上也有供滚珠或滚子滚动的沟槽，称为外滚道。

3）滚动体（滚珠或滚子），每套轴承都配有一组或几组滚动体，装在内圈和外圈之间，起滚动和传递力的作用。滚动体是承受负荷的零件，其形状、大小和数量决定了轴承承受载荷的能力和高速运转的性能。

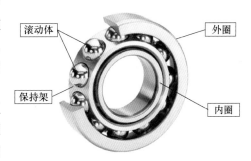

4）保持架，将轴承中的滚动体均匀地相互隔开，使每个滚动体在内圈和外圈之间正常地滚动。此外，保持架具有引导滚动体运动、改善轴承内部润滑条件、防止滚动体脱落等作用。

图 7-2　滚动轴承的构造

处于工作状态下滚动轴承的正常使用寿命由材料失效和轴承运动表面的磨损决定。多个因素将导致轴承早于预期失效，最常见的因素是疲劳、磨损、塑性变形、腐蚀、硬化、润滑差、安装不当和设计不正确等。对于一个特定的失效轴承而言，经常是多种失效形式共同作用的结果，或者最开始出现一种失效形式，但慢慢会出现其他的失效形式。

7.1.1　常见的失效形式

1. 疲劳

轴承运行一段时间后，会由于材料疲劳而失效，开始于轴承表面下会形成细裂纹，随着载荷的持续作用，裂纹会扩展到表面，这将引起材料接触面松动。这些失效表现为滚道或滚动体出现点蚀、层裂或剥落。如果这样的轴承继续服役，那么这些损伤将进一步扩展，因为在缺陷附近局部应力会增加。表面损伤严重妨碍了滚动体的滚动，导致以滚动体的缺陷频率重复产生短时间的冲击。随着损伤的扩展，冲击的周期重复特性将减少，因为滚动体的运动变得不规则，这使得在冲击之间区分单次冲击变得不可能，损伤将扩展到其他滚道或滚动体，最终将导致部件和保持架之间的摩擦增加，这将导致严重胶合。

2. 磨损

磨损是轴承另一种常见的失效形式，它主要是由于密封不严或被污染的润滑油等使得尘土和外界粒子进入到轴承中。外界粒子研磨接触表面使接触表面变得粗糙，形成凹凸不平的表面，严重的磨损会改变滚道与滚动体的轮廓和直径，使得轴承游隙增大。滚动摩擦大幅增加，导致更大的滑动和滑移，最终结果是彻底出现故障。逐渐增加的磨损使轴承产生几何误差。已磨损滚动体的非均匀直径将引起保持架振动并产生谐波，因为滚珠旋转通过载荷区与保持架旋转频率是周期性的。滚道的几何误差将产生轴转速的多次谐波。如果轴承的游隙进一步增加到轴承出现松弛状态，这将更为复杂。

3. 塑性变形

轴承接触面的塑性变形是轴承遭受过大的载荷，而位移却相对较小的结果。结果是滚道产生压痕，因为过大的载荷会引起局部塑性变形。在运行中，已经变形的轴承旋转不均匀，将产生过大的振动，因而不适宜继续服役。如果继续服役，将会立即出现局部疲劳损伤。

4. 腐蚀

当油中的水、酸性物质或者其他污染物进入轴承中时，会出现腐蚀。结果是轴承运动表面生锈，这将产生不均匀、噪声更大的运转，因为生锈的斑点会妨碍润滑和滚动体的平滑滚动，也会使轴承产生研磨效应和磨损。生锈的凹凸点也是滑动和滑移的起始位置。

5. 硬化

硬化表现为整个滚道圆周上出现均匀分布的压痕，在形状上近似于赫兹接触区域。引起硬化有三个原因：

1）静态过大的载荷导致滚道产生塑性变形。

2）静止的滚动轴承遭受振动和冲击载荷。

3）轴承形成了电流循环（回路）。

这三种原因的结果都是滚道形成重复的压痕。在一些情况下，由于轴承可能轻微转向，将出现大量的压痕。这样的轴承运转起来噪声更大、不平稳，因为每个压痕都像一个小疲劳区域，这将与通过的滚动体产生更大的冲击。硬化的轴承持续运转将导致在压痕位置发展成为滑移，并且逐渐出现分布式的损伤。

6. 润滑

润滑不足是轴承失效早于预期的常见原因之一，因为它会导致滑动、滑移、增大摩擦、生热和胶合。在高应力的赫兹接触区域，当润滑不充分时，接触表面将黏合在一起，随着滚动体往前运动将撕裂它们。轴承润滑出现在这三个关键位置：保持架与滚动体交接面、滚动体与滚道交接面、保持架与滚道交接面。润滑不足或者选择不合适的润滑油将产生严重的后果，因为增加的温度能退火滚动体，从而降低它的硬度和疲劳寿命，也降低润滑。轴承部件严重磨损后将是灾难性的失效。

7. 安装不当

安装不当有以下影响：在径向和轴向产生过大的预载荷、不对中、松弛安装、安装中使用过大的力导致轴承部件损伤等。径向预载荷使轴承运行时产生更大的噪声，通常也会增大内圈与外圈之间的温差，温差增大可能会增加不想要的预载荷，引起更高的接触压力，导致疲劳早于预期、严重的滚动体磨损、过热和最终胶合。椭圆预载荷可能来源于不圆的轴或内外圈，这将引起内圈或外圈变形，导致额外的轴向预载荷。预载荷也能引起内圈与外圈不对中，从而使滚动体在预载荷下运行。这样的不对中会在滚道上产生更宽的磨损轨迹，从而延伸到整个圆周。在静止的滚道上，轨迹是宽度不均匀且斜着分布在滚道上。过大的轴向预载荷是由安装过程中轴向调节太紧引起的。最终的结果是早于预期的疲劳、滚动体严重磨损和过热。如果在轴承装配过程中使用不合适的安装方式，会使滚道或滚动体产生压痕或刻痕。即使是小的损伤，也能发展成早于预期的剥落。

8. 设计不正确

设计不正确包括轴承选择的类型与尺寸不合适，或者装配件支承不够。选择不合适的轴承带来的问题取决于它是否包含低的承载能力和低速率。最终结果是减少疲劳寿命和失效早于预期。支承不够使得轴承与配合件之间的间隙增大，这将产生相对运动，如轴上的内圈产生滑动。如果滑动不大且持续将导致出现微振磨损，从而产生研磨的金属颗粒。松弛保持长久，从而导致摩擦增加和温度升高，产生灾难性的失效。

7.1.2 期望的振动特性

以上提及的各种失效形式对应的振动是非常复杂的，也是难以预测的。除了经典的滚动体或滚道局部疲劳具有确定性的周期性振动模式之外，轴承失效的其他形式对应的振动，在早期很难进行检测或诊断。这些失效形式使得轴承接触部件产生粗糙-粗糙的相互作用，如润滑失效、磨损、腐蚀，由于粗糙度的恢复与弹性变形将产生脉冲噪声和振动。振动频率由接触表面的尺寸和滑动或滚动的速度决定。粗糙接触引起的振动包含许多随机的小脉冲，这些小脉冲能激起轴承和支承结构的所有模态。与平均脉冲作用时间或脉冲间隔时间相关的固有频率将被优先激励起来。在这些失效形式的早期，振动变化轻微，常规的振动趋势检测可能是唯一的检测手段。随着损伤的扩展和相应的局部损伤的产生，将出现典型的疲劳振动模式。然而，对于没有局部损伤、轴没有明显的相对振动的情况，在完全胶合出现前很难给出振动警告，如保持架失效和润滑不足。在这些例子中，希望采用其他形式的状态监测方式，如温度或油渣监测可以检测到轴承状态中这些渐变的损伤。

　　检测和诊断这些失效形式的振动最大的困难是随着机械状态的改变，振动信号的特性也在迅速改变。每个新产生的碎片都会产生一系列的冲击。随着碎片边缘磨损的下降，冲击的峰值将会减小，这将改变振动模式。滚动体或滚道几何形状的每个变化都会使振动信号改变明显，也能改变润滑状态。在高速和高载荷条件下，这些影响更复杂。对于一些经典的旋转机械，这些影响意味着需要连续监测才能正确地检测和诊断轴承的状态，而对于其他一些机械，一月一次的短时振动检测就能精确地诊断轴承状态。

　　在轴承测试台架上测试轴承的各种失效形式引起的振动是比较明显的，因为没有其他外部机械的振动干扰。然而，在大多数旋转机械行业，这些机械通常包含轴承、齿轮、泵、风机、叶片等部件，这些部件将产生额外的振动噪声，因而测量的振动噪声的幅值远大于轴承振动产生的幅值，这对于轴承的故障诊断来说进一步带来了难度。

7.2　滚动轴承的运动学

　　对于齿轮而言，我们知道齿轮的啮合频率等于轴频乘以齿数。对于滚动轴承而言，轴承滚珠的通过频率是轴频乘以滚珠数吗？对于图 7-3 所示的滚动轴承，有 15 颗滚珠，外圈固定，内圈所在的轴的转速为 600r/min，那么轴承滚珠的通过频率是 150Hz 吗？

　　当然没有这么简单，因为对于轴承而言，运动部件不仅包括滚动体和内圈，还包括保持架，甚至有的时候外圈也运动。所以，轴承的频率有多个，包括滚动体自转频率、滚动体通过内外圈频率、保持架的旋转频率和保持架通过内圈的频率等一系列频率成分。要确定这些频率成分，必须要对轴承的运动学有基本的了解。理解轴承的运动学，对于轴承的故障检测来说很有必要，因为它决定了轴承部件相对其他部件的旋转速度和轴承故障的理论频率。

图 7-3　15 颗滚珠的滚动轴承

7.2.1 滚动轴承的特征频率

图7-4 所示为角接触的滚动轴承，首先假设滚动体装入保持架后在内外滚道之间呈均匀分布，且同时与内外滚道相接触，运转时无相对滑动。一般情况下，内外圈都可能旋转，因此，假设内圈的旋转角频率为 ω_i，外圈的旋转角频率为 ω_o。

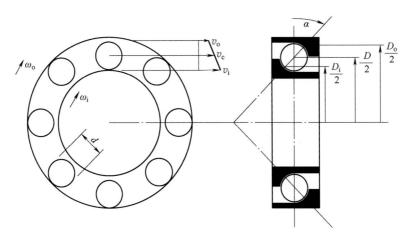

图 7-4　角接触的滚动轴承

对于这个几何形状而言，假设运动时存在固定的接触角 α，那么轴承的节径（滚动体中心所在圆的直径）D 可表示为

$$D = \frac{D_i + D_o}{2} \tag{7-1}$$

式中，D_i 和 D_o 分别是内圈滚道和外圈滚道的直径。滚道直径可用节径、接触角和滚动体直径 d 来表示

$$D_i = D - d\cos\alpha \tag{7-2}$$

$$D_o = D + d\cos\alpha \tag{7-3}$$

轴承部件的周向速度可用角速度和半径来表示。内圈绕圆心旋转频率为 f_i，它的周向速度 v_i 为

$$v_i = \omega_i \frac{D_i}{2} = 2\pi f_i \frac{D_i}{2} = \pi(D - d\cos\alpha)f_i \tag{7-4}$$

外圈的旋转频率为 f_o，周向速度 v_o 为

$$v_o = \omega_o \frac{D_o}{2} = 2\pi f_o \frac{D_o}{2} = \pi(D + d\cos\alpha)f_o \tag{7-5}$$

保持架的周向速度 v_c 是内圈和外圈速度的平均值，假设无滑动

$$v_c = \frac{v_i + v_o}{2} = \frac{\pi(D - d\cos\alpha)f_i}{2} + \frac{\pi(D + d\cos\alpha)f_o}{2} \tag{7-6}$$

转换周向速度的单位，通过除以 πD，从 m/s 转换到角频率 Hz，得到保持架的旋转频率 f_c（滚动体公转频率）为

$$f_c = \left(1 - \frac{d}{D}\cos\alpha\right)\frac{f_i}{2} + \left(1 + \frac{d}{D}\cos\alpha\right)\frac{f_o}{2} \tag{7-7}$$

式（7-7）是滚动轴承保持架的理论旋转频率，也称为 FTF（Fundamental Train Frequency）。内外圈一般有一个是静止的，而且最常见的是外圈固定，这种情况下，式（7-7）可进一步简化为

$$f_c = \left(1 - \frac{d}{D}\cos\alpha\right)\frac{f_i}{2} \tag{7-8}$$

保持架相对于内圈的旋转频率 f_{ri}（内圈静止时保持架的旋转频率，也是外圈静止时，保持架与内圈之间的相对旋转频率）为

$$f_{ri} = f_c - f_i \tag{7-9}$$

将式（7-7）代入式（7-9），得

$$f_{ri} = \left(1 + \frac{d}{D}\cos\alpha\right)\frac{f_o}{2} - \left(1 + \frac{d}{D}\cos\alpha\right)\frac{f_i}{2} = \left(1 + \frac{d}{D}\cos\alpha\right)\frac{f_o - f_i}{2} \tag{7-10}$$

如果轴承均匀分布的滚动体数目为 z，那么滚动体通过内圈的频率 f_{bpfi}（Ball Pass Frequency Inner Race）为

$$f_{bpfi} = zf_{ri} = z\left(1 + \frac{d}{D}\cos\alpha\right)\frac{f_o - f_i}{2} \tag{7-11}$$

而当外圈固定时，滚动体通过内圈的频率公式可简化为

$$f_{bpfi} = \frac{-zf_i}{2}\left(1 + \frac{d}{D}\cos\alpha\right) \tag{7-12}$$

滚动体通过外圈的旋转频率，同样可以得到

$$f_{ro} = f_c - f_o \tag{7-13}$$

代入式（7-7），得

$$f_{ro} = \left(1 - \frac{d}{D}\cos\alpha\right)\frac{f_i}{2} - \left(1 - \frac{d}{D}\cos\alpha\right)\frac{f_o}{2} = \left(1 - \frac{d}{D}\cos\alpha\right)\frac{f_i - f_o}{2} \tag{7-14}$$

如果轴承均匀分布的滚动体数目为 z，那么滚动体通过外圈的频率 f_{bpfo}（Ball Pass Frequency Outer Race）为

$$f_{bpfo} = zf_{ro} = z\left(1 - \frac{d}{D}\cos\alpha\right)\frac{f_i - f_o}{2} \tag{7-15}$$

当外圈固定时，滚动体通过外圈的频率公式可简化为

$$f_{bpfo} = \frac{zf_i}{2}\left(1 - \frac{d}{D}\cos\alpha\right) \tag{7-16}$$

假设滚动体没有滑动，由于滚动体绕它自身的轴心旋转，而保持架绕轴承中心旋转，根据它们接触点的线速度相等的原则可求得滚动体的自转频率。但另一方面，保持架与内圈之间存在相对运动，因此，这时使用的频率应是保持架通过内圈的频率 f_{ri}。因此，滚动体的自转频率 f_{bsf}（Ball Spin Frequency）与保持架相对内圈的频率之比为二者距离的反比，即

$$\frac{f_{bsf}}{f_{ri}} = \frac{D_i}{d} \tag{7-17}$$

因此，有

$$f_{bsf} = \frac{D_i}{d}f_{ri} = \frac{D - d\cos\alpha}{d}\left(1 + \frac{d}{D}\cos\alpha\right)\frac{f_o - f_i}{2} = \frac{f_o - f_i}{2}\frac{D}{d}\left[1 - \left(\frac{d}{D}\cos\alpha\right)^2\right] \tag{7-18}$$

如果外圈固定，那么，滚动体的自转频率为

$$f_{\mathrm{bsf}} = -\frac{f_{\mathrm{i}}}{2}\frac{D}{d}\Big[1 - \Big(\frac{d}{D}\cos\alpha\Big)^2\Big] \tag{7-19}$$

在这些频率公式中，都假设不存在滑动，若同时考虑了内外圈旋转，则方程为轴承特征频率的一般形式。现实中，滑动总会存在，并且这些期望的理论频率总是会以适当的方式被调整。在很多情况下，都是外圈固定，此时外圈静止不动，相应的频率公式将简化。将两种形式的轴承特征频率公式总结为表 7-1。

表 7-1　轴承特征频率公式（绝对值）

频　率	描　述	一　般　形　式	外　圈　固　定
f_{c}	保持架旋转频率	$\Big(1 - \dfrac{d}{D}\cos\alpha\Big)\dfrac{f_{\mathrm{i}}}{2} + \Big(1 + \dfrac{d}{D}\cos\alpha\Big)\dfrac{f_{\mathrm{o}}}{2}$	$\Big(1 - \dfrac{d}{D}\cos\alpha\Big)\dfrac{f_{\mathrm{i}}}{2}$
f_{ri}	保持架通过内圈频率	$\Big(1 + \dfrac{d}{D}\cos\alpha\Big)\dfrac{f_{\mathrm{o}} - f_{\mathrm{i}}}{2}$	$\Big(1 + \dfrac{d}{D}\cos\alpha\Big)\dfrac{f_{\mathrm{i}}}{2}$
f_{bpfi}	滚动体通过内圈频率	$z\Big(1 + \dfrac{d}{D}\cos\alpha\Big)\dfrac{f_{\mathrm{o}} - f_{\mathrm{i}}}{2}$	$\Big(1 + \dfrac{d}{D}\cos\alpha\Big)\dfrac{zf_{\mathrm{i}}}{2}$
f_{bpfo}	滚动体通过外圈频率	$z\Big(1 - \dfrac{d}{D}\cos\alpha\Big)\dfrac{f_{\mathrm{i}} - f_{\mathrm{o}}}{2}$	$\Big(1 - \dfrac{d}{D}\cos\alpha\Big)\dfrac{zf_{\mathrm{i}}}{2}$
f_{bsf}	滚动体自转频率	$\dfrac{f_{\mathrm{o}} - f_{\mathrm{i}}}{2}\dfrac{D}{d}\Big[1 - \Big(\dfrac{d}{D}\cos\alpha\Big)^2\Big]$	$\dfrac{f_{\mathrm{i}}}{2}\dfrac{D}{d}\Big[1 - \Big(\dfrac{d}{D}\cos\alpha\Big)^2\Big]$

在轴承的故障诊断中，计算上述各个频率成分将有助于确定故障。若保持架存在故障，那么振动信号将存在频率成分 f_{c}。如果内圈滚道有故障，如内圈剥落、压痕、不平衡等，那么在振动信号中将出现 f_{bpfi}；若外圈滚道存在这些故障，那么振动信号中将存在频率成分 f_{bpfo}。若滚动体存在这些故障，那么其自转 1 转将通过内、外圈各 1 次，因而，其故障频率是 2 倍的 f_{bsf}。

以上给出的是故障激励的基频，滚动体通过故障激起的是周期性冲击，它不是单一的简谐波，而是展开为渐减的无穷级数，因而，在频谱图上表现为一定形式的离散谱线簇。

值得一提的是，从理论上讲滚动轴承的故障频率就等于相应的特征频率，但由于滚珠除正常的公转和自转外，还会发生随轴向力变化而引起的摇摆和横向振动。因此，尤其是当轴承表面存在小缺陷时，在其滚动过程中缺陷时而能碰到内滚道或外滚道，时而又碰不到，以致于产生故障信号是随机的，也就是说，可能出现故障信号时有时无或频率时高时低的波动现象。

7.2.2　滚动轴承的特征阶次

我们知道阶次是旋转频率与参考轴频率的倍数关系，当参考轴不同时，阶次也不相同。因此，以内圈所在的轴为参考轴（假设参考轴的阶次为 1，若为其他阶次数，则表 7-2 中的阶次还需乘以参考轴的阶次）。滚动轴承的特征阶次见表 7-2。

表 7-2 滚动轴承的特征阶次

描　述	一 般 形 式	外 圈 固 定
保持架阶次	$\frac{1}{2}\left(1-\frac{d}{D}\cos\alpha\right)+\left(1+\frac{d}{D}\cos\alpha\right)\frac{f_o/f_i}{2}$	$\frac{1}{2}\left(1-\frac{d}{D}\cos\alpha\right)$
保持架通过内圈阶次	$\left(1+\frac{d}{D}\cos\alpha\right)\frac{f_o/f_i-1}{2}$	$\frac{1}{2}\left(1+\frac{d}{D}\cos\alpha\right)$
滚动体通过内圈阶次	$z\left(1+\frac{d}{D}\cos\alpha\right)\frac{f_o/f_i-1}{2}$	$\frac{z}{2}\left(1+\frac{d}{D}\cos\alpha\right)$
滚动体通过外圈阶次	$z\left(1-\frac{d}{D}\cos\alpha\right)\frac{1-f_o/f_i}{2}$	$\frac{z}{2}\left(1-\frac{d}{D}\cos\alpha\right)$
滚动体自转阶次	$\frac{f_o/f_i-1}{2}\frac{D}{d}\left[1-\left(\frac{d}{D}\cos\alpha\right)^2\right]$	$\frac{D}{2d}\left[1-\left(\frac{d}{D}\cos\alpha\right)^2\right]$

7.2.3 滚动轴承故障频率实例

假设存在故障的滚动轴承如图 7-5 所示，外圈固定，其相应的参数如下：节径为 1.548in，滚珠直径为 0.3125in，滚珠数目为 9，接触角的余弦为 0.9397。

按照表 7-1 的公式计算各个频率成分，得到轴承的各个特征频率与阶次见表 7-3。从表中可以看出，保持架的旋转频率 FTF 最小，然后是滚动体的自转频率 BSF 和滚动体通过外圈的频率 BPFO，最大的是滚动体通过内圈的频率 BPFI（即 FTF < BSF < BPFO < BPFI）。由于阶次独立于转速，因此，在不同的转速下，阶次始终是相同的，因此，各个转速下的阶次都相同。

图 7-5 存在故障的滚动轴承

表 7-3 轴承的各个特征频率与阶次

转速/(r/min)	FTF	BSF	BPFO	BPFI
100	0.675	3.979	6.077	8.923
500	3.376	19.897	30.386	44.614
1000	6.752	39.794	60.772	89.228
1500	10.129	59.692	91.159	133.841
2000	13.505	79.589	121.545	178.455
2500	16.881	99.486	151.931	223.069
3000	20.257	119.383	182.317	267.683
3500	23.634	139.281	212.704	312.296
4000	27.010	159.178	243.090	356.910
阶次	0.405	2.388	3.646	5.354

7.3   滚动轴承振动产生的可能原因

通过前文，我们了解了滚动轴承运转产生的特征频率，但实际上，除了这些频率之外，还存在一些其他的频率成分。产生这些复杂的振动频率的原因有：①外界激励所引起的，如轴不平衡、不对中、临界转速、结构共振等，这些故障（或缺陷）可以按照它们各自的特征频率来处理；②由滚动轴承自身结构特点以及故障缺陷所引起。通常，滚动轴承不会仅受到一种激励作用，更多的是两种激励同时作用引起轴承振动，这就使得振动频谱更为错综复杂，给轴承的故障诊断增加了难度。另一方面，除了存在各自的特征频率成分及其谐波之外，还会存在相互调制效应，产生边频带。

当轴承各元件出现各种故障时，前文中的轴承频率公式提供了频率成分的理论计算，这些计算是基于这样的假设：当轴承各元件发生故障时，会产生一个理想的脉冲。对于轴承局部故障，如滑动和点蚀，会产生短时间的冲击，这些冲击将激起结构共振，相应的振动通过外部安装在轴承座上的传感器测量。每次遭遇一个局部故障产生的冲击，测量到的振动信号将是按指数衰减的正弦振荡。

7.3.1   载荷引起的振动

滚动轴承在运转过程中，如受到通过轴心的轴向载荷，可以认为各个滚动体平均分担，即各滚动体受力相等。但在受到径向载荷 F_r 作用时，内圈沿径向载荷方向会移动一段路径 δ_0，如图 7-6 中虚线所示，此时上半圈滚动体不受力，下半圈的各个滚动体由于接触点上的弹性变形量 δ_i 不同而承受不同的载荷 Q_i。处于 F_r 作用线最下端位置的滚动体受力 Q_0 最大，对应的变形量 δ_0 也最大。下半圈受载荷作用的其他各接触点滚动体的法向变形量 δ_i 与径向载荷方向处变形量 δ_0 的关系为

$$\delta_i = \delta_0 \cos(i\gamma)$$

各个接触点法向力 Q_i 与沿径向载荷方向处的法向力 Q_0 的关系为

$$Q_i = Q_0 \cos^{3/2}(i\gamma)$$

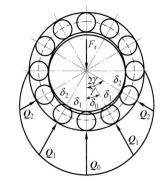

图 7-6   轴承元件上的受力分析

因此，在受载荷作用的半圈内，各接触点处的受力大致呈余弦分布状态，并引起相应规律的应力变化。滚动轴承各元件在工作时承受变动的接触应力，如单颗滚动体受到的接触应力从小变大，然后再变小的周期性变化，而在不受载荷的半圈内不受接触应力作用，内圈上某一点的接触应力也有类似的规律。而对于外圈的某一点而言，由于外圈固定不动，那么，当滚动体与这一点接触时，它所受的接触应力始终是不变的；滚动体通过之后，接触应力为 0。因而，外圈上某一点的接触应力存在时有时无的交替变化规律。每个滚动体在通过径向载荷作用线方向时，都会经历载荷变换的过程（从小变大再变小），这个位置产生的载荷最大，因而在这个位置就对轴承产生了冲击，而这个冲击频率就是滚动体通过外圈的频率 f_{bpfo}。不管轴承是否存在故障，都存在这个频率成分。

若载荷是静载荷，则作用力的位置、大小及方向不随轴承的旋转而变化。当内圈有局部

故障时，故障将按轴频旋转。对于静载荷而言，相应的变化将按轴频 f_s 变化。当滚动体存在局部故障时，有故障的滚动体按保持架频率 f_c 旋转，并且故障交替与内圈和外圈接触。对于静载荷而言，有故障的滚动体和载荷之间的相对角频率为 f_c。对于存在局部故障的外圈而言，由于静载荷不直接作用在外圈上，因而，对外圈的影响可以忽略。因此，滚动体通过外圈原频率 f_{bpfo} 不受到轴频 f_s 或滚动体公转频率 f_c 的调制。

7.3.2　偏心引起的振动

当轴存在偏心导致动不平衡时，由于不平衡引起的偏心载荷将按轴频 f_s 旋转，因此，周期出现的变化频率是轴频 f_s。除了轴偏心之外，当轴承游隙过大或滚道偏心时，也会引起内圈按轴频 f_s 出现周期性变化。

对于轴不平衡载荷而言，当滚动体存在局部故障时，有故障的滚动体和载荷之间的相对角频率为 $f_s - f_c$。故障的接触点将交替按 2 倍滚动体自转频率 f_{bsf} 与内、外圈接触，因此，频谱中表现的频谱成分为 $2f_{bsf}$。当外圈有故障时，信号的周期性将是轴不平衡的函数。由于不平衡引起的偏心载荷将按轴频 f_s 旋转，因此，周期出现的变化频率是 f_s。由于轴与内圈紧固在一起，轴不平衡导致的偏心载荷对内圈出现的局部故障几乎无影响。

7.3.3　滚动体直径变化引起的振动

滚动体在运转过程中，因加工误差或摩擦造成滚动体直径变化导致轴心不断地变动，以及支承刚度的变化，其振动频率为滚动体公转频率（即保持架旋转频率）f_c 及其谐波与轴的旋转频率 f_s 的合成，即 $if_c \pm f_s$（$i = 1, 2, 3, \cdots$）。

固定的外圈有故障时，轴承的滚动体直径有变动，且受预载荷的作用，那么将遭受非均匀分布的载荷，它将同保持架一同旋转，因而将以滚动体公转频率 f_c 做周期性变化。当内圈有局部故障时，对于滚动体直径变化而言，因为载荷和故障之间的相对角频率是 $f_s - f_c$，因此，相应的变化将按这个频率作周期性变化。

7.3.4　安装不当引起的振动

安装不当包括不对中（包括角度错位和轴中心偏离）、轴承装配过紧或过松等。不对中的表现是以轴频 f_s 为特征的振动特性，这种情况会使轴承单方向的载荷增大，同时信号中又有滚动体通过外圈的频率 f_{bpfo}，两者的合成为 $f_{bpfo} \pm f_s$，成为这种故障振动的主要频率成分。

轴承装配过紧会导致内外圈局部变形，从而使得游隙变化不均匀；装配过松会导致轴承窜动。因此，当滚动体通过特定位置时，都会产生频率相应于滚动体通过外圈的周期振动，其振动频率为滚动体通过外圈的频率 f_{bpfo}。

7.3.5　轴承局部缺陷引起轴承固有频率的振动

轴承部件上若出现局部缺陷，当滚动体通过这些局部缺陷时，会发生碰撞从而产生一个窄的短时脉冲激励。这种极短时间的脉冲激励，能量分布在极宽的频带上（类似力锤激励，锤头越硬，力脉冲时间越短，带宽越宽），因而完全可以激起轴承各部件的固有频率，从而产生振动。因此，这种由局部缺陷所产生的冲击脉冲振动信号，其频率成分不仅有反映滚动轴承故障特征的间隔频率（即通过缺陷处的冲击频率），同时还包含有反映滚动轴承各元件固有频率的高频成分。通常，轴承的内外圈固有频率可达数 kHz，而滚动体的固有频率更是高达数百 kHz。

轴承圈在自由状态下径向弯曲振动的固有频率为

$$f_R = \frac{k(k^2-1)}{2\pi(D/2)^2\sqrt{k^2+1}}\sqrt{\frac{EIg}{\rho A}}$$

式中，k 是轴承圈固有振动的节点数（共振阶数为 $k-1$），$k=2$，3，4…；E 是弹性模量；I 是轴承圈横截面的惯性矩；ρ 是材料的密度；A 是轴承圈截面积；D 是轴承圈横截面中性轴直径；g 是重力加速度。

对于钢材，代入相应的材料常数，则轴承圈的固有频率为

$$f_R = 0.94\times10^5\times\frac{h}{D}\times\frac{k(k^2-1)}{\sqrt{k^2+1}}$$

计算所得的频率是轴承圈在自由状态下的固有频率，当轴承安装到机器中后，由于安装条件的变化，此频率会有所变化。

对于钢质滚珠而言，其固有频率为

$$f_{bc} = \frac{0.424}{R}\sqrt{\frac{Eg}{2\rho}}$$

式中，R 是钢球半径。钢质滚珠的固有频率通常很高，可达数百 kHz。如对于 $R=\frac{5}{32}$in 的钢球，其固有频率 $f_{bc}=386.5$kHz。

一般来说，滚动轴承的内外圈固有频率要远低于滚动体的固有频率，但由于外圈的尺寸大于内圈，因而，外圈的固有频率相对较低，最容易被轴承运转中的适时脉冲激励起来。由于脉冲时间极短，因此，能量可分布在数百 kHz 的频带上，滚动体的固有频率也可能被激励起来。

7.3.6　其他因素引起的振动

其他因素包括轴承刚度的非线性变化、润滑不良等。润滑不良时，容易引起轴承的非线性振动，另一方面，润滑不良使滚动体不能处于纯滚动状态，从而加剧滚动体和滚道之间的磨损，使轴承振动加大。润滑不良会使保持架产生异常的振动和噪声，这是因为滚动体和保持架之间发生摩擦，引起保持架的自激振动。

对于轴承的故障，主要的故障频率应按 7.2 节中的频率公式计算。在频谱图中，除了这些故障频率之外，还存在轴频、调制后的频率及轴承各元件的固有频率等。前文讲到的各种周期性频率将引起的边频带分布在故障频率及其多次谐波两侧。

当外圈存在局部故障时，滚动体通过外圈的频率会受到轴频与滚动体公转频率的调制。滚动体存在局部故障时，由于滚动体的自转会依次通过内外圈滚道，因此，对应的故障频率是 2 倍的自转频率，它会受到滚动体公转频率和轴频与滚动体公转频率的差频的调制。当内圈存在局部故障时（外圈固定），传感器振动测量信号的特征主要是轴频的谐波、内圈故障频率与轴频和它的多个谐波，以及轴频与滚动体公转频率的差频的调制。

当轴承上存在多个局部故障时，可以认为它们是一些不同相位的局部故障，那么，由于不同的相位，频谱中的谱线有的会加强，有的会减弱。当轴承遭受各种不同的载荷，如轴不对中、动不平衡、轴向和径向载荷、预载荷和制造误差等，并且在轴承部件上存在故障时，它们会表现相应的周期特性。当故障与故障之间存在相对角速度时，将会出现调制或周期

性。轴承在各种不同的载荷条件下可能出现的主故障频率和边频带见表7-4。

表 7-4　可能出现的主故障频率和边频带

谱　　　线	外 圈 故 障	内 圈 故 障	滚动体故障
主故障频率	f_{bpfo}	f_{bpfi}	$2f_{bsf}$
边频带	f_s、f_c	f_s、$f_s - f_c$	f_c、$f_s - f_c$

多对多个轴承故障的情况，测量的响应将是每个故障引起的响应之和。不同脉冲之间的相位差将导致轴承故障频率的增强或减弱。

7.4　滚动轴承故障振动处理方法

轴承在不同的阶段所表现出来的振动特性是不同的，对于最早期的超声阶段，由于振动能量不高，特征不明显，而在故障后期轴承失效接近尾声时，轴承的故障特征频率和固有频率会被随机宽带高频振动噪声所淹没。因此，滚动轴承故障振动处理方法更多集中在第二阶段和第三阶段，即固有频率阶段和故障特征频率阶段。

对于普通的振动信号，我们主要从时域和频域来进行相应的处理。对于轴承故障振动信号的处理而言，也离不开时域与频域的处理方法。但除此之外，还有高级的信号处理方法，如包络分析。

对滚动轴承振动信号进行分析的第一步是要获得能提取到有用信息的时域数据，因此，这涉及两个方面：数据的采样频率与测量位置。

滚动轴承表面局部缺陷所产生的冲击性振动，是从接触点出发呈半球形波面向外传递的。在信号传递路径上，如果遇到材料的转折、尖角或两个配合面时，由于波的折射和反射将引起很大的能量损耗。因此，通常为了减少能量损耗，测量位置通常是轴承座的垂直方向与水平方向。

由于滚动轴承冲击作用时间极短、冲击的时间间隔也短，因此，要表征这些极短时间内的信号，需要极高的采样频率。另外，故障早期激励起的轴承固有频率也位于高频区，故对于轴承故障振动信号而言，通常采样频率可能要达到100kHz。

对于轴承的故障判断，通常不是一次检测就可以判断出故障的，而更多的是定期检测或长期监测，对比各类信号，以对故障做出正确的预报。

7.4.1　频率范围选择

滚动轴承故障发生要经历四个阶段。第一阶段属于超声阶段，频率非常高，频谱图中除了转频及其倍频，并无明显的故障频率。第二阶段主要是时间极短的脉冲激励起滚动轴承各部件的固有频率阶段，这个阶段对应的频率也高，但低于第一阶段。第三阶段是出现少量局部缺陷，频谱图中存在明显的故障特征频率。第四阶段出现大量缺陷，频谱图中的轴承故障特征频率开始消失，取而代之的是宽带的随机特征。由于处在不同的阶段，时域与频谱特征都不相同，对应的频率范围也不相同。对轴承的故障诊断，选择合适的频率范围非常重要。

通常将分析频带分成低频段、中频段和高频段。这是因为不同的频段，信号具有不同的特征。

1）低频段（0～1kHz）。轴承在工作过程中，转子和滚动轴承的故障特征频率通常都在1kHz以下，如转子的不平衡、轴弯曲、不对中、轴承装配不当等所引起的转频及其倍频成分，轴承表面局部缺陷所引起的故障频率及其低次谐波成分等。这些频率成分可以分为两类：一类是转子旋转引起的频率成分；另一类是与轴承故障相关的频率成分。在滚动轴承故障的前两个阶段，信号中只出现与转子旋转相关的频率成分。在故障产生的后两个阶段，才会同时出现两类频率成分。因此，这个频段通常是对滚动轴承故障的中后期进行诊断，无法对早期故障信息提供预报。

2）中频段（1～20kHz）。滚动轴承发生故障的第一阶段为中频段，通常在这个频段无明显的振动频谱，而在第二～第四阶段，都会有相应的振动频谱，但是从第二阶段开始，这个频段的振动能量会越来越明显。这个频段也包含了滚动轴承零部件的固有频率。

中频段的利用通常可分为以下两类：

第一类对信号进行高通滤波1kHz来滤除轴承振动信号的低频部分，以消除各种低频干扰，然后再利用滤波后的振动信号，通过求取峰值、有效值、峭度、峰值因子等参数进行监测和判断；第二类是利用带通滤波器来提取轴承零件或相关结构零部件的共振频率成分，应用较多的是检测轴承外圈的1阶径向固有振动频率。

3）高频段（20～80kHz）。滚动轴承故障发生的四个阶段，在这个频段都会存在相应的频率成分，但是从第一～第四阶段，这个频段的振动能量存在先增强后减弱的过程。在第三阶段，这个频段的振动能量达到极值，这是因为分布在轴承表面的局部缺陷引起的冲击信号中有很大部分的冲击能量分布在高频段，当第三阶段出现局部缺陷时，高频冲击会增强。而在第四阶段时，缺陷已遍布整个轴承，随机性更强，高频冲击反而会减弱。另一方面，滚动轴承的早期故障表现也体现在高频段。

7.4.2　时域方法

在对信号进行时域分析之前，首先应该对时域信号波形进行观察，可以获得一些有用的信息，如是否有明显的冲击、脉冲的时间间隔、是否存在幅值调制和轴频等。根据相邻脉冲的时间差可以确定一些故障频率。由于采样的时间较长，因此，需要放大局部时域信号，以便能清楚地观察到这些信息。图7-7所示为齿轮测试台架上测量到的0.1s的加速度时域信号，在轴承内圈上存在特定的故障缺陷，采样频率为100kHz。

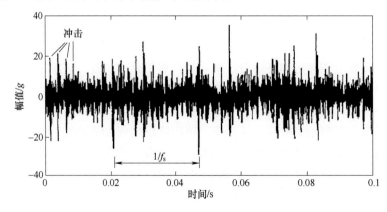

图 7-7　轴承内圈存在特定故障产生的振动信号

从图7-7中可以看出信号存在明显的以轴频f_s的倒数为时间间隔的冲击信息。这是因为每旋转1转，滚动体通过有缺陷的内圈位置以轴频f_s调制。除此之外，还存在比轴频周期更短的冲击信号，这是滚动体通过内圈故障的间隔频率f_{bpfi}的周期。想看到这个信息，需要放大时域信号，如放大时域数据的前10ms，可以看到存在3个明显的冲击信号，如图7-8所示。这些短时的冲击将激起结构的固有频率，因此，冲击后的时域信号是衰减型信号。

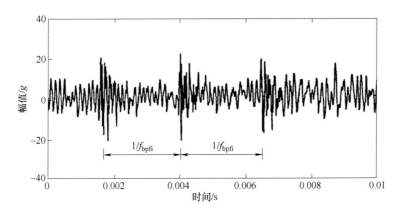

图7-8　更短的时域信号显示了内圈的故障冲击频率

对于轴承的故障诊断而言，对时域信号进行观察确定一些信息之后，再对时域信号进行统计分析，有多个时域静态统计参数可用于描述冲击信号，如峰值、有效值、峰值因子、峭度等。这些参数可以按单值来统计，也可以按趋势项来统计。单值统计是指时域数据全程仅统计一个值来表征，而趋势项统计则是每帧数据统计一个单值，然后将每帧统计到的单值按时间先后顺序连成曲线即为趋势项统计。相对而言，趋势项统计更能表征信号不同时刻的冲击特性。

有效值即均方根值，它是用来反映信号的能量大小，特别适用于具有随机性质的振动测量。峰值是波形中的最大值，峰值的大小可以用来反映滚动轴承某一局部故障点的冲击力大小。峰值和有效值定义都很简单，但单次检测的峰值和有效值不能作为故障的判断标准，这是因为旋转机械通常会展示出随机变化性。而峰值因子定义为峰值与有效值之比，正常情况下，峰值因子约为3.5。

峭度为

$$\text{峭度} = \frac{\frac{1}{N}\sum_{i=1}^{N}\left[x(i) - \bar{x}\right]^4}{RMS^4}$$

式中，$x(i)$是第i个离散数据点对应的幅值；$\bar{x}$是离散时域数据的平均值。由于是按4次方关系变化，则高的幅值被突显出来，低的幅值则受到抑制，从而易于从频率上识别故障。峭度对大幅值的信号最为敏感，当大幅值出现的概率增加时，峭度值将迅速增大，因此测量峭度对含有脉冲的故障特别有效。

这些时域统计参数可采用两种不同的计算方法。第一种方法是计算全频带；第二种方法是计算离散频带。由于产生冲击时，通常是轴承的故障频率与轴频或保持架旋转频率的调制，如果对包含故障频率的频带进行滤波，然后再计算相应的时域统计参数，那么，将更有助于体现故障带来的冲击。通常将频带划分为两个：一个为故障频率，占主导地位；另一个主要包含结构共振频率。通常第一频带低，第二频带高。

峭度对信号中的冲击特征很敏感，正常情况下其值应该为 3 左右，如果这个值接近 4 或超过 4，则说明机械的运动状况中存在冲击性振动。当轴承出现初期故障时，有效值变化不大，但峭度值已经明显增加，达到数十甚至上百，非常明显。它的优势在于能提供早期的故障预报。当轴承故障进入晚期，由于剥落斑点充满整个滚道，振动模式变得更随机，峭度反而下降，也就是对晚期故障不敏感了。

在 Simcenter™ Testlab 软件中定义的峭度不是直接的峭度值，而是超值峭度［Kurtosis (excess)］，即

$$超值峭度 = \frac{\frac{1}{N}\sum_{i=1}^{N}\left[x(i)-\bar{x}\right]^4}{RMS^4} - 3$$

以上四个时域统计参数中，峭度和峰值因子是无量纲参数。除了峭度、峰值因子以外，无量纲的时域波形评定指标还有：

$$裕度因子 = \frac{peak}{\frac{1}{N}\left(\sum_{i=1}^{N}\sqrt{|x(i)|}\right)^2}$$

$$脉冲因子 = \frac{peak}{\frac{1}{N}\sum_{i=1}^{N}|x(i)|}$$

$$波形因子 = \frac{RMS}{\frac{1}{N}\sum_{i=1}^{N}|x(i)|}$$

无量纲波形评定指标的优点是不受轴承尺寸、转速、负荷以及振动信号大小的影响。多数情况下，这几种无量纲指标的诊断能力，按由大到小顺序排列，依次为峭度、裕度因子、脉冲因子、峰值因子、波形因子。

除了这些参数之外，还可用概率密度来反映轴承故障。通过对比正常轴承与有故障的齿轮的概率密度来判断。

7.4.3　频域方法

对于频谱分析，除了将频谱中的频率成分与理论计算得到的轴承故障特征频率进行对比确定故障原因之外，还可对各个频率成分的幅值进行趋势分析，从而确定各个频率对应的振动能量的变化趋势。

在各个谱函数中，功率谱是最能反映振动能量的，因此，对于轴承的频域分析，通常是计算功率谱。对于频域分析而言，通常先获得状态良好的滚动轴承的功率谱作为基准频谱，然后对比基准频谱与实测频谱，使用二者的差值来表明机械状态的改变。对于滚动轴承而言，频谱的高频段幅值通常会变化明显，这是由结构的共振引起的。在与基准频谱进行对比时，如果谱线的幅值增加 6 ~ 8dB，会视为改变大；如果变化 20dB 会视为严重。

使用频谱进行振动趋势对比时，如果频率轴使用线性方式显示，那么，由于轴旋转速度的波动导致对应的频率成分在频谱图中同样出现波动。轴转速即使改变非常小，也能引起谱线峰值位置移动，从而导致幅值差异明显给出错误的故障警告信息。而使用对数方式显示

时，则对转速波动引起的谱线移动不敏感，可以克服这个问题。

频谱图通常是二维的，但对于轴承故障而言，还可以采用瀑布图或彩图来显示频谱，特别是当变转速的时候。

7.4.4　包络分析在轴承振动分析中的应用

对于滚动轴承早期故障的检测和诊断而言，包络分析已经成为振动信号主要的处理技术之一。

滚动轴承的冲击脉冲产生了一系列的调制波形，轴承的自振频率为间隔频率所调制，如果直接进行频谱分析，谱线中只会形成以调制频率为间隔的边频带。但是由于脉冲频率能量很低，往往会被其他振动信号所淹没，寻找间隔频率是很困难的。然而，在进行频谱分析之前，将振动信号先经过共振解调法处理，则故障特征频率在频谱图上就能清晰可辨了。人们经常认为共振受故障特征频率的幅值调制，这样就不能检测到受共振激励的故障存在，也不能诊断出轴承出现故障的部件。而包络分析为提取出周期激励或共振中的幅值调制提供了手段。

包络分析也是一个发展的过程，早期数字信号处理功能没有如今强大，主要通过模拟电路进行包络分析。而如今采用数字信号处理技术更为普遍，即首先是对信号进行希尔伯特变化，使其相位移动 $90°$，形成一个复数信号，复数信号的幅值即为信号的包络曲线。

7.5　什么是峭度

峭度（Kurtosis）是一个无量纲参数或统计量，用于量化信号相对于高斯分布的分布形状。信号分布的形状如图 7-9 所示。当信号形状与高斯分布相同时，峭度值为零；当信号形状比高斯分布更尖锐时，峭度值为正值；当信号形状比高斯分布更平坦时，峭度值为负值。

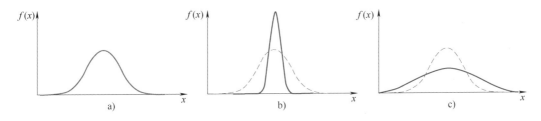

图 7-9　信号分布的形状

a）0 值峭度（高斯分布）　b）正峭度　c）负峭度

考察一个信号的分布形状，峭度可用于量化这个分布的特性：

1）随机信号：具有高斯分布特性的随机信号的峭度值等于 0（也称作为常峰态分布）。

2）瞬态信号：具有尖钉形状的瞬态信号的峭度值大于 0（也称作为尖峰态分布）。

3）确定性信号：一个形状固定的信号，像正弦波或方波，它的峭度值小于 0（也称作低峰态分布）。

当分析信号时，峭度统计值能用于多种不同的应用场景。例如，它可用于分析信号中的异常现象，像齿轮对中的裂纹与冲击、振动信号中损伤尖峰的概率、瞬态声音的声品质指标，甚至可以分析股票价格的波动。为了更好地理解峭度，明白直方图和怎样计算信号的分布是非常有帮助的。

7.5.1　直方图和峭度

直方图可用于确定一个时域信号的幅值分布。峭度只是一个数值，而直方图是一个 XY 图，用于展示某个幅值出现的次数。计算一个直方图时，时域信号的 y 轴被划分成离散的步长，称为等级或级别。在图 7-10 中，y 轴被分成 4 个等级，对每个等级内的数据点个数进行计数，方波幅值为 1 和 4 的共有 8 个，幅值为 2 和 3 的个数为 0。

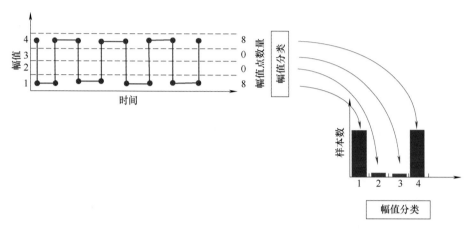

图 7-10　具有 4 个等级的方波信号的直方图分布

方波信号的直方图分布是很明确的，在极值处（等级 1 和 4）有大量的数据点，非常小的幅值位于中间两等级（等级 2 和 3）中。其他的信号，如图 7-11 所示的瞬态信号，幅值也有明确的直方图分布。瞬态信号的直方图通常是一个等级内有大量的数据点（见图 7-11 中是等级 2），其他等级只有少量的数据点（等级 1、3、4）。

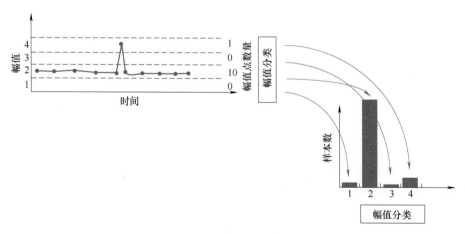

图 7-11　瞬态信号的幅值直方图分布

这些直方图也可与高斯分布的随机信号的直方图进行比较，如图 7-12 所示。每个直方图都有一个独特的峭度值。通常计算的直方图有许多等级，多于这个例子中的 4 个等级。

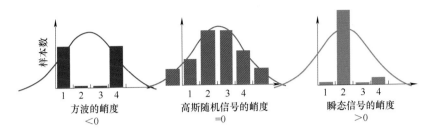

图 7-12　方波、高斯随机信号和瞬态信号的直方图以及它们相应的峭度值

7.5.2　峭度与超值峭度

一个时域历程的峭度值为

$$峭度\ k = \frac{n\sum_{i=1}^{n}(x_i - \bar{x})^4}{\left[\sum_{i=1}^{n}(x_i - \bar{x})^2\right]^2} - 3$$

式中，n 是时域信号的数据点数；x 是每个数据点的幅值；$\bar{x}$ 是信号的平均值；i 是样本点的计数。

峭度是反映随机变量分布特性的数值统计量。峭度值减去 3 是为了确定高斯分布的峭度值等于 0。

许多时域信号有特定的峭度值：

1）方波，$k = -2.0$。

2）正弦波，$k = -1.5$。

3）高斯分布的随机信号，$k = 0$。

4）瞬态信号，正的峭度值。

当计算峭度时，有的是减去了 3，有的没有减去 3。计算峭度时是否包含 -3 项，峭度和超值峭度（Kurtosis Excess）可用于区别它们，超值峭度是峭度减 3。此时，常见信号的超值峭度为：

1）高斯分布的随机信号，$k = 0$。

2）方波，$k = -2.0$。

3）正弦波，$k = -1.5$。

峭度值不包含 -3 项，此时，常见信号的峭度值为：

1）高斯分布的随机信号，$k = 3.0$。

2）方波，$k = 1.0$。

3）正弦波，$k = 1.5$。

在 Testlab 软件中，依赖于软件模块，有的模块是计算峭度，有的模块是计算超值峭度。在随机振动控制中，峭度也称为峭度控制。在时域信号后处理中计算的是超值峭度。

7.5.3　峭度作为声音度量指标

峭度可用于表征同类瞬态声音的差异，这些瞬态信号如"咔嗒"声、"咣啷"声、

"砰"声等。而在轴承、齿轮类装置中经常会遭遇到这些类型的噪声。

　　图 7-13 所示为两个瞬态的"咔嗒"声的时域波形（幅值 Pa- 时间曲线），两个信号有相同的峰值，但持续时间不同。持续时间短的"咔嗒"声的音高高，持续时间长的"咔嗒"声的音高低。

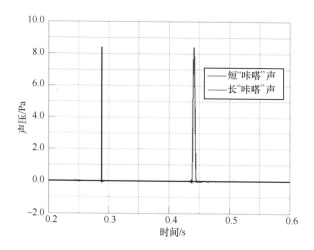

图 7-13　两个"咔嗒"声的时域历程（蓝色持续时间短，红色持续时间长）

　　虽然这两个信号的时域波形非常相似，但峭度值却有非常大的差异，如图 7-14 所示，峭度采用左侧的纵轴。对于持续时间短的"咔嗒"声而言，峭度的峰值超过了 120；而持续时间长的"咔嗒"声的峭度峰值小于 40。这两个信号的峭度值有极大的差异，而从时域波形的峰值是很难看出这一点的。

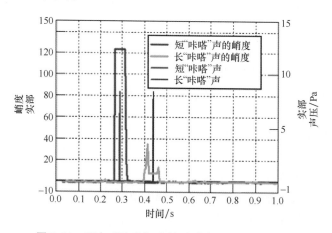

图 7-14　两个"咔嗒"声的时域波形和相应的峭度

　　采用 Testlab 的时域后处理模块计算这两个瞬时信号的峭度（超值峭度）时，1 帧数据的长度设置为 0.05s，时间步长为 0.005s，得到的峭度结果如图 7-14 所示。

第8章 齿轮

齿轮是各类传动机构必备的零部件，在传动过程中会产生诸多振动噪声问题，如传递误差、啸叫、敲击声、边频带等。齿轮还可能存在故障，如齿轮磨损、制造缺陷、安装缺陷、局部缺陷等，这些故障会引起更为显著的 NVH 问题。

8.1 浅析齿轮结构 NVH 问题的产生机理

在介绍齿轮 NVH 产生的根本原因之前，有必要介绍齿轮重合度这个概念。为了保证齿轮连续传动，要求齿轮的实际啮合线段 B_1B_2 大于齿轮的基圆齿距 P_b，因而定义齿轮重合度 ε_a 为实际啮合线段与齿轮的基圆齿距之比（见图 8-1），即

$$\varepsilon_a = B_1B_2/P_b$$

齿轮重合度是一个无量纲参数，近似表明了在啮合周期内啮合齿对的平均数量，重合度越大表明同时参与啮合的齿对数目越多，每对齿的载荷小，载荷波动也小，传动越平稳。通常重合度取值为 $1 \leqslant \varepsilon_a \leqslant 2$，取值为 1 表明始终只有 1 对齿参与啮合，而取值为 2 表明始终有 2 对齿参与啮合。在机械制造行业，通常取 $1.3 \leqslant \varepsilon_a \leqslant 1.4$，这就表明在啮合过程中有时是 1 对齿啮合，有时是 2 对齿啮合，且交替变化。如 $\varepsilon_a = 1.3$ 表明在齿轮转动一个基圆齿距的时间内有 30% 的时间是双齿啮合，70% 的时间是单齿啮合。

齿轮箱结构的振动能够充分解释一种称为参数激励的现象。齿轮啮合过程中齿对数目交替出现，则根据啮合齿对的数量变化，啮合刚度相应地发生变化。此外，齿侧的接触点沿径向移动。毫无疑问，当啮合齿的数量发生变化时，啮合刚度的变化就会发生。对于渐开线直齿轮，通常是一对或两对齿交替啮合。

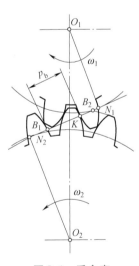

图 8-1　重合度

对于重合度在 1~2 之间的直齿轮，在节点附近是单齿啮合，在齿根、齿顶附近是双齿啮合，如图 8-2 所示。

图 8-3 所示为啮合刚度的变化。从图 8-3 左上角单对齿啮合时刚度的变化可以看出，从二者开始接触啮入时刚度直线增加，在啮合过程中先增大后减小，到二者相互脱离啮合时，又直线减小。而齿轮实际的啮合刚度如图 8-3 左下角所示，它实际上是单对齿啮合刚度在一定重叠度下的叠加，左下角的虚线为单对齿的啮合刚度，实线为实际啮合过程的啮合刚度变

化。随着齿轮重合度的增加，啮合刚度变化越来越小，当 $\varepsilon_a = 2$ 时，刚度已无直线变化段了，这时刚度变化最小。并且注意到，不管重合度多大，啮合刚度都是周期性变化的。

图 8-3 所示为两种齿轮重合度下的啮合刚度对旋转角度的依赖关系。齿轮重合度在 1 和 2 之间称为低重合度，齿轮重合度为 2 称为高重合度。不需要计算就可以看出，高重合度下齿轮啮合刚度的变化较小，从而导致齿轮箱振动的参数激励减少。

图 8-2　啮合的齿对交替变化

齿轮在啮合时，齿对啮合点始终位于啮合线（基圆的内公切线）上，如图 8-4 所示，而啮合力也在这条线上。通过作用于啮合线上的啮合力 F_T 从主动齿轮传递到从动齿轮，这个力由作用在轴支撑点大小相同、反方向力 F_S 补偿。F_T 和 F_S 同时作用在主动齿轮上从而导致扭矩产生，见图 8-5。由图 8-3 可知，啮合刚度不等于恒定值，随着啮合齿对数目的交替变化，使得啮合刚度与啮合频率的振荡是同步的。齿轮啮合刚度的振动导致从动齿轮的自激角振动，从而产生了时变力 F_T 和 F_S。作用在轴支撑位置的力是动态的，并能激发齿轮箱壳体的振动，从而产生噪声。由于啮合刚度的周期性变化，导致齿轮的受力也会出现周期性变化。正常啮合时，啮合力 F_T 沿啮合线方向，但如果出现了故障，则将导致啮合力与啮合线之间存在一定的夹角，从而引发更大的振动与噪声问题。

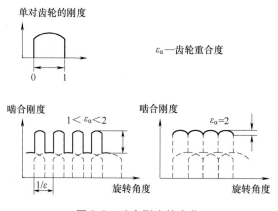

图 8-3　啮合刚度的变化

单对齿轮啮合时，齿轮的啮合力作用于单对齿轮上，而当两对齿参与啮合时，啮合力是作用在两对轮齿面上。假设传递的扭矩恒定，由于齿轮的力臂恒定，那么啮合力也保持不变。将这个不变的啮合力作用在单齿和双齿上，引起的齿轮所受的载荷是周期变化的。显然，双齿啮合时载荷小、刚度大，单齿啮合时载荷大、刚度小。也就是说，即使齿轮所传递的是恒定扭矩，但当每对齿在脱离啮合或进入啮合时，轮齿上的载荷和刚度都要发生突然增大或减小，从而形成啮合冲击。对于重合度低的直齿，啮合冲击尤为显著，其作用力和刚度变化基本上呈矩形波，见图 8-3。对于斜齿，由于其啮合点是沿齿宽方向移动的，啮合过程

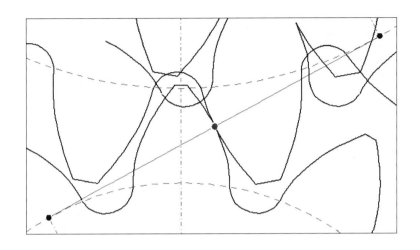

图 8-4　齿轮啮合点位于切线上

的变化较为平缓，刚度变化接近正弦波。因此，轮齿的啮合冲击和啮合刚度的变化取决于齿轮的类型和重合度。

　　齿轮在啮合过程中，除了受到啮合冲击之外，还存在所谓的节线冲击。一对齿轮在啮合过程中，两齿齿面相接触点的速度方向除了节点以外都是不同的，使得相接触的齿面之间产生相对滑动，而相对滑动导致两齿面之间存在滑动摩擦。当啮合点通过节点时，由于轮齿受到的摩擦力在节点两侧方向不同而使齿面摩擦力有一个突然换向。这种突然的换向使轮齿受到冲击，换向的结果也使轮齿所受合力的大小及方向突然改变。当齿轮传递的扭矩不变时，齿面正压力也发生变化，这种变化反过来引起摩擦力大小的改变，把这种冲击称为节线冲击。

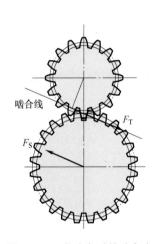

图 8-5　正常啮合时的啮合力

　　因此，齿轮在啮合过程中，齿面既有相对滚动，又有相对滑动。主动轮上的啮合点由齿根移向齿顶，随啮合半径逐渐增大，速度逐步增大；而从动轮上的啮合点由齿顶移向齿根，速度逐步降低。两轮速度上的差异形成了相对滑动。在节点处，两轮切线速度相等，相对滑动速度为零。在主动轮上，齿根与节点之间的啮合点速度低于从动轮上的啮合点速度，因此滑动方向向下；而在节点与齿顶之间的啮合点速度高于从动轮，滑动方向向上。主动轮、从动轮都在节点处改变了滑动方向，也就是说，摩擦力的方向在节点处发生了改变，形成了节线冲击。

　　通过以上分析可知，在齿轮的啮合过程中，由于主动齿轮与从动齿轮的单、双齿啮合交替变换，啮合位置、轮齿啮合刚度和载荷的周期性变化以及啮合冲击、节线冲击均会产生振动，这种振动必然含有周期性成分，反映这个周期性特征信息的就是啮合频率（GMF）及其高次谐波。啮合频率 f_{GMF} 是齿轮的转速频率 f 与齿数 z 的乘积（实际上是 1s 之内齿轮的啮合次数，齿的转频表示每秒的转动圈数，齿数表示每圈的啮合次数，因此，二者的乘积就是每秒的啮合次数）。

实际上，在一个啮合周期 $1/f_{GMF}$ 内，啮合的齿轮出现进入啮合、脱离啮合、节线冲击等多次冲击过程，因此在齿轮的振动信号中必然包含了啮合频率 f_{GMF} 及其高次谐波 $2f_{GMF}$、$3f_{GMF}$ 等成分。

除了上面描述的啮合刚度与作用力周期性变化之外，对于完美的齿轮啮合而言，齿轮对应该满足以下条件：

1）几何完美，这说明齿轮不存在制造误差，生产出来的齿轮不存在形变。

2）对中完美，完全不存在装配问题，不会出现不对中、错位等情况。同时满足齿轮对中的一个齿轮的节圆齿厚等于另一齿轮的节圆齿槽宽，即二者能无齿侧间隙啮合。

3）刚度无限大，这样能保证在啮合过程中受作用力时不发生变形。

满足以上条件的完美齿轮在啮合时能保证齿轮对啮合点的线速度相等，即 $\omega_1 R_1 = \omega_2 R_2$。但实际因齿轮变形、装配问题或啮合刚度的变化导致齿轮啮合时，$\omega_1 R_1 \neq \omega_2 R_2$，存在传递误差，从而引发更大的振动噪声。齿轮啮合示意图如图 8-6 所示。

啮合齿轮产生了传递误差，从而使得啮合齿轮之间的摩擦加剧，这种加剧的摩擦将引发明显的尖叫声，这也就是所谓的齿轮啸叫。啸叫是一种单频噪声，类似口哨声，在任一时刻都是一个频率成分，但是这个频率成分会随着转速变化，也就是说啸叫声的频率与齿轮的啮合阶次有关，随着转速的增加而增加，见图 8-7 中高亮的阶次线。

图 8-6　齿轮啮合示意图

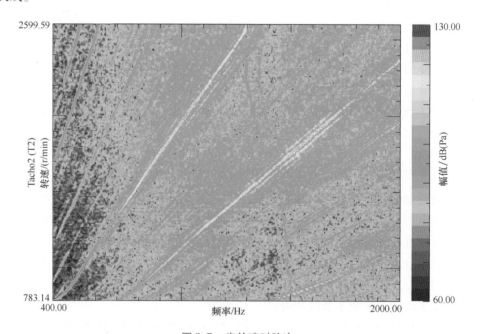

图 8-7　齿轮啸叫阶次

除了受到正常啮合冲击之外，啮合的齿轮还可能受到外部波动载荷的作用，即输入扭矩的变化导致非传动齿轮间的不规则的相互撞击产生宽带随机噪声，也就是所谓的 Rattle 噪声，如图 8-8 所示。如发动机扭矩和转速的周期性变化，导致变速器啮合的轮齿之间不规则的相互敲击，这种敲击产生的振动与噪声通过轴承座、箱体等传播出来。另一方面，如果轮齿之间存在侧隙，在啮合过程中也将出现撞击从而产生 Rattle 噪声。这种不规则的敲击噪声具有宽频性，即没有特定的频率特征，因此难以通过频率特征来对其进行定量分析。

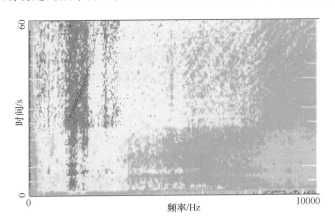

图 8-8　Rattle 噪声的频谱

除了受到啮合冲击和节线冲击之外，齿轮还可能存在其他故障，如齿轮磨损、制造缺陷、安装缺陷、局部缺陷等异常状态，这些异常状态将会导致显著的 NVH 问题。除了齿轮自身的故障之外，轴承的故障也将加剧 NVH 问题，如当齿轮遇到滚动轴承滚道上的缺陷时，啮合可能会引起较小的机械冲击，引起结构振动。这些振动通过齿轮箱进一步传递。

8.2　齿轮的追逐齿设计

首先，来做一个数学小测验，从表 8-1 中找出大于 1 的自然数，要求除了 1 和它自身外，不能被其他自然数整除。满足这样要求的数见表 8-1 中黄色标记的数，这样的自然数叫质数，又称为素数。如果一个大于 1 的自然数，除了 1 和它自身外，不能被其他自然数整除的数叫做质数，否则称为合数。

表 8-1　1～100 的自然数

1	2	3	4	5	6	7	8	9	10
11	12	13	14	15	16	17	18	19	20
21	22	23	24	25	26	27	28	29	30
31	32	33	34	35	36	37	38	39	40
41	42	43	44	45	46	47	48	49	50
51	52	53	54	55	56	57	58	59	60
61	62	63	64	65	66	67	68	69	70
71	72	73	74	75	76	77	78	79	80
81	82	83	84	85	86	87	88	89	90
91	92	93	94	95	96	97	98	99	100

初看起来，这个小测验跟齿轮没有半点关系。但实际上，啮合的齿轮对中经常有一个或两个齿轮的齿数是素数。为什么齿轮对的齿数要设计为素数呢？这是因为如果两个齿轮齿数

有一个非 1 的公约数，那么相同的两个齿啮合将更频繁，导致磨损或损坏加剧。如果齿数互为素数，那么，除 1 之外，二者没有其他公约数，因而在一个周期内，每个齿只接触其他齿一次。

啮合的齿轮对如图 8-9 所示，大齿轮的齿数为 65，小齿轮的齿数为 51。把图 8-9 局部放大的两个齿 A 和 B 开始啮合的时刻记为零时刻，那么，要问这两个齿再次啮合时，大齿轮旋转了多少圈？答案是 51 圈，那么，在相同的时间内，小齿轮旋转了 65 圈。

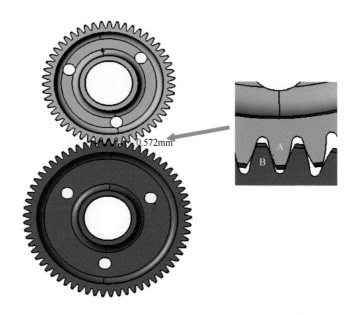

图 8-9　啮合的齿轮对

大齿轮齿数的约数分别为 1、5、13、65；小齿轮齿数的约数分别为 1、3、17、51。因此，可以看出，除了 1 之外，两个齿数再无最大公约数。因而这两个数的最小公倍数为两个齿数的乘积 3315，也就是说 A、B 两个齿要再次啮合的话，需要经过 3315 次啮合之后才会再次相遇，即大齿轮要旋转 51 圈。

假设 A、B 两个齿是有故障或缺陷的齿，那我们总是希望它们两个啮合的周期越长越好。倘若两个齿啮合的周期比较短，在相同的时间内，必然啮合更加频繁，从而加剧磨损，缩短使用寿命。为了防止这样的情况出现，在齿轮设计时，总是希望提高彼此之间的啮合周期，那么，这就要求两个齿除了公约数 1 之外，没有其他的公约数，最小公倍数为两个齿数的乘积，这样能保证一个齿追逐另一个齿的时间是最长的，能减轻磨损，增加齿轮的使用寿命。这就是所谓的追逐齿设计。由于齿数为素数，因此瀑布图分析中的阶次也为素数。

既然有追逐齿设计，那么必然存在追逐齿频率。因为两个齿总是会在间隔一定的时间周期之后再次啮合，两次啮合的时间差即为追逐齿周期。追逐齿频率（FHT，Frequency of Hunting Tooth，也有称为 HTF，Hunting Tooth Frequency）的计算公式为

$$f_{\text{FHT}} = \frac{\text{啮合频率} \times \text{公约数}}{\text{小齿轮齿数} \times \text{大齿轮齿数}} = \text{啮合频率}/(\text{两齿数的最小公倍数})$$

可以看出，啮合频率除以相应的齿数（其中一个）为齿轮的转频，如果最大公约数为 1，则追逐齿频率为一个齿的转频除以另一个齿的齿数。所以，追逐齿频率通常很小。如果

两个齿轮的齿数互为素数，那么公约数为 1，则 FHT 更小，这说明两个齿再次相遇的周期将更长。如前面两齿轮的齿数分别为 51 和 65，由小齿轮在 600r/min 驱动大齿轮，啮合频率为 510Hz，公约数为 1，则 FHT $= 510 \times 1/(51 \times 65) = 0.154$Hz。因此，要找出这些 FHT，要求频率分辨率极高。由于 FHT 频率极低，所以对于齿轮的噪声贡献是微不足道的。当齿轮在一个稳定的速度运行时，FFT 计算时所取的振动和噪声信号的时域长度建议使用追逐齿周期的整数倍长度。

如果一对齿轮的齿数的公约数除了 1 之外，还有其他的公约数，那么将存在多个 FHT，并且公约数越大，FHT 越高。两个啮合的齿轮如图 8-10 所示，大齿轮的齿数为 50 个，小齿轮的齿数为 25 个，大齿轮作为主动轮，转速为 1000r/min，则它们的啮合频率为 833.33Hz。两个齿数的公约数分别为 1、5、25，则对应的 FHT 分别为 0.667Hz、3.333Hz 和 16.667Hz。如果一个齿有问题，如存在损坏，那么这些频率也就是这个齿的敲击频率。而我们知道，齿轮常见的缺陷有齿形误差、来自外部碎片的损伤、表面磨损、点蚀、塑性变形、疲劳等故障形式。如果追逐齿频率越高，必然这些缺陷将加剧，从而缩短齿轮的使用寿命。

在一个啮合周期内，啮合的齿轮发生了进入啮合、脱离啮合、节线冲击等多次冲击过程，因此在齿轮的振动信号中必然包含了啮合频率 f_{GMF} 及其高次谐波 $2f_{GMF}$、$3f_{GMF}$ 等成分。相同的道理，对于追逐齿而言，也会出现谐波，但通常最大幅值出现在 FHT 的 1 次和 2 次谐波处，更高次谐波幅值低。追逐齿同样也存在调制现象，但通常以输入和/或输出转频为载波频率，以 FHT 为调制频率，如图 8-11 所示。同时边频带也可能出现在 1 倍的啮合频率和它的谐波处。由于 FHT 非常小，因此，要检测到它的边频带，需要极高的频率分辨率。

通过上述分析可以得出，如果啮合的齿轮的齿数不存在除了 1 之外的公约数，那么，一定程度上可以减缓磨损、增加使用寿命。当然，如果两个齿数互为素数，那肯定满足

图 8-10 两个啮合的齿轮

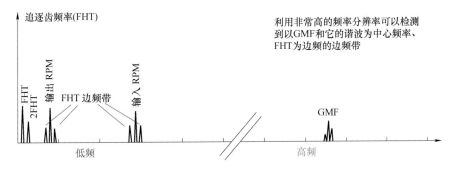

图 8-11 追逐齿的频谱特征（图片来自 Vibration School）

要求。但实际上，100 以内的素数有限（见表 8-1），在齿轮设计时也可以选择合数，如前面例子中的齿数 65 和 51，二者均为合数，但二者的公约数除了 1 之外，再无其他整数，因而，设计的齿轮的齿数也可以选择合数，但要求二者的公约数只能为 1。因此，在齿轮设计时应按追逐齿原理来进行设计，可选择质数也可选择合数，只要最大公约数为 1 即可。

8.3　齿轮结构的频谱特征

齿轮传动结构的频谱复杂，包含啮合频率及其谐频，以啮合频率谐频为载波频率、轴转频为调制频率的边频带、追逐齿频率、鬼线分量以及箱体的固有频率等，因此，弄清楚齿轮结构的频谱特征对于齿轮结构的 NVH 分析尤为重要。本节主要内容包括：

1）啮合频率。

2）转频的低次谐波。

3）啮合频率的谐波及其边频带。

4）追逐齿频率。

5）鬼线频率。

6）rattle 频率。

7）和频与差频。

8.3.1　啮合频率

在齿轮的啮合过程中，啮合位置、啮合刚度和所受载荷等多种参数均具有周期性变化的特征，反映这个周期性特征信息的就是啮合频率（GMF）及其高次谐波。啮合频率表示 1s 内齿轮的啮合次数，齿的转频 f 表示每秒的转动圈数，齿数 z 表示每圈的啮合次数，因此，二者的乘积就是每秒的啮合次数。

$$f_{GMF} = f_1 z_1 = f_2 z_2$$

式中，f_1、f_2 分别是主动轮、从动轮的转频；z_1、z_2 是主动轮、从动轮的齿数。主动轮与从动轮的齿数之比称为齿比，齿比的倒数称为传动比 i，即 $i = z_2/z_1$。

当已知主动轮的转速（转频 = 转速/60），则可以计算得到从动轮的转频，即

$$f_2 = -f_1 z_1/z_2 = -f_1/i$$

式中的负号是考虑到从动轮的旋转方向的变化。

如果将主动轮和从动轮拉开，在中间放入一个中间轮，也称为惰轮，如图 8-12 所示，此时中间轮并不会影响它们的啮合频率，只会改变旋转方向。

当齿轮结构如图 8-13 所示时，即第三个齿轮安装在第二根轴上，那么，第三个齿轮的啮合频率为

$$f_{GMF} = -f_2 z_3 = -f_1 z_1 z_3/z_2$$

因此，不管齿轮结构如何复杂，它的啮合频率始终等于它所在的轴的转频乘以它的齿数。

图 8-12　中间轮不影响啮合频率

8.3.2 转频的低次谐波

相对于齿轮的啮合频率，齿轮的转频则要低得多。由于质量偏心、安装不对中、轴弯曲等原因将导致出现转频的低次谐波，如转频的1倍频、2倍频、3倍频等，这些低次谐波产生低频振动。这些低频对齿轮的噪声量级来说没有影响，因为A计权的声压级在低频段衰减严重。虽然旋转轴的转频及其低次谐波对齿轮的噪声没有影响，但它们经常作为齿轮边频带中的调制频率，如图8-14所示，齿轮的啮合频率930Hz作为载波频率，调制频率为输入轴转频30Hz（$930Hz \pm i \times 30Hz$，$i = 1$，2）。如果轴转频的这些低次谐波在振动频谱中较突出，这说明需要解决轴的动平衡或安装不对中等问题。

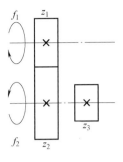

图8-13 齿轮结构

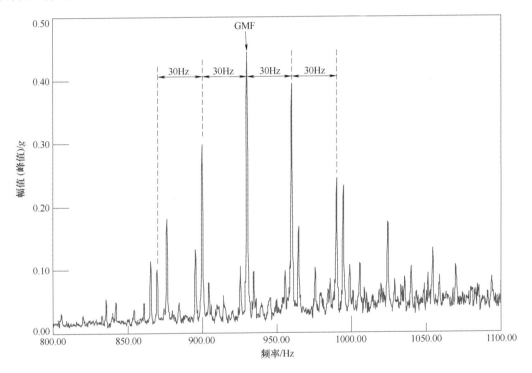

图8-14 转频作为调制频率

8.3.3 啮合频率的谐波及其边频带

振动信号中除了包含齿轮啮合频率之外，还包含了啮合频率的高次谐频$2f_{GMF}$、$3f_{GMF}$等成分。虽然齿轮的转频比较低，但是啮合频率以及它的谐波频率通常位于人耳可听的范围内，所以在进行分析时通常选择测量的频率范围包含到啮合频率的5次谐波。

无论齿轮处于正常状态还是故障状态，在齿轮的振动信号中，啮合频率始终都是存在的，只是两种状态下的振幅值大小是有差异的。齿轮啮合情况良好，啮合频率及其谐波的幅值相对较低。啮合频率及谐波的幅值增大，除了可能与载荷变化等因素有关外，齿轮侧隙不当往往是最直接、最主要的影响因素。造成侧隙不当的具体原因是多样的，除了制造、安装等原因外，齿面磨损也是主要原因之一。齿面磨损使得啮合频率及其谐波幅值的增长最明显。更值得注意的是，啮合频率的高次谐波幅值增长得比基频还快，如图 8-15 所示，图中黑色实线表示磨损前的谐波幅值，绿色虚线表示磨损后的幅值增幅。可以看出，磨损严重时，二次谐波的幅值增幅超过啮合基频。因此，从啮合频率及其谐波幅值的相对增长量上可以反映出齿面的磨损程度。

图 8-16 和图 8-17 分别是一个复杂齿轮传动装置的噪声和振动频谱图，该传动装置具有多条不同的传动路线，主传动路采用三级定轴齿轮传动，后三级采用行星齿轮传动，其他传动路线采用四级定轴齿轮传动。在台架对其进行测试，噪声测点距传动装置表面 1m 处，振动测点位于输入端位置，同时还记录输入端的转速。在测量之前，根据各传动路的传动比计算出各级齿轮的啮合频率。分析频带为 5.12kHz，包括了第一级齿轮的前 5 阶谐波频率，采用 A 计权。另一方面，选择 5.12kHz 作为分析带宽是因为采用更高的分析带宽时，发现噪声主要位于这个频带内。

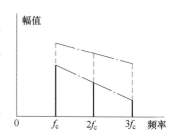

图 8-15　齿轮磨损前后啮合频率谐波幅值对比

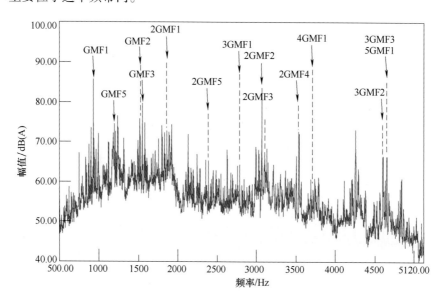

图 8-16　复杂齿轮传动装置的噪声频谱

多级传动具有多个啮合频率，但在这里只给出了明显的 5 个啮合频率及其谐频，其他的啮合频率隐藏在频谱图中。这 5 组啮合频率分别用 GMF1~5 表示，频谱图中有的啮合频率或其谐波频率并不显著，因而在频谱图中并未标出，如噪声频谱图中的啮合频率 GMF4、GMF5 的 3 次和 4 次谐波频率；振动频谱图中的 GMF1 的 2 次谐波频率、GMF2、GMF3 的 3 次谐波频率、GMF5 的 3 次谐波频率等。注意到啮合频率噪声幅值高的，相应的振动幅值并不一定高。同时在啮合频率两侧还存在明显的边频带。

齿轮传动结构的啮合频率的谐频和由调制引起的边频带是由于在一个啮合周期内时变的啮合刚度的变化引起的参数化自激励导致的：齿轮啮合不精确、载荷和转速不均匀。传动过

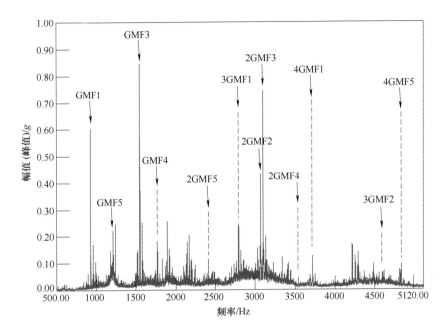

图 8-17　复杂齿轮传动装置的振动频谱

程中，齿轮传递的扭矩和转速变化会引起频谱的谐波分量的调制。调制导致与所谓的载波频率相关的边频分量增加。在旋转一圈中，传递扭矩的变化会引起正弦噪声或振动信号的幅值调制，而角速度的变化会引起相位调制，幅值和相位调制同时进行。扭矩变化引起啮合齿间的动态作用力的比例变化，从而使齿轮箱壳体的表面振动，产生噪声辐射。

　　如果几个齿轮啮合有不同的转频、相同的啮合频率，那么啮合频率两侧的边频带包含与不同转速数目相同数量的等间隔谐波分量，载波频率可以是啮合频率的任一谐波。图 8-18 所示为相应于图 8-16 和图 8-17 的调制现象，载波频率为 930Hz，输入和输出的转频分别为 30Hz 和 34.4Hz，因此，在以啮合频率为载波频率的两侧包含了以两个转频为调制频率的边频带。同时，又存在以两个转频的差频 4.4Hz 为调制频率的边频带，此时的载波频率为输入转频对应的边频带频率，这是明显的交叉调制现象。如果载波频率的幅值和两侧边频带幅值相差很大，在图形显示时可以用分贝标示。

　　关于载波频率成对称的边频带的幅值通常是不同的。幅值的差异取决于幅值调制信号与相位调制信号之间的相位移动。如果两个调制信号同相位，那么对称分量的幅值是相同的。如果幅值调制信号和相位调制信号相位相反，那么载波频率两侧的边频带的幅值是不同的（见图 8-19）。相位调制在理论上产生了无限的边频带分量。然而，为了简单起见，只显示了一个上下边频成分。

8.3.4　追逐齿频率

　　如果一对齿轮幅中的两个齿轮齿数有 1 个公约数，那么相同的两个齿啮合将更频繁，导致磨损或损坏加剧。如果两个齿数互为素数，则可以避免公约数，那么在 1 个周期内，每个齿只接触其他齿 1 次。因此，定义追逐齿频率 FHT 的计算公式为

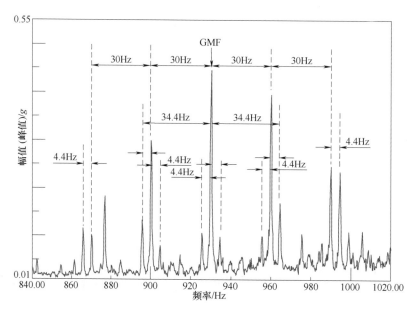

图 8-18   调制引起的边频带

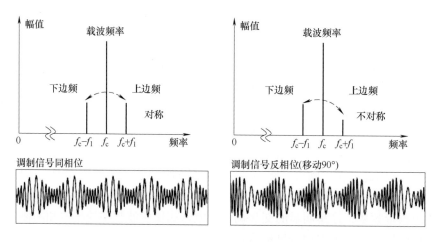

图 8-19   幅值和相位调制的边频

$$f_{FHT} = \frac{\text{啮合频率} \times \text{公约数}}{\text{小齿轮齿数} \times \text{大齿轮齿数}}$$

可以看出，通常追逐齿频率很小。如果两个齿轮的齿数互为素数，那么公约数为 1，则 FHT 更小，这说明两个齿再次相遇的周期将更长。

8.3.5　鬼线频率

鬼线频率是旋转频率的整数倍，通常位于啮合频率附近，看起来像是一个啮合频率，但是齿轮箱内没有这个齿数的齿轮盘，经常出现在新齿轮的频谱图中。频谱中的鬼线频率是由于滚齿机的分度盘的齿误差引起的，已知的整数倍数的值等于齿轮切割机床的分度轮的整齿数。由于分度盘齿数很大，因此，鬼线频率对应于高频纯音，当齿轮在稳态工况运行时，鬼线频率的噪声非常类似于齿轮的啸叫声，这时很难区别鬼线频率和啸叫频率。有两个方法可用于确定鬼线频率，方法一是基于鬼线频率对载荷不敏感，因此，不同的负载下，啮合频率幅值变化很大，但鬼线频率变化小。方法二是使用阶次分析，这样可以通过阶次线确定鬼线频率与转速的倍数关系，如果这个倍数不是任何齿轮的齿数（或其整数倍），那么可以确定这个频率就是鬼线频率。如果发现 1 个频率（或 1 组谐频）找不出来源，那有理由怀疑它是鬼线频率。

齿轮加工时，机械执行两个相互关联的耦合运动，分度盘绕被加工的齿轮工件轴旋转，并在工件轴向上平动。工件的耦合运动之间的传动比误差会导致在齿表面形成有规律的间隔波。在齿轮圆周上的波数等于分度轮的齿数。这个齿数就是鬼线频率与转频的倍数，因此，鬼线频率来源于齿轮加工机床分度齿轮误差传递到被加工的齿轮上所造成的周期性缺陷。鬼线频率通常出现在新加工出来的齿轮结构中，随着运行时间的推进，这些鬼线频率会消失。

8.3.6 Rattle 频率

啸叫声是内部激励引起的，归因于啮合刚度的变化和几何误差激励造成的单频噪声。而 Rattle 噪声则属于外部激励，是输入扭矩的变化导致非传动齿轮间的不规则的相互撞击产生的宽带随机噪声，如图 8-8 所示。通常采用跟踪转速的瀑布图分布方式来表现其宽频带特性。另一方面，Rattle 是由于敲击产生的，因此，可通过峭度分析来确定齿轮中的打齿的严重程度。

特别需要指出的是，当轮齿表面发生均匀性磨损后，不仅侧隙变大，而且齿廓（渐开线齿、圆弧齿）形状受到破坏，从而使啮合时的各种冲击增大、啮合刚度降低，将引起通频振幅值增大，从而使 Rattle 噪声更为明显。

8.3.7 和频与差频

频率相近的分量容易形成和频与差频，这是这些频率交叉调制的结果。如主动轮和从动轮的齿数相差不大，导致输入转频与输出转频交叉调制形成和频或差频，如图 8-18 所示的 4.4Hz，则是输入转频与输出转频的差频。另外，和频与差频不一定是一次谐波频率之和或之差，可能是其他谐波频率，也可能是其中一个是一次谐波频率，而另一个是高次谐波频率。

8.4 行星齿轮的特征频率

相对于定轴齿轮而言，行星齿轮更复杂，除了围绕自身的轴旋转之外，它们还围绕其他齿轮的轴旋转，因而，行星齿轮既存在自转，又存在公转。行星齿轮系中，既绕自身的轴线自转又绕另一固定轴线公转的齿轮称为行星轮。支承行星轮作自转并带动行星轮作公转的构件称为行星架或转臂。轴线固定的齿轮则称为太阳轮（包括齿圈）。因此，行星齿轮系是由太阳轮、行星架和行星轮三种基本构件组成，如图 8-20 所示。

行星齿轮系有不同的分类，按复杂程度，可分为单级行星齿轮系、多级行星齿轮系和组合行星齿轮系。根据自由度的不同，可分为单自由度的单级行星齿轮系和两自由度的差动齿轮系。还有按太阳轮的个数来分类的。在这里，我们主要介绍单级行星齿轮。

对于单排行星齿轮而言，行星轮与太阳轮啮合，还要与齿圈啮合。行星轮的轴线围绕太阳轮的固定轴旋转，支承行星轮作自转并带动行星轮作公转的行星架围绕太阳轮的轴线旋转，因此，行星齿轮系存在多个构件旋转，不像定轴齿轮只有一对齿轮幅旋转，相对于定轴齿轮而言，行星齿轮的特征频率更复杂。

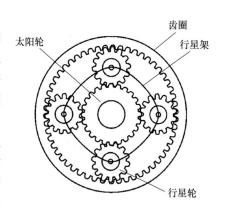

图 8-20　单排行星齿轮

单排行星齿轮可以任意固定齿圈、太阳轮和行星架中的任一个构件。如当固定齿圈时，太阳轮作为输入的主动轮，行星架作为输出的从动轮，此时齿轮箱可作为减速器。当固定太阳轮时，行星架作为输入的主动轮，齿圈作为输出的从动轮时，齿轮箱可作为增速器。固定行星架时，太阳轮作为输入的主动轮，齿圈作为输出的从动轮时也可视作减速器（因为齿圈的齿数通常多于太阳轮的齿数）。另外，这三个构件还可任一联锁其中两个构件，那么，此时则按 1∶1 输入输出，即传动比为 1。

我们仅详细考虑第一种情况，即齿圈固定，太阳轮作为输入的主动轮，行星架作为输出的从动轮，行星架的转速是输出轴的转速。假设齿圈、太阳轮和单个行星轮的齿数分别为 z_1、z_2 和 z_3，行星轮的数量为 n。行星齿轮各旋转部件的转动频率如下：

1）太阳轮相对于箱体的转频为 f_0（输入转频）。
2）行星架相对于箱体的转频为 f_1（输出转频）。
3）行星轮相对于行星架的转频为 f_p。

计算各个构件的转频时相对复杂，如果行星齿轮的频率计算能按照定轴齿轮来计算，则简单得多，因此，我们要将行星齿轮转化为定轴齿轮来计算各个频率成分。转化之后，可视行星齿轮为定轴齿轮，因而计算各个频率成分就简单了。这个思路一直贯穿全文，这样在理解各个频率成分时也应按定轴齿轮来理解。

将其他构件的转速（或转频）以行星架为参考，则可认为行星架固定不动，因此行星轮将不存在公转，只有自转，从而将行星齿轮转化为定轴齿轮来计算各个特征频率。此时，太阳轮相对于行星架的转频为 $f_0 - f_1$，齿圈相对于行星架的转频为 $-f_1$。考虑到太阳轮与行星轮啮合，行星轮与齿圈的内齿啮合，此时，行星轮可视作中间轮，根据定轴齿轮的啮合特征，我们知道中间轮不会影响齿轮的啮合频率，则齿轮的啮合频率为（负号代表旋转方向相反）

$$(f_0 - f_1)z_2 = f_p z_3 = f_1 z_1$$

可以得到行星减速齿轮箱的齿轮传动比

$$\frac{f_1}{f_0} = -\frac{z_2}{z_1 + z_2}$$

可以得出行星架的输出转频为

$$f_1 = -\frac{z_2}{z_1 + z_2}f_0$$

除了上述两个频率成分之外，在行星齿轮箱辐射的振动或噪声信号的频谱中，可以发现由于调制效应而产生的低频成分或啮合构件的边频带。这些频谱成分是由任一个齿轮的一个齿的局部缺陷引起的，当有缺陷的齿与其他齿轮啮合进入啮合周期时，就会出现这些频率成分，随着啮合的进行，这些频率成分将重复出现：

1）齿圈的任一个齿与行星轮的啮合频率为 f_2。

2）太阳轮的任一个齿与行星轮的啮合频率为 f_3。

3）行星轮的任一个齿与太阳轮或齿圈的啮合频率为 f_4。

齿圈相对于行星架的转频为 f_1，由于行星轮的数量为 n，则

$$f_2 = nf_1 = n\frac{z_2}{z_1 + z_2}f_0$$

太阳轮相对于行星架的转频等于 $f_0 - f_1$，由于行星轮的数量为 n，则

$$f_3 = n(f_0 - f_1) = n\frac{z_1}{z_1 + z_2}f_0$$

行星轮相对于行星架的转频为 f_p，则 $f_4 = f_p$，即

$$f_4 = f_p = f_1\frac{z_1}{z_3} = \frac{z_1}{z_3} \times \frac{z_2}{z_1 + z_2}f_0$$

太阳轮的任何一个轮齿与行星轮的啮合频率是指太阳轮与行星轮每秒的啮合次数。由于行星齿轮的轮齿会周期性地与太阳轮和齿圈啮合，因而，在频谱图中会出现 $2f_4$ 成分。上述分析没有单独列出 $2f_4$ 这个频率成分，是因为它与频率 f_4 的关系非常简单。这些频率 $f_0 \sim f_4$，对于评估由齿轮啮合周期引起的噪声或振动的时间历程是有用的。这些频率的倒数决定了周期信号重复出现的时间间隔长度。除上述的频率成分 $f_0 \sim f_4$ 之外，还有一组频率远高于频率 $f_0 \sim f_4$，它们与啮合周期的频率有关。这些啮合频率描述如下：

1）单个行星轮与齿圈的啮合频率为 f_5。

2）所有行星轮与齿圈的啮合频率为 f_6。

3）由于齿圈的齿距误差导致所有的行星轮驱动行星架的机械功率都不是均匀的，这将会导致单个行星轮出现有别于 f_5 的啮合频率 f_7。

由于转化之后是按定轴齿轮来处理，因此，单个行星轮与齿圈的啮合频率也等于行星轮与太阳轮的啮合频率。根据定轴齿轮的啮合频率计算公式可知，单个行星轮与齿圈的啮合频率等于行星轮的转频乘以它的齿数，也等于齿圈的转频乘以齿圈的齿数，即

$$f_5 = f_p z_3 = f_1 z_1 = \frac{z_1 z_2}{z_1 + z_2}f_0$$

可计算所有行星轮与齿圈的啮合频率 f_6，即

$$f_6 = nf_5 = n\frac{z_1 z_2}{z_1 + z_2}f_0$$

频率 f_5 是假设行星齿轮箱只有一个行星轮，而频率 f_6 则是具有多个行星轮，所以啮合频率要乘以行星轮数量 n，这也是因为单个行星轮啮合周期的相位通常彼此之间是变化的。如果所有行星轮啮合周期都同相位，那么，啮合频率就不会增加，不需要乘以行星轮数量 n。在齿轮啮合过程中存在的调制效应会使行星齿轮箱的啮合频率增加。另外，频率成分 f_5 和 f_6 并不总是出现在频谱图中。

如果齿圈是完美的齿轮，即不存在齿距误差，那么，所有行星轮驱动行星架的机械功率是均匀一致的，各个行星轮的负载大小完全相同，不存在时大时小或者完全不受负载的情

况。但生产出来的齿圈中的内齿或多或少存在局部齿距误差，从而导致单个行星轮驱动行星架的机械功率流的非均匀分布。某个行星齿轮接近局部的循环齿距误差时将传递全部机械功率，而其他的行星轮传递的功率将减少甚至不传递任何功率。当满载的行星轮通过一对带局部循环齿距误差的轮齿时，它将完全不承受任何负载。行星轮的全负荷运转对应于齿圈齿数除以行星轮数量，即 z_1/n。啮合周期数目可能是一个整数，因此，它是分式 z_1/n 的整数部分。数学上这个取整数部分可以用 $[z_1/n]$ 来表示。在行星架旋转完整一圈中，所有行星轮都连续成为负载最重的行星轮。在行星架旋转完整一圈过程中，总共有 $n[z_1/n]$ 个啮合周期。因此，啮合频率 f_7 为

$$f_7 = n_1 \left[\frac{z_1}{n} \right] \frac{z_2}{z_1 + z_2} f_0$$

分别使用前 5 个基本频率 $f_0 \sim f_4$ 作为计算的基本频率，给出了上述描述的所有频率 $f_0 \sim f_7$ 的计算公式，见表 8-2，表中每列频率计算表示用 $f_0 \sim f_4$ 中的一个基本频率来计算其他频率，如第 1 列是用 f_0 作为基本频率来计算其他 7 个频率，其他的类似。

表 8-2   单排行星齿轮所有特征频率之间的关系

$f_0 =$	f_0	$\dfrac{z_1 + z_2}{z_2} f_1$	$\dfrac{1}{n} \dfrac{z_1 + z_2}{z_2} f_2$	$\dfrac{1}{n} \dfrac{z_1 + z_2}{z_1} f_3$	$\dfrac{z_3}{z_1} \dfrac{z_1 + z_2}{z_2} f_4$
$f_1 =$	$\dfrac{z_2}{z_1 + z_2} f_0$	f_1	$\dfrac{1}{n} f_2$	$\dfrac{1}{n} \dfrac{z_2}{z_1} f_3$	$\dfrac{z_3}{z_1} f_4$
$f_2 =$	$n \dfrac{z_2}{z_1 + z_2} f_0$	$n f_1$	f_2	$\dfrac{z_2}{z_1} f_3$	$n \dfrac{z_3}{z_1} f_4$
$f_3 =$	$n \dfrac{z_1}{z_1 + z_2} f_0$	$n \dfrac{z_1}{z_2} f_1$	$\dfrac{z_1}{z_2} f_2$	f_3	$n \dfrac{z_3}{z_2} f_4$
$f_4 =$	$\dfrac{z_1}{z_3} \dfrac{z_2}{z_1 + z_2} f_0$	$\dfrac{z_1}{z_3} f_1$	$\dfrac{1}{n} \dfrac{z_1}{z_3} f_2$	$\dfrac{1}{n} \dfrac{z_2}{z_3} f_3$	f_4
$f_5 =$	$\dfrac{z_1 z_2}{z_1 + z_2} f_0$	$z_1 f_1$	$\dfrac{z_1}{n} f_2$	$\dfrac{z_2}{n} f_3$	$z_3 f_4$
$f_6 =$	$n \dfrac{z_1 z_2}{z_1 + z_2} f_0$	$n z_1 f_1$	$z_1 f_2$	$z_2 f_3$	$n z_3 f_4$
$f_7 =$	$n_1 \left[\dfrac{z_1}{n} \right] \dfrac{z_2}{z_1 + z_2} f_0$	$n_1 \left[\dfrac{z_1}{n} \right] f_1$	$\left[\dfrac{z_1}{n} \right] f_2$	$\left[\dfrac{z_1}{n} \right] \dfrac{z_2}{z_1} f_3$	$n \left[\dfrac{z_1}{n} \right] \dfrac{z_3}{z_1} f_4$

注：$[\cdots]$ 表示分式取整。

以上介绍的行星齿轮是齿圈固定，最后再简单介绍另外一种情况下的行星齿轮的啮合频率计算公式。啮合频率计算公式仍是转化为定轴齿轮来计算的，各个构件的转速是相对于行星架的转速而言的。

对于齿圈固定的单排行星齿轮，啮合频率计算公式如下：

啮合频率 = 齿圈齿数 × (太阳轮转速 ± 行星架转速)/60

对于太阳轮固定的单排行星齿轮，啮合频率计算公式如下：

啮合频率 = 齿圈齿数 × (齿圈转速 ± 行星架转速)/60

其中，二者转速方向同向取负，反向取正。对于联锁的情况，齿轮不啮合。

上述两种情况的啮合频率计算公式可以合并为一个简单算法：只要行星架转动，相应的啮合频率就是行星架转速×固定的那个齿轮的齿数/60。

8.5　齿轮的特征阶次

齿轮的特征阶次与齿数相关，在对齿轮进行故障诊断时，根据参与啮合的齿轮对的齿数可以确定故障齿轮所在，从而快速的确定问题齿轮，通常在故障诊断之前应根据传动比来计算各级参与啮合的齿轮的特征阶次。这是因为各级齿轮的齿数是不相同的，那么，对应的阶次也不相同，在进行阶次分析时，根据瀑布图或 colormap 中的阶次可以确定 NVH 发生在哪级齿轮。

8.5.1　定轴齿轮的传动比

齿轮的传动比定义为主动轮与从动轮角速度（转速）之比，也称为速比。如图 8-21 所示的圆柱齿轮副，主动轮和从动轮的转速分别为 n_1 和 n_2，齿数分别为 z_1 和 z_2，则传动比为

$$i_{12} = -n_1/n_2 = -z_2/z_1$$

式中取负是表示两个齿轮旋转方向相反。通常对于一对齿轮啮合的情况，如果是外啮合，则取负；如果是内啮合，则取正。对于锥齿轮传动和蜗杆传动，由于主/从动轮运动不在同一个平面内，则不能用正负号来确定，可以用箭头来表示旋转方向。

对于齿轮齿条传动，若 ω_1 表示齿轮的角速度，d_1 表示齿轮 1 分度圆的直径，v_2 表示齿条的移动速度，存在以下传动关系：

$$v_2 = d_1\omega_1/2$$

如果传动系统是多级定轴齿轮，传动比为首轮（输入轮）与末轮（最终输出轮）的角速度之比。此时的传动比在数值上等于组成该定轴齿轮系的各对啮合齿轮传动比的连乘积，也等于首末轮之间各对啮合齿轮中所有从动轮齿数的连乘积与所有主动轮齿数的连乘积之比。设定轴齿轮系首轮为 1 轮、末轮为 k 轮，定轴齿轮系传动比为

$$i = n_1/n_k = 各对齿轮传动比的连乘积$$

$i_{1k} = (-1)^m$ 所有从动轮齿数的连乘积/所有主动轮齿数的连乘积

图 8-21　啮合刚度的变化

式中，m 是轮系中外啮合齿轮的对数。当 m 为奇数时传动比为负，表示首末轮转向相反；当 m 为偶数时传动比为正，表示首末轮转向相同。

8.5.2　定轴齿轮的特征阶次

定轴齿轮的转频等于转速除以 60，啮合频率等于转频乘以齿数。如图 8-22 所示齿轮的齿数为 86，假设转速为 600r/min，那么它的主轴转频为 10Hz，啮合频率等于 860Hz，也就

是 1s 内齿轮要啮合 860 次，频率如图 8-23 所示，那么，它的阶次是多少呢？

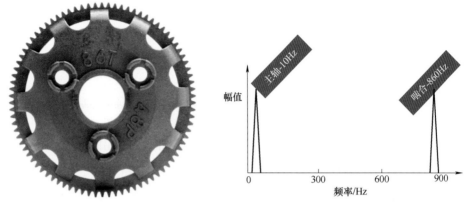

图 8-22   86 个齿的齿轮   图 8-23   齿轮的转频与啮合频率

在 1.2 节中，我们已经说明：频率是 1s 内事件（振动或噪声）发生的次数；阶次是旋转一圈内事件发生的次数。而转速是每分钟转动的圈数，转频为每秒钟转动的圈数，因此，1s 内阶次对应的事件发生的次数等于每秒转动的圈数乘以一圈事件发生的次数，即等于转频乘以阶次。也就是说，阶次等于 1s 内事件的频率除以转频。因此，图 8-22 所示的齿轮的阶次等于啮合频率除以转频，等于齿数，即 86 阶次，这也表明这个齿轮旋转一圈要啮合86 次。

通常以输入轴的转频或转速作为参考来计算阶次，也就是把输入轴的阶次作为参考阶次，那么，各个齿轮的阶次等于它所在轴的阶次乘以齿数。以输入轴的转速为参考时，齿轮所在轴的阶次等于传动比，这就是为什么在计算阶次之前应该计算参与啮合的各级齿数的传动比的原因所在。此时，齿轮的阶次为

齿轮阶次 = 它的齿数 / 所在轴的传动比

如果我们认为齿轮所在轴的转频为 1 阶次，那么齿轮的阶次等于齿数。如果以不同的轴作为参考，那么同一齿轮的阶次是不同的，因为参考的轴不同，二者相差的倍数即为二者的传动比。在一对齿轮幅中，两个啮合的齿轮的啮合频率是相等的，同样的道理，两个啮合的齿轮的阶次也是相等的。

8.5.3   行星齿轮的传动比

由于行星齿轮的行星轮既自转又公转，因此，肯定不能直接使用定轴齿轮系的传动比计算公式来计算行星齿轮的传动比。在 8.4 节中已说明需要转化，当时是以行星架的转速作为参考，其他轮的转速均相对于行星架来计算相应的特征频率。这样可以认为行星架的转速为 0，在这里仍然是采用这个思路，只是稍有不同，我们需要给行星架加上一个与行星架的转速大小相等、转向相反的转速 n_H。根据相对性原理，此时整个行星轮系的各个构件间相对运动关系不变。但行星架的转速为 0，即原来旋转的行星架转化为静止。这样一来，行星齿轮系就转化为定轴齿轮系，从而可以使用定轴齿轮系的啮合频率公式来计算传动比。

假设行星齿轮系的各个构件的相应参数见表 8-3，在这里考虑的行星齿轮系各个构件的轴线位于同一条直线上，同时定义齿圈与太阳轮的齿数比为 a，即

$$a = z_1/z_2$$

表 8-3　行星齿轮系的各个构件的相应参数

构件	转速	相对转速	齿数	数量
齿圈	n_1	$n_1 - n_H$	z_1	1
太阳轮	n_2	$n_2 - n_H$	z_2	1
行星轮	n_3	$n_3 - n_H$	z_3	n
行星架	n_H	0		1

现在假设齿圈固定，太阳轮作为主动轮，行星架作为从动轮，此种情况下齿圈的实际转速 $n_1 = 0$，但由于假定行星架相对转速为 0，齿圈的相对转速大小为 n_H，由于行星轮此时作为中间轮，不影响啮合频率，根据定轴齿轮的啮合频率计算公式有（式中略去了除以 60，以下相同）

$$(n_2 - n_H)z_2 = n_H z_1$$

这种情况下的传动比计算公式为

$$i = n_2/n_H = (z_1 + z_2)/z_2 = 1 + a$$

第二种情况是假设太阳轮固定，行星架作为主动轮，齿圈作为从动轮。此种情况下太阳轮的实际转速 $n_2 = 0$，由于假定行星架转速为 0，太阳轮的相对转速大小为 n_H，由于行星轮此时作为中间轮，不影响啮合频率，根据啮合频率计算公式有

$$(n_1 - n_H)z_1 = n_H z_2$$

这种情况下的传动比计算公式为

$$i = n_H/n_1 = z_1/(z_1 + z_2) = a/(1 + a)$$

第三种情况是假设行星架固定，太阳轮作为主动轮，齿圈作为从动轮。这种情况下行星架固定，则传动比计算公式为

$$i = n_2/n_1 = z_1/z_2 = a$$

第四种情况是联锁三个基本构件中的任意两个，则传动比恒为 1。

将上述四种情况的单排单级行星齿轮的传动比总结，见表 8-4。

表 8-4　单排单级行星齿轮的传动比

No.	固定	主动轮	从动轮	传动比
1	齿圈	太阳轮	行星架	$1 + a$
2	太阳轮	行星架	齿圈	$a/(1 + a)$
3	行星架	太阳轮	齿圈	a
4	联锁任意两个构件			1

8.5.4　行星齿轮的啮合阶次

在 8.4 节中，我们总结过一个计算啮合频率的简单算法：只要行星架转动，相应的啮合频率就是行星架转速×固定的那个齿轮的齿数/60。我们假设主动轮的转速为 1 阶次来计算各种情况下的啮合阶次。对于表 8-4 中的第一种情况，啮合频率为 $n_H z_1$，而传动比为 $1 + a$，

所以这种情况下的啮合阶次为 $z_1/(1+a)$。对于第二种情况，啮合频率为 $n_H z_2$，而行星架作为主动轮，那么它的啮合阶次为 z_2。第三种情况是行星架固定，则相当于定轴齿轮，因而啮合阶次为主动轮的齿数 z_2。上述情况的啮合阶次见表 8-5。

表 8-5　单排单级行星齿轮的啮合阶次

No.	固定	主动轮	从动轮	啮合阶次
1	齿圈	太阳轮	行星架	$z_1/(1+a)$
2	太阳轮	行星架	齿圈	z_2
3	行星架	太阳轮	齿圈	z_2

8.6　齿轮的传递误差

根据完美的齿轮传动，两个啮合的齿轮的转速之比等于齿数比的倒数，如图 8-22 所示的齿轮，大齿轮 50 个齿，小齿轮 25 个齿，假设大齿轮的转速为 100r/min，如果是完美啮合，那么小齿轮的转速将是 200r/min。但是因为传递误差的存在使得小齿轮的转速将不是 200r/min，从而使得动力传递不平稳。

对于完美的齿轮啮合，齿轮对应该满足以下条件：几何完美、对中完美、刚度无限大。这样才能保证啮合点的线速度相等，即 $\omega_1 R_1 = \omega_2 R_2$。但实际因齿轮变形、装配问题或啮合刚度的变化等原因导致齿轮啮合时，$\omega_1 R_1 \neq \omega_2 R_2$，存在传递损失，也就是所谓的传递误差。传递误差普遍存在于齿轮传动、带与带轮传动等传动装置中，是用来描述传动不平稳性的参数。

8.6.1　传递误差的定义

传递误差定义为旋转结构（如齿轮或带与带轮）的角位移或角速度（转速）与理论值之差。也可以表示成相对于驱动轮（或轴）的绝对值或相对值。

用角位移绝对值定义：

$$T_e = \theta_2 - T_r \theta_1 \quad \text{或者} \quad T_e = \theta_1 - \theta_2/T_r$$

用角位移相对值定义：

$$T_e = (\theta_2 - T_r \theta_1)/\theta_2 \quad \text{或者} \quad T_e = (\theta_1 - \theta_2/T_r)/\theta_1$$

用角速度绝对值定义：

$$T_e = rpm_2 - T_r rpm_1 \quad \text{或者} \quad T_e = rpm_1 - rpm_2/T_r$$

用角速度相对值定义：

$$T_e = (rpm_2 - T_r rpm_1)/rpm_2 \quad \text{或者} \quad T_e = (rpm_1 - rpm_2/T_r)/rpm_1$$

式中，T_e 是传递误差；θ_1 和 θ_2 分别是轮（或轴）1 和 2 上测量的角位移；rpm_1 和 rpm_2 分别是轮（或轴）1 和 2 上测量的角速度；T_r 是二者的传动比。如果传递误差为 0，则说明没有传动损失，属于完美传动。

传递误差描述运动学上的运动传递的偏离量，被广泛认为是一种可靠的度量尺度。对于齿轮啮合而言，它描绘因齿轮啮合产生的内部和外部激励共同作用的结果。通常，如果用绝对角位移来描述，如图 8-24 所示，传递误差的量级可能只是毫度级或更小。这时对应的绝

对位移误差近似表示如下

$$T_{e位移} = r_{b1}\theta_1 - r_{b2}\theta_2$$

可以看出，位移误差极其小，可能量级是微米级。因此，对于表示极小的幅值，则要求极高的精度。

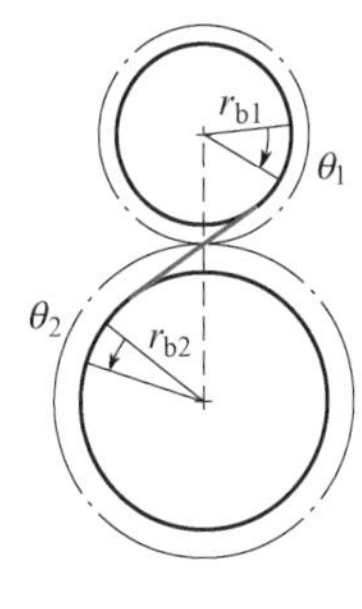

图 8-24　传递误差示意

8.6.2　传递误差产生的可能原因

分析传递误差需要从两个方面着手，一个方面与齿轮的几何变形相关；另一方面与齿的啮合相关。也可以按静态误差和动态误差来分类。静态误差主要是指齿轮制造误差和几何误差，而动态误差是指啮合过程中受到周期变化的作用，如啮合刚度的变化、载荷的变化、温度的变化等。

对于完美啮合的齿轮而言，不存在几何变形、偏心或对中等问题，如图 8-25 所示。但是由于制造误差等原因将导致齿轮偏心或几何变形，如变成了椭圆，如图 8-26 所示，虚线表示完美的齿轮。齿轮几何形状的变化将导致齿轮啮合时存在径向跳动，径向跳动周期相对于啮合周期而言，周期更长，因此，是一种低频的运动，如图 8-27 所示，这是一个齿数为 64 的齿轮的径向跳动波形，可以看出，径向跳动的周期刚好是旋转一圈对应的时间长度。

图 8-25　完美啮合的齿轮

图 8-26　制造误差引起啮合不完美

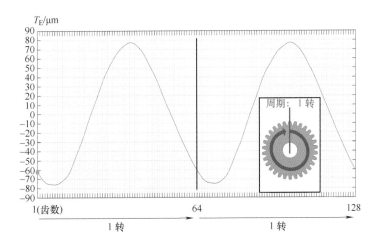

图 8-27　径向跳动激励造成的传递误差

另一方面的原因与齿的啮合相关。在齿轮的啮合过程中，由于主动轮与从动轮的单、双齿啮合交替变换，啮合位置、轮齿啮合刚度（见图 8-28）和载荷的周期性变化会引起传递损失，从而引起传递误差。另一方面，载荷的不平稳也会引起齿轮本身的刚度变化。

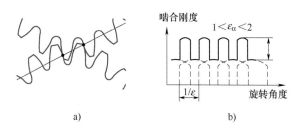

图 8-28　啮合刚度的变化会引起传递误差
a）齿轮啮合　b）啮合刚度的变化

　　轮齿的形状应该是完美的渐开线，但是由于微观几何误差和制造误差，导致齿面偏离完美的渐开线（见图 8-29a）。除了齿面偏离完美的渐开线之外，还会因制造误差导致齿面同一高度截面齿厚不一致（见图 8-29b），这些制造误差都会对传递误差有贡献。

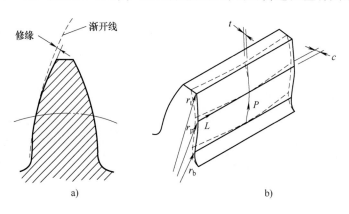

图 8-29　齿形误差
a）正视图　b）标准视图

　　齿轮在装配过程中，可能会存在如下的装配误差（见图 8-30）：对中误差、角度误差、装配公差和结构变形等。如装配后两齿轮的节圆线周向（见图 8-30a）和径向（见图 8-30b）有偏离、节圆线周向（见图 8-30c）和径向（见图 8-30e）有夹角、轴向有偏离（见图 8-30d）等装配误差。这些装配误差对传递误差同样有贡献。

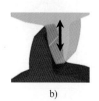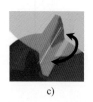

a）　　　　b）　　　　c）　　　　d）　　　　e）

图 8-30　各种装配误差

　　轮齿和齿轮刚度的变化、轮齿微观几何误差、制造误差和装配误差等都对齿轮的传递误差有贡献。这些误差造成的传递误差以 1 个啮合周期为周期，而齿轮的啮合频率高，因而这些误差导致的传递误差是一种低幅值高频的传递误差，如图 8-31 所示。局部放大一个齿周期内的传递误差信号，如图 8-32 所示，可见，传递误差幅值量级特别小，因此，要分辨出这些传递误差，要求极高的分辨率。另一方面，由于是啮合过程产生的传递，因而，这些传递误差包含了明显的阶次成分。

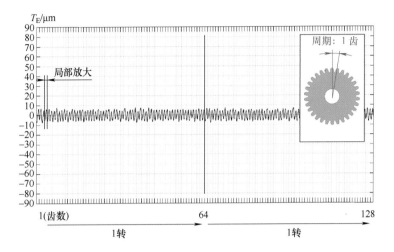

图 8-31　齿通过激励造成的传递误差

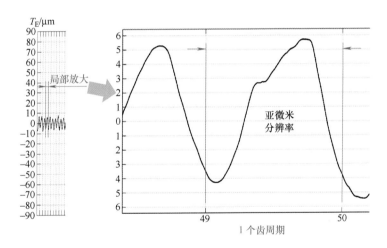

图 8-32　齿通过激励造成的传递误差局部放大

　　总的传递误差是两部分误差的叠加，即径向跳动激励和啮合激励的总和。径向跳动激励对应的传递误差是一种高幅值的低频长波，以旋转周期为周期，如图 8-27 所示。而啮合激励是一种低幅值的高频短波，以齿轮啮合周期为周期，如图 8-31 所示。这两部分的总贡献如图 8-33 所示。

　　除了齿轮自身的制造误差和几何误差等静态误差之外，齿轮还受到动态误差的作用，这些误差包括齿轮在工作过程中因温度变化引起的变形和载荷变化引起的弹性变形，齿轮受到的载荷的变化对传递误差也有影响，齿轮受到的载荷为扭矩，当传递的载荷不平稳时（如发动机输出的扭矩有波动），会造成转速波动，波动的转速会加剧传递误差。另外，扭矩的大小对传递误差也有明显的影响，如图 8-34 所示，扭矩越大，传递误差幅值越大，幅值变化越显著。

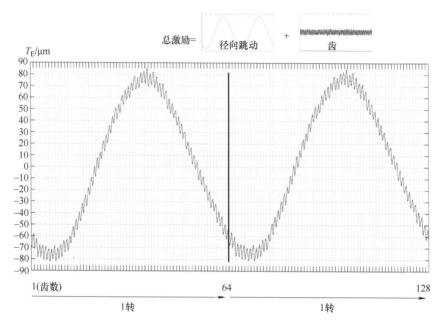

图 8-33　传递误差的总贡献

8.6.3　传递误差产生的影响

当齿轮啮合存在明显的传递误差时，导致齿轮传动不平稳，传递效率将会大大降低，从而影响结构的性能，另一方面，传递误差对结构的NVH 性能有着重要的影响。

我们知道啮合齿轮产生了传递误差，将使得啮合齿轮之间的摩擦加剧，这种加剧的摩擦将引发明显的齿轮啸叫。齿轮啸叫属于内部激励，归因于啮合刚度变化和几何误差，产生的是单频噪声，与阶次相关。除了啮合啸叫之外，还会加剧Rattle 噪声，当然这是由于外部激励引起的，归因于扭矩波动引起齿相互撞击产生宽带噪声。

8.6.4　传递误差分析

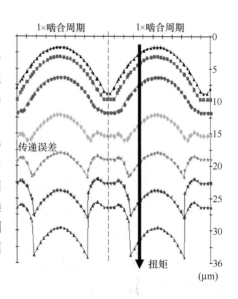

图 8-34　扭矩的大小对传递误差的影响

根据以上定义，我们知道计算传递误差需要知道两个齿轮（或轴）的角位移或角速度（转速），还需要知道两个齿轮（或轴）之间的传动比。通常，传动比根据结构特点和啮合关系计算得到。因而，只需要测量齿轮的角位移或角速度即可。而角位移通常难于测量，测量角速度更容易。角速度也就是转速，通过测量转速可以通过后处理得到角位移，因此只需要测量两个齿轮（或轴）各自的转速即可。

获得两个转速信号后，可以按上文的公式求得传递误差，可获得绝对角位移误差随时间变化曲线。对传递误差时间曲线做瀑布图分析，可以看出主要的阶次成分和贡献。当然传递误差除了通过试验的方法进行分析外，也可以通过有限元方法进行分析。

8.7　传递误差分析实例

在这里以一个直列式 6 缸柴油发动机为例进行说明，在台架上进行测试，本次试验的数据除了可用于传递误差分析之外，还要用于扭振、燃烧分析等。在这里仅介绍与传递误差分析相关的部分。通过本次试验，获得该型号柴油发动机两个转速测量位置的传递误差参数，并分析传递误差主要的阶次成分。

8.7.1　试验测量

两个转速测量位置分别为发动机曲轴和水泵位置。发动机曲轴采用角标仪测量转速，每转脉冲数为 720 个；水泵端采用编码器测量转速，每转脉冲数为 100 个。角标仪和编码器测量位置如图 8-35 中红圈所示。

a)　　　　　　　　　　　　　b)

图 8-35　传感器测量位置

a）曲轴测量位置　b）水泵测量位置

试验工况分为怠速工况和加速工况，每个工况采集 3 组数据。采样频率为 2048Hz，怠速工况采样时间为 34s；对于加速工况，要求采集完整的加速过程（从怠速到最高转速）。采集和分析软件用商业软件 Simcenter™ Testlab。怠速工况发动机曲轴的转速为 600r/min（红色）、水泵的转速为 700r/min（绿色），测量得到的时域信号如图 8-36 所示。

加速工况，曲轴从怠速 600r/min 加速到 1800r/min，曲轴（红色）和水泵（绿色）的加速工况转速曲线如图 8-37 所示。

8.7.2　稳态工况分析

将两个转速时域数据添加到数据篮，在 Time Data Selection 调入，在 Time Signal Calculator

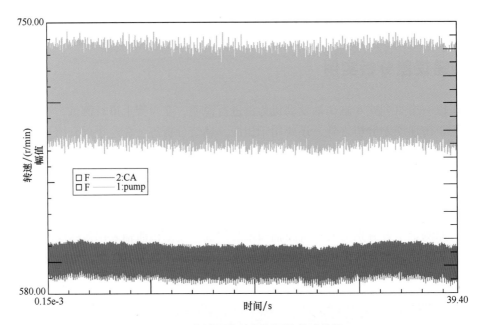

图 8-36　怠速下曲轴和水泵的转速信号

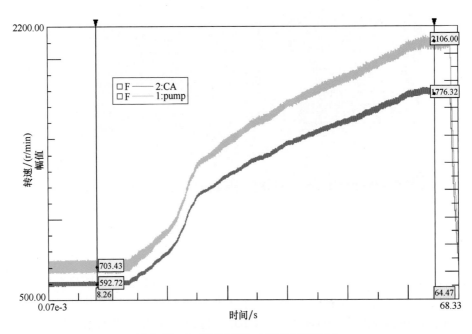

图 8-37　加速下曲轴和水泵的转速信号

模块中调入函数 TACHO_MOMENTS_TO_RPM，输入相应的通道名和脉冲数，其他参数默认。然后按 8.6 节中用角位移绝对值定义传递误差公式计算角度误差，也可用转速定义公式进行计算。曲轴与水泵的传动比为 1.17。相应的分组改成 vibration 组，计算公式如图 8-38 所示。图 8-38 中第 4 个公式，是对上一公式计算得到的结果进行高通滤波，如果不进行高通滤波，得到的传递误差信号有一个很大的趋势项（基线成直线上升）。

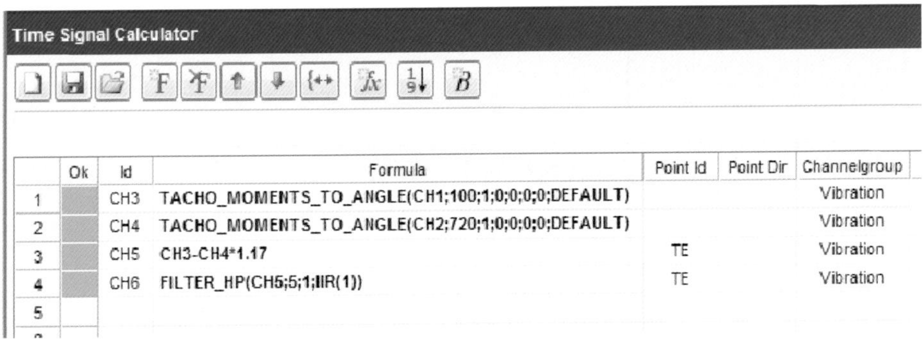

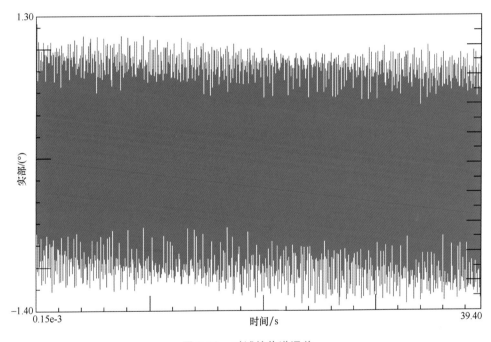

图 8-38　软件中的计算公式

按上面各公式计算得到的传递误差随时间变化曲线如图 8-39 所示。

图 8-39　时域的传递误差

对这个时域的传递误差信号作 FFT，得到相应的频谱如图 8-40 所示。整个频带内（0 ~ 1024Hz）频率成分主要集中在低频段，显示 0 ~ 100Hz 的频带，主要频率成分分别为 5.0Hz、10.0Hz、11.75Hz 和 30Hz。由于怠速工况，发动机曲轴的转速为 600r/min，传动比为 1.17，因此，这 4 个频率成分分别为发动机 0.5 阶次、1.0 阶次、1.17 阶次和 3 阶次。其中主频为 3 阶次，也就是发动机的点火阶次（6 缸机）。

8.7.3　加速工况分析

将加速工况采集到的两个转速信号按稳态工况计算流程作相同处理，得到用角位移表示

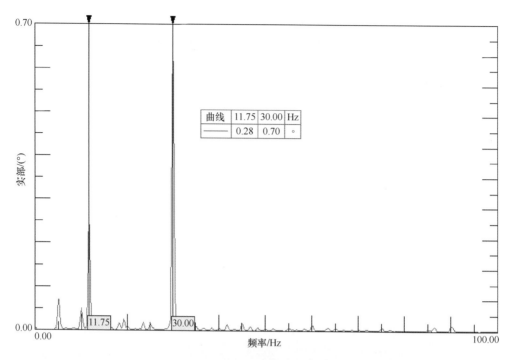

图 8-40　频域的传递误差

的传递误差曲线所图 8-41 所示，图中同时显示了两个转速（绿色和蓝色）和角位移传递误差（红色）随时间变化曲线。从图 8-41 中可以看出，怠速阶段，传递误差较大，升速阶段传递误差较小，而当达到稳定转速后，误差又变大了。

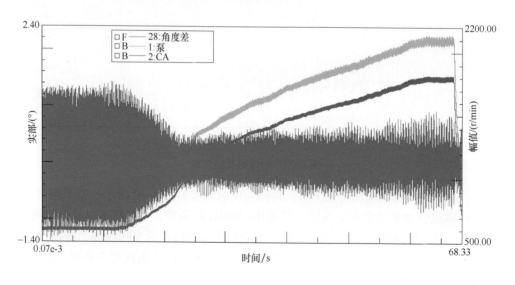

图 8-41　用角位移表示的传递误差

对传递误差时域曲线做瀑布图分析，跟踪曲轴的转速得到的 colormap 和主要阶次切片

（1.17、3、6 阶次）如图 8-42 所示。

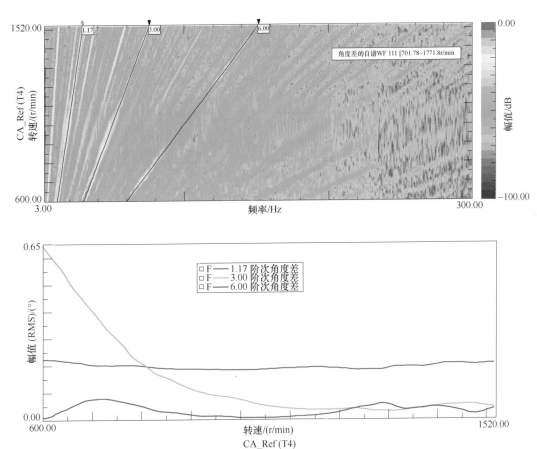

图 8-42 跟踪曲轴的 colormap 和主要的阶次切片

对传递误差时域曲线做瀑布图分析，跟踪水泵的转速得到的 colormap 和主要阶次切片（1、2.57、5.12 阶次）如图 8-43 所示。

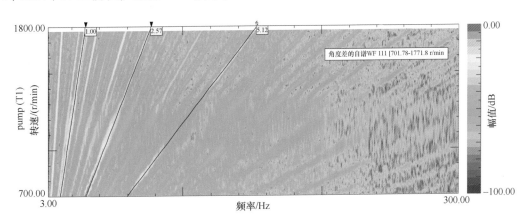

图 8-43 跟踪水泵的 colormap 和主要的阶次切片

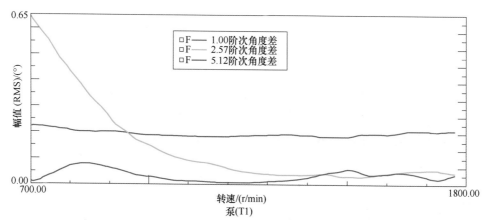

图 8-43　跟踪水泵的 colormap 和主要的阶次切片（续）

　　两种跟踪方式得到的阶次切片的大小完全相同，只是当采用不同的转速跟踪时，表示的阶次数不同而已。将跟踪曲轴得到的 1.17、3 和 6 阶次除以传动比 1.17，则得到跟踪水泵转速的 1、2.57 和 5.12 阶次。因此，二者实质是同一个东西，只是跟踪了不同的转速来作瀑布图分析而已，这也说明同一个阶次，参考轴不同时，阶次数不同。图 8-44 所示为齿轮箱噪声信号存在明显的调制现象。

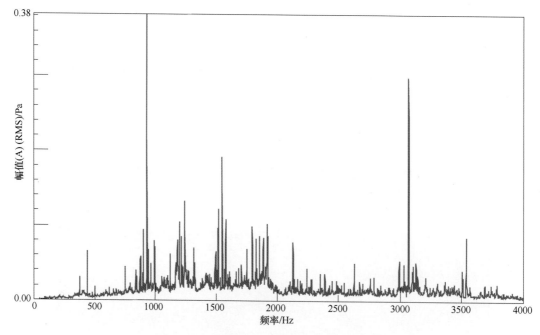

图 8-44　齿轮箱噪声信号存在明显的调制现象

8.8　齿轮的边频带

　　齿轮传动产生的振动和噪声信号包括各种振幅、频率和相位的正弦成分，它们在频谱中占主导地位。齿轮箱的振动和相应的噪声是作用于啮合齿之间的动态啮合力引起的，这些啮合力在进入啮合和脱离啮合时周期性地重复。这些周期性的啮合力以啮合频率为周期，因此，齿轮箱的振动噪声信号中啮合频率或其谐频特别突出。但除了这些频率之外，齿轮箱的频谱中还存在错综复杂的边频带，如图 8-44 所示为某齿轮箱的噪声频谱。

齿轮传动结构的边频带多以齿轮啮合频率的谐频为载波频率，齿轮的转频或倍频作为调制频率。边频带的出现是由于在一个啮合周期内时变的啮合刚度的变化引起的参数化自激励；齿轮啮合不精确，载荷和转速不均匀。齿轮自身偏心、几何误差和装配误差易引起载波信号的幅值变化，出现幅值调制现象。传动过程中，齿轮传递的扭矩和转速变化会引起频谱的谐波分量的调制。调制导致与所谓的载波频率相关的边频分量增加。在旋转一圈中，传递扭矩的变化会引起正弦噪声或振动信号的幅值调制，而角速度的变化会引起频率调制，幅值和频率调制同时进行。

由于制造误差等原因将导致齿轮偏心或几何变形，如变成了椭圆，如图 8-45 所示，假设齿轮 1 是完美的齿轮，齿轮 2 存在几何变形，使齿轮 2 变成了椭圆形，虚线表示完美的齿轮。椭圆形的齿轮由于有一根长轴，因此，每旋转一圈，长轴要与齿轮 1 碰撞 2 次，因此，对应的阶次为 2 阶次。这将导致频谱图中易出现以啮合阶次或其谐阶次为载波信号，这个 2 阶次为调制信号的调制现象发生，如图 8-46 所示，假设载波信号的阶次是 100

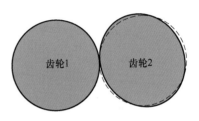

图 8-45　制造误差引起啮合不完美

阶次，如果没有调制，那么它对应的频谱是 100 阶次，如图 8-46b 所示。当存在调制时，已调的时域信号如图 8-46c 所示，这时，调制信号为 2 阶次，已调信号变成了 $100 \pm i \times 2$ 阶次（i 为自然数）。

啮合的齿轮 2 存在偏心如图 8-47 所示。我们知道偏心造成的阶次是 1 阶次，那么这时将导致齿轮的频谱图中出现以啮合阶次或其谐阶次为载波信号，偏心 1 阶次为调制信号的调制现象存在，如图 8-48 所示。这时假设仍以 100 阶次为载波信号，它的时域波形和频谱如图 8-46a 和图 8-46b 所示。但这时已调信号的时域波形和频谱如图 8-48 所示，这时，调制信号为 1 阶次，已调信号变成了 $100 \pm i \times 1$ 阶次（i 为自然数）。

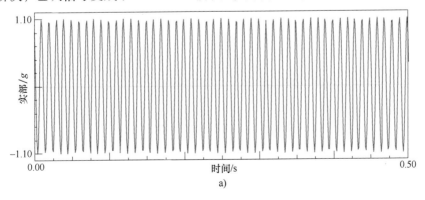

图 8-46　齿轮几何变形造成的调制现象

a）完美啮合的时域信号

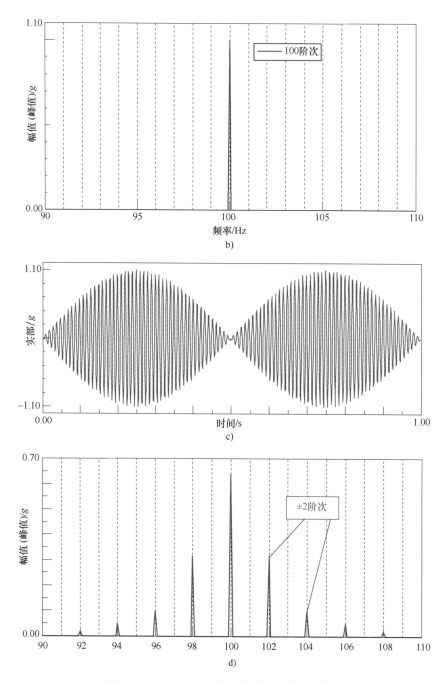

图 8-46　齿轮几何变形造成的调制现象（续）

b）啮合信号的频谱　c）已调信号的时域波形　d）已调信号的频谱

对于齿轮的啮合而言，经常会出现以齿轮的啮合阶次或其谐频为载波信号，转速的 1 阶次或 2 阶次为调制信号的调制现象存在，如图 8-49 所示。那么，这时我们可以根据出现的调制信号的阶次来判断故障原因，如以 1 阶转频为调制信号，那么可能是由于偏心、共振、动平衡或安装不合适造成的；如果以 2 阶转频为调制信号，那么可能是由于齿轮几何变形、

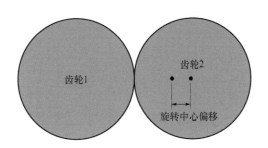

图 8-47　啮合的齿轮 2 存在偏心

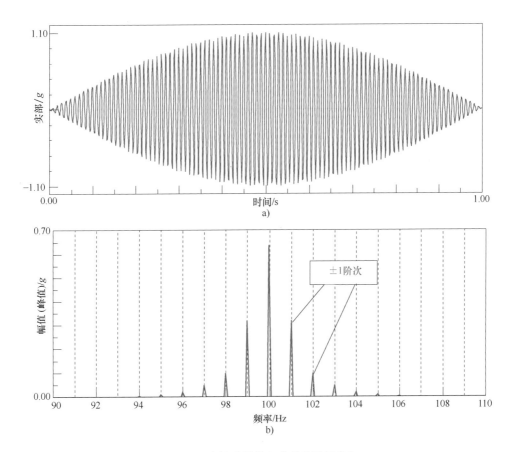

图 8-48　齿轮质量偏心造成的调制现象

a) 已调信号的时域波形　b) 已调信号的频谱

制造误差等原因引起的。另一方面，由于啮合的齿轮对有输入和输出轴，因此，存在两个转频，那么，这时可根据调制信号的频率来判断故障或潜在故障是出现在输入轴还是输出轴。

　　以上针对的是稳态工况下的调制现象，通过频谱分析可以得到调制信号的频率。当在升降速工况时，由于转速的上升或下降，导致调制信号频率时刻发生变化，但对应的阶次是不变的，这也是为什么上述分析都讲的是阶次的原因所在。这时对升降速工况的振动或噪声信号进行瀑布图分析，得到的 colormap 如图 8-50 所示，可以看出边频带以阶次的形式出现，这是因为跟踪的转速变化导致的。

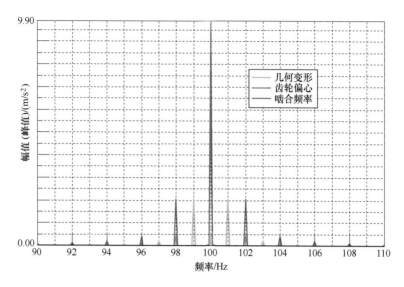

图 8-49　齿轮常见的边频带

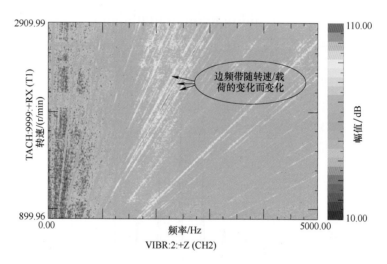

图 8-50　调制信号存在明显的阶次成分

　　边频带的出现是由于信号受到调制的作用，调制分三种类型：调幅、调频和混合调制三类。调幅现象表象为时域波形的幅值变化。调幅的时域波形由载波信号与调制信号的时域乘积得到。幅值调制的结果在频谱图上将形成边频谱。当齿轮安装偏心或齿轮本身偏心时易产生幅值调制，如图 8-46 所示。调频现象表现为时域波形的频率变化。当转速不稳定或者齿距不相等时，易产生调频现象。混合调制是指同时存在调幅和调频现象。

　　调频和调幅的结果都将形成边频，在只有一个简谐调制信号的作用下，调幅的结果只有一对边频；而调频的结果则将导致无限边频。频率调制的后果使边频增加，而且，由于调频和调幅边频分量的相位差异，两者同时存在时，将使边频分布不对称，如图 8-51 所示。在齿轮的实际故障诊断中，得到的边频带不会像是图 8-46 ~ 图 8-49 那样规则的边频带（图中都是一种故障的调制），实际上由于存在多级齿轮同时啮合，同时存在多种调制导致边频带错综复杂，实际情况更像是如图 8-44 所示的边频带。

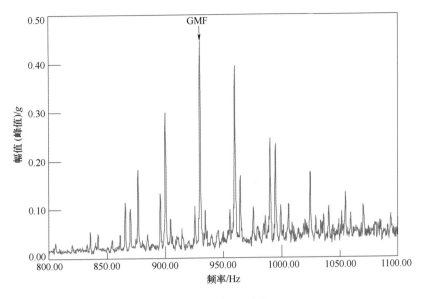

图 8-51　边频不对称

　　齿轮的啮合频率受到齿轮转频的调制而产生边频带，边频带的形状和分布包含了丰富的齿面状态信息。根据边频带呈现的形式和间隔，有可能得到以下信息：

　　1）当边频间隔为转频时，可能出现齿轮偏心、共振、动平衡、安装不合适、齿距缓慢的周期变化及载荷的周期波动等缺陷，齿轮每旋转一周，这些缺陷就重复作用 1 次，即这些缺陷的重复频率与该齿轮的转频相一致。转频作为调制信号指出了问题齿轮所在的轴。

　　2）齿轮的点蚀等分布故障会在频谱上形成这样的边频带：越远离啮合频率，其边频越来越低，但其边频阶数少而集中在啮合频率及其谐频的两侧。

　　3）齿轮的剥落、齿根裂纹及部分断齿等局部故障会产生特有的瞬态冲击调制，在啮合频率及其谐频两侧产生一系列边带。其特点是边带阶数多而谱线分散，由于高阶边频的互相叠加而使边频族形状各异。严重的局部故障还会使旋转频率及其谐波成分增多。

　　需要指出的是，由于边频带成分具有不稳定性，在实际工作环境中，尤其是几种故障并存时，边频族错综复杂，其变化规律难以用上述简单的典型情况来表述，而且还存在两个轴的旋转频率（主动轴和从动轴）交叉调制的情况。因此，齿轮箱实际的边频带分布情况要复杂得多。

8.9　齿轮的调制效应

　　齿轮箱结构的频谱图中经常出现以齿轮啮合频率或其谐频为载波频率，齿轮的转频为调制频率的边频带。这是因为齿轮啮合不精确、载荷和转速不均匀等原因导致了调制现象。调制是指使用调制信号去改变载波信号的一个或几个属性的过程，如可以改变载波信号的幅值、频率或相位等属性。因此，信号调制分三种类型：调幅、调频和混合调制，如图 8-52 所示。

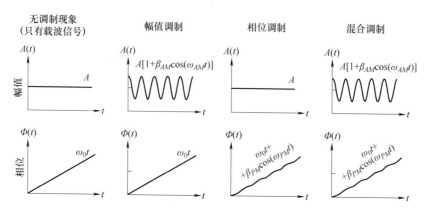

图 8-52 信号调制对载波信号的幅值和相位的影响

在信号调制过程中，我们要区分载波信号、调制信号和已调信号。载波信号是指高频的正弦信号或脉冲信号作为信号的载体，如齿轮的啮合频率及其谐波。调制信号是指低频的信号，要用它来改变载波信号的某一个或几个参数，如齿轮的转速信号通常作为调制信号。已调信号是指经过调制之后的载波信号。我们只讨论载波信号是严格的正弦信号的情况。但调制信号不一定要求是正弦信号。对于一般调制信号，叠加原理是有效的，因为调制信号可认为是若干正弦信号叠加组成的复合波形，而每个正弦分量的影响可以分别研究。

8.9.1 幅值调制 AM

假设载波信号是正弦信号，那么幅值调制信号是载波信号与调制信号在时域上的乘积，转换到频域，则是两个信号的卷积。假设载波信号与调制信号都为简谐正弦波，齿轮啮合频率作为载波信号为

$$g(t) = A\cos(2\pi f_c t + \varphi)$$

作为调制信号的齿轮的旋转信号为

$$e(t) = 1 + \beta\cos(2\pi f_e t)$$

利用积化和差公式展开已调信号为

$$x(t) = g(t)e(t) = A[1 + \beta\cos(2\pi f_e t)]\cos(2\pi f_c t + \varphi)$$

$$= A\cos(2\pi f_c t + \varphi) + A\beta/2\cos[2\pi(f_c + f_e)t + \varphi] + A\beta/2\cos[2\pi(f_c - f_e)t + \varphi]$$

式中，A 是载波信号的幅值；β 是幅值调制指数；f_c 是载波频率（齿轮的啮合频率或其谐频）；f_e 是调制信号的频率（齿轮的旋转频率）；φ 是初相角。

可以看出，已调信号包括三个正弦分量：一个是原始的正弦载波信号，另外两个分别是频率成分为 $(f_c + f_e)$ 和 $(f_c - f_e)$ 的正弦信号。这两个正弦分量均匀分布在载波信号的两侧，称为上下边频带。调制不会改变载波信号的幅值，但边频带的幅值等于载波信号幅值与调制指数乘积的一半。上下边频带频率与载波频率的差值为调制信号的频率。

图 8-53 所示为调制指数为 0.5、频率为 2Hz 的简谐调制信号和幅值为 1、频率为 100Hz 的载波信号的幅值调制结果。分析时选择的参数满足周期性要求，因而选择矩形窗。从图 8-53 可以看出，由于调制信号为一个简谐正弦波，因此，频谱图中只有一对边频带。注意图 8-53 调制信号的时域波形看起来像拍振的波形，但幅值调制与拍振有着本质的区别：

调制是两个正弦信号的乘积，而拍振是两个频率相近的正弦信号的叠加。

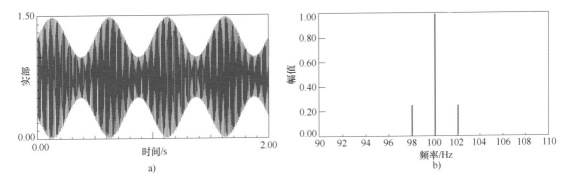

图 8-53　幅值调制后的时域波形和相应的频谱

a）调制后的时域波形　b）相应的频谱

如果调制信号不是一个简谐波，而是由多个正弦波组成的复合周期信号，那么在频谱图中将出现多对边频带（也称为边频族）。这是因为每个正弦成分调制后将产生一对边频带，当有多个正弦成分时，将在载波信号两侧产生多对边频带。

FFT 变换时，为了减少泄漏，需要对不满足 FFT 变换要求的时域信号施加窗函数，加窗过程示意如图 8-54 所示。加窗的过程是原始的时域信号与窗函数在时域上的乘积，因此，施加窗函数的过程属于幅值调制。当施加汉宁窗时，一个周期的余弦信号为调制信号，调制指数等于 1。如果简谐信号的频率成分与频谱图中的某些频率匹配，那么施加窗函数之后，将在频谱图中出现幅值为原来幅值一半的一对边频带。其他类型的窗函数将出现多对边频带，如平顶窗可能出现多对边频带，这是因为平顶窗是多个余弦函数之和。

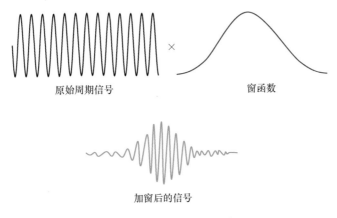

图 8-54　时域加窗过程示意图

图 8-55 所示为一个单位幅值、频率为 100Hz 的正弦波加不同窗函数得到的频谱。频谱计算所用的频率分辨率为 0.5Hz，因此，图 8-55a 为加矩形窗得到的频谱为单一谱线，图 8-55b 为加汉宁窗的结果，汉宁窗为一个周期的余弦函数，调制指数为 1，因此，频谱结果中出现了一对边频带，幅值为 0.5，图 8-55c 为加平顶窗的结果，频谱图中出现了多对边频带。因此，时域加窗过程实质上是幅值调制过程，边频带的出现才体现了能量泄漏。另一方面，幅

值调制会改变信号的总能量，使得已调信号的幅值忽大忽小。在加窗的过程中，由于窗函数改变了信号中的能量，所以，需要进行修正。

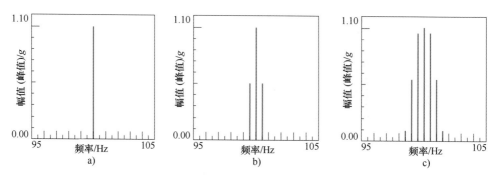

图 8-55   100Hz 正弦波加窗后的频谱

a）矩形窗   b）汉宁窗   c）平顶窗

当齿面上的载荷波动、齿轮加工误差（如齿距不均匀）、齿轮偏心以及齿轮故障所产生的局部性缺陷和均布性缺陷等情况时易引起幅值调制。根据边频带的形状，可以分辨出齿轮存在局部性缺陷还是分布性缺陷。

如果发生断齿或大的剥落等局部性缺陷，当啮合点进入缺陷处时，相当于齿轮的振动受到一个短脉冲的调制，脉冲的长度等于齿轮的啮合周期。齿轮每旋转一周，脉冲就重复一次。由于脉冲可以分解为多个正弦分量之和，因此在频谱图上形成以载波频率及其谐频为中心的一系列边频带。其特点是边频数量多、范围广、数值小、分布均匀且较为平坦，并且每个边频之间的间隔等于齿轮的旋转频率。

如果在齿轮上存在点蚀、划痕（胶合）等分布比较均匀的缺陷，调制频率的成分虽然较多，但在时域上是一条幅度变化较小、脉动周期较长的包络线，因此频谱图上边频带的特点是分布比较高而窄，而且幅值变化起伏较大。

8.9.2   频率调制 FM

频率调制是指载波信号受到调制从而形成的变频信号，表现为时域波形疏密的变化。对于一个正弦信号 $A\sin(2\pi ft + \varphi)$ 而言，其相位 $\Phi(t) = 2\pi ft + \varphi$，因此，相位与频率有对应关系，所以频率调制也可以认为是相位调制。

假设齿轮啮合的载波信号为

$$g(t) = A\cos(2\pi f_c t + \varphi)$$

作为调制信号的齿轮的旋转信号为

$$e(t) = \beta\cos(2\pi f_e t)$$

则频率调制信号可描述成

$$x(t) = A\cos[2\pi f_c t + \beta\cos(2\pi f_e t) + \varphi]$$

已调信号的相位 $\Phi(t) = 2\pi f_c t + \beta\cos(2\pi f_e t) + \varphi$，其频率为

$$f(t) = (1/2\pi)(d\Phi/dt) = f_c - \beta f_e\sin(2\pi f_e t)$$

βf_e 表明了频率调制的频率偏离范围，可以看出，频率调制时，应有 $f_c > \beta f_e$。

已调信号 $x(t) = A\cos[2\pi f_c t + \beta\cos(2\pi f_e t) + \varphi]$，根据第一类贝塞尔函数，可展开成奇数

项、偶数项和零项。

$$x(t) = A\left\{ \left[J_0(\beta)\cos(2\pi f_c t + \varphi) \right] + (-1)^m \sum_{m=1}^{+\infty} J_{2m}(\beta)\left[\cos(2\pi(f_c + 2mf_e)t + \varphi) \right] + \right.$$

$$\cos\left[2\pi(f_c - 2mf_e)t + \varphi \right] - (-1)^m \sum_{m=0}^{+\infty} J_{2m+1}(\beta)\left[\sin(2\pi(f_c + (2m+1)f_e)t + \varphi) \right] +$$

$$\left. \sin\left[2\pi(f_c - (2m+1)f_e)t + \varphi \right] \right\}$$

式中，$J_n(\beta)$ 是以 β 为自变量的第 n 阶贝塞尔系数，$n = 0$，1，2，3，…。可以看出，除了载波频率 f_c 之外，频谱图中将出现无穷多对间隔为调制频率 f_e 的边频带。

图 8-56 所示为一个载波频率为 100Hz、调制频率为 5Hz、调制指数为 10 的已调信号的时域波形和相应的频谱。由于所选参数满足 FFT 变换的周期性要求，因此，频谱计算时应用矩形窗。从时域波形上可以看出，已调信号的幅值没有变化，但疏密程度变化明显。由于调制指数为 10，因此，频率调制的频率范围为 100Hz±50Hz，可以看出，边频带主要集中在 50~150Hz 之间。频谱幅值主要位于前 200Hz 带宽内，但注意到载波信号的幅值不占主导地位。

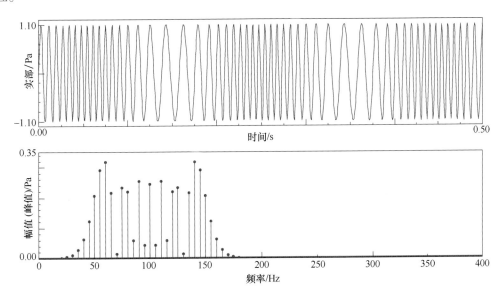

图 8-56　频率调制下已调信号的时域波形和频谱

图 8-57 所示为载波频率为 100Hz、调制频率为 5Hz，在不同调制指数下的已调信号的频谱图。可以看出，调制指数越大，边频带对数越多，对应的谱线幅值越低。这是由于频率调制并不改变信号的总能量，调制指数大时，对应的谱线多，这相当于载波信号的能量分散到边频带上了，所以，谱线越多，每条谱线上的幅值越小。

在升降速工况下，对旋转机械进行瀑布图分布时，跟踪变化的转速做频谱计算时，可以认为是频率调制的例子。在一块时域数据块内，输入轴的转速（用于跟踪）从这块数据的开始时刻增加或降低持续到数据块末端，转速的变化引起转频的变化，从而引起频率调制，此时可认为以数据块起始时刻的转频作为载波频率，频率变化速率为调制频率，如每秒转频变化 10Hz。由于边频带的出现导致瀑布图分析时频率拖尾严重，导致瀑布图中阶次不清晰。

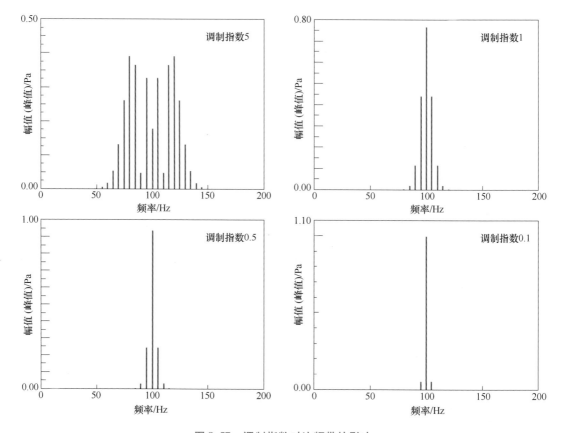

图 8-57　调制指数对边频带的影响

　　对于齿轮啮合，由于所受的扭矩不均匀，从而引起转速波动；另一方面，齿轮加工时存在齿距误差，因此，这两方面都会引起啮合速率的变化，从而产生频率调制现象。

8.9.3　二者的异同

　　幅值调制和频率调制有一些共同之处，也存在明显的差异。对于齿轮啮合的幅值调制和频率调制而言，二者均以啮合频率或谐频作为载波频率，以齿轮的旋转频率作为调制信号的频率，因此，两类调制有相同的载波频率和调制信号的频率。由于调制信号的频率相同，所以，两类调制产生的边频带的间隔是相等的。且边频带都对称分布于载波频率两侧。但是，如果幅值调制的载波信号和调制信号均为正弦波，则只产生一对边频带，而此时的频率调制将产生无穷多对边频带。

　　两类调制都有调制指数这个概念，但幅值调制指数影响的是已调信号的幅值大小，而频率调制指数影响的是边频带的分布。

　　载波信号若是正弦波，幅值调制导致信号的幅值忽大忽小，因而，幅值调制会改变信号中的能量。加窗属于幅值调制，因为窗函数改变了原始信号的能量大小，所以，需要进行修正。但频率调制只是改变载波信号的疏密，不改变幅值，因此，频率调制幅值大小不变，不改变信号中的能量。

8.9.4　混合调制

以上考虑的只是单种类型的调制，实际上，齿轮故障缺陷造成的齿面载荷波动，在产生幅值调制的同时，还会造成扭矩波动，导致角速度变化而形成频率调制。因而，实际啮合的齿轮既存在幅值调制，又存在频率调制。在这里我们考虑以下情况：两类调制的调制频率相同时相位不同；相位相同时调制频率不同。

图 8-58 所示为载波频率为 100Hz、调制频率均为 5Hz、幅值调制指数为 0.5、频率调制指数为 3 时的同相位和相位偏移 90° 时的时域波形和频谱图。图 8-58a 所示为调制信号的初相位均为 0° 时的时域波形和频谱，可以看出，当初相位相同时，频谱中的边频带关于载波频率呈对称分布，图 8-58b 所示为二者相位相差 90° 时的时域波形和频谱图。当相位相差 90° 时，时域信号的疏密也不对称了，此时频谱图中的边频带不再关于载波频率呈对称分布。

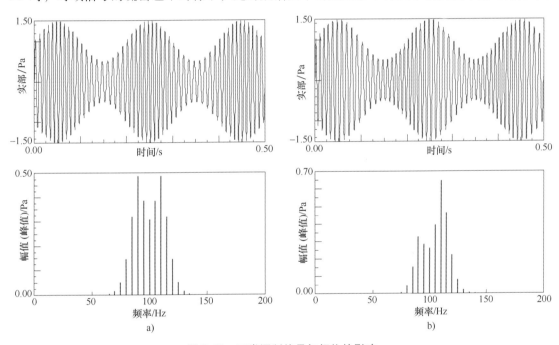

图 8-58　两类调制信号初相位的影响

a）初相位均为 0° 的时域波形和频谱　b）相位相差 90° 的时域波形和频谱

图 8-59 所示为载波频率为 100Hz、幅值调制信号的频率为 5Hz、幅值调制指数为 0.5、频率调制信号的频率为 7Hz、频率调制指数为 3 时的同相位的时域波形和频谱图。频谱图中的边频带仍关于载波频率呈对称分布，但边频带的间隔除了 5Hz 和 7Hz 之外，还有它们的和频或差频。为了突出显示这个频带，图中显示的频率区间为 50～150Hz。3 对高幅值的边频带对应的频率为 7Hz，幅值调制只有一对边频带，出现在 95Hz 和 115Hz 处。其他的边频带均为两个调制信号的和频或差频，同时，注意到在频率调制的边频带两侧出现了间隔为 2Hz 的边频带，这是交叉调制的结果。

在实际的齿轮故障诊断中，不会存在单一类型的调制，而是存在混合调制，这将导致边频带呈现出非对称性。另一方面，由于啮合的齿轮的输入转频与输出转频相差不大，因此，在一定程度上会增大交叉调制的可能性，会给齿轮故障诊断带来更大的困难。

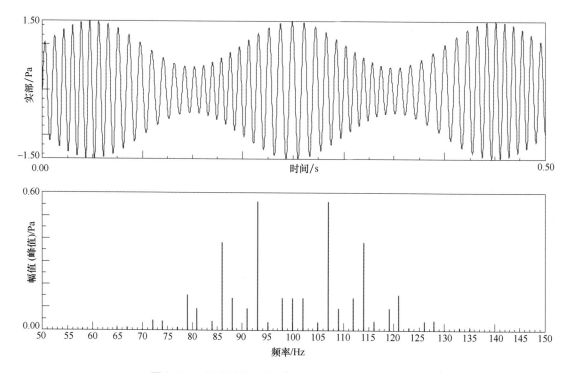

图 8-59　以不同的调制频率同时进行幅值和频率调制

第9章 / 电机

研究电机的振动噪声是一项复杂的工程任务，因为除了电机物理结构复杂之外，它还涉及多个学科，如电磁学、机械振动、声学、电子学和数学等。电机的噪声通常有三个来源，分别是电磁噪声、机械噪声和空气动力噪声。

电磁力作用在定子、转子间的气隙中，产生旋转电磁力波或脉动力波，使定子产生振动，从而辐射噪声，这类噪声称为电磁噪声。它与电机气隙内的谐波磁场及由此产生的电磁力波幅值、阶次（或频率）、相间不平衡、定转子偏心、槽开口、磁饱和和极对数，以及定子本身的振动特性，如定子的固有频率、阻尼、机械阻抗均有密切关系，还与电机定子的声学特性有很大关系。

电磁噪声主要是由电机内气隙中的电磁场产生，定子与转子在气隙中产生合成的磁通密度波幅值与电磁力波的幅值成正比。相比于切向与轴向的电磁力波，径向的电磁力波是引起电磁噪声的主要因素。径向电磁力波各阶次对应的形状和频率与定子某阶模态接近或一致时，电机将发生共振现象，此时，电机的振动噪声将特别大，应尽量避免这种现象的发生。因此，在考虑电机定子的模态时，通常用力型的阶次来定义。

一台好的电机应是气隙磁场谐波分量小、产生的径向力波幅值小、阶次高、电磁激振力波的频率远离定子的固有频率，并保证由铁心传递给电机壳的振动削弱到最小程度。

电机中的机械噪声主要是由轴承和电刷引起的，这些噪声与它们所用的材料、制造质量及电机装配工艺、配合精度有关。

空气动力噪声由电机内部的冷却风扇产生。主要由风扇的型式、风扇和通风道及进出口的结构设计决定。在无外风扇的封闭式电机中，空气动力噪声是可以忽略的，主要是电磁噪声和机械噪声。但在高速开启式电机中，空气动力噪声是主要的噪声组成成分。必须在设计阶段，恰当地考虑电机损耗所需的冷却风量，使风量的裕度最小，风扇的效率最高。

空气动力噪声包括通风噪声和电机转动部分与空气摩擦的噪声。通常，这些空气动力噪声可分为三类，即旋转噪声、涡流噪声和纯音。旋转噪声即风扇叶片的通过噪声，为了减弱这种噪声，叶片通常采用非对称设计，使叶片的旋转噪声不是主要集中在某几个阶次上（如与叶片数目相等的阶次及其倍频上），而是分散在附近的阶次上。涡流噪声是电机上的任何突出物对流动的气流的扰动，这与在空气中挥舞棍子产生噪声的原理相同，这类噪声是一种宽带噪声。

在电机的振动和噪声研究中，有两点特别重要，往往只要加以适当改进，就可取得明显的减振降噪效果。一是转子的平衡问题，转子的机械不平衡能产生显著的振动，尤其是在高速电机中。现代的低噪声电机转子一般都是经过静平衡和动平衡两道工序。二是电机的安装与连接，一台电机的安装与连接的好，可以大大地改善电机本身与之相连的元件的振动和噪声。

9.1　电机定子模态的空间特征

对于电机定子模态而言，通常不是按传统的阶次顺序（按频率从小到大）来描述它们，而是按空间节点数的顺序来描述，这在很大程度上是因为受激励的电磁力波的振型的影响。

9.1.1　传统模态阶次表示方式

传统模态阶次都是按模态频率从小到大的顺序排列，某结构的前 10 阶弹性模态见表 9-1。

表 9-1　某结构的前 10 阶弹性模态

阶次	频率/Hz	阻尼比（%）
1	58.126	0.48
2	68.751	0.60
3	103.514	0.40
4	114.704	0.27
5	147.454	0.08
6	185.410	1.52
7	219.340	2.31
8	250.114	0.07
9	260.272	0.15
10	264.437	0.15

9.1.2　以节点数或反节点数表示模态阶次

节点是指模态振型值为零的位置，也称为波节，在振型动画中，不动的点即为节点，也是模态振型与原始未变形的结构的交点位置，并且每阶模态的节点位置都不相同。反节点是指振型值最大的位置，也称为波腹，不同模态的反节点位置也不相同。节点与反节点如图 9-1 所示。

在一些文献中经常看到用 mode (m, n) 来描述模态的阶次，这两个数可能是指两个正交方向的节点数，也可能是指两个正交方向的反节点数。如对于二维平面类结构的某一阶 mode (m, n) 而言，m 是指沿平面一个方向模态振型的反节点数，n 是指平面内与前一个方向正交的方向的反节点数。图 9-2 所示为某平面类结构的模态表示方式。

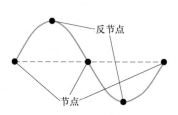

图 9-1　节点与反节点

对于圆形、圆盘形或圆柱形结构而言，也用 mode (m, n) 来描述模态，但 m，n 分别指两个不同方向的节点（节圆或节径）数。图 9-3 所示为某圆盘类结构的模态表示方式，m 表示节径数，n 表示节圆数。

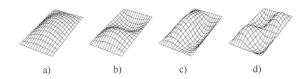

a)   b)   c)   d)

图 9-2 某平面类结构的模态表示方式（图片来源 www. acs. psu. edu/drussell）

a）mode（1，1） b）mode（1，2） c）mode（2，1） d）mode（2，2）

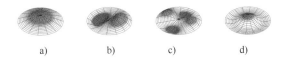

a)   b)   c)   d)

图 9-3 某圆盘类结构的模态表示方式（图片来源 www. acs. psu. edu/drussell）

a）mode（0，1） b）mode（1，1） c）mode（2，1） d）mode（0，2）

9.1.3 电机定子模态的空间阶次

电机的定子是一个空心圆柱形结构，电机定子实物与定子 FE 模型如图 9-4 所示。当用 mode（m，n）来描述其模态时，m 表示轴向节点数，n 表示周向节点数。但这里的 n 是周向节点数的一半，也可以认为 n 是径向的瓣数。$m = 0$ 时，前 6 阶（$n = 0 \sim 5$）模态振型如图 9-5 所示，红色表示振型，黑色表示未变形图。

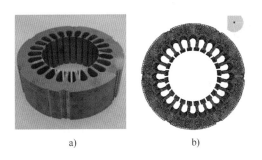

a)   b)

图 9-4 电机定子实物与定子 FE 模型

a）定子实物 b）定子 FE 模型

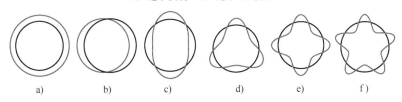

a)   b)   c)   d)   e)   f)

图 9-5 $m = 0$ 时，前 6 阶（$n = 0 \sim 5$）模态振型

a）$n = 0$ b）$n = 1$ c）$n = 2$ d）$n = 3$ e）$n = 4$ f）$n = 5$

从图 9-5 可以看出，当 $n = 3$ 时，周向节点数为 6，但对应的模态阶次为 3。因此，周向节点数的一半对应模态的空间阶次。或者也可以认为 n 所对应的模态空间阶次为相应振型的

瓣数，如 $n=3$ 的振型有 3 瓣。另一方面，按空间阶次排序时，各阶模态频率不再是按频率从小到大的顺序排列，图 9-5 中的 0 阶次对应的频率远高于 5 阶次的频率。各阶模态频率与模态振型如图 9-6 所示，$n=0$ 阶的模态频率为 5338Hz，远高于后面的 2 阶、3 阶、4 阶模态频率，与按模态频率从小到大的传统表示方式明显不同。

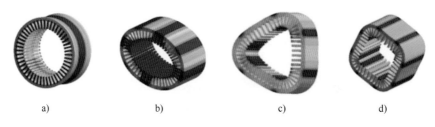

图 9-6　各阶模态频率与模态振型
a)（m，n）=（0，0）5338Hz　b)（m，n）=（0，2）492Hz
c)（m，n）=（0，3）1294Hz　d)（m，n）=（0，4）2245Hz

在图 9-5 中，$n=1$ 为刚体模态，$n \geqslant 2$ 为弹性模态，$n=0$ 是传统表示方式中的高频模态，由于它的振型是沿径向变大或缩小，因此，这阶模态也称为"呼吸"模态。由于电机定子为轴对称结构，因此，弹性模态还存在重根，如图 9-7 所示。

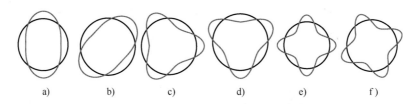

图 9-7　电机弹性重根模态
a) $n=2$　b) $n=2$　c) $n=3$　d) $n=3$　e) $n=4$　f) $n=4$

以上描述的情况都是 $m=0$ 时，也就是轴向无节点时的模态，但实际上，电机定子除了轴向无节点的模态之外，还有轴向有 1 个或多个节点的模态，如图 9-8 中的 mode（1，2）（频率为 1051Hz）和 mode（1，3）（频率为 3476Hz）。对于周向节点数相同的模态，轴向节点数 m 越高，频率越高，如图 9-8 中的 mode（1，3）（频率为 3476Hz）的频率比 mode（0，3）（频率为 2751Hz）高 725Hz。因此，周向节点数相同的模态存在无穷多阶，因为轴向节点数不同。

9.1.4　关心轴向节点为 0 的低阶模态的原因

对于电机振动和噪声而言，比较重要的是研究轴向阶次为零，并以径向振动为主，且阶次较低的模态。

1）径向电磁力波 p 的空间前 5 阶次力波的形状如图 9-9 所示，这与电机定子前 5 阶模态振型完全相同或相似，因而，电机定子周向节点数的模态阶次与电磁力波的阶次定义相同。对于常规的结构而言，当外界的激励频率接近或者等于结构的固有频率时，结构会发生共振现象。而对于电机定子而言，除了频率接近或相同之外，还要考虑电磁力波的波形应与

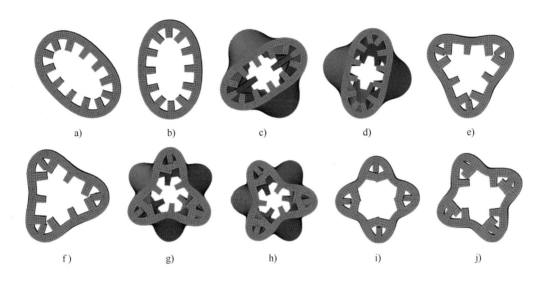

图 9-8　电机定子的模态

a)、b) 1050Hz Mode　c)、d) 1051Hz Mode　e) 2751Hz Mode　f) 2753Hz Mode　g) 3476Hz Mode
h) 3478Hz Mode　i) 4771Hz Mode　j) 4774Hz Mode

定子某一阶模态振型相近或相同，即当径向电磁力波某一阶次与定子空间模态振型相同，且电磁力波的频率与定子这一阶模态频率接近或相等时，定子会发生共振，因此，电磁力波需要从振型上和频率上与电机定子的模态阶次避开。从两个方面来考虑，是基于周向节点相同的模态，因轴向节点数不同导致还存在无穷多个固有频率，也就是说，固有频率相同的模态可能对应多阶不同的模态，如图 9-8 所示的周向 $n=2$ 的模态，当 $m=0$ 时模态频率为 1050Hz，$m=1$ 时模态频率为 1051Hz，二者的固有频率非常接近。由于轴向节点和周向节点的不同组合，难免存在固有频率相同，而节点数不同的模态。另一方面，从径向电磁力波的空间阶次来考虑，即使空间阶次相同，也存在多阶不同的频率，这是因为径向电磁力波的空间阶次是由定转子磁场的叠加得到的，当取

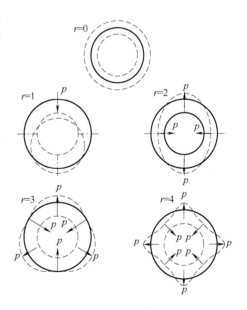

图 9-9　电磁力波的前 5 阶波形

不同的定转子磁势谐波时可得到电磁力波同一空间阶次，但对应的频率可能不同。因此，避免电机共振问题，需要同时考虑频率和振型，也就是所谓的避频与避型。

2）当仅考虑定子的周向模态时，定子铁心的变形 Δd 与电磁力波阶次 r 的 4 次方成反比，即

$$\Delta d \propto 1/r^4$$

可以看出，电磁力波的阶数越高，产生的变形越小，因而，只关心低阶力波即可。

通过上面的分析，对于电机定子模态，我们可以得出如下结论：

1）电机定子模态在空间上以轴向节点数和周向节点数的一半（或是径向瓣数）来表示。

2）周向节点数相同的模态，固有频率有无穷多组，因为轴向节点数可以不同。

3）周向节点数不同的模态，固有频率有无穷多组，分别对应径向电磁力波的分布形状，其阶次定义与径向电磁力波阶次相同。

4）轴向节点数不同的模态，固有频率有无穷多组，阶次等于轴向节点数。

5）轴向节点数为零的低阶模态是电机振动噪声关注的重点。

6）从避免共振的角度来讲，电磁力波需要从振型（力波形状与模态振型相近或相同）和频率（力波频率与模态频率相近或相同）上同时考虑避开。

9.2 PWM

脉冲宽度调制（Pulse Width Modulation，PWM），通过对一系列脉冲的宽度进行调制，来等效地获得所需要的波形（含形状和幅值）。PWM 技术主要应用在电力电子行业，具体包括风力发电、电机调速、直流供电等领域。在其诸多应用领域中，本章只介绍电动汽车中的 PWM 应用。

电动汽车上的电源是蓄电池，蓄电池为电动汽车的电动机提供电能，电动机将电源的电能转化为机械能，通过传动装置或直接驱动车轮和工作装置。蓄电池是直流电，需要将直流电逆变为交流电（逆变电路，电动汽车中的逆变属于无源逆变），这一过程中几乎都是采用 PWM 技术。PWM 逆变电路分为电压型和电流型两种，目前使用的 PWM 逆变电路几乎都是电压型电路。

电机除了担任动力传递的角色之外，还能够为电池进行反向充电，此时电机称为发电机。在电动车减速时，制动能量回收系统则是通过发电机将电能传回给电池。将直流转换为交流的电路称为逆变电路，将交流转换为直流的电路称为整流电路。将电能反哺给电池的过程则需要用到整流电路。电机通过控制器实现交/直流的互换，如图 9-10 所示。

9.2.1 PWM 的概念

以直流斩波器说明 PWM 概念，电机系统的原理图和电压波形如图 9-11 所示。当开关 S 导通时，直流电源电压 U_s 加到电动机上，当 S 关断时，直流电源与电机脱开，电动机电枢电流经续流二极管 VD 续流，电机两端电压接近于零。如此反复，电枢端电压波形如图 9-11b 所示，好像是电源电压 U_s 在 t_{on} 时间内被接通，又在 $T-t_{on}$ 时间内被斩断，故称为斩波。

电机得到的平均电压为

$$U_d = \frac{t_{on}}{T}U_s = ft_{on}U_s = \rho U_s$$

式中，T 是开关周期；f 是开关频率，等于 $1/T$；t_{on} 是导通时间；ρ 是占空比，$\rho = t_{on}/T = ft_{on}$。

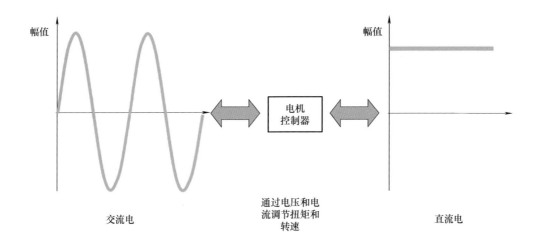

图 9-10　电机通过控制器实现交/直流的互换

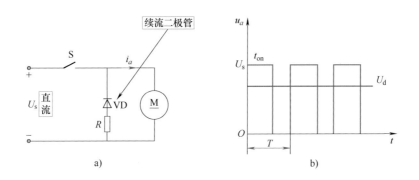

图 9-11　电机系统的原理图和电压波形

a）原理图　b）电压波形图

根据对输出电压平均值进行调制的方式不同可以划分为三种控制方式。

T 不变，变 t_{on}：脉冲宽度调制（PWM）。

t_{on} 不变，变 T：脉冲频率调制（PFM）。

T 和 t_{on} 都可调：混合型。

以上三种控制技术，PWM 控制技术在逆变电路中应用最广，最具有代表性，应用的逆变电路绝大部分都是 PWM 型，除了功率很大的逆变装置外。PWM 控制技术正是有赖于在逆变电路中的应用，才确定了它在电力电子技术中的重要地位。像在 AC 电机控制器中，通过 PWM 控制开关频率实现控制转速，由于 PWM 有着其他技术无法比拟的优点，如调速范围宽、快速性好、波形系数好、功率因数好等，因而，得到了广泛的应用。

9.2.2　PWM 技术基本思路

我国交流电的频率是 50Hz，交流电的波形是正弦波，那么，PWM 控制技术的目标就是用什么样的信号或波形来代替这个正弦波交流电，这个信号可以是形状不同的各种窄脉冲，如方波、三角波等。而电动汽车中通常采用的是等幅但不等宽的脉冲来代替这个正弦波。

以半个正弦波为例进行说明，将正弦半波进行 N 等分，可以看成是 N 个相连的脉冲序列，宽度相等，但幅值不等，如图 9-12a 所示。然后用矩形脉冲代替这 N 个宽度相等、幅值不等的脉冲，而矩形脉冲是等幅，不等宽的脉冲，如图 9-12b 所示，并且这个脉冲的宽度按正弦规律变化。这一系列等幅不等宽的脉冲，我们称之为 PWM 波。

用 PWM 波形代替正弦半波的过程如图 9-13 所示。首先将正弦半波等分，每个等分的脉冲宽度是相同的，但幅值不同，然后使用一系列 PWM 波，即等幅但不等宽的脉冲来代替这个正弦半波。每个等幅不等宽的脉冲与等宽脉冲的面积（冲量）相等，中点重合。PWM 波的宽度按正弦规律变化，若要改变等效输出正弦波幅值，按同一比例改变各脉冲宽度即可。最后得到的这个 PWM 波等效为正弦交流电。

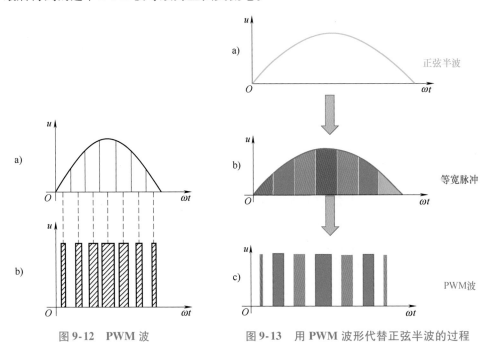

图 9-12　PWM 波　　　　　　　图 9-13　用 PWM 波形代替正弦半波的过程

对于正弦波的负半周，采取相同的方法，得到 PWM 波形，因此正弦波一个完整周期的等效 PWM 波如图 9-14 所示。

根据面积等效原理，正弦波还可以等效为图 9-15 中的 PWM 波，而且这种方式在实际应用中更为常见。

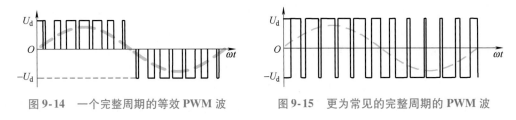

图 9-14　一个完整周期的等效 PWM 波　　　图 9-15　更为常见的完整周期的 PWM 波

9.2.3　PWM 控制过程

PWM 控制技术对半导体开关器件的导通和关断进行控制，使输出端得到一系列幅值相等而宽度不相等的脉冲，从而实现用 PWM 波来代替正弦交流电压。按一定的规则对各脉冲的宽度进行调制，既可改变逆变电路输出电压的大小，也可改变输出频率，如图 9-16 所示，当改变脉冲的周期（开关频率）时，起到改变输出频率的作用。

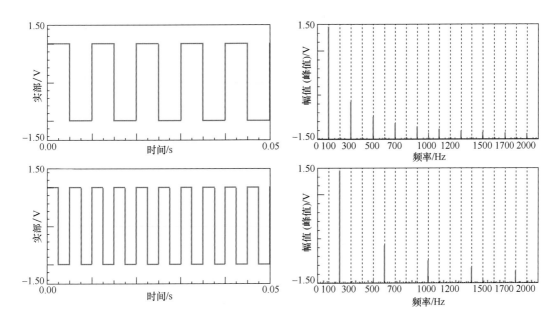

图 9-16　通过改变脉冲周期实现改变输出频率

图 9-16 是以单相电压型逆变电路为例进行说明的，因为直流电源 U_d 的矩形波 U_0 展开成傅里叶级数为

$$U_0 = \frac{4U_d}{\pi}\left(\sin\omega t + \frac{1}{3}\sin3\omega t + \frac{1}{5}\sin5\omega t + \cdots\right)$$

所以，图 9-16 中的频率为开关频率的 1 倍、3 倍、5 倍等。开关周期越短，频率越高。开关频率及它的倍频对应瀑布图中伞状阶次中的中心频率，电机噪声的 colormap 如图 9-17 所示。

对于 PWM 而言，由于脉冲的宽度是不变的，因此，图 9-18 中相邻两条蓝色虚线对应的时间是不变的，调制的是中间绿色虚线的时间，也就是脉冲宽度，通过调节开关的导通时间来控制脉冲宽度。对信号 1 进行调制，按某个规律进行脉冲宽度调制，从而获得信号 2，信号 1 与信号 2 的原始频率是相同的（因为相邻脉冲上升沿的时间周期没有变化），只是脉冲宽度不同。如果开关周期时刻发生变化，则对应的调制称为脉冲频率调制。

将脉冲宽度按正弦规律变化进行调制，调制成想要的正弦波，如图 9-19 所示，若要改变等效输出正弦波幅值，按同一比例改变各脉冲宽度即可。

在进行 PWM 控制时，脉冲信号通过电机的惯性进行平滑。理想的交流电压应是正弦波，如图 9-20 中的正弦参考（红线表示），但实际电压（绿线表示）存在波动区间（两虚线表示的区间），这个波动区间也称为迟滞带。正是因为迟滞带的存在，当对信号进行 FFT分析时，才使得瀑布图中出现了伞状的阶次线。

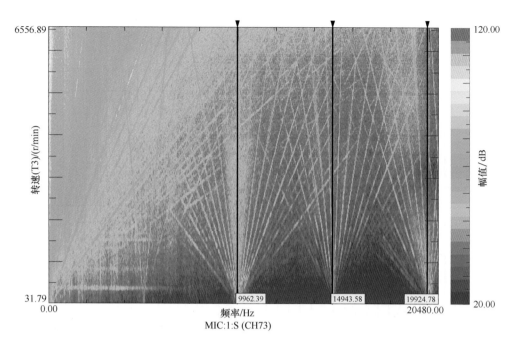

图 9-17　电机噪声的 colormap

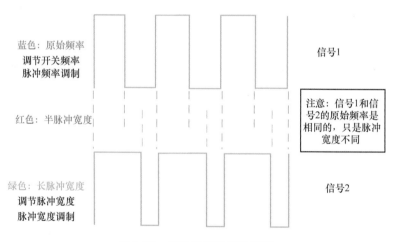

图 9-18　脉冲宽度调制示意图

9.2.4　AC 转换到 DC

　　以上介绍的 DC 转换到 AC 的控制过程，将直流转换为交流的电路称为逆变电路，PWM 控制技术在逆变电路中应用广泛。将交流转换为直流的电路称为整流电路，同样，PWM 控制技术也可应用于整流电路，可以看成逆变电路中的 PWM 技术向整流电路的延伸，这一小节主要介绍整流过程中的应用。

　　由于交流电不同的国家采用的标准是不同的，像美国交流电是 110V、60Hz，而我国采用的是 220V、50Hz。对于一个正弦交流电来说，不进行任何转换，其直流电压为 0。

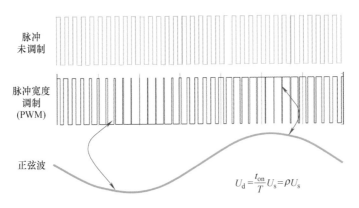

$$U_{\mathrm{d}}=\frac{t_{\mathrm{on}}}{T}U_{\mathrm{s}}=\rho U_{\mathrm{s}}$$

图 9-19 脉冲宽度调制输出正弦波

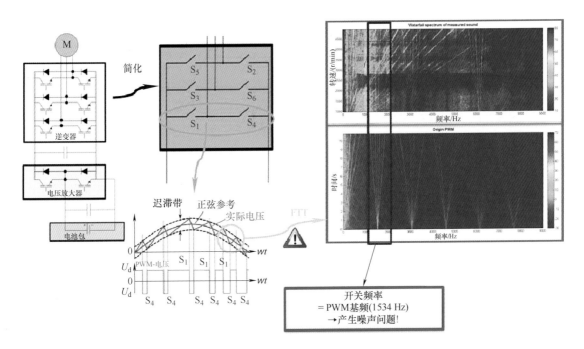

图 9-20 PWM 调制会产生相应的迟滞带

当对单相交流电进行整流时，又分为半波整流和全波整流。半波整流是指对半个正弦波进行整流，整流后的直流电压为交流电峰值/π，直流电压如图 9-21 中虚线所示。

全波整流是指对交流电整个正弦波进行整流，包括负半部分，整流后的直流电压为交流电峰值/π 的 2 倍，直流电压如图 9-22 中虚线所示。相比于半波整流，全波整流获得的直流电压幅值提高 1 倍。

三相交流电也分半波整流和全波整流。三相交流电中每相相位相差 120°，如图 9-23 所示，此时的直流电压为 0。

当对三相交流电进行半波整流时，整流后的直流电压如图 9-24 中黑色曲线如示。

三相半波整流后的直流电压如图 9-25 所示。

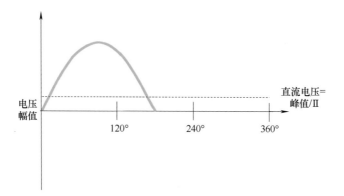

图 9-21　单相半波整流

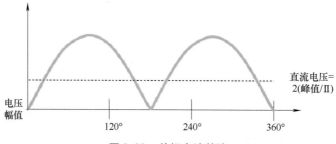

图 9-22　单相全波整流

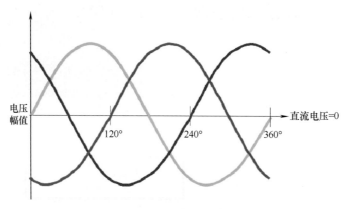

图 9-23　三相交流电

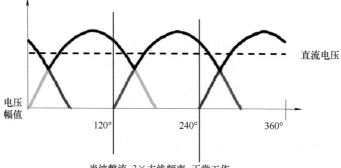

半波整流-3×主线频率-正常工作

图 9-24　三相半波整流

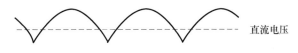

图 9-25 三相半波整流后的直流电压

倘若各相都正常工作，由于我国交流电的频率为 50Hz，因此，信号中的频率成分应为主线频率（50Hz）和 3 × 主线频率（150Hz），如图 9-26 所示。

若是对三相交流电采用全波整流，则整流后的波形如图 9-27 所示，由于三相中每相相差 120°，而全波整流时，将负部分反向，因此，此时各相相差 60°，如图 9-27 所示。

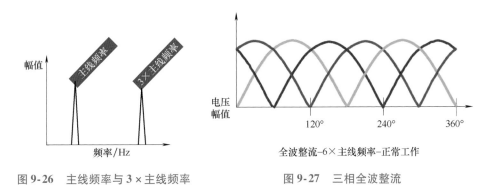

图 9-26 主线频率与 3 × 主线频率   图 9-27 三相全波整流

整流后得到的直流电压如图 9-28 中黑色曲线所示，虚线为直流电压幅值。

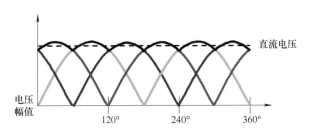

全波整流-6×主线频率-正常工作

图 9-28 三相全波整流的直流电压

从图 9-29 中可以看出，全波整流后的直流电压更平直，与半波整流相比，直流电压波动更小，更趋向于直流电。

图 9-29 三相全波整流后的直流电压

此时信号中的频率成分为主线频率（50Hz）和 6 × 主线频率（300Hz），如图 9-30 所示。

如果全波整流中有某一相交流电出现问题，也就是说，控制器控制过程中出现问题，则在整流中会导致某相交流电丢失，如图 9-31 所示。与上面的全波整流正常的情况相比，可以看出，绿色相交流电的后半个正弦波丢失了，则整流后的直流电压曲线在这部分有明显的下降，见图 9-31 中黑色曲线。

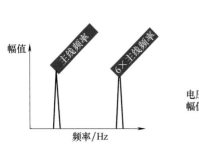

图 9-30　主线频率与 6×主线频率

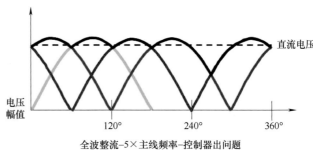

图 9-31　某相交流电丢失

正常的信号频率应该是主线频率和 6×主线频率，如果控制器出现问题，导致某相交流电丢失，则信号频率将出现其他倍频。如果在三相全波整流中出现高的频率 2 倍、3 倍、4 倍和 5 倍线频率，则表明整流电路出现了问题，如图 9-32 所示，这些倍频都是问题频率。

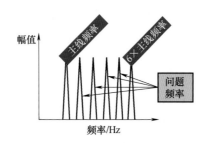

图 9-32　主线频率与 6×主线频率以外的问题频率

正常整流电路的频率见表 9-2。若有大的其他频率成分出现，则说明整流出现了问题。

表 9-2　正常整流电路的频率

类型	期望频率
单相，半波整流	1×主线频率
单相，全波整流	2×主线频率
三相，半波整流	3×主线频率
三相，全波整流	6×主线频率

9.3　电机为什么会出现伞状阶次

在电机的振动噪声分析中，我们经常看到如图 9-33 所示的伞状阶次，这些阶次与常规的阶次有着明显的区别：①起始点不是零点（0 转速 0Hz）；②在中心频率两侧成伞状散射，而不是传统的单侧散射。

9.3.1　什么是偏离零点阶次

我们知道阶次的物理意义是旋转结构每转事件（如振动噪声）发生的次数，而频率表

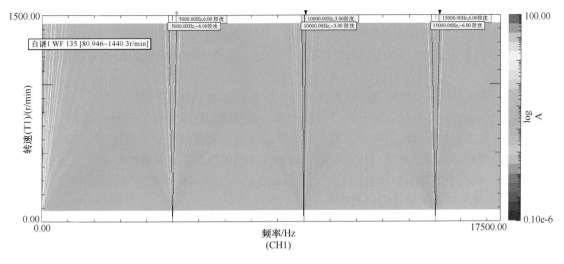

图 9-33　电机 colormap 中的伞状阶次

示的是每秒事件发生的次数，旋转结构的转频是表示每秒旋转的转数，因此，阶次对应的事件的频率是阶次乘以转频。1 阶次对应的事件的频率是 1 倍的转频，k 阶次对应的事件的频率是 k 倍的转频。假设参考轴的转速为 R r/min，那么阶次与转速的关系如下：

$$k \text{ 阶次} = kR \text{ r/min} = k\frac{R}{60}\text{r/s} = k\frac{R}{60}\text{Hz}$$

当转速 $R=0$ 时，转频也为 0Hz，对于任何一个阶次而言，阶次的起始频率都是 0Hz。也就是说，不管哪一个阶次，都是起始于零转速对应的 0Hz（零点），如图 9-34 所示。

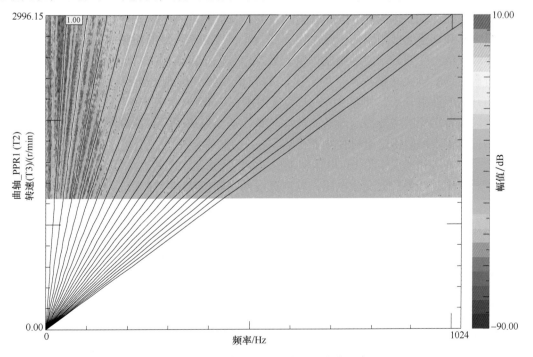

图 9-34　阶次起始于零转速对应的 0Hz

但在电机的 NVH 分析中，却经常看到如图 9-33 所示的在 5000Hz、10000Hz 和 15000Hz 附近的伞状阶次。这些阶次都不是起始于零点，而是起始于某一非零频率，在这个非零频率两侧成伞状线散射开来，起始点偏离了零点。因此，这些伞状阶次称为偏离零点阶次（off-zero order）。

电机 NVH 分析中经常可见的这些偏离零点阶次具有以下特征：

1）起始点不是零点，而是某些特定的频率，这是因为信号受到了调制的结果。

2）这些特定频率是载波频率，两侧的伞状阶次是调制波频率及其谐频。

3）载波频率是原始脉冲对应的频率，调制波是想要得到的正弦波的频率。

因此，电机中出现的伞状阶次实际上是以原始脉冲方波对应的基频为载波信号，以想要的正弦波为调制波的调制过程得到的结果。

9.3.2　出现伞状阶次的原因

将直流逆变成交流的过程中，普遍采用脉冲宽度调制技术（PWM）。脉冲宽度调制技术可以用于电压型逆变器，也可用于电流型逆变器。现在有许多现成的脉冲宽度调制策略可以用，如正弦脉冲宽度调制、均衡脉冲宽度调制、优化脉冲宽度调制、三角脉冲宽度调制、随机脉冲宽度调制、等面积脉冲宽度调制、滞环脉冲宽度调制和空间向量脉冲宽度调制等。电流控制的滞环脉冲宽度调制和空间向量脉冲宽度调制广泛用于电动汽车感应电动机的驱动。电压型控制的等面积脉冲宽度调制策略专门用于电动汽车中电池供电的感应电动机的驱动，而现在生产的电动汽车普遍采用电池供电，因而，主要采用电压型控制的等面积脉冲宽度调制策略。

等面积脉冲宽度调制中输送给电机定子绕组的激励信号是固定基频的脉冲方波信号，通过调节方波的脉冲宽度达到调节电压幅值的目的，从而实现直流电转变成交流电。脉冲宽度调制中以频率和期望波形相同的正弦波作为调制波，以频率比调制波频率高得多的方波为载波，这样载波信号受到调制波的调制作用。当对信号进行瀑布图分析时，在 colormap 中会出现伞状阶次，伞状阶次（偏离零点的阶次）的起始点频率是载波频率，在载波频率两侧随着转速的升高而散射开来，如图 9-35 所示（图中以 10000Hz 为例进行说明）。这些开关频率及其谐频随着转速的增加而逐渐远离载波频率，从而形成了伞状的阶次线。

这些偏离零点的阶次是电机控制器 PWM 的开关频率用于控制电机。这些由脉冲宽度调制信号产生的开关频率用于将 DC 电压转换成 AC 电压去驱动电机，如图 9-36 所示。

为了获得正弦波形式的交流电压，脉冲宽度调制需按特定的序列进行开与关以便获得与正弦波幅值相等的脉冲方波（PWM 波）。这个特定序列的开与关的频率就是所谓的开关频率，也就是这个正弦波的频率，也就是 colormap 中所对应的伞状阶次频率。这个频率随着转速的增加，从而形成了阶次状。在图 9-15 所示的 PWM 波中，考虑前半个周期（0～π），可以看出，脉冲宽度关于 π/2 对称，同样的道理，在后半个周期里，脉冲宽度关于 3π/2 对称。

除了开关频率之外，PWM 还有一个基础的开关频率（基频），也就是载波频率。PWM 基频通常是 2500Hz、5000Hz、10000Hz 或者更高。因此，这些开关频率以基频为中心，在它的两侧成伞状散射。

观察图 9-18 所示的脉冲信号，对于 PWM 而言，不改变脉冲的原始频率，也就是相邻脉

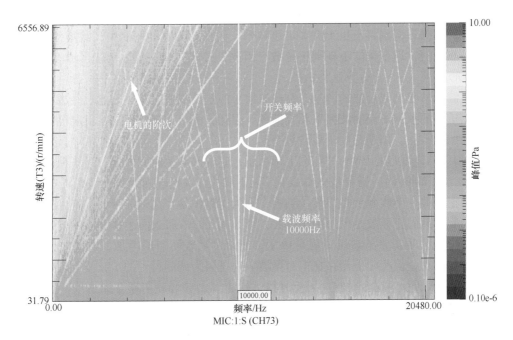

图 9-35　电机噪声信号的 colormap

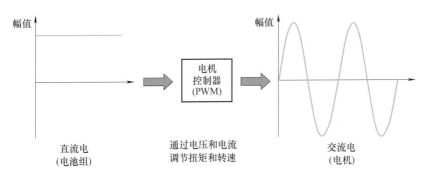

图 9-36　直流电压转换成交流电压

冲上升沿之间的宽度（如果改变这个宽度则称为脉冲频率调制技术）保持不变，即图中相邻蓝色虚线所示的宽度保持不变。而 PWM 调制的是中间绿色虚线的时间，也就是脉冲宽度，通过调节开关的导通时间来控制脉冲宽度以实现与想要的正弦波的幅值相等的 PWM 波（信号 2）。对原始方波（信号 1）进行调制，按想要的正弦波的周期进行脉冲宽度调制，从而获得信号 2，信号 1 与信号 2 的原始频率是相同的，只是脉冲宽度不同，那么，这个频率就是 PWM 的基频，也就是载波频率。即使对信号 1 进行脉冲宽度调制得到信号 2，但由于这两个信号相邻上升沿之间的时间不变化，因此，这个频率始终是相同的，这就是为什么在脉冲宽度调制过程中，载波频率始终不变的原因所在。

在这个载波频率的基础上，还存在一个调制频率，这个频率就是想要获得的正弦波的频率。因此，电机中的伞状阶次的出现实质上是高频的载波信号与低频的调制波信号调制的结果。我们知道，当载波信号受到调制信号的调制时，会在载波信号的两侧形成边频带，且边频带对称分布于载波频率两侧。如果幅值调制的载波信号和调制信号均为正弦波，则只产生一对边频带，而频率调制将产生无穷多对边频带。而在脉冲宽度调制中，载波信号是方波、调制信号是频率随转速变化的不规则正弦波，因此，必将在载波信号两侧形成多对边频带，如图 9-35 所示。

由于载波信号受到调制波的调制，在载波信号两侧出现边频带，因此这些边频带对应的频率是载波信号的频率±调制波频率及其谐频。因此，由于调制的存在使得电机中的伞状阶次不再是起始于零点，而是起始于载波频率。

在图 9-19 中，原始的 PWM 波如图上部所示，它的开与关时间相等。为了使电机产生想要的正弦波（底部曲线），需要按规律变化 PWM 波的开关的相对时间。我们希望能得到光滑的理想的正弦波，但实际上是很难做到的，因为实际中是存在迟滞带的。

如果调制得到的正弦波是理想的正弦波，形如 $A\sin\omega t$，那么描述这个正弦波只需要使用傅里叶级数中的一项（单条谱线）就可以了，所以，随着转速的增加，在载波频率两侧应该也只有一对阶次，但实际上却存在多对谐波。这是因为调制得到的正弦波不理想，存在迟滞带，如图 9-37 所示。这个时候为了充分描述这个调制信号就需要多条谱线，实际上是多个理想正弦波的高次谐波。

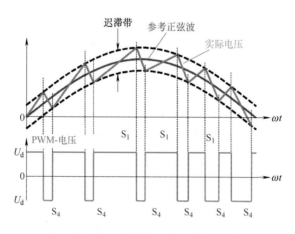

图 9-37　脉冲调制得到的正弦波不完美

脉冲宽度调制产生的正弦波用于控制电机、改变电机的转速，如图 9-38 所示。关闭时间的变化会产生围绕基频的谐波，如图 9-35 所示。随着控制电机转速的增加，这些谐波将更进一步远离基频。

9.3.3　改善开关噪声的方法

脉冲方波的基频也将作用于绕组中产生的磁场，因而，电机的振动噪声行为也将受这个固定的高频信号（脉冲方波的基频）影响。电机在不同的转速下旋转，这将会出现阶次调制，这种阶次调制在传统汽车发动机 NVH 中很常见。通过分析我们知道这是信号调制的结果，载波是方波信号的基频，调制信号是随转速变化的调制波。PWM 调制过程中的载波信号以及这些调制阶次在电机中同样会产生明显的振动噪声问题。对于这些因 PWM 带来的开关噪声问题，可以怎么改善？有两种不同的方法用于改变这些开关频率。

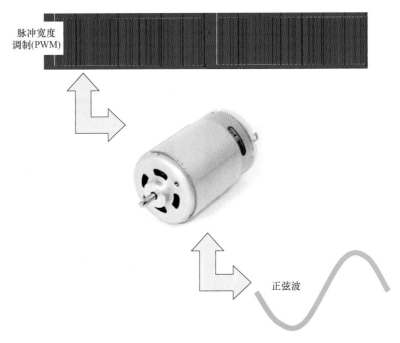

图 9-38 改变脉冲宽度以产生一个正弦波用于增加或降低电机的转速

1）基频——可以改变开关的基频。例如，基频可以从 2500Hz 增加到 15000Hz，这样可减少人耳可听到的声音，同时也会影响电机的效率。

2）开关策略——改变开关策略，如从离散方式变成随机方式。

我们知道结构辐射的噪声直接跟振动速度相关，而频率越高，振动速度越低，这样辐射的噪声更低，因此，进入人耳的噪声成分越少。另一方面，基频也不能无限制地提高，还必须考虑转换器的物理限制。当将脉冲方波的基频提高时，对应的开关噪声的响度和尖锐度明显降低，如图 9-39 所示。

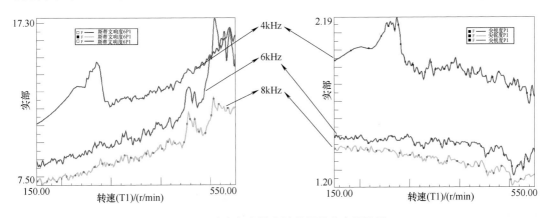

图 9-39 响度与尖锐度随基频的升高而降低

可以改变开关策略用于替代一个离散的 PWM 模式，离散的 PWM 模式产生离散的伞状阶次，这些离散的伞状阶次会使开关噪声更突出。如果用随机化的 PWM 开关策略来替代离散的方式，那么，会使离散的阶次噪声变成宽带噪声，如图 9-40 所示，a 为离散的开关方案，b 为随机的开关方案，开关策略的变化使得开关频率的幅值降低了，另外，纯音成分显著降低。

当改变开关策略时，注意到电机的频率保持不变，如图 9-40 中两图的下部分所示。

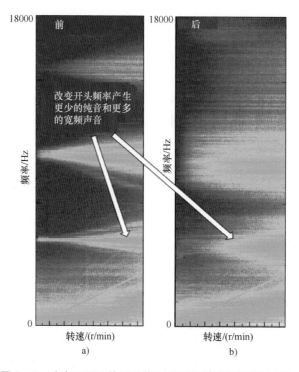

图 9-40　改变 PWM 的开关策略可以降低开关频率的幅值

9.4　什么是拍现象

在异步电机中，由于转子旋转的角速度与定子磁场旋转角速度是异步的，存在一个较小的差异，这个差异与转差相关，因而会存在与转差相关的拍频扰动与噪声。由于与转差频率相关的拍频振动属于低频，因此，主要是影响电机的振动，但是拍频的低频噪声的忽高忽低，会使人主观上感到特别烦躁。当然，除了异步电机中会存在拍频现象之外，其他很多结构也可能存在。

当两个幅值和频率相近的简谐波进行叠加时，会出现幅值忽高忽低的现象，也就是所谓的拍现象，但它又不同于幅值调制，虽然在时域上表现相同，但二者有着本质的区别。当两个频率相近的声波叠加时，由于人耳听到的声音取决于声波的幅值，因此，当出现拍现象时，人耳听到的声音在幅值上会出现周期性的强弱变化，一强一弱变化就是一次拍。

9.4.1　拍的定义

当同方向的两个频率相差不大的简谐波叠加时，叠加后的波形的幅值将随时间作强弱的周期性变化，这种现象称之为拍，如图 9-41 所示，图中有三个拍，单位时间内出现的拍数称为拍频（拍的频率），也是叠加后波形的幅值变化频率。

图 9-41　拍现象

通常，原始的两个简谐波的振动频率较高，与叠加后的波形的频率接近，但拍的频率很低，远小于原始简谐波的振动频率，因而，当出现拍现象时，它把高频信号中的频率信息和相位信息转移到低频信号（拍）之中，使它们由难以测量变得容易测量。

在声学测量中，经常会遇到两个传播方向相同、频率相近的声波。这两个声波在叠加时会产生拍现象，如图 9-42 所示。此时蓝色的正弦波的频率为这两个声波频率和频的一半，这个声音可以被人耳感知到，而另一个频率是包络的正弦波的频率是这两个声波差频的一半，还有一个频率是声音强弱变化的频率，即拍频，是这两个声波频率之差。从图 9-42 中可以看出，频率相同或接近的声波叠加时，在叠加区的不同位置会出现加强与减弱的拍现象，这种现象也称为声波干涉。

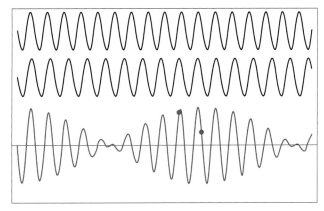

图 9-42　两个频率相近的声波形成拍

对于 4 缸 4 冲程发动机而言，主要的激励阶次是 2、4、6、8 等，除了这些阶次之外，还存在半阶次。对于单缸而言，它的点火阶次是半阶次，虽然半阶次的能量没有主要的激励阶次 2、4、6、8 等大，但它还是存在的。在某些特定转速下，如怠速时，半阶次与整数阶次的频率相差不大，一旦频率很近时，噪声信号就会出现典型的拍现象。出现拍的噪声信号幅值忽高忽低（幅值波动），但人耳是分辨不出这种频差的。当这两个频率离得较近时，又分非常近、比较近、完全分开等情况。当完全分开时，听起来是两个完全不同的声音（2 个纯音），比较近时，表现出来的是声音粗糙，而非常近时，表现出来的是声音的波动（拍现象），如图 9-43 所示。

对于发动机而言，两个声音的频率是属于比较近的情况。当两个声波的频差处于不同频率范围时，会表现出不同的特性。如果二者频差低于 20Hz，会出现明显的拍现象，如图 9-43 中

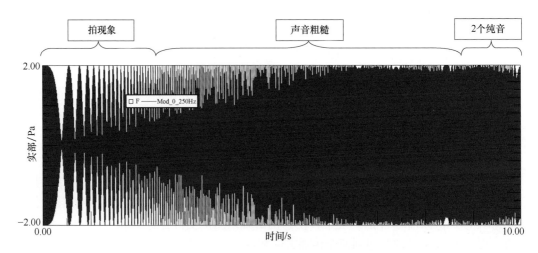

图 9-43　不同的频差表现不同的特性

的拍现象就属于这种情况；当频差大于 20Hz，而低于 300Hz 时，能感受到明显的粗糙特性；而当频差大于 300Hz 时，可以感受到 2 个明显的纯音。

9.4.2　相关理论

在介绍拍的相关理论之前，首先考虑两个同方向、同频率的简谐波叠加。然后给出两个同方向、不同频率的简谐波叠加形成拍的相关理论。

1. 两个同方向、同频率的简谐波叠加

如果两个相关的等声压级的简谐声源叠加，总声压级将增加 6dB。因为此时是两个同方向、同频率的简谐波声源叠加，幅值直接相加。

假设两个同方向、同频率的简谐波的原方程式为

$$x_1(t) = A_1 \cos(\omega t + \varphi_1)$$
$$x_2(t) = A_2 \cos(\omega t + \varphi_2)$$

当这两个简谐波叠加时，依据三角函数公式有

$$x(t) = x_1(t) + x_2(t) = A_1 \cos(\omega t + \varphi_1) + A_2 \cos(\omega t + \varphi_2) = A \cos(\omega t + \varphi)$$

其中，

$$A = \sqrt{A_1^2 + A_2^2 + 2A_1 A_2 \cos(\varphi_2 - \varphi_1)}$$
$$\tan\varphi = \frac{A_1 \sin\varphi_1 + A_2 \sin\varphi_2}{A_1 \cos\varphi_1 + A_2 \cos\varphi_2}$$

可以看出，两个同方向、同频率的简谐波叠加后的信号仍为简谐波。

1）如果原始的两个简谐波的相位相同，即 $\Delta\varphi = \varphi_2 - \varphi_1 = 2k\pi$，（$k = 0, \pm 1, \pm 2$ 等），那么有

$$x = A\cos(\omega t + \varphi) = (A_1 + A_2)\cos(\omega t + \varphi)$$

其中，

$$A = A_1 + A_2$$
$$\varphi = \varphi_2 = \varphi_1 + 2k\pi$$

可以看出，如果原始两个简谐波幅值相等，那么叠加后的简谐波的幅值为原始波形幅值的 2 倍，频率与相位不变。即使两个信号的幅值不相等，叠加后的波形的幅值仍为两个原始波形幅值直接相加。因而，相位相同时，叠加后的信号幅值相互加强。

2）如果原始的两个简谐波的相位相反（相差 180°），即 $\Delta\varphi = \varphi_2 - \varphi_1 = (2k+1)\pi$，（$k = 0$，$\pm 1$，$\pm 2$ 等），那么有

$$x = A\cos(\omega t + \varphi) = |A_1 - A_2|\cos(\omega t + \varphi)$$

其中，

$$A = |A_1 - A_2|$$
$$\varphi = \varphi_2 = \varphi_1 + (2k+1)\pi$$

对于两个相位相反的同频率简谐波而言，叠加后的波形的幅值为两个原始波形幅值直接相减的绝对值。因而，相位相反时，叠加后的信号幅值相互减弱。

3）对于一般相位而言，叠加后的幅值处于

$$|A_1 - A_2| < A < A_1 + A_2$$

另外，如果有多个同方向、同频率的简谐波叠加，叠加后的波形仍为简谐波。

2. 两个同方向、不同频率的简谐波叠加

假设两个简谐波的原始方程为

$$x_1(t) = A_1\cos(\omega_1 t + \varphi)$$
$$x_2(t) = A_2\cos(\omega_2 t + \varphi)$$

考虑 $A_1 = A_2$，且 $|\omega_1 - \omega_2| << \omega_1 + \omega_2$ 时，根据和差化积公式，它们叠加后形成拍的波形方程为

$$x(t) = x_1(t) + x_2(t) = A_1[\cos(\omega_1 t + \varphi) + \cos(\omega_2 t + \varphi)]$$
$$= 2A_1\left|\cos\frac{\omega_2 - \omega_1}{2}t\right|\cos\left(\frac{\omega_1 + \omega_2}{2}t + \varphi\right)$$
$$= A\cos\left(\frac{\omega_1 + \omega_2}{2}t + \varphi\right)$$

式中，$A = 2A_1\left|\cos\frac{\omega_2 - \omega_1}{2}t\right|$ 为叠加后的拍的幅值。因为 $\omega_2 - \omega_1$ 很小，所以 A 表示缓慢周期变化的幅值。由于 $0 \leq \left|\cos\frac{\omega_2 - \omega_1}{2}t\right| \leq 1$，因此有

$$A_{max} = 2A_1$$
$$A_{min} = 0$$

拍的周期 T_b 和频率 f_b 为

$$T_b = \frac{2\pi}{|\omega_2 - \omega_1|}$$
$$f_b = |f_2 - f_1|$$

这就使得拍的幅值按频率 f_b 作周期性变化：加强与减弱。合成后的波形的振动频率为

$$f_合 = \frac{f_1 + f_2}{2}$$

合成后的拍除了上述两个频率成分之外，还有一个频率成分，即包络线（见图 9-44 中蓝色

曲线）的频率成分，该频率成分为拍频的一半，即

$$f_{包} = \frac{|f_2 - f_1|}{2}$$

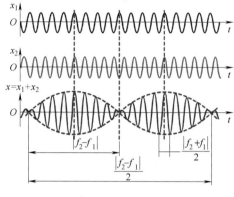

图 9-44 拍

当 $A_1 \neq A_2$ 时，叠加后的波形为

$$x(t) = x_1(t) + x_2(t) = A\sin(\omega t + \varphi + \theta)$$

式中，

$$A = \sqrt{A_1^2 + A_2^2 + 2A_1 A_2 \cos(\omega_2 - \omega_1)t}$$

$$\omega = \frac{1}{2}(\omega_1 + \omega_2)$$

$$\tan\theta = -\frac{A_1 + A_2 \cos(\omega_2 + \omega_1)t}{A_2 \sin(\omega_2 - \omega_1)}$$

合成波形的最大振幅和最小振幅为

$$A_{max} = A_1 + A_2$$

$$A_{min} = |A_1 - A_2|$$

频率成分与之前相同。

9.4.3 与幅值调制的区别

在信号幅值调制过程中，是用低频的调制信号来改变高频的载波信号的幅值。如齿轮所在轴的转频信号作为调制信号，调制齿轮幅的啮合频率。因此，调制信号与载波信号频率相差甚远，而合成拍的两个信号频率成分相差不大。但幅值调制的表现形式与拍是完全相同的：周期性的加强与减弱，图 9-45 所示为幅值调制的时域波形。

幅值调制信号是载波信号与调制信号在时域上的乘积，转换到频域，则是 2 个信号的卷积。而合成拍是 2 个信号在时域上的相加，是信号和差化积的过程，而幅值调制是积化和差的过程。

已调信号包括三个正弦分量：一个是原始的载波信号，另外两个频率成分分别是载波信号与调制信号的和频与差频。和频与差频均匀分布在载波信号的两侧，称为上、下边频带。调制不会改变载波信号的幅值，但边频带的幅值等于载波信号幅值与调制指数乘积的一半。图 9-46 所示为一个调制指数为 0.5、频率为 2Hz 的简谐调制信号和幅值为 1、频率为 100Hz

的简谐载波信号的幅值调制结果。

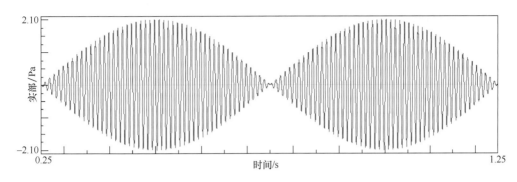

图 9-45　幅值调制的时域波形

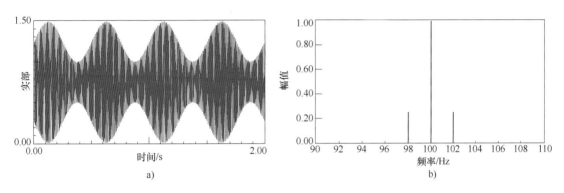

图 9-46　幅值调制后的时域波形和频谱

a）时域波形　b）对应的频谱

拍也包括三个正弦分量：合成振动波的频率为两个简谐波和频的一半，拍频为两个简谐波的差频，包络线频率为两个简谐波差频的一半。图 9-47 所示为两个频率成分分别为 99Hz 和 101Hz 的单位幅值简谐波叠加后形成的拍的时域信号与频谱。从时域波形中可以看出，拍的幅值在 0~2 之间变化。由于拍是两个正弦波的叠加，对叠加后的时域信号进行 FFT 分析时，得到的频谱仍只包含原始两个正弦波的频率成分。

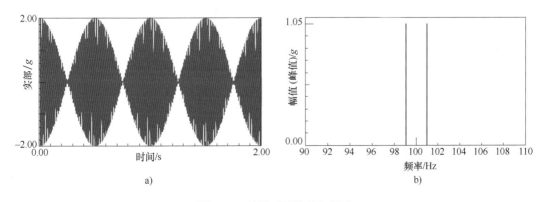

图 9-47　拍的时域信号与频谱

a）时域波形　b）对应的频谱

如果要提取到拍频，必须要对拍的时域波形做包络分析，获得包络曲线，然后对包络曲线进行 FFT 分析得到包络曲线的频谱。对图 9-48 所示的拍的时域信号进行包络分析得到包络曲线如图 9-48a 所示，然后对这条包络曲线进行 FFT 分析，得到拍的频率如图 9-48b 所示，可以看出，拍频为 2Hz。

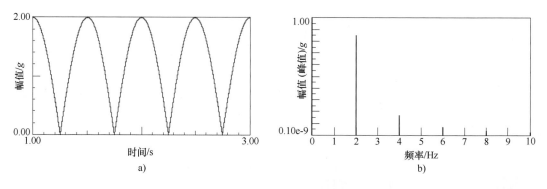

图 9-48　拍的包络曲线和频谱

a）时域包络曲线　b）对应的频谱

从图 9-46 和图 9-47 可以看出，虽然拍与幅值调制从时域信号上来看，有着类似的变化规律，但二者的频率成分完全不同。图 9-47 中的原始频率成分是 100Hz 和 2Hz，二者相差甚远，而图 9-48 中形成拍的原始频率成分是 99Hz 和 101Hz，二者相差不大。除此之外，二者还有着本质的区别。

第 2 部分

传递路径分析

第10章

传递路径分析介绍

传递路径分析（Transfer Path Analysis，TPA），是一种基于"源-路径-接收者"模型的分析方法，用于追踪振动噪声发生的根本原因，在汽车 NVH 领域得到了广泛的应用，是解决整车 NVH 问题的一个非常有效的方法。

10.1 什么是传递路径分析

传递路径分析用于识别和评价能量从激励源到某个接收者位置的各个结构传播和空气传播的传递路径。用于定量地分析不同的激励源及其传递路径，并且计算出其中哪些是重要的路径，哪些对振动噪声问题有重要贡献，哪些会互相抵消。TPA 又分为仿真计算和试验两类，在这里主要介绍基于工程试验的传递路径分析。本节主要内容包括：

1）TPA 模型：源-路径-接收者。
2）TPA 基本概念。
3）TPA 基本理论。
4）TPA 数据测量。
5）TPA 一般流程。
6）各种 TPA 方法。
7）TPA 应用。

10.1.1 TPA 模型：源-路径-接收者

任何一个复杂的结构都会受到多种振动和噪声的激励，每种激励源产生的振动噪声通过不同的传递路径传递到多个响应点，从而被人体（接收者）所感知。因此，为了分析并控制噪声和振动，可以将任何一个振动噪声系统按"源-路径-接收者"模型（也称为"输入-系统-输出"模型）来表示，如图 10-1 所示。

在这个"源-路径-接收者"模型中，基本振动噪声测试的是结构的 NVH 性能表现，是这个模型中的第三部分，也就是接收者；模态测试或者频响测试是这个模型中的第二部分；而 TPA 综合考虑了这个模型中的三个部分。

为了减振降噪，也应从这个模型中的三个方面来考虑，首先应减少激励源的振动与噪声，其次是切断源与接收者之间的噪声和振动的传递路径，最后是对接收者进行保护。关于"源-路径-接收者"模型详情，请参考 10.6 节。

236

图 10-1 "源-路径-接收者"模型

10.1.2 TPA 概念

下面通过一个典型例子来说明 TPA 概念。当驾驶员驾驶汽车在路面行驶的时候，汽车主要的激励源有发动机、路面激励和高速下的风激励等。这些激励源产生振动噪声会经过结构或空气传递到单个或多个目标位置（见图 10-2），如驾驶员耳朵或者驾驶员手上。这些振动噪声有时会给驾驶员带来影响，如汽车后视镜抖动，导致影响后方视线。

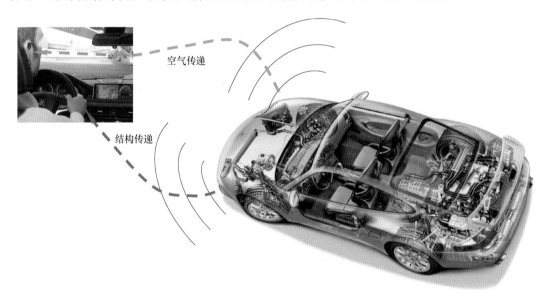

图 10-2 TPA 模型示例

传递路径分析用于评估激励源与目标位置之间的结构传播和空气传播的不同路径的贡献。对于一个特定问题，TPA 可以帮助操作人员确定能量传递最重要的路径，进而评价它们对目标位置的影响（贡献）。TPA 需要使用考虑的路径与目标点之间的传递函数，以及工作状态下作用到这些路径上的载荷（通过一些直接或间接方法进行载荷识别得到）。这些工作状态可能是稳态工况，如洗碗机洗碗，也可能是瞬态工况，如汽车加速工况。

这些工作载荷可以通过试验数据获得，也可以是直接测量获得。当载荷传感器不能放置到测量位置，或者载荷是分布载荷时，间接方法获得载荷就显得尤其重要了。关于工作载荷识别请参考第 11.1 节。

传递路径针对源-路径-接收者模型，因而针对目标点（接收者）处的响应过大的原因，需要仔细研究是由哪个环节造成的，是源，还是路径，或者二者共同作用引起的。如图 10-3 所示，第一列是源引起的，第二列是路径造成的，而第三列是源和路径共同作用导致的，这也是最糟糕的情况。因此，传递路径研究的主要内容包括以下几个方面：

1）哪个路径传递的能量最多？

2）不同路径之间如何相互影响？

3）所造成的响应是空气传递还是结构传递？

4）最终确定是系统本身的问题还是激励源的问题，或者二者都有问题？

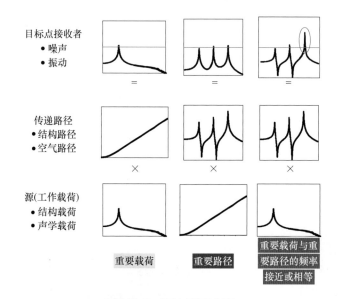

图 10-3　TPA 研究内容

　　总的来说，TPA 是量化"源-路径-接收者"模型中不同激励源产生的振动噪声能量通过传递路径（如悬置或空气）传递到感兴趣的接收者位置的能量大小（贡献量）的过程。

10.1.3　TPA 基本理论

　　传统 TPA 的理论公式如下（OPA 不是这个公式）：

$$y_k = \underbrace{\sum_{i=1}^{n} \mathrm{NTF}_{ik} \times F_i}_{\text{结构传递}} + \underbrace{\sum_{j=1}^{p} \mathrm{NTF}_{jk} \times Q_j}_{\text{空气传递}}$$

式中，y_k 是各个路径传递到目标点 k 的振动或噪声的总贡献量。等式右侧第一个式子表示通过结构传递过来的贡献量，第二个式子表示通过空气传递过来的贡献量。n 和 p 分别表示结构传递和空气传递的路径数。

　　NTF 表示传递路径到目标点的传递函数，F 表示结构传递路径处的结构载荷，Q 表示空气传递路径处的声学载荷。因此，通过上式可以将某一条路径对目标点的影响程度以贡献量的形式表达出来，贡献量可视化可帮助工程师快速决策出关键路径。

　　通过上式，我们可以确定 TPA 需要获得两类数据：传递函数和载荷。而载荷通常不可进行直接测量，绝大多数情况是通过间接方法获得的。而间接方法需要测量工况数据。因此，对于 TPA 而言，最终需要测量两类数据：传递函数和工况数据。

10. 1. 4　TPA 数据测量

通过上面的分析，我们已经明白 TPA 需要两类数据：传递函数和工况数据，OPA 除外，因为这种方法只需要工况数据。

对于传递函数测量而言，按用途可分为两类：一类为路径到目标点的传递函数 NTF，另一类为路径到指示点的传递函数 FRF。第一类传递函数用做贡献量分析，第二类传递函数用作载荷识别。

这些传递函数可能是力振传函 VTF，也可能是力声传函 NTF 或者声声传函 P-P，还可能是它们的组合。最常见的是力振传函 VTF（FRF），通常使用力锤或激振器进行激励，测量振动响应得到。而力声传函 NTF，通常使用力锤或激振器激励，测量声压响应得到。声声传函 P-P，通过体积声源激励，测量声压响应得到。

当测量 NTF 时，如果路径太多，则需要在每条路径上进行激励，测量目标点的声压响应。这种方法测量，费时费力，另外有些路径可能由于空间限制，不方便进行激励，那么，可通过互易性测量获得相应点的 NTF 数据。互易性测量时，在目标点处放置体积声源，在路径位置放置加速度传感器，可一次测量到所有路径到目标点的 NTF，这样测量省时省力，效率非常高。各类 FRF 测量方法见表 10-1，根据声振互易性，有

$$p/F = -a/Q_{vvs}$$

式中，p 是声压，F 是激励力，a 是加速度响应，Q_{vvs} 是体积声源。根据声振互易性，使用力激励测量声压响应之间的传递函数与体积声源激励和加速度响应之间的传递函数是等价的，在进行 TPA 测量时，利用这个互易性可提高测量效率。

表 10-1　各类 FRF 测量方法

类型	力激励 F（N）	声激励 Q（m^3/s^2）
振动响应（m/s^2）	VTF：a/F	NTF：a/Q
声压响应（Pa）	NTF：p/F	P-P：p/Q
激励设备	力锤 激振器 小型激振器	体积声源 中低频 中高频

另外在进行传递函数测量时，为了获得更为精确的传递函数测量结果，通常要求将激励源移除。这是因为激励某一路径时，这个激励力会通过激励源作用到其他路径上，从而在测量点产生来自非激励位置的响应，导致测量结果不准确，如图 10-4 所示。只有当该点的激励引起测量点的响应远大于该激励力通过激励源作用在其他路径上引起测量点的响应时，才可以不用移除激励源。当没有移除激励源时，从图 10-4 右侧的两次 FRF 测量结果对比也可以看出二者的差异。

激振装置除了常规的力锤和激振器之外，还有小型的激振器，如图 10-5 所示的迷你激振器。

体积声源除了中低频、中高频体积声源之外，还有迷你型体积声源，这些体积声源如图 10-6 所示。这样的迷你型体积声源通常用于排气尾管的声声传函测量。

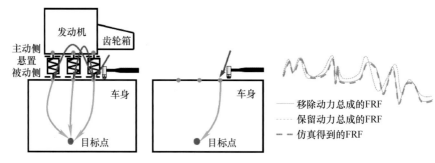

图 10-4　FRF 测量时需移除激励源

图 10-5　两种不同类型的小型激振器

图 10-6　不同类型的体积声源

　　工况数据测量也分两类：一类是指示点的工况数据测量，用于载荷识别；另一类是目标点的工况数据测量，用于与总的贡献量比较和问题确定。通常的工况分为升降速、怠速、路试或问题工况等。工况数据类型可以是阶次、频谱、自谱和倍频程等。

　　很多时候，特别是测量悬置、悬架与车身连接点时，由于结构特点，我们不可能测量结构中心处的主动侧和被动侧的加速度工况数据。这个时候通常在主动侧的连接螺栓两侧各放置一个三向加速度传感器，通过这两个数据平均得到主动侧悬置中心处的工况数据。同理，被动侧也是在悬置支架上放置两个加速度传感器，计算这两个数据的平均值得到被动侧悬置中心处的工况数据，类似图 10-7 所示的车身被动侧测量。

　　通过第 10.1.3 小节的理论公式可知，所有的数据都是频域的，因此，需要对实测的工况时域数据进行处理，得到频域的工况数据。前面讲到的悬置两侧两个数据平均得到悬置中心处的数据，也是频域的平均。

10.1.5　TPA 一般流程

　　TPA 分析时，首先要确定哪些位置是目标点，哪些是路径，哪个或哪几个是激励源。确定了这些参数之后，再进行数据测量处理，获得了所需类型的数据之后再进行 TPA 分析。如 Simcenter™ Testlab 中 TPA 分析的一般流程如图 10-8 所示。

对测量到的时域工况数据要处理成频域结果，另外如果载荷识别方法采用悬置动刚度法，则需要悬置的动刚度曲线。悬置动刚度曲线可以从供应商处获得或实测得到。

进行 TPA 分析时，主要是三个方面，根据结构特点，选用合适的载荷识别方法，载荷识别方法包括直接测量、悬置动刚度法、逆矩阵法、单路径求逆法以及派生方法。然后进行贡献量分析，找出问题路径，确定到底是激励源的问题，还是路径问题，或者二者都有问题。

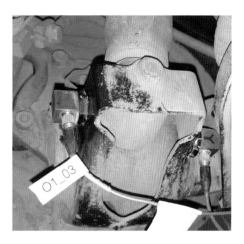

图 10-7　被动侧测量两个加速度
平均得到几何中心点的加速度

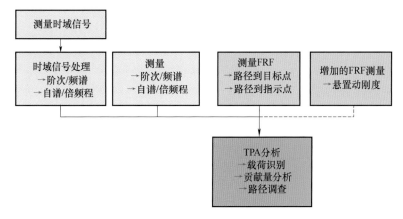

图 10-8　TPA 的一般流程

确定了问题之后，需要解决这个问题，这时根据问题来源，确定采用何种方法。是减少激励源的振动与噪声，还是切断源与接收者之间的振动和噪声的传递路径，或者是对接收者进行保护等方面进行改进。

10.1.6　各种 TPA 方法

根据不同的分类，有不同的方法，如根据源的个数，以及这些源是完全相关还是部分相关，可以分为单参考 TPA 和多参考 TPA；根据使用的数据类型，分为传统 TPA 或 OPA 等。常见的各种 TPA 方法包括单参考 TPA、多参考 TPA、OPA、OPAX、时域 TPA、能量 TPA、多级 TPA、快速 TPA 和 ASQ 模型等。

在此只列出这些方法的名称，在 10.2 节中将进行更详细的介绍。

10.1.7　TPA 应用

传递路径分析提供基于工程试验方法的系统级振动噪声问题解决方案，对关键零部件进行工程分析。同时考虑"源-路径-接收者"模型中的各个方面,作为一个全面理解振动噪声问题的方法,TPA 有助于对振动噪声问题进行故障诊断,并对每个关键零部件进行性能目标设定。

在一个由多个子结构组成的复杂结构(诸如汽车、飞机或船舶)中,某一特定位置的振动噪声现象往往是由一个远处的振动源所引起的。例如,能量可以通过不同的路径从汽车发动机传入驾驶室内:通过发动机悬置、排气系统连接点,甚至间接地通过传动轴和底盘悬架传入到驾驶室内。进气和排气系统的空气传播也会对振动噪声问题有一定的影响。

强大的传递路径分析技术能够解决这类振动噪声问题,它可以帮助工程师在设计早期检测到问题产生的根源。设计过程中及样机修改过程中识别出振动噪声问题及其产生的根本原因,并能够快速地评价设计修改。

10.2　常见的各种 TPA 方法介绍

传递路径分析根据不同的分类,有不同的方法,如根据源的个数,以及这些源是完全相关还是部分相关,可以分为单参考 TPA 和多参考 TPA,根据使用的数据类型,分为传统 TPA 或 OPA 等。本节介绍的各类 TPA 方法主要包括:

1)单参考 TPA。

2)多参考 TPA。

3)OPA。

4)OPAX。

5)时域 TPA。

6)ASQ 模型。

7)能量 TPA。

8)快速 TPA。

9)多级 TPA。

10)基于应变 TPA。

10.2.1　单参考 TPA

单参考 TPA 中,即使有多个源,但各个源都是相关的,如动力总成 TPA(图 10-9),发动机、变速器和传动轴虽然结构不同,但是这些部件产生的所有进入车内的能量都是相关的,因此,如果考虑动力总成 TPA,宜采用单参考 TPA。

考虑动力总成 TPA 时,通常悬置作为路径,发动机作为一个相关的激励源,作用在悬置上的

图 10-9　动力总成 TPA 模型

多个相关的力产生振动噪声,通过这些路径传递到目标点。所有的响应自由度之间的相位关系是固定的。通常,将发动机转速或发动机上表面的 Z 向加速度作为相位参考。

因此,所谓的单参考指的是采用单个信号作为相位参考信号,也就是说所有的源的相位关系是固定的,只需要使用一个参考信号即可得到分析结果。这个参考信号除了用作相位参

考之外，还有就是当采集通道或传感器数量不够，需要分批测量时，对于不同时间段测量的数据，这个数据起到了相互关联的纽带作用。

单参考 TPA 是多参考 TPA 的基础，多参考 TPA 分析时，需要通过 PCA 分析（主分量分析）将多个相关的源，分解成不相关的几个单源，然后对每个单源分别应用单参考 TPA 分析，最后再将每个单源的分析结果叠加成总的贡献，从而得到最终的多参考分析结果。

10.2.2 多参考 TPA

单参考 TPA 的源都是相关的，但是在多参考 TPA 中，所有的源只是部分相关。此时，不能使用一个相位参考信号对其进行分析，而需要多个参考信号才能得到正确的分析结果。

典型的多参考 TPA 是路噪 TPA，如图 10-10 所示当汽车行驶时，四个轮子接触不同的路面，因此，信号不会是完全相关的，存在多个不相关的激励源，多个不相关的力作用在悬架上，此时各响应自由度之间没有固定的相位关系，因而，需要多个参考信号，故名为多个参考 TPA。

路噪 TPA 时，需要将耦合的工况数据分解（PCA 分析）成独立的不相关的主分量，然后单独对每个主分量进行单参考 TPA 分析，最后再将每个单参考 TPA 叠加成最终的结果。

在对工况数据进行分析时，会得到如图 10-11 所示的结果，数据名称斜杠后面表示的是参考信号，如发动机 TPA 时，工况数据为阶次，可以得到以发动机表面 Z 向加速度为参考的参考阶次，如图 10-11 第 3 和 4 个数据所示。如果是路噪

图 10-10　路噪 TPA 模型

TPA，可以得到以车内多个声压为参考的参考互谱和参考虚拟频谱，如图 10-11 所示。

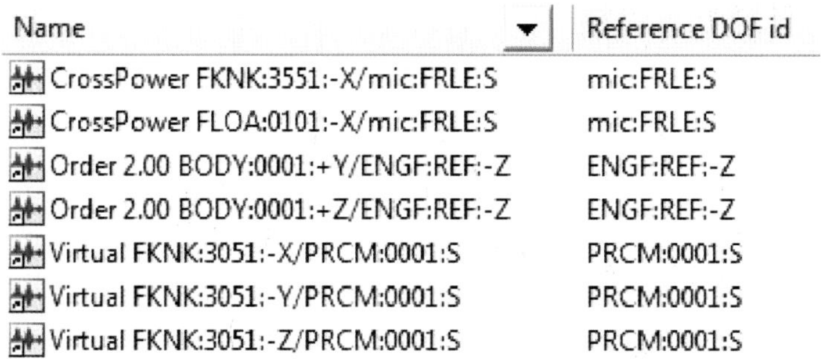

Name	Reference DOF id
CrossPower FKNK:3551:-X/mic:FRLE:S	mic:FRLE:S
CrossPower FLOA:0101:-X/mic:FRLE:S	mic:FRLE:S
Order 2.00 BODY:0001:+Y/ENGF:REF:-Z	ENGF:REF:-Z
Order 2.00 BODY:0001:+Z/ENGF:REF:-Z	ENGF:REF:-Z
Virtual FKNK:3051:-X/PRCM:0001:S	PRCM:0001:S
Virtual FKNK:3051:-Y/PRCM:0001:S	PRCM:0001:S
Virtual FKNK:3051:-Z/PRCM:0001:S	PRCM:0001:S

图 10-11　工况数据分析结果

多参考 TPA 特别适用于路面噪声的分析。它有助于工程师理解当汽车在道路上行驶时独立于发动机噪声之外的噪声源。第一步，主分量分析（PCA）将道路噪声分解为几个主要分量。第二步，对解耦后的各独立分量进行传递路径分析。

10.2.3 OPA

不管是单参考 TPA 还是多参考 TPA，都是采用如下的理论公式，因此，需要两类数据：

频响函数和工况数据。分析过程中的一个重要环节是进行载荷识别，使用识别出来的载荷乘以相应路径上的频响函数，得到该条路径的贡献量。

$$y_k = \underbrace{\sum_{i=1}^{n} \text{NTF}_{ik} \times F_i}_{\text{结构传递}} + \underbrace{\sum_{j=1}^{p} \text{NTF}_{jk} \times Q_j}_{\text{空气传递}}$$

而 OPA（Operational Path Analysis）采用以下理论公式，公式中的 T 表示传递率，为路径点的工况数据与目标点工况数据之比。在计算传递率时，需要用奇异值分解（Singular Value Decomposition，SVD）得到的各个传递率是解耦的。然后用这个解耦的传递率去乘以相应的工况数据，也就是下面公式中的 a 和 p，得到各条路径的贡献量。

$$y_k = \underbrace{\sum_{i=1}^{n} T_{ik} \times a_i}_{\text{结构传递}} + \underbrace{\sum_{j=1}^{p} T_{jk} \times p_j}_{\text{空气传递}}$$

通过上面的公式，我们可以看出，整个 OPA 分析过程，没有用到传递函数，因此，称 OPA 为工作 TPA 或工况 TPA，类似于工作模态 OMA，只采集响应信号，不测量任何传递函数。

相对于传统 TPA，还有一个重要的区别在于，OPA 不进行载荷识别，直接使用工况数据。由于不需要进行传递函数测量，因此，相对于传统 TPA 而言，测量分析的工作量比较少，只需要测量工况数据即可，可认为是一种快速 TPA 方法。

由于 OPA 使用传递率和工况数据直接计算各个路径的贡献量，而不使用传递函数和进行载荷识别，因此，使用工作 TPA 分析时，可能存在以下情况：①路径相互耦合；②由工况数据估计传递率时存在误差；③路径错误导致潜在的误差存在；④即使非常完美的 OPA 综合也不能作为一个有效的判据等原因，导致 OPA 分析结果不准确。

10.2.4 OPAX

传统 TPA 中有一种载荷识别方法称为悬置动刚度法，要求测量悬置两侧的加速度，然后积分两次得到相对位移，最后根据 $F = kX$，得到相应的载荷。计算公式如下

$$F_i(\omega) = K_i(\omega) \times \frac{a_{ai}(\omega) - a_{pi}(\omega)}{-\omega^2}$$

从这个公式可以看出，需要获得悬置动刚度曲线，而通常主机厂没有这个参数。要获得这个参数要么从悬置供应商处获得，要么实测得到。总的说来，获得动刚度曲线比较困难，并且以上公式只适用于软悬置（悬置隔振率大于 6dB）。

而 LMS OPAX 采用参数化悬置动刚度曲线，获得相应的结构载荷和声音载荷。不管悬置是软悬置还是硬悬置都适用。因此，相对于悬置动刚度法，OPAX 不需要获得动刚度曲线。

$$F_i(\omega) = f(parameters, a_{ai}(\omega), a_{pi}(\omega))$$
$$Q_j(\omega) = g(parameters, p_j(\omega))$$

对于软悬置，可采用单自由度模型和多频带估计模型来估计动刚度曲线，如图 10-12 所示。软悬置仍需要测量悬置两侧的加速度，得到悬置的相对位移。而对于硬悬置，则只需要被动侧的加速度，将该加速度积分两次得到位移，然后使用多频带估计模型计算得到载荷。多频带估计模型是将整个频带划分多个等宽的频带，每个频带认为动刚度是常数。

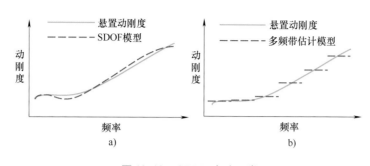

图 10-12 OPAX 方法两类

a) 单自由度模型 b) 多频带估计模型

OPAX 是一种快速、基于工况数据的传递路径分析方法，以一种非常有效和可靠的途径解决振动噪声问题。其精度与常规的 TPA 方法相当，同时效率可与传统的工作传递路径分析方法相媲美。然而，工作传递路径方法（OPA）经常无法准确识别振动根源，找到 NVH 问题的补救措施。

OPAX 方法能够清晰分离载荷与传递路径，从而准确洞察振动及声能量从激励源通过一组结构传播和空气传播的传递路径，最终到达响应位置的整个过程。可以确保工程师花费比以前更少的测试时间来准确地识别问题的根源。图 10-13 为传统 TPA、OPAX 和 OPA 测量数据工作量对比。从图中可以看出，传统 TPA 由于测量数据较多，工作量大，而 OPAX 除了测量工况数据之外，可通过互易性快速高效地测量得到少量传递函数，与 OPA 相比，二者工作量几乎相当。

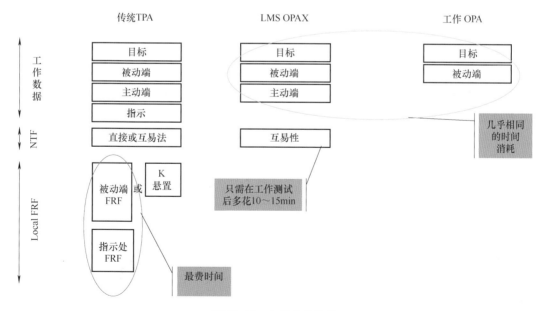

图 10-13 各类方法比较

OPAX 支持稳态和加速或减速等各种工况下的贡献量分析。可以对结构声载荷和空气声载荷同时进行识别，也可以分别进行识别，采用少量附加的参考点可以确保载荷识别的可靠性。

10.2.5 时域 TPA

时域 TPA 是在时域上识别传递路径的方法，在时域内与某一特定事件（瞬态事件）相关的传递路径的精确识别方法。与频域 TPA 相比，时域 TPA 使工程师能够分析瞬态现象。由于时域数据的存在，使得分析人员能够回放部分路径的贡献量并与目标声音进行比较。传递路径的贡献量是通过时域量而非频谱来反映的，之后可将这些贡献量用于更为深入的分析，诸如时域数据特征后处理等。

时域 TPA 能够应用于不同的场合，它对于理解瞬态激励（发动机起动）、半稳态激励（怠速噪声）尤其适用。该方法还能够进一步用于进行详细的调制解调研究。时域传递路径分析与频域传递路径分析可进行互补。频域传递路径分析可更好地对振动噪声问题进行全局把握，而时域传递路径分析给工程师提供了关于瞬态事件的更详细的信息，并提供了时域内的前、后处理。

10.2.6 ASQ 模型

声音传递路径分为结构传递路径和空气传递路径，当单独考虑空气传递路径时，则为空气声定量分析方法（ASQ 模型）。ASQ 模型需要将声源划分若干个子面（路径），采用体积速度声源激励来进行空气声传递函数测量。声载荷识别可以单独完成，也可以与结构振动载荷识别同时进行。

ASQ 模型能够识别在稳态或加速、减速工况下空气声源强度及其空气传播路径。该方法有助于定量分析单个声源、多个声源，直至多个部分相关声源的工况声载荷。支持多种技术：表面振速法、声强测量和矩阵求逆法等。

10.2.7 能量 TPA

我们知道自谱是实数，没有相位信息，因此，当工况数据选择为自谱时，实质上是没有相位信息的，因而是从能量角度去考虑分析，可以称为能量 TPA。能量 TPA 主要应用于车辆通过噪声（PBN）下的 TPA 分析。

车辆行驶时，噪声有多种来源，可以是发动机（engine）、传动装置（transmission）、进气（intake）、排气（exhaust）和轮胎（tires）等结构部位，如图 10-14 所示。而行驶过程中，这些噪声来源都是移动的，而目标测量位置是固定的，因此，此时相位信息对于 PBN来说已不那么重要的，故采用能量方法更为有效。

通过噪声的能量 TPA 方法主要是基于能量的 ASQ 模型和时域 TPA 方法，主要为以下四步。首先通过频域 ASQ 模型确定工况载荷和 NTF 测量；然后通过时域 TPA 技术进行噪声源定位；然后对通过噪声进行综合；最后再进行贡献量分析。

10.2.8 快速 TPA

快速 TPA 只需要测量少量的工况数据和 FRF 数据，并且不需要拆除激励源。主要用于评价工作状态下部件级的贡献。只通过少数的测量数据即可进行 TPA 分析，因此，快速TPA 可以认为是一种快速但结果粗糙的方法。因而，任何少量的测量数据即进行 TPA 分析都可以认为是一种快速方法，像 OPA 也可以认为是一种快速 TPA 方法。

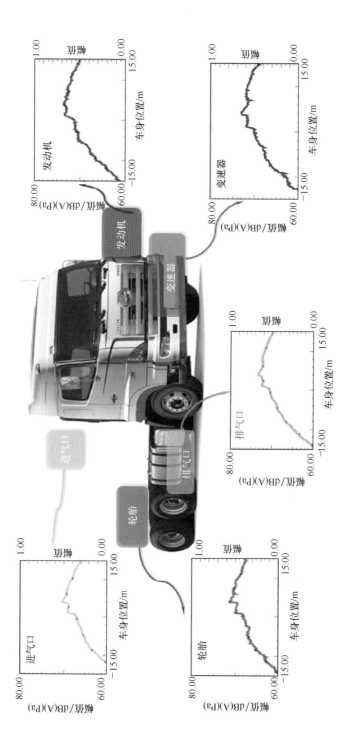

图 10-14 车辆通过噪声的 TPA

但实际快速 TPA 的基本思路是激励源内部的真实激励可以用一些施加在源表面的力近似，而作用在源表面的力可采用逆矩阵法获得。这些力作用在实际工作载荷附近。在获得激励源的局部 FRF 矩阵 $\boldsymbol{H}_{\mathrm{active}}$ 后，测量施加在源表面上的力作用下的激励源表面上指示点的加速度响应，然后逆矩阵法求得这些作用在表面上的力，再乘以这些力作用点到目标点之间的频响函数进行贡献量分析，如图 10-15 所示。

通过这种方法，可以快速确定贡献量最大的部件，接下来再对这些重要的部件进行详细的 TPA 分析。

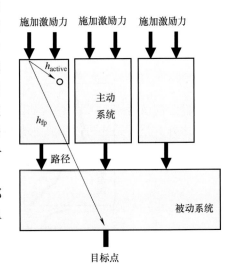

10.2.9　多级 TPA

我们之前讨论的 TPA 都是考虑振动噪声直接从路径传递到目标点，也就是基于"源-路径-接收者"模型。但在这个模型中，路径还可以再分为子路径，也就是模型可以修改为"源-一级路径-二级路径-……-n 级路径-接收者"。

整车是多个子系统组成的，如来自路面激励首先经过轮胎、然后是与轮胎相连接的底盘系统，再经过车身系统传递到车内的目标点位置，如图 10-16 所示。那么，车辆系统就是一个典型的多级子路径的模型。

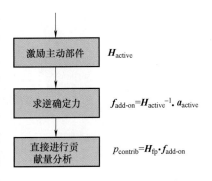

图 10-15　快速 TPA 示意

多级 TPA 可以认为是快速 TPA 的扩展，扩展到一系列子系列中，这时 FRF 测量要测量整车状态下的 FRF，用于确定载荷，如图 10-17 所示。

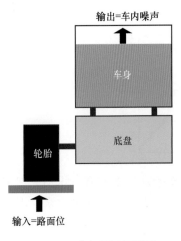

图 10-16　车辆受路面激励

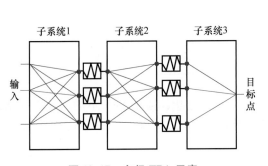

图 10-17　多级 TPA 示意

进行贡献量分析时，需要测量各级路径到目标点的 FRF，这就需要各级分别测量，最后联合所有的各级的 FRF 和载荷，进行贡献量分析，计算公式如下：

$$p = H_1 H_2 H_3 \cdot f$$

10. 2. 10　基于应变 TPA

我们之前所讨论的 TPA 分析的工况数据类型要么是振动信号，要么是噪声信号，除了这两种之外，是不是还可以用其他类型的信号呢？

再回顾一下模态分析所用的数据类型，我们是不是可以用振动信号得到位移模态，也可以用声压信号进行声腔模态分析，除了这两类信号之外，还可以用应变进行应变模态分析。同样，TPA 分析时，也可以用应变来进行分析。

由于应变反映的是结构的受力与变形情况，因此，当结构存在损伤或裂纹时，基于应变的 TPA 分析方法更为实用，更能直接反映出问题的本质。进行基于应变的 TPA 分析时（见图 10-18），测量的数据类型则为应变 FRF 和应变工况数据。也就是说此时，需要用应变片进行测量，而我们知道应变片的粘贴是一项辛苦的工作，并且应变测量过程中受干扰更为明显。

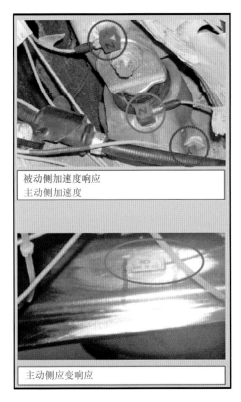

图 10-18　基于应变 TPA 测点

跟传统 TPA 相比，应变 TPA 下的载荷识别结果比基于加速度的载荷识别更加精确。因为应变反映的是局部变形响应，基于应变的 FRF 矩阵包含更多的不相关元素，因而，可识别到更多更精确的载荷。

另一方面，应变测量的工作量更为庞大，更容易受干扰，且应变变形小，故信噪比更差。在进行基于加速度的测量时，你可以用这些加速度信号进行动画显示，如 ODS（Operational Data Store），但是对于基于应变的 TPA 却不能这样处理。

以上讲到了 10 种 TPA 方法，相对而言，单参考 TPA 是一切 TPA 方法的基础（除了 OPA），因此，掌握单参考 TPA 分析是重点。并且这些方法中，用得最多也就是前面几种方法，如单参考 TPA 和多参考 TPA。

10.3　TPA 分析的几个关键名词解释

为了帮助读者更加深入地理解 TPA 分析，有必要对一些关键名词进行解释说明，充分理解这些名词是 TPA 分析的基础。

10.3.1　参考

我们经常讲单参考 TPA 或多参考 TPA，那么对于"参考"这个名词，该怎么理解？可能大多数读者都将参考理解成振动噪声的"激励源"，认为单参考 TPA 就是指模型中只有一个激励源，多参考 TPA 就是指多个激励源。这在某种意义上是错误的！

即使模型中包含多个激励源，只要所有的激励源都是相关的，也就是说不相关的激励源只有 1 个，那么，这属于单参考 TPA。如果模型中包含多个激励源，各个激励源之间部分相关，或者完全不相关，那么，这属于多参考 TPA 的范畴。因此，参考一定程度上可以认为是 TPA 模型中不相关的激励源个数。

但更确切地说，参考是指为了确定不相关的激励源的个数，用作相位参考的信号的个数。对于单参考 TPA 模型，如动力总成 TPA，通常取发动机顶部的单向加速度信号作为参考，只需要一个参考信号，就可以确定各个激励源之间的相位关系。多参考 TPA 模型中，如路噪 TPA，通常需要选择多个信号（如驾驶室内部多个声压目标点信号）作为参考，以确定实际不相关的激励源的数量。

10.3.2　主/被动侧（或子系统）

按悬置动刚度法进行载荷识别时，或者评价悬置的隔振效果时，传感器需要同时安装在主/被动侧，我们把悬置上发动机一侧称为主动侧，把车身一侧称为被动侧，悬置起到了分离主动侧与被动侧的作用。因此，主动侧是指靠近激振源的这一侧，被动侧是车身这一侧。如排气系统作为激励源，那么吊耳上靠近排气的这一侧是主动侧，车身这一侧是被动侧。在这，要把主/被动侧扩展到主动子系统、被动子系统。

在"源-路径-接收者"模型中，我们假设振动或噪声源可从物理上与模型中的其他系统分离，如发动机作为激励源，可认为通过悬置与车身相分离，因此，整个模型系统可分解成两部分：包含所有激励源的主动子系统和包含传递路径与接收者的被动子系统。

如图 10-19 所示的黑色部分，主动子系统包含发动机这个振动噪声源，这个激励源产生两类声音：空气声（淡绿色表示）和结构声（橙色表示）。通常振动源通过激励主动子系统与被动子系统的一些连接点作用到被动子系统上，这些载荷通常是力载荷。这些作用点是被动子系统上的点，如悬置与车身的连接点，悬架与车身连接点等，但悬置通常认为是主动子系统的一部分。噪声源可以认为是振动的表面产生噪声，如阀盖、油底壳或者各种进排气口。

被动子系统包含除了主动子系统之外的系统，如传递路径和接收者。在汽车中，被动子系统包含整个车身和底盘系统，因此，乘员舱也是被动子系统的一部分。

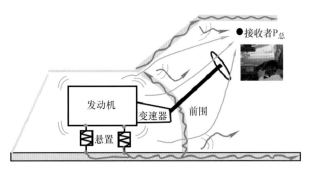

图 10-19　"源-路径-接收者"模型

10.3.3　空气声与结构声

空气声与结构声的区别在于传递路径的不同，空气声是指声源发出的声音直接向外辐射，在空气中（路径）进行传播，最后到达接收者的位置。结构声是指振源激励结构振动，通过结构振动引起接收者附近的结构振动，振动的结构再向外辐射噪声到达接收者的位置。如敲鼓声则属于空气声，影片中人耳贴近地面听马蹄声则属于结构声。

如图 10-20a 所示，汽车发动机作为声源和振动源，其产生的振动首先通过悬置引起车身地板和车顶棚振动，这些振动位置辐射的噪声直接到达接收者位置，则该声音属于结构声。另一方面，发动机作为声源，直接向空气中辐射噪声，这些噪声通过一些孔洞传递到接收者位置，则这类声音属于空气声，如图10-20b 所示。

针对汽车而言，空气声主要有发动机、变速器辐射的噪声，发动机附机辐射的噪声，例如水泵、发电机、风扇，进排气噪声，路噪和风噪等。空气声穿透车身吸隔声材料到达车内，或通过空洞和缝隙到达车内。

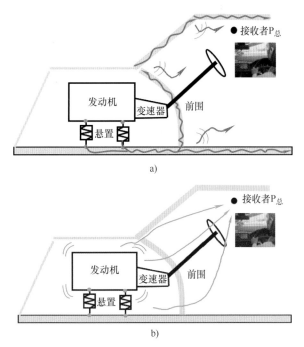

图 10-20　空气声与结构声
a）结构声传递示意　b）空气声传递示意

结构声的主要源有动力系统、路面激励悬架敲打车身，风噪激励起结构局部振动。结构声主要通过发动机悬置，与前壁板连接的管路、拉索，传动轴，排气系统吊耳等到达车内。如局部板结构被激励起来后，会向车内辐射噪声，会与声腔模态耦合共振，声腔模态会与噪声源的某些频率共振。

10.3.4　传递路径

传递路径定义为激励源与接收者之间的传递途径。路径起始于一个结构声的激励源称为结构路径，起始于一个空气声的激励源称为空气路径。但通常，在 TPA 分析中，定义路径时仅仅是被动子系统的一个点，如悬置与车身的连接点。实际上，定义的这个点仅仅是路径的输入点（或起始点），这些点是主动子系统与被动子系统的连接点。主动子系统通过激励这些点，引起目标点的响应，因此，这些点是路径的输入点，TPA 模型定义时仅定义这些输入点作为路径。主/被动子系统的结构连接点是结构路径的输入点，每个声源的声学中心是一个空气路径的输入点。所以，在定义 TPA 模型时，仅把各个路径的输入点作为路径来看待。

10.3.5　目标点

在"源-路径-接收者"模型中，最后一个是接收者，如乘员舱的驾驶人或乘客或对振动敏感的设备正在经受振动噪声。在接收者附近测量这些振动噪声响应的位置称为目标点位置，简称目标点。目标点通常使用这些位置：乘员耳旁、方向盘 12 点方向、地板脚踏处、座椅导轨、仪表盘和后视镜等。

10.3.6　指示点

在使用逆矩阵法进行载荷识别时，为了求解方程的需要，须在路径附近布置额外的传感器用来测量响应，以便补充方程，我们把这些额外的测量位置称为额外的指示点。但通常指示点包括路径点和额外的指示点。如果用作补充方程的额外指示点太多，会增加测量时间；太少又会导致载荷识别结果不精确，根据经验，通常额外的指示点 1 倍于路径数，那么，总的指示点数是路径数的 2 倍。

在布置额外的指示点时，既不能太靠近路径点，又不能太远离路径点。这是因为太靠近路径点将不能提供额外的信息，而太远离路径点，其他的路径会对这个测点造成影响。同时也不能布置在一些薄弱的位置，因为这些位置将存在局部共振。

10.3.7　条件数

这个概念同样来自于逆矩阵法，在对频响函数矩阵进行求逆时，用到的基本方法是奇异值分解（SVD）。条件数定义是最大的奇异值与最小的奇异值之比。条件数太大，说明原始的频响函数中包含有噪声，这些噪声在求逆之后将会变得很大，影响结果精度。因此，需要改善条件数，以获得较高的精度。例如可以去掉一些质量差的频响函数，但这时需要在信息损失与改善条件数之间进行权衡。通常认为条件数小于 100 是可接受的。

10.3.8　贡献量

TPA 分析的最终目的就是所谓的贡献量分析，最终按照各个路径贡献量的大小进行排序，如图 10-21 所示，以确定各个路径的重要性。因此，贡献量是指在当前的载荷的作用下，各个路径在目标点处产生的响应的大小。由于响应等于频响函数乘以载荷，因此，在求得路径到目标点的频响函数和路径处的载荷之后，就可以进行贡献量分析了。

10.3.9　主分量

在使用两个或两个以上的激振器进行模态试验时，需要通过主分量分析确定各个激振器之间的相关性。因此，主分量是指系统中主要的线性无关的分量。在多参考 TPA 中需要进

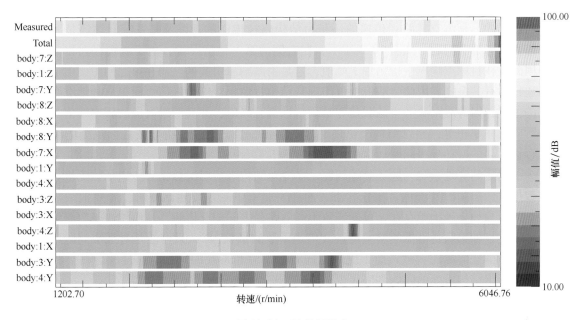

图 10-21　贡献量排序

行主分量分析，以确定所有的工况数据中有多少个主要的线性无关的分量，也就是所谓的主分量。然后对每个主分量进行单参考 TPA 分析，最后才叠加回去得到多参考 TPA 分析的结果。因此，可以认为每个主分量对应一个线性无关的"虚拟"激励源，用单参考 TPA 来分析这个虚拟的激励源。因此，主分量是指解耦的线性无关的分量。

10.4　TPA 分析的目的

在"源-路径-接收者"模型中的接收者一侧，作为接收者的人体可以将振动，如座椅导轨振动、方向盘振动，或噪声，如耳旁噪声，设置为目标测量量。或者同时将二者设置为目标测量量。当目标量为噪声时，人们经常把噪声分为结构声和空气声。目标点的噪声由结构激励引起的，则为结构路径；由源表面振动引起源周围的空气振动传递到目标点的路径为空气路径。但实际上，目标为振动时，也可能由结构振动路径或空气路径所引起，因此，存在两类激励和两类目标，对应四种可能的路径类型，如图 10-22 所示，即目标点的振动可以是结构激励或声音激励引起的；目标点的噪声可是以结构声或空气声引起的。

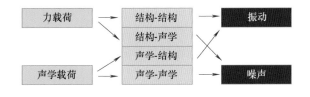

图 10-22　四种可能的路径类型

当进行 TPA 分析时，需要同时考虑所有可能的路径类型，这意味着我们能比较每条路径对每个目标点的贡献量。这样一来，就可以确定哪条路径传递的能量最多，不同路径之间是如何影响的，是由空气路径传递的还是由结构路径传递的，以及是系统问题还是源的问题，或者二者都有问题。如图 10-3 所示，在右侧的第一种情况中，由于激励存在相应的峰值，因此，在目标点响应中也出现了峰值，这是由激励源引起的。而在第二列中，由于结构的传递特性有共振峰，因此，响应中也出现与结构特性相对应的峰值。而第三种情况则是最糟糕的情况，因为激励源产生的载荷和结构特性都有峰值，并且激励对应的频率峰值与结构第一阶固有频率相等，导致结构会出现明显的共振特性，因而，将导致目标点处的响应很大，存在明显的振动噪声问题。

为了确定到底是系统问题还是源问题，需要对结构进行工况数据和传递函数测量。测量工况数据时，激励源处于正常工作状态，而在实验室中测量传递函数时，需要把激励源拆除，这是因为如果激励源存在，可能导致不同的路径之间相互影响，从而传递函数测量不准确。本质上，如果只是考虑实验室测量（传递函数测量），那么只可能是对系统问题进行调查，没有考虑任何源的贡献，而工况数据同时考虑源和系统的作用。通过联合两类测量数据，可以指出结构所处的问题到底属于图 10-3 中三种情况的哪一种。

为了能够比较每条路径的重要性，需要量化有多少能量从源这一侧流向到了接收者一侧。这可以通过测量目标点的响应进行判断，如驾驶人耳旁噪声，它是所有路径在目标点的贡献之和。一条路径的贡献量等于在那条路径位置的激励引起的一部分目标点的响应，也等于路径输入点到目标点的传递函数与路径输入点的工作载荷的乘积。由于目标点的响应是所有路径在目标点处产生响应叠加得到的，因此，可以比较每条路径在目标点处产生的响应的大小，也就是所谓的各条路径对目标点总响应的贡献量。通过比较不同路径的贡献，可以指出需要进一步调查的重要路径。

当比较结构路径和声学路径时，二者实质上是相同的方式，细微的差别在于结构路径的传递函数称为频响函数（VTF），而声学路径的传递函数称为噪声传递函数（NTF）。目标点测量的响应是所有路径贡献之和，所以，结构路径和声学路径可以按相同的方式处理，不需要区别对待。实际在处理过程中，是按矩阵的形式来处理的，系统矩阵同时包含了声学路径和结构路径到目标点的传递函数，系统矩阵乘以由声学载荷和力载荷组成的载荷向量得到目标点的响应向量。

一旦知道了哪一条或几条路径对接收者的贡献最大，就可以对这些路径做进一步的调查。导致路径产生贡献大的原因可能是激励源或者是系统的传递路径引起的，或者二者同时作用。

比如，车内不希望出现的噪声的一个重要贡献者可能是涡轮增压器通过空气路径传递到驾驶人耳朵的噪声。如果涡轮增压器辐射了大量的 1 阶噪声，在 1 阶频率处将有大的体积速度激励车身，在车内将出现这 1 阶噪声。改善这一阶噪声的一个可能办法是减少涡轮增压器轴的不平衡量。另一个可能的方法是在涡轮增压器内壁铺设吸声材料或者用隔声材料包裹涡轮增压器外壁，如图 10-23 所示。

另外一个例子是接收者侧的问题与系统的传递特性相关。如果车辆 1 阶固有频率在 200Hz 处，任何来自发动机悬置处的激励只要在那个频率处将导致车内产生较大的振动和与之相关的噪声，即使这个激励力的量级较低。这种情况下，可以尝试加强车身的刚度，使这阶固有频率向上移动；或者使发动机的转速不超过 6000r/min，这样能保证发动机的 2 阶次

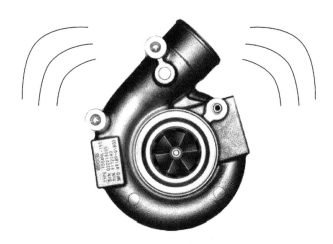

图 10-23　涡轮增压器

不会激励车身产生共振问题。

对于传统的降噪手段而言，通常是针对噪声频谱中幅值大的噪声，这有点类似打地鼠游戏（见图 10-24），哪个频率的幅值高就消除或降低哪个频率。但对于 TPA 分析（其他也类似）来说，这种打地鼠式降噪方法不一定行得通。这是因为当我们努力去消除或降低一条重要的路径贡献量时，必须保证这条路径不会抵消其他路径的贡献量。当两条路径贡献量的幅值相当，但相位差不多反相时，消除两条路径中的一条将会使原始要改善的问题更加严重。如图 10-25 所示，P_1 和 P_2 路径对应的噪声幅值大小相当，相位差接近 180°，这样当两条路径同时存在时，目标处的实际噪声大小为 P_{tot}，它的值小于 P_1，但是当消除 P_2 之后，目标处的噪声大小为 P_1，这时消除 P_2 反而增大了目标处的噪声，使问题更加严重。因此，降噪时除了从幅值大小来考虑之外，还应考虑相位关系。

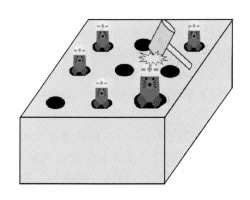

图 10-24　打地鼠游戏

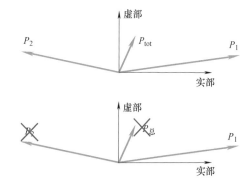

图 10-25　两条路径起到相互抵消的作用

当获得模态结果之后，可以对结构再进行修改，如添加质量、阻尼或动力吸振器等，获得修改之后的模态结果，也就是所谓的修改预测功能，从而指导设计人员进行实际的工程决策。相同的道理，在进行 TPA 分析之后，可以对路径进行调查，如修改某条路径的工况数据，或悬置动刚度曲线，或路径输入点到目标的传递函数，然后再计算修改之后的贡献量，对比修改前后的变化，从而指导实际的工程决策。

10.5 两类 TPA 模型

多年来，人们开发了许多种 TPA 方法，如 10.2 节中提到那些方法，但总的来说，这些 TPA 方法可以分为两大类：载荷-响应类 TPA 模型和响应-响应类 TPA 模型。载荷-响应类 TPA 模型用输入位置的载荷和输出位置的响应来描述系统；响应-响应类 TPA 模型用输入-输出位置的响应来描述系统。

试验模态分析可以分两类：传统实验模态分析 EMA 和工作模态分析 OMA。载荷-响应类 TPA 模型也称为传统 TPA；响应-响应类 TPA 模型也称为工作 TPA 或 OPA。模态分类与 TPA 分类二者有诸多相似之处，可将传统实验模态分析 EMA 与载荷-响应类 TPA 模型同等理解；将工作模态分析 OMA 与响应-响应类 TPA 模型同等理解。这是基于以下原因：

1）实验模态分析 EMA 和载荷-响应类 TPA 模型都测量载荷和响应，但二者有细微的差别：EMA 直接测量的载荷是力，而传统 TPA 的载荷-响应模型需测量频响函数和工况数据（响应），通过载荷识别获得载荷信号，因此，在一定程度上可认为两类试验都要求载荷与响应数据；

2）工作模态分析 OMA 只测量响应，相同地，工作 TPA 的响应-响应模型也只需要测量响应；

3）从所用数据上讲，也有相似之外。EMA 同时测量力和响应计算传递函数，而载荷-响应模型也需要测量传递函数；OMA 通过计算响应数据的自谱与互谱来计算传递率，相同地，TPA 中的响应-响应模型的传递率计算也是如此。

10.5.1 载荷-响应类 TPA 模型

TPA 分析是基于"源-传递路径-接收者"模型，车辆的"源-传递路径-接收者"如图 10-1所示。激励源包括振动激励源和噪声激励源，前者如发动机和变速器组成的动力总成、传动轴、排气系统的振动激励以及来自路面的激励等。噪声激励源包括动力总成辐射的噪声、HVAC 单元、进排气系统、轮胎噪声和高车速下的风噪等。传递路径的输入点包括动力总成悬置、排气系统隔振系统、车身与悬架的连接点等。而接收者通常以驾驶人和乘客的听觉、触觉和视觉位置等作为输出点。听觉位置如驾驶人和乘客的耳旁噪声；触觉位置如座椅、方向盘、脚下地板振动等，视觉位置如仪表盘振动等。

通常，把振动噪声的激励源看成是主动子系统，模型中的其他部分，即传递路径和接收者，都认为是被动子系统。主动子系统包括所有的激励源，被动子系统包括路径和接收者。对于汽车而言，被动子系统则包括车身和底盘系统。因此，"源-传递路径-接收者"模型可划分为主、被动子系统两部分。主、被动子系统的连接点作为传递路径的输入点，接收者位置作为输出点，也称为输出目标点，简称目标点。整条传递路径应从路径的输入点算起，直至目标点位置。但 TPA 分析处理时，仅考虑路径的输入点，将路径输入点代表整条传递路径。

传递路径又分两类：结构路径和空气路径。结构路径起源于结构振动激励位置，这些位置是激励的主动子系统与被动子系统的连接点，如发动机与车身的连接点，但悬置通常被认为是主动子系统的一部分。空气路径起源于噪声源，每个噪声源的声学中心是空气路径的起始输入点，如发动机每个表面的几何中心可看成是空气路径的输入点。

除了悬置动刚度法需要测量主动侧和被动侧的数据之外，其他情况只测量被动子系统的数据，包括传递函数和工况数据。传递函数又包括两类：各个路径输入点之间的 FRF 和路径输入点到目标点之间的 NTF。路径输入点到目标点的传递函数实际上也是 FRF，但为了与载荷识别所用的 FRF 相区别，称路径输入点到目标点的 FRF 为 NTF。

载荷-响应类 TPA 模型的数学理论公式如下：

$$y_k = \sum_{i=1}^{n} NTF_{ik} \times F_i + \sum_{j=1}^{p} NTF_{jk} \times Q_j$$

式中，y_k 是一个目标点的响应，F 和 Q 是结构载荷和声学载荷，NTF_i 和 NTF_j 分别是结构传递路径输入点和空气传递路径输入点到目标点的传递函数。n 和 p 分别表示结构传递和空气传递的路径数。式中所有项都是复数。

这个模型可以解释为每条路径输入点的载荷对目标点的响应都有贡献，而目标点的总响应是每条路径的贡献量之和。通过对比每条路径对目标点的贡献量，可以确定哪一条或哪几条路径对目标点的响应贡献最大，从而对这些路径进行调查，以帮助分析人员做出正确的工程决策。

路径输入点到目标点之间的 NTF 可以通过测量得到，但结构载荷和声学载荷一般通过间接方法获得。声学载荷通常没有直接测量可用的设备，虽然结构载荷可以通过载荷传感器直接测量得到，但通常使用载荷传感器会影响系统的动力学行为，因此，载荷一般都是通过间接方法获得，如悬置动刚度法、逆矩阵法、OPAX 方法和 ASQ 方法等。识别载荷需要测量路径之间的 FRF 和路径处的响应数据。因此，对于载荷-响应类 TPA 模型而言，需要测量传递函数和响应（工况数据）两类数据。

从测量效率方面来讲，载荷-响应类 TPA 模型不仅需要测量传递函数，还需要测量工况数据，因此，需要多通道的测量设备和更长的测量周期。通常以星期为测量周期计量单位。如对于发动机 TPA 的传递函数测量而言，为了减少路径的耦合，需要将主动子系统拆卸。若采用逆矩阵法，除了路径输入点之外，还需要增加一倍于路径点的额外指示点。这些都会增加测量设备和测量周期。因此，载荷-响应类 TPA 模型在测量方面不如响应-响应类 TPA 模型高效。

10.5.2 响应-响应类 TPA 模型

响应-响应类 TPA 模型对于源、路径输入点和接收者的定义与载荷-响应类 TPA 模型相同。因而，响应-响应类 TPA 模型与载荷-响应类 TPA 模型相似，但它又有自身的一些特点。响应-响应类 TPA 模型只测量被动子系统的响应数据，即路径输入点和目标点的响应数据。如图 10-26 中发动机表面作为噪声辐射声源时，只测量声源附近的声压级 p。当发动机作为结构激励源时，仅测量车身侧悬置位置的振动响应 a。除此之外，还需要测量目标点的响应 y。因此，整个响应-响应 TPA 模型只测量路径输入点和目标点的响应，不测量任何传递函数数据。由响应数据来计算路径输入点与目标点之间的传递率。

响应-响应类型 TPA 模型的基本数学理论公式如下：

$$y_k = \sum_{i=1}^{n} T_{ik} \times a_i + \sum_{j=1}^{p} T_{jk} \times p_j$$

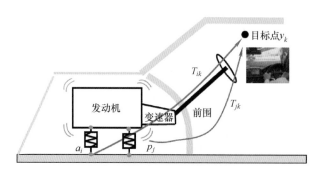

图 10-26　响应-响应类型 TPA 模型

式中，y_k 是一个目标点的响应，a 和 p 是结构响应和声学响应，T_i 和 T_j 分别是结构传递路径输入点和空气传递路径输入点到目标点的传递率，由响应数据计算得到。n 和 p 分别表示结构传递和空气传递的路径数。式中所有项都是复数。

从式中可以看出，响应-响应类型 TPA 模型不需要进行载荷识别，直接使用响应数据与传递率计算各个路径的贡献量。由于这个方法不进行载荷识别，因此，相比于载荷-响应类 TPA 模型，它的处理过程很简单、更快速。但另一方面，传递率不是结构的固有属性，因此，它与传统的载荷-响应模型中的 FRF 有很大的差异，这样，有时将导致结果解释起来很困难。

由于传递率是响应与响应之比，因此，对于响应-响应类 TPA 模型分析而言，只需要测量响应数据，这刚好与工作模态分析相似。不需要进行载荷识别，直接使用响应数据，因此，相比于载荷-响应类 TPA 模型，响应-响应类 TPA 模型测量起来效率会大大提高，节省了测量传递函数的时间，处理过程也更快。但响应-响应类 TPA 模型的应用有一些局限性，如要求各个路径之间不能相互耦合等。

一个可信的响应-响应类 TPA 模型分析结果应遵循以下三个条件：①路径之间耦合不严重；②路径之间相干小；③分析时应包含所有的路径。

由于这些条件限制，再加上缺乏应用指导方针，使得响应-响应类 TPA 模型不认为是经典载荷-响应类 TPA 模型的替代方法。

10.6　细说车辆的"源-路径-接收者"模型

分析与控制车辆的噪声与振动，可以按"源-路径-接收者"模型来表示，实际上，也可以称为"输入-振动系统-输出"模型，如图 10-1 所示。二者本质是相同的，只是叫法不同而已，输入看作激励源，传递路径是结构特性（或振动系统），接收者是响应输出。输入载荷通常是力或声学载荷，有时这些载荷无法直接测量到，那么就需要采用间接的方法对其进行识别。振动系统对输入激励存在相应的响应，称之为输出，这些响应通常是位移、速度、加速度、噪声、应变等。在车辆 NVH 分析中，主要关心的是引起车内振动噪声的激励。车辆会受到多种振动和噪声源的激励，每种激励源产生的振动噪声通过不同的传递路径（包括结构路径和空气路径）传递到多个响应点，从而被人体（接收者）所感知。因此，为了分析与控制噪声与振动，可以将任何一个振动噪声系统按"源-路径-接收者"模型来表示。

在这个"源-路径-接收者"模型中，常规的振动噪声测试结果是车辆 NVH 性能的实际表现，是这个模型中的第三部分，也就是接收者部分；模态测试或者频响测试是这个模型中的第二部分；而 TPA 分析是综合考虑这个模型中的每个部分。为了达到减振降噪的目的，也应从这个模型中的三个方面来考虑，首先应减少激励源的振动与噪声，其次是切断源与接收者之间的噪声和振动的传递路径，最后是对接收者进行保护。

在这个模型中，振动系统的固有属性是结构的动力学特性，也就是常说的模态参数，因此，模态分析主要是针对这个模型中的振动系统，即要获得振动系统的动力学特征参数。而模型的第三部分，也就是响应分析，是对振动系统由输入引起的输出响应进行分析，这也是振动分析中最常见的分析，它不同于模态分析，但二者又有联系。对结构的响应进行分析时，通常结构是处于某种工作状态，测量结构在这种工作状态下的响应。此时，处于工作状态下的结构受到工作载荷的激励，通过各种传递路径，在测量位置体现出来相应的响应。

通常受工作载荷的激励，结构会被激起一些模态（注意不是全部模态，而只是被工作载荷激起来的那些模态），激励起来的每一阶模态都会在测量位置处产生相应的响应（振动或噪声），这些激励起来的模态在测量位置的响应的叠加，就是结构某测量位置的响应，因而，这个响应是结构在受当前工作激励下的总响应。也就是说，当前测量获得的响应是结构受工作载荷的激励，所激起来的所有模态在这个测量位置处产生的响应的总和。因此，振动系统的动力学特性一定程度上决定着输出响应，当然还受输入激励的影响。

而 TPA 分析则是综合考虑工作载荷、结构系统和输出响应，以确定引起明显的输出响应是由哪部分引起的，可能是传递路径，也可能是激励源，或者是二者共同引起的。

10.6.1　车辆常见的激励源、路径和接收者位置

汽车的激励源主要分三类：动力系统（包括发动机、传动系统和进排气系统等）、路噪和风噪。在汽车低速行驶时，发动机是主要噪声振动源；在中速行驶时，轮胎与路面的摩擦是主要噪声振动源；在高速行驶时，车身与空气之间的摩擦变成了最主要的噪声振动源，如图 10-27 所示。因此，需要围绕这些激励及其传递路径来减少车内的振动噪声，提高汽车的舒适性，而噪声根据传递路径不同又分为结构路径和空气路径。

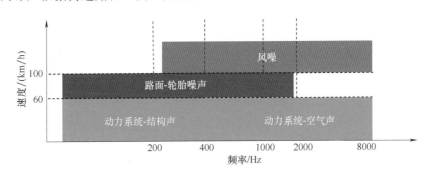

图 10-27　车辆噪声与车速的关系

车辆的振动激励源主要包括动力装置、排气系统、传动轴、车轮和悬架系统和风激励等。噪声激励源主要包括动力装置的噪声、进排气系统的噪声、传动轴系的噪声、车轮和路

面的摩擦噪声和各种结构噪声等。

车辆的振动传递路径包括动力总成悬置隔振系统、车身与副车架连接处、排气系统隔振系统、前后悬架连接点,后桥拉杆与车身连接处,悬置与副车架连接处,各种与车身连接部件,如拉索、卡扣、托架、空调管、油管等。噪声传递路径包括车体以及车体上的一些空洞缝隙等。

接收者主要包括驾驶员或乘员耳旁噪声、方向盘振动、地板脚踏处的振动、座椅导轨振动、仪表盘振动和后视镜振动等。在分析源-路径-接收者模型时,最主要的是接收者,一切应从接收者出发,即从顾客要求出发,来确定噪声与振动量级的大小和声品质。

传递路径的振动与噪声特性是振动与噪声控制的关键。对路径的控制通常有三种方法:隔声与隔振、吸声与吸振和改变路径结构。通常用吸声和隔声来达到减少噪声的目的,车上许多部分都安装了吸声材料和隔声材料。而路径的振动控制一般是采用隔振器或动力吸振器。改变路径结构通常是采用优化设计使隔振效果最佳。

10.6.2　动力总成 TPA

从图 10-27 可以看出,当车辆低速行驶时,来自动力总成的振动噪声在车内占主导地位,因此,经常需要对动力总成进行 TPA 分析。此时,动力总成作为激励源,动力总成与车身或副车架相连的悬置隔振系统作为结构路径,如三点悬置,则结构路径共有 9 条路径(每个悬置 3 个方向)。前围的一些工艺孔、线束管路和缝隙作为空气声路径。客舱的驾驶人和乘员作为接收者。

对于发动总成 TPA 而言,虽然有来自发动机和变速箱的各种不同部件的振动噪声,但它仍属于单参考 TPA 的范畴,这是因为各个振动噪声源之间是相关的,使用一个参考信号就可以确定各个部件产生振动噪声之间的相位关系。通常在发动机顶面布置一个单向加速度传感器作为参考信号,或者使用曲轴的转速信号作为参考信号。

悬置通常为软悬置,所以动力总成 TPA 的载荷识别方法可以采用悬置动刚度法,即测量悬置两侧的加速度信号,根据下式计算悬置处的载荷信号,但前提是具有悬置的动刚度数据。

$$F_i(\omega) = K_i(\omega) \times \frac{a_{ai}(\omega) - a_{pi}(\omega)}{-\omega^2}$$

获得悬置两侧的加速度信号,除了用于 TPA 分析之外,也可用于评价悬置的隔振效果。

对于空气传递路径,通常将动力总成表面划分为若干小区域,测量每个小区域与目标点(接收者)之间的传递函数。而在测量结构路径的传递函数时,需要将动力总成拆除,以减少不同路径之间的相互影响。

10.6.3　路噪 TPA

车内噪声除了来自动力总成之外,来自路面激励产生的噪声占比也较大。车辆在行驶过程中,车轮受路面不平度激励使轮胎胎面产生振动、与轮胎空腔系统共振,通过悬架系统(中间也许存在车架或副车架)对车身产生激励,导致车内产生噪声。对于路噪 TPA 而言(见图 10-28),受到多个轮胎的激励,这些激励是部分相关或完全不相关的,因此,路噪 TPA 应采用多参考 TPA 进行分析。当正常行驶时,左右轮行驶过的路面不平度是有差异的;车辆转向时,左右轮驶过的幅度与速度是不一样的;当驶过坑洼路面时,前后轮是不同时刻驶过这些坑洼路面的，因此，路面对轮胎的激励是部分相关或完全不相关的。

路面激励会使轮胎空腔产生共振噪声，由于这种噪声频率较低，通常在 200 ~ 300Hz 之间，因此轮胎空腔共振噪声主要以结构传递路径为主。影响轮胎空腔共振噪声的主要因素有轮胎的规格、侧/径向刚度、车轮模态和轮辋刚度，以及悬架部件柔性模态、衬套动静刚度、车架或副车架的弯曲/扭转模态

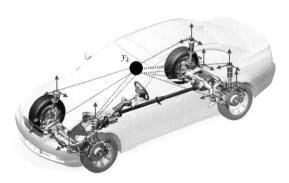

图 10-28　路噪 TPA 模型示意图

或车身各接附点的刚度等车身声振灵敏度等。轮胎空腔共振噪声是一种单频噪声，通过开、关车窗对比车内噪声的频率来判断，通常空气路径对这种噪声无明显影响，主要以结构噪声为主。

多参考 TPA 分析的实质是将工况数据分解成多个单参考 TPA 来分析，最后再将每个单参考 TPA 叠加得到最终的分析结果。各个响应数据之间是没有固定的相位关系，因此，需要设置多个参考，将这些不相关的响应信号通过主分量分析分解成多个不相关的主分量。通常，这些参考分两类。一类是将车轮中心的振动信号作为参考，如 4 个车轮中心，则有 12 个振动参考信号。另一类是将车内多个声音信号作为参考，如车内布置 4 个传声器，则有 4 个声音参考信号。通过主分量分析得到的主分量通常少于参考点的数目，如图 10-29 为将 4 个车轮中心振动作为参考（12 个），得到的主分量为 6 个。

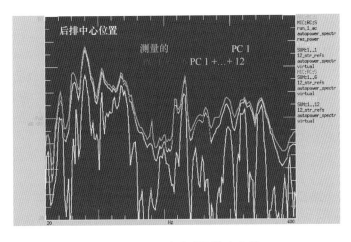

图 10-29　12 个参考下的主分量

10. 7　TPA 分析需要的知识储备

TPA 分析要考虑"源-路径-接收者"模型（或称为"输入-结构-输出"模型）中的三个方面，不像常规的 NVH 测试仅考虑接收者（也称为目标点）的输出响应，因此，从测量分析角度来说，TPA 分析比常规 NVH 测试分析要更复杂，要求的知识储备更全面。

10.7.1　知识储备

作为一名 NVH 工程师，你可能还没有 TPA 分析经验，但你肯定做过常规的振动试验和模态分析等试验。想必你已经掌握或学习过机械振动、信号处理、声学基础、模态分析等方面的教材。如果已经掌握这些方面的知识，你就已经具备了基本的知识储备。但除此之外，你还需要掌握 TPA 理论与工程实际经验。

图 10-8 是传统 TPA 分析的一般流程，从图中可以看出，TPA 分析需要测量两类数据：工况数据与频响函数。图中左侧灰色区域表示工况数据测量与处理，右侧蓝色区域表示频响函数测量。

从测量的角度来说，测量这两类数据，需要对传感器、数据采集硬件和模数转换过程有一些基本了解。工况数据测量时，获得的是各个测点的时域历程数据，需要将这些时域历程数据转换为频域数据，这个过程涉及信号处理：频谱分析、阶次分析、倍频程分析（视频域工况数据类型而定）等。

对于测量频响函数而言，除了掌握上一段提到的知识之外，还需要具备模态相关知识，掌握锤击法和激振器法测量频响函数的技巧。当然频响函数也可来自于仿真数据。

从软件使用角度来考虑，在这以 Simcenter™ Testlab 为例进行说明。由于工况数据测量分析需要使用 Signature 和时域后处理模块。频响函数测量主要用到 Impact testing 和 MIMO FRF 模块。因此，需要熟练掌握这些软件模块的使用。

对于多参考 TPA 分析而言，由于在分析之前需要将工况数据进行主分量分析，因此，这个过程需要用到奇异值分解。需要使用的软件模块是多参考后处理和主分量分析模块。

10.7.2　TPA 理论

TPA 分析通常可以分为两类模型：载荷-响应类和响应-响应类。载荷-响应类 TPA 模型属于传统 TPA，既需要测量工况数据，又需要测量频响函数；而响应-响应类 TPA 模型也称为工作 TPA（或称为 OPA），只需测量响应即可，不需要测量频响函数。

传统 TPA 的理论公式如下：

$$y_k = \sum_{i=1}^{n} \mathrm{NTF}_{ik} \times F_i + \sum_{j=1}^{p} \mathrm{NTF}_{jk} \times Q_j$$

式中，左侧 y_k 是各个路径传递到目标点 k 的振动或噪声的贡献量。等式右侧第一个式子表示通过结构路径传递过来的贡献量，等于结构传递路径到目标点的传递函数 NTF 与路径处的结构载荷的乘积。第二个式子表示通过空气路径传递过来的贡献量，是空气传递路径到目标点的传递函数与路径处的声学载荷 Q 的乘积。n 和 p 分别表示结构传递和空气传递的路径数。

通过上式，我们可以确定传统 TPA 需要获得两类数据：传递函数和载荷。而载荷通常不可进行直接测量，绝大多数情况是通过间接方法获得的。而间接方法需要测量工况数据。因此，对于 TPA 而言，最终需要测量两类数据：传递函数和工况数据。载荷的间接识别方法包括悬置动刚度法、逆矩阵法和其他一些方法。

响应-响应类型 TPA 模型的基本理论公式如下：

$$y_k = \sum_{i=1}^{n} T_{ik} \times a_i + \sum_{j=1}^{p} T_{jk} \times p_j$$

式中，左侧 y_k 仍是的各个路径传递到目标点 k 的振动或噪声的贡献量，但等式右侧各项与传统 TPA 有着明显的差异。等式右侧第一个式子表示通过结构路径传递过来的贡献量，等于结构传递路径到目标点的传递率 T 与路径处的结构响应 a 的乘积。第二个式子表示通过空气路径传递过来的贡献量，是空气传递路径到目标点的传递率与路径处的声学响应 p 的乘积。n 和 p 分别表示结构传递和空气传递的路径数。

由于传递率是响应与响应之比，因此，对于响应-响应类 TPA 模型分析而言，只需要测量响应数据，这类似于工作模态分析。不需要进行载荷识别，直接使用响应数据，因此，相比于载荷-响应类 TPA 模型，响应-响应类 TPA 模型测量起来效率会大大提高，节省了测量传递函数的时间。但响应-响应类 TPA 模型的应用有一些局限性，如要求各个路径之间不能相互耦合等。

总之，进行 TPA 分析需要掌握两类模型的理论知识，各种方法的应用条件等。

10.7.3 实际工程经验

TPA 分析用于解决工程问题，因此，在进行测量分析处理时，必然要解决一些工程上的现实问题，在这以发动机 TPA 中的悬置为例进行说明。

发动机 TPA 测量工况数据时，悬置作为结构路径的输入点，路径实际测量位置应为悬置的几何中心，但由于悬置实际安装导致无法测量得到悬置几何中心处的工况数据。因此，常规做法是在悬置的主/被动侧的几何中心两侧布置两个三向加速度传感器测量响应，平均这两个响应数据作为悬置主/被动侧几何中心处的数据，如图 10-30 所示。

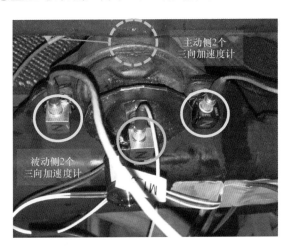

图 10-30　悬置主/被动侧工况数据测点布置

除了测量悬置的工况数据之外，还需要测量悬置路径处的传递函数。测量悬置处的传递函数时，为了防止路径耦合，通常需要把发动机拆卸下来，此时，车身侧的悬置在轴向是孔洞，如图 10-31 所示。当采用锤击法进行测量时，空洞的轴向是无法进行锤击测量的，因此，可在悬置轴向粘上一块薄铁片方便进行轴向锤击，如图 10-31 的 Y 向。粘贴的铁片不能太硬，也不能太软，这些都需要相应的工程经验。

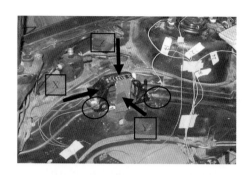

图 10-31　测量悬置的传递函数

　　因此，TPA 需要具备基本的振动噪声测量处理所需要的知识，还需要模态测试所需要的知识，以及 TPA 自身要求的理论知识。相对而言，TPA 要掌握的知识更多、更全面。

第**11**章

经典 TPA

经典传递路径分析技术不仅适用于单个相关源的单参考 TPA（如发动机噪声），也适用于多个部分相关或完全不相关的源的多参考 TPA（如部分相关的汽车道路噪声）。

单参考 TPA 是指各个激励源彼此之间是相关的，即使有多个激励源，但独立的源只有一个，其他的源可以用这个独立的源表示，因此，这时只需要使用一个相位参考信号即可以表征各个源之间的固定的相位关系，因而，称之为单参考 TPA，如发动机 TPA 就是典型的单参考 TPA。单参考 TPA 是其他 TPA 的基础，因此，掌握单参考 TPA 是传递路径分析的重点。

进行单参考 TPA 分析的前提是定义 TPA 模型，即定义哪些是激励源，哪些是路径以及哪些是目标点，关于这一点，请参考 10.6 节。确定 TPA 模型之后，需要测量工况数据与 FRF。关于数据测量请参考第 14 章。获得了相关数据之后，需要进行载荷识别和贡献量分析。

为了解决结构传递的道路噪声问题，了解来自四个轮胎的道路输入是如何通过悬架和悬置元件传递到汽车内的是很重要的。每个输入轮以不同的方式对传递的噪声进行过滤，这取决于传递的动力学特性。这将影响不同传递路径的重要性，并引发特定的共振问题。而解决这一类问题的经典方法则是多参考 TPA 方法。

11.1 工作载荷识别常见方法介绍

载荷-响应类 TPA 模型的数学理论公式为

$$y_k = \sum_{i=1}^{n} \mathrm{NTF}_{ik} \times F_i + \sum_{j=1}^{p} \mathrm{NTF}_{jk} \times Q_j$$

式中，y_k 是某个目标点的响应，NTF_i 和 NTF_j 分别是结构传递路径和空气传递路径输入点到目标点的传递函数，F 和 Q 是工作状态下的结构载荷和声学载荷。n 和 p 分别表示结构传递和空气传递的路径数。结构载荷通常是力，声学载荷通常是体积加速度。

路径输入点到目标点之间的 NTF 可以通过测量直接获得，但结构载荷和声学载荷一般通过间接方法获得，获得工作载荷的过程称为载荷识别。声学载荷通常没有可用的直接测量设备，虽然结构载荷可以通过载荷传感器（如力传感器）直接测量得到，但通常使用载荷传感器会影响系统的动力学行为，因此，工作载荷一般是通过间接方法获得，如悬置动刚度法、逆矩阵法、单路径求逆法和 OPAX 方法等。响应-响应类 TPA 模型直接使用工作响应来代替工作载荷，因此，不需要进行载荷识别。

11.1.1　直接法

如果能通过载荷传感器（见图 11-1）直接测量得到工作载荷，则这种载荷识别方法称为直接法。这种直接法仅适用于结构载荷，声学载荷较难直接获得。对于直接识别结构载荷而言，需要将载荷传感器放置在路径输入点位置，一定程度上会改变结构特性，从而导致直接测量得到的载荷与最初想识别的载荷存在较大的差异。

如对于发动机 TPA 而言，悬置作为结构路径的输入点，需要识别悬置处的结构载荷，如果采用直接法，则需要在悬置上掏挖一个孔洞以用于安装载荷传感器。在悬置上掏挖孔洞，一定程度上会破坏悬置自身的隔振效果，从而导致掏挖后作用该处的载荷与之前完全不同，影响载荷识别。所以，直接法识别载荷存在弊端，很少使用。

图 11-1　结构载荷传感器

响应-响应类型 TPA 模型（OPA）的基本数学理论公式如下：

$$y_k = \sum_{i=1}^{n} T_{ik} \times a_i + \sum_{j=1}^{p} T_{jk} \times p_j$$

式中，y_k 是某个目标点的响应，a 和 p 是结构响应和声学响应，T_i 和 T_j 分别是结构传递路径输入点和空气传递路径输入点到目标点的传递率，由响应数据计算得到。n 和 p 分别表示结构传递和空气传递的路径数。由于直接使用工作响应数据来进行贡献量分析，所以，当使用 Simcenter™ Testlab TPA 进行 OPA 分析时，是使用软件的直接法工作页面调入工作数据当成工作载荷来处理。

当不能使用直接方法识别工作载荷时，通常可采用以下这些间接方法进行工作载荷识别。

11.1.2　悬置动刚度法

动力总成悬置安装如图 11-2 所示。根据力等于刚度乘以位移公式，可计算得到悬置处的工作载荷，由于测量过程中普遍使用加速度传感器，因此，最终的计算如下：

$$F_i(\omega) = K_i(\omega) \times \frac{a_{ai}(\omega) - a_{pi}(\omega)}{-\omega^2}$$

式中，F_i 为要识别的工作载荷，K_i 是悬置复数形式动刚度，a_{ai} 与 a_{pi} 分别为发动机侧（主动侧）和车身侧（被动侧）的加速度，ω 是频率。

从上式可以看出，要计算悬置处的工作载荷，必须要获得悬置的动刚度曲线，但悬置的动刚度曲线通常很难获得。另一方面，要通过主/被动侧的相对加速度积分两次得到悬置的位移数据。

一旦悬置动刚度曲线可用，便可以通过动刚度

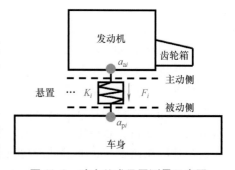

图 11-2　动力总成悬置测量示意图

乘以位移计算悬置处的工作载荷。但如果悬置是硬连接或位移很小时，这种方法就不适用

了。作为一般原则，采用悬置动刚度法识别工作载荷要求悬置的传递率在 6dB 以上。

如果不能从悬置供应商处获得动刚度曲线，也可以通过测量获得，但必须注意，在实验室获得的动刚度要与悬置在工作状态下的动刚度相等。因为悬置是非线性的，当在实验室测量悬置的动刚度时，必须要施加正确的预载荷，如图 11-3 所示。另外，悬置的刚度变化也受温度影响严重，测量时要考虑温度的影响。

典型的橡胶悬置包括与发动机连接的螺栓，橡胶衬套和车身侧的固定支架，如图 11-4a 所示，绿色表示螺栓，蓝色表示弹性橡胶单元，黑色为车身侧的固定支架。螺栓安装在发动机侧，在车身侧使用支架固定悬置。通过悬置动刚度方法识别悬置处的工作载荷时，要求测量悬置在工作状态下主/被动侧的加速度。并且是悬置几何中心处的加速度，但由于结构安装特性，导致不能直接测量得到悬置几何中心处的加速度，这就要求使用多个加速度传感器进行测量，然后平均得到几何中心处的加速度，通常多个加速度计平均也可以避免扭矩对几何中心位移的影响。通常在悬置主动

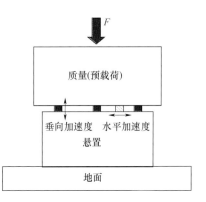

图 11-3　悬置动刚度测量示意

侧上下位置布置 2 个三向加速度计（见图 11-4 绿色位置），在被动侧左右位置布置 2 个三向加速度计（见图 11-4 黄色位置），分别对它们进行平均，得到主/被动侧悬置几何中心位置处的加速度，然后对这两个几何中心处的加速度的差值积分两次，得到悬置的工作位移。

测量主/被动侧的加速度响应是在结构处于工作状态下，而测量路径输入点到目标点的 NTF 时，则是结构处于静止状态下。因为工作载荷作用在结构的被动侧（如车身侧），因此，测量 NTF 应是被动侧到目标点位置，当然互易性测量也可使用。当移除发动机之后，在车身被动侧悬置安装位置仅剩下安装支架，此时，沿悬置轴向是一个孔洞，如图 10-31 所示。为了获得被动侧几何中心位置（孔洞处）到目标点的 NTF，通常需要使用其他金属片安装在悬置安装位置处，如图 10-31 所示 Y 向需要粘贴铁片用于激励。

11.1.3　逆矩阵法

结构的响应等于频响函数乘以激励力，那么，可以对这个公式求逆获得工作载荷，即载荷等于响应乘以频响函数的逆矩阵，这种识别载荷的方法称为逆矩阵法。由于各个测点之间的 FRF 在一定程度上线性相关，因此，当仅包含路径处的 FRF（包括路径处的驱动点 FRF 和路径之间的跨点 FRF）时，FRF 矩阵不满足满秩要求，从而不能求逆。因此，为了保证矩阵能求逆，需要补充更多测点的 FRF 数据，也就是除了考虑路径点之外，还需要考虑额外的指示点处的 FRF。在这，路径点和额外的指示点统称为指示点。除了路径到各个指示点处的 FRF 之外，逆矩阵法还要使用大量的指示点的加速度去估计路径处的工作载荷。额外的指示点加速度靠近路径位置，因此，它们与路径处的工作载荷强相关。如图 11-5 所示，a_i 为路径处的加速度，$a_1 - a_v$ 为指示点处的加速度。

指示点的加速度与工作载荷之间的关系通过系统的传递矩阵来描述，这个矩阵包含每条路径到每个指示点处的 FRF，此时矩阵为满矩阵。这个满矩阵意味着每个指示点的加速度是由每个工作载荷联合引起的，而不是仅仅是由离它最近的工作载荷引起的。因此，这也就体

a)

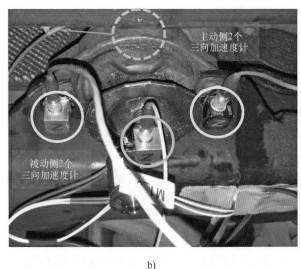

b)

图 11-4　悬置结构和工作状态下的悬置两侧加速度测量示意

a）悬置结构与测量示意　b）悬置实物测量位置

现了考虑路径之间的相互耦合性。

对获得的频响函数矩阵求逆得到各个路径位置上的载荷，公式如下：

$$\begin{bmatrix} F_1(\omega) \\ F_2(\omega) \\ \vdots \\ F_n(\omega) \end{bmatrix} = \begin{bmatrix} H_{11}(\omega) & H_{21}(\omega) & \cdots & H_{n1}(\omega) \\ H_{12}(\omega) & H_{22}(\omega) & \cdots & H_{n2}(\omega) \\ \vdots & \vdots & \vdots & \vdots \\ H_{1v}(\omega) & H_{2v}(\omega) & \cdots & H_{nv}(\omega) \end{bmatrix}^{-1} \begin{bmatrix} a_1(\omega) \\ a_2(\omega) \\ \vdots \\ a_v(\omega) \end{bmatrix}$$

从上面公式可以看出，逆矩阵法求解工作载荷除了需要获得指示点之间的 FRF 满矩阵之外，还需要测量工作状态下各指示点的加速度。求解载荷的第一步就是对 FRF 矩阵求逆。

初看起来，似乎对这个频响函数矩阵求逆会比较麻烦。因为使用逆矩阵法进行载荷识别时，矩阵的维数是路径总数的 2 倍或者更多，这是因为测得的频响函数很多都是线性相关的（看起来非常相似），为了获得更多线性无关的方程，需要额外的测点才能保证求解出想要的载荷。因此，频响函数矩阵的维数是比较大的，如路径数为 15，额外的指示点也为 15，则频响函数矩阵维数为 15 × 30。另一个方面，求逆计算必须要计算每条谱线下的值，而关心的带宽内谱线数通常很大，如 4096 条，甚至更多。为了

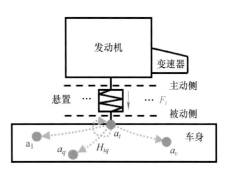

图 11-5　逆矩阵法测量示意图

快速准确地求逆，通常使用奇异值分解方法（SVD）。因为通过 SVD 对矩阵求逆变得非常简单：奇异值求倒数，奇异矩阵转置。因此，使用 SVD 对频响函数矩阵求逆使得工作载荷识别过程变得非常简单。

逆矩阵法适用于刚性悬置和刚性连接的情况。

逆矩阵法识别工作载荷的缺点之一是要保证 FRF 矩阵能够求逆，因此，要求指示点数远大于路径数。这样，可以获得超定方程组（方程数大于未知数），并按最小二乘方式求解工作载荷。为了获得准确的结果，通常超定因子为 2，也就是方程数为路径数的 2 倍，即指示点数为 2 倍的路径数（除了路径数之外，还要一倍路径数的额外指示点）。这样一来，得到的是一个超定的扩展矩阵，这就要求花费更多的时间与精力用于频响函数测量和工作数据测量用于载荷识别。另一方面，在频域求解时，要求解每一条谱线，因此，如果考虑的路径太多，则需要付出更多的精力。

从上面的方程可以看出，逆矩阵法进行载荷识别时，需要从路径到各个指示点的频响函数，而且还需要各个指示点的工况数据。因此，当利用逆矩阵法进行载荷识别时，第一步是在实验室测量获得路径点到各个指示点的频响函数满矩阵；第二步是获得各个指示点的工况数据；第三步是进行载荷识别计算。

进行频响函数测量时，通常是将激励源移除，把待测结构自由悬挂起来，如图 11-6 中所示的移除发动机后的车身，用弹性绳自由悬挂。常用的激励设备包括力锤（见图 11-7a）和迷你型激振器（见图 11-7b）。迷你型激振器对于紧凑空间内的激励是非常适用的。在测量用于载荷识别的频响函数的同时，也会测量用于贡献量分析的频响函数，即从路径点到目标点之间的频响函数。当测量路径到目标点之间的频响函数时，我们也可以使用互易性来测量，测量这类频响函数时也需要将源移除。

图 11-6　自由悬挂的车身

第二步是测量工况数据，通常也是各指示点与目标点的工况数据同时测量。要求测量各指示点的工况数据要与第一步测量频响函数的位置与方向相同。这时因为测试两类数据的过程中涉及激励源的移除，因此，必然要拆卸和重

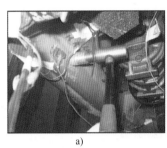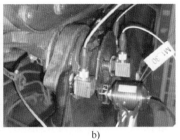

a) b)

图 11-7　常用的两类激励设备

a）力锤激励　b）迷你激振器激励

新安装传感器，所以，在重新安装传感器的过程中，要确保两次测量的指示点位置与方向一致。

另一方面，用逆矩阵法进行载荷识别除了需要路径点数据之外，还要提供一倍数量的额外指示点数据。那么这些额外的指示点应该位于什么位置呢？布置这些额外的指示点通常要遵循以下原则：①靠近路径点位置，其他的路径对这个额外的指示点影响有限；②离这个路径点要"足够远"，以避免相同的信息重复测量两遍；③避免在一些薄弱的面板上布置额外的指示点，这些位置可能存在局部共振频率。通常额外的指示点布置在离路径点处 10cm 左右的位置，图 11-8 中红圈所示位置为额外的指示点测量位置，其他位置为路径点测量位置。

图 11-8　额外的指示点测量位置

11.1.4　单路径求逆法

单路径求逆法进行载荷识别原理与逆矩阵法相同，但假设一些指示点加速度计或传声器仅受一条路径的激励。如果这个假设成立，那么这个激励载荷可以通过对单列 FRF 矩阵和几个指示点的工况数据得到，这个单列 FRF 矩阵是这条路径到多个指示点之间的 FRF，这个方法对应的公式为

$$F(\omega) = [H_{11}(\omega) \quad H_{21}(\omega) \quad \cdots \quad H_{v1}(\omega)]^{-1} \begin{bmatrix} a_1(\omega) \\ a_2(\omega) \\ \vdots \\ a_v(\omega) \end{bmatrix}$$

式中，v 是指示点数，通常对于单路径而言，v 常取 2。这个方法是假设在指示点位置测量的工作响应仅仅是由要识别的这条单路径引起的。如果这条单路径与其他重要的路径之间是相互解耦的，那么按这种方法估计得到的工作载荷是没有问题的。这对一些结构路径来说，可能是这样的，如各种不同部件之间的衬套或悬置能提供足够强的隔振效果。然而，这个方法更常用于估计声学载荷，如排气尾管的声学载荷。这时通常测量排气尾管与一些指示点位置

之间的传递函数和这些指示点位置的传声器工作响应。如图 11-9 所示，在尾管处放置一个小型体积声源（图中红圈中间所示设备），同时在尾管附近布置两个传声器，测量它们之间的传递函数，以及测量两个传声器指示点的工况数据。

这个方法常用于确定声学载荷，因为结构载荷通常很难与其他的结构载荷之间相互解耦。这个方法测量步骤与逆矩阵法相同：测量路径与指示点处的传递函数，然后测量指示点处的工作响应，然后再进行载荷识别计算。在测量传递函数同时，也会测量路径处到目标点处的传递函数；测量指示点处的工作响应同时测量目标点处的工作数据。

11.1.5　派生方法

面板振动引起的声学激励，可以将大的振动面板划分成若干个小区域，测量每个小区域的法向加速度信号，然后每个小区域的法向加速度乘以相应的面积获得这个小区域的体积加速度，获得声学载荷，如图 11-10 所示。

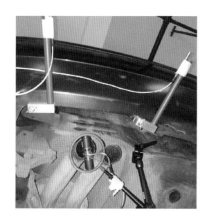

图 11-9　排气尾管处的测量（汽车底部视图）

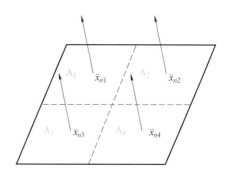

图 11-10　测量振动表面的法向加速度

$$\ddot{Q} = \int_s \ddot{x}_n \mathrm{d}s$$

对于声学载荷较集中的激励源，如排气尾管噪声，可以定义一个测量面围绕这个激励源，可以测量通过每个小区域的声强，或者测量每个小区域的声功率。假设声场是自由场，则从这些测量数据中可以获得激励源的体积速度。要注意的是，当测量量为加速度或声强时，可以获得相位信息，可以确定路径是否相互抵消。但当测量声功率时，则不包含相位信息。

$$Q_i^2 = Pow_i \frac{4\pi c}{\rho\omega^2} \frac{1}{C} = A_i I_i \frac{4\pi c}{\rho\omega^2} \frac{1}{C}$$

假设小区域刚性地前后运动。譬如将汽车的仪表板（见图 11-11 右侧）划分成不同的区域，把每个区域当成一条路径。每个区域可进一步划分成若干小区域，这样能减少从路径到目标点处的 NTF 数量。每个小区域的振动类似图 11-11 中左侧的活塞运动。为了确保假设成立，则要求小区域的最大尺寸应小于声源辐射的声波的最短波长。因为我们将求出这些小区域的体积速度的平均值，与这条路径相关的测量区域的最大尺寸必须小于感兴趣的最短波长。这是因为我们把一个激励源看成是一个激励这个声学路径的单极子，一般的原则是小于波长的 1/6。

11.1.6　各种方法混用

有时可以同时使用直接法、悬置动刚度法和逆矩阵法等方法来确定工作载荷。

从其他方法获得的载荷将被视为先验已知。例如，我们可以联合逆矩阵法和直接测量法。在这种情况下，指示点的加速度不仅是由逆矩阵方法确定的激励路径引起的，也是直接测量的路径的载荷引起的。我们不能简单地仅用加速度乘以 FRF 的逆矩阵。应该首先提取工作状态下直接测量的载荷引起的那部分加速度，然后应用逆矩阵法使用仅由要识别的载荷引起的那部分加速度来进行载荷识别。在图 11-12 中，假设共有 5 条路径，其中一条路径采用载荷传感器已直接测量出工作载荷 F_{direct}，还剩 4 条路径的工作载荷 F_{matrix} 需要通过逆矩阵法进行识别。那么，在利用逆矩阵识别其余 4 个载荷时，使用的加速度要减去直接测量出来的载荷 F_{direct} 所引起的加速度。

$$\ddot{X}_{matrix,F_{direct}} = H_{XF}F_{direct}$$

$$\ddot{X}_{matrix,F_{matrix}} = \ddot{X}_{operational} - \ddot{X}_{matrix,F_{direct}}$$

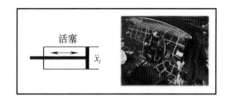

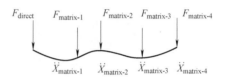

图 11-11　将汽车前围划分若干个小区域　　图 11-12　直接测量与逆矩阵联合使用

在这里，我们假设直接测量了一个力载荷，当联合其他的方法进行载荷识别时，也应该使用相同的策略。

除此之外，也可以采用来自 CAE 的方法进行载荷识别。

11.2　SVD 简介

奇异值分解（SVD）是线性代数中一种重要的矩阵分解方法，在数据压缩存储、搜索引擎、信号处理、统计学、动力学等领域有重要应用。但对大多数工程人员来说，它更是一个黑匣子。在这里，将描述一下 SVD 的数学表达式和它的一些参量，然后在下一节中将描述 SVD 在 TPA 领域中的应用。

在介绍奇异值分解之前，很有必要先介绍一下特征值分解。因为二者有着紧密的关联，特征值分解和奇异值分解的目的都是一样：提取出矩阵中最重要的特征。特征值和奇异值在大部分人的印象中，往往是停留在纯粹的数学计算中。而且在线性代数或者矩阵论里面，也很少讲任何跟特征值和奇异值有关的应用。奇异值分解是一个有着显著物理意义的一种方法，它可以将一个比较复杂的矩阵用更小更简单的几个子矩阵的相乘来表示，这些小矩阵包含原始矩阵重要的特征。

11.2.1　特征值分解及其物理意义

对一个 $m \times m$ 的方阵 A 和向量 $\boldsymbol{v}$，如果存在 λ 使得下式成立

$$Av = \lambda v$$

则称 λ 为矩阵 A 的特征值，v 称为矩阵 A 的特征向量。一个矩阵的一组特征向量是一组正交向量。特征值分解是将一个矩阵分解成下面的形式

$$A = Q\Sigma Q^{-1}$$

式中，Q 是这个矩阵 A 的特征向量组成的矩阵，Σ 是一个对角阵，每一个对角线上的元素是一个特征值。首先，要明确的是，一个矩阵其实就是一个线性变换，因为一个矩阵乘以一个向量后得到的向量，其实就相当于将这个向量进行了线性变换。

比如对一个二维矩阵进行特征值分解，那么，得到的两个特征值与特征向量。如果特征值大于 1 表示在这个特征值方向进行拉伸，如果特征值小于 1，那么表示在这个特征向量方向被压缩。因此，特征值与之对应的特征向量分别表示了变换的幅度和变换的主方向。如果想要描述好一个变换，只要描述好这个变换主要的变换方向就可以了。反过头来看看之前特征值分解的式子，分解得到的 Σ 矩阵是一个对角阵，里面的特征值是由大到小排列的，这些特征值所对应的特征向量就是描述这个矩阵变换方向（从主要的变换方向到次要的变换方向排列）。

当矩阵是高维的情况时，那么这个矩阵就是高维空间下的一个线性变换，这个线性变换可能没法通过图片来表示，但是可以想象，这个变换也同样有很多的变换方向，我们通过特征值分解得到的前 n 个特征向量，那么就对应了这个矩阵最主要的 n 个变换方向。我们利用这前 n 个变换方向，就可以近似这个矩阵（变换）。也就是之前说的：提取这个矩阵最重要的特征。

总结一下，特征值分解可以得到特征值与特征向量，特征值表示的是这个特征到底有多重要，而特征向量表示这个特征是什么。或者理解为特征向量是指明特征变换的方向，特征值为对应的特征变换方向上变化的幅度。可以将每一个特征向量理解为一个线性的子空间，可以利用这些线性的子空间做很多的事情。不过，特征值分解也有很多的局限，比如说变换的矩阵必须是方阵。而奇异值变换却没有此要求。

11.2.2 奇异值分解及其物理意义

特征值分解是一个提取矩阵特征很不错的方法，但是它只是对方阵而言的，在现实世界中，大部分矩阵都不是方阵，可以用奇异值分解来描述这样普通的矩阵的重要特征。奇异值分解是一个能适用于任意矩阵的一种分解方法。

假设 A 是一个 $n \times m$ 的矩阵，其 SVD 的形式为

$$A_{n \times m} = U_{n \times n} S_{n \times m} V_{m \times m}^{\mathrm{T}}$$

其中 $S = \mathrm{diag}(\sigma_1, \sigma_2, \cdots, \sigma_r)$，$\sigma_i > 0 (i = 1, 2, \cdots, r)$，$r = \mathrm{rank}(A)$。得到的 U 是一个 $n \times n$ 的方阵（里面的向量是正交的，U 里面的向量称为左奇异向量）。S 是一个 $n \times m$ 的矩阵（非对角线的元素都是 0，对角线上的元素称为奇异值），V^{T}（是一个 $m \times m$ 的方阵，里面的向量也是正交的，V 里面的向量称为右奇异向量）。

在对矩阵进行奇异值分解时，是通过特征值分解方法求得的，首先将矩阵转化为方阵，然后对其进行特征值分解。假设对 $n \times m$ 的矩阵 A 进行奇异值分解，首先，将矩阵 A 左乘它的转置矩阵 A^{T}，将会得到一个 $m \times m$ 方阵，用这个方阵求特征值可以得到：

$$(A^{\mathrm{T}}A)v_i = \lambda_i v_i$$

这里求得的 $\boldsymbol{\nu}$ 就是上面的右奇异向量。

或者将矩阵 $\boldsymbol{A}$ 右乘它的转置矩阵 $\boldsymbol{A}^{\mathrm{T}}$，将会得到一个 $n \times n$ 方阵，用这个方阵求特征值可以得到

$$(\boldsymbol{A}\boldsymbol{A}^{\mathrm{T}})\boldsymbol{u}_i = \lambda_i \boldsymbol{u}_i$$

这里求得的 $\boldsymbol{u}$ 就是上面的左奇异向量。此外，我们还可以得到

$$\sigma_i = \sqrt{\lambda_i}$$

$$\boldsymbol{u}_i = \frac{1}{\sigma_i}\boldsymbol{A}\boldsymbol{\nu}_i$$

式中的 σ 就是上面所说的奇异值。$\boldsymbol{u}$ 和 $\boldsymbol{\nu}$ 分别是矩阵 $\boldsymbol{A}$ 的奇异向量，而 $\boldsymbol{S} = \mathrm{diag}(\sigma_i, \sigma_2, \cdots, \sigma_r)$ 是 $\boldsymbol{A}$ 的奇异值。$\boldsymbol{A}\boldsymbol{A}^{\mathrm{T}}$ 的正交单位特征向量组成 $\boldsymbol{U}$，特征值组成 $\boldsymbol{S}^{\mathrm{T}}\boldsymbol{S}$，$\boldsymbol{A}^{\mathrm{T}}\boldsymbol{A}$ 的正交单位特征向量组成 $\boldsymbol{V}$，特征值（与 $\boldsymbol{A}\boldsymbol{A}^{\mathrm{T}}$ 相同）组成 $\boldsymbol{S}\boldsymbol{S}^{\mathrm{T}}$。也就是说，奇异值 σ 是矩阵特征值 λ 的非负平方根。因此，奇异值分解与特征值问题紧密相联。

奇异值分解提供了一些关于矩阵 $\boldsymbol{A}$ 的特征信息，例如非零奇异值的数目（$\boldsymbol{S}$ 的阶数）和 $\boldsymbol{A}$ 的秩相同，一旦秩 r 确定，那么 $\boldsymbol{U}$ 的前 r 列构成了 $\boldsymbol{A}$ 的列向量空间的正交基。从上面知道矩阵的奇异值分解为：$\boldsymbol{A} = \boldsymbol{U}\boldsymbol{S}\boldsymbol{V}^{\mathrm{T}}$，其中 $\boldsymbol{U}$、$\boldsymbol{V}$ 是正交阵（所谓 $\boldsymbol{B}$ 为正交阵是指 $\boldsymbol{B}^{\mathrm{T}} = \boldsymbol{B}^{-1}$，即 $\boldsymbol{B}^{\mathrm{T}}\boldsymbol{B} = \boldsymbol{I}$），$\boldsymbol{S}$ 为对角阵。

奇异值 σ 跟特征值 λ 类似，奇异值在矩阵 $\boldsymbol{S}$ 中也是由大到小排列，而且 σ 减少特别快，在很多情况下，前 10% 甚至 1% 的奇异值的和就占了全部的奇异值之和的 99% 以上了。也就是说，可以用前 r 个奇异值来近似描述矩阵，这里定义一下部分奇异值分解：

$$\boldsymbol{A}_{n \times m} \approx \boldsymbol{U}_{n \times r}\boldsymbol{S}_{r \times r}\boldsymbol{V}^{\mathrm{T}}_{r \times m}$$

式中，r 是一个远小于 m、n 的数。右边的三个矩阵相乘的结果将会是一个接近于 $\boldsymbol{A}$ 的矩阵，在这儿，r 越接近于 m，则相乘的结果越接近于 $\boldsymbol{A}$。实际上，利用逆矩阵法进行载荷识别正是利用了这一特征来改善条件数的。

11.3 SVD 在 TPA 中的应用

通过上一节可知：SVD 可将任一矩阵分解为左奇异向量矩阵、只有对角元素的奇异值矩阵和右奇异向量矩阵。奇异向量都是正交的，奇异值矩阵元素由大到小排列，因而，表明了奇异向量所占的比例。另外，正交的矩阵，其逆矩阵等于它的转置矩阵。因此，正是因为奇异值分解具有许多数学上的求解优势，因而，它在各个领域都有广泛应用。在 TPA 领域，SVD 的应用主要包括：

1）逆矩阵法识别工作载荷。

2）确定逆矩阵载荷识别中的条件数。

3）多参考 TPA 工况数据分解。

4）利用 SVD 解耦 OPA 的传递率。

11.3.1 逆矩阵法识别工作载荷

利用逆矩阵法进行载荷识别时，对获得的频响函数矩阵求逆得到各个路径位置上的载荷，公式如下：

$$\begin{bmatrix} F_1(\omega) \\ F_2(\omega) \\ \vdots \\ F_n(\omega) \end{bmatrix} = \begin{bmatrix} H_{11}(\omega) & H_{21}(\omega) & \cdots & H_{n1}(\omega) \\ H_{12}(\omega) & H_{22}(\omega) & \cdots & H_{n2}(\omega) \\ \vdots & \vdots & \vdots & \vdots \\ H_{1v}(\omega) & H_{2v}(\omega) & \cdots & H_{nv}(\omega) \end{bmatrix}^{-1} \begin{bmatrix} a_1(\omega) \\ a_2(\omega) \\ \vdots \\ a_v(\omega) \end{bmatrix}$$

初看起来，似乎对这个频响函数矩阵求逆会比较麻烦。使用逆矩阵法进行载荷识别时，矩阵的维数是路径总数的 2 倍或者更多（需要一倍路径数目的额外指示点），这是因为，测得的频响函数很多都是线性相关的（看起来非常相似），为了获得更多线性无关的方程，需要额外的测点（额外的指示点）才能保证求解出想要的载荷。因此，频响函数矩阵的维数是比较大的，如路径数为 15，额外的指示点也为 15，则频响函数矩阵维数为 30×15。

在矩阵求逆过程中，矩阵通过 SVD 转换到正交空间，不同的奇异值和奇异向量代表了系统矩阵中不同的线性无关（或独立）项。对频响函数满矩阵进行 SVD 分解，形式如下所示。

$$\boldsymbol{H}_{n \times v} = \boldsymbol{U}_{n \times n} \boldsymbol{\Sigma}_{n \times v} \boldsymbol{V}_{v \times v}^{\mathrm{T}} = \left[\sum_{i=1}^{n} \{ U_i \}_n \sigma_i \{ V_i \}_v^{\mathrm{T}} \right]_{n \times v}$$

奇异值矩阵为

$$\boldsymbol{\Sigma} = \begin{bmatrix} \sigma_1 & 0 & \cdots & \cdots \\ 0 & \sigma_2 & \cdots & \cdots \\ 0 & \cdots & \cdots & \cdots \\ 0 & \cdots & \cdots & \sigma_n \end{bmatrix}$$

当用 SVD 方法进行求逆时，会使得求逆运算变得非常简单，这是因为通过 SVD 求逆，只需要对奇异值求倒数即可，而正交阵 $\boldsymbol{B}$，有 $\boldsymbol{B}^{-1} = \boldsymbol{B}^{\mathrm{T}}$。因此，其求逆形式为

$$\begin{aligned} \boldsymbol{H}_{n \times v}^{-1} &= (\boldsymbol{V}_{v \times v}^{\mathrm{T}})^{-1} (\boldsymbol{\Sigma}_{n \times v})^{-1} (\boldsymbol{U}_{n \times n})^{-1} \\ &= \boldsymbol{V}_{v \times v} \boldsymbol{\Sigma}_{v \times n}^{-1} \boldsymbol{U}_{n \times n}^{\mathrm{T}} \\ &= \left[\sum_{i=1}^{n} \{ V_i \}_v \sigma_i^{-1} \{ U_i \}_n^{\mathrm{T}} \right]_{v \times n} \end{aligned}$$

奇异值矩阵为

$$\boldsymbol{\Sigma}_{v \times n}^{-1} = \begin{bmatrix} \sigma_1^{-1} & 0 & \cdots & 0 \\ 0 & \sigma_2^{-1} & \cdots & 0 \\ \vdots & \vdots & \vdots & \vdots \\ 0 & 0 & \cdots & \sigma_n^{-1} \end{bmatrix}$$

从上面可以看出，SVD 求逆是原始奇异值的倒数，这就使得通过 SVD 对矩阵求逆变得非常简单：奇异值求倒数，奇异矩阵转置。因此，使用 SVD 对频响函数求逆，从而使得载荷识别变得非常简单。

11.3.2　确定逆矩阵载荷识别中的条件数

通过矩阵求逆进行载荷识别，对 FRF 矩阵求逆时，由于数据来自同一结构，包含相同的共振频率信息，因此，逆矩阵中的元素的形状差不多相同。矩阵中的各行彼此

在每个频率处看起来非常相似（彼此之间线性相关），这就使得求逆过程处理起来相当复杂。

可以通过一个简单的实例来解释这一点。求解包含 n 个未知数的 n 个方程组系统，实际上与寻找 n 维平面上 n 个交点是一样的。假设 $n = 2$，那么求解方程等同于找到 2 条线的交点坐标（对于特定的载荷识别问题，可能会使用 2 个加速度传感器识别出 2 个力载荷）。对于这个问题，对应的矩阵维数为 2×2。因此，系统存在两种类型：①良态方程组，系统矩阵不同的行彼此是正交的（线性无关）；②病态方程组，系统矩阵不同的行不完全正交（彼此是线性相关的），如图 11-13 所示。

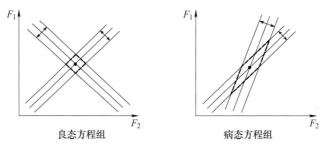

图 11-13　两类方程类型

从图 11-13 上可以看出，对于病态方程组而言，小的输入误差对输出有着巨大的影响。假设点虚线表示工况数据（测量被动侧加速度）的不确定度，那么区域内每个点都可以作为系统的一种可能解。从图上可以看出，对于病态方程，这个区域将变得很大。对于包含来自同一系统的 FRF 矩阵而言，通常属于后一种情况，也就是病态方程组。

在共振区域，不同力载荷对不同输出位置的影响是相似的。因此，矩阵不同的行看起来非常相似。故可以说，"载荷识别求逆"问题中的逆矩阵通常相当病态，矩阵求逆常常是病态方程组。

在矩阵求逆过程中，矩阵通过 SVD 转换到正交空间，相当于将原本病态的方程转换成良态方程，每个奇异向量对（u_i 和 v_i）通过奇异值 σ_i 进行缩放。所有的奇异值在对角线上按从大到小的顺序排列，这就意味着第一个奇异值对应的奇异向量对包含的信号最重要，随着对角线上的奇异值位置的增加，奇异向量对包含的消息量也在减少。了解了这一点，可以思考奇异向量和模态之间的类似之处。在共振频率处，只有一个奇异值是非常大的，其他的奇异值非常小。可以说在正交化以后，系统矩阵中相关部分的信息可以通过一个方程来概括。

可以列举一个简单的例子来说明这一点。假设一个小系统有一阶弯曲和一阶扭转模态。在不同于共振频率的每个频率处，结构上任何一位置的位移都是由这两阶模态的线性组合来定义的。越接近弯曲模态频率，弯曲模态越占主导；越接近扭转模态频率，扭转模态越占主导。在二者频率的中间，将是两者共同组合的结果。在共振频率附近，一个奇异值非常大，而另一个非常小，在中间位置处，两个奇异值差不多大。因此，可以说原始矩阵不同的行之间的线性关系直接与奇异值的分布相关。

如果奇异值良性分布（它们有差不多的量级），处理的系统矩阵将是良态的；如果一些奇异值远大于其他奇异值，那么系统矩阵将是病态的。这为我们表示矩阵的状态（良态还是病态）提供了一种数值方法。奇异值 σ_1/σ_n 之比（最大奇异值与最小奇异值之比）告诉我们奇异值的分布状态，这个比值称为条件数。良态矩阵通过 SVD 得到的条件数较小，如果是病态矩阵，则条件数非常大。

从 11.3.1 节中可以看出，奇异值求逆是原始奇异值的倒数，这就意味着求逆后，原来小的奇异值将变得非常大。不幸的是，这意味着求逆前系统矩阵中信息量小（不重要）的那部分在求逆后将变得非常重要。这部分包含的噪声在求逆之后也将变得非常显著。原始小的奇异值带来的噪声比大奇异值带来的噪声在求逆之后将变得更显著。

有些情况下的做法是将一些奇异值置零，因为它们在求逆过程中会带来更大的噪声。假设将第 p 个奇异值之后的奇异值全部置零，则得到的逆矩阵为

$$H^{-1} = \left[\sum_{i=1}^{n-p} V_i \sigma_i^{-1} U_i^* \right]$$

舍弃部分奇异值，正是因为奇异值在奇异值矩阵中是按从大到小排列，而且 σ 减少特别快，在很多情况下，前10%甚至1%的奇异值的和就占了全部奇异值之和的99%以上了。也就是说，我们可以用前 p 个奇异值来近似描述矩阵，p 是一个小于 n 的数。

通常，需要区分两种情况：

1）有一些奇异值远小于其他奇异值，这些值其实对整体载荷识别没有影响，比如噪声，这样便可以舍弃这些值。

2）奇异值的量级差不多，这时舍弃一个奇异值可能导致载荷识别过程中重要信息的丢失。此种情况下，到底舍弃哪些奇异值，没有原则，最好的办法是不断尝试和检查确定。

舍弃或忽略一些奇异值，需要非常小心。舍弃一个奇异值意味着要损失一些信息。因此，工程师需要运用他的知识和经验去做出正确的抉择。

关于这个讨论实质直接与条件数相关：舍弃一个奇异值之后，新的条件数将变成 σ_1/σ_{n-1}，这个值总是低于最初的条件数。因此，舍弃一个奇异值总是会改善问题的条件。工程师需要在改善问题和可能损失部分信息之间做出抉择。无论如何，条件数可以帮助用户做出抉择。如果条件数在特定频率处非常大，但总量级相当低，这意味着在这些频率处，可能是共振频率，舍弃一些奇异值可能是有利的。

注意：从初始的 FRF 矩阵中也可以舍弃一些 FRF，也能改善条件数。这是因为强制减少一些 FRF，那么矩阵中不同的行之间的线性相关程度将降低。然而，这样做非常危险，因为总会舍弃一些直接信息，不建议这样做。只舍弃一些你明确知道质量差的 FRF，但是不舍弃它们的目的是为了改善矩阵的状态。

11.3.3 多参考 TPA 工况数据分解

在多参考 TPA 中，所有的源只是部分相关。典型的多参考 TPA 是路噪 TPA，当汽车行驶时，四个轮子接触不同的路面，因此，信号不会是完全相关的，存在多个不相关的激励源，多个不相关的力作用在悬架上，此时各响应自由度之间存在一定程度的耦合，因而，路噪 TPA 时，需要将耦合的工况数据分解（PCA 分析）成独立的不相关的主分量，然后单独对每个主分量进行单参考 TPA 分析，最后再将每个单参考 TPA 叠加成最终的结果，如图 11-14 所示。

以其中两个车轮中单个方向为例来说明这个问题，假设车辆 1#轮和 2#轮受到来自路面

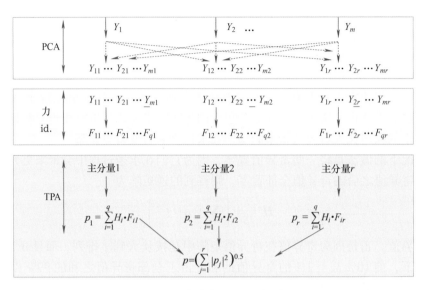

图 11-14　多参考 TPA 分析过程

的激励 S_1 和 S_2，必然在这两个车轮中心处产生相应的响应 X_1 和 X_2，最终在车内目标点处产生响应 Y。目标点处的响应既有来自路面 S_1 的激励，也有路面 S_2 的激励。同时响应 X_1 和 X_2 既有来自路面 S_1 的激励，也有路面 S_2 的激励，如图 11-15 所示。

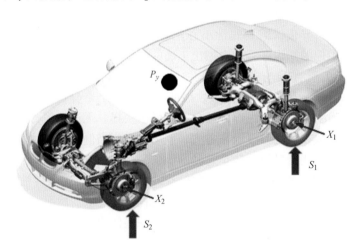

图 11-15　考虑来自路面的激励

此时，目标点处的响应 Y 是来自各个激励源在此处产生响应的叠加。为了求解结果，需要将总响应 Y 分解成来自各个源的解耦的响应 Y_1，Y_2，$\cdots$，Y_m，通过以下公式求解，也就是所谓的求解虚拟参考谱（以 Y_1 和 Y_2 为例）：

$$Y_{X_1} = \frac{G_{YX_1}}{\sqrt{G_{X_1X_1}}}, Y_{X_2} = \frac{G_{YX_2}}{\sqrt{G_{X_2X_2}}}$$

倘若 X_n 全部来自路面 S_n 的激励（解耦的），那么 X_n 所组成的实际物理自谱矩阵和目标点的响应 Y 与 X 的互谱矩阵为

$$\overline{G_{XX}} = XX^* = \begin{bmatrix} X_1X_1^* & 0 & \cdots & 0 \\ 0 & X_2X_2^* & \cdots & 0 \\ \vdots & \vdots & \vdots & \vdots \\ 0 & 0 & \cdots & X_nX_n^* \end{bmatrix}$$

$$\overline{G_{YX}} = YX^* = \begin{bmatrix} Y_1X_1^* & Y_1X_2^* & \cdots & Y_1X_n^* \\ Y_2X_1^* & Y_2X_2^* & \cdots & Y_2X_n^* \\ \vdots & \vdots & \vdots & \vdots \\ Y_mX_1^* & Y_mX_2^* & \cdots & Y_mX_n^* \end{bmatrix}$$

那么进行虚拟参考谱求解各个解耦的仅来自 S_n 的响应 Y_n 时，自谱矩阵只有对角线元素，这样求得的 Y_n 仅只有来自 S_n 的激励，不存在来自其他源的激励，这是我们希望出现的情况。但是实际情况是 X 的自谱矩阵是耦合的，实际矩阵如下所示，也就是说，比方考虑响应 X_1，则除了来自 S_1 的激励之外，还有 S_2-S_n 的激励。

$$\overline{G_{XX}} = XX^* = \begin{bmatrix} X_1X_1^* & X_1X_2^* & \cdots & X_1X_n^* \\ X_2X_1^* & X_2X_2^* & \cdots & X_2X_n^* \\ \vdots & \vdots & \vdots & \vdots \\ X_nX_1^* & X_nX_2^* & \cdots & X_nX_n^* \end{bmatrix}$$

因此，需要将耦合的自谱矩阵分解成解耦的矩阵（只有对角元素），这就要用到 SVD 来做这一工作，实质上是进行 PCA 分析，将耦合的自谱分解成解耦的。也就是说，需要将工况数据的自谱矩阵通过 PCA 分析分解成只有对角元素的虚拟参考谱矩阵，如下所示：

$$XX^* = \begin{bmatrix} X_1X_1^* & X_1X_2^* & \cdots & X_1X_n^* \\ X_2X_1^* & X_2X_2^* & \cdots & X_2X_n^* \\ \vdots & \vdots & \vdots & \vdots \\ X_nX_1^* & X_nX_2^* & \cdots & X_nX_n^* \end{bmatrix} \implies X'X'^* = \begin{bmatrix} X_1'X_1'^* & 0 & \cdots & 0 \\ 0 & X_2'X_2'^* & \cdots & 0 \\ \vdots & \vdots & \vdots & \vdots \\ 0 & 0 & \cdots & X_n'X_n'^* \end{bmatrix}$$

物理参考自谱　　　　　　　　　　　　　　　　虚拟参考自谱

对工况数据进行 PCA 分析之后，得到各个不相关的激励源的主分量，然后再用单参考 TPA 分析各个主分量的贡献，然后再叠加成最终的结果，关于多参考 TPA 的分析详情请参考 11.4 节。

11.3.4　利用 SVD 解耦 OPA 的传递率

在 10.2 节中对 OPA 进行介绍时，讲到它所使用的理论公式是传递率乘以工况数据，而传递率计算公式如下

$$T(\omega) = \left[AP(\omega)_{xx} \right]^{-1} \left[XP(\omega)_{xy} \right]$$

要对参考的自谱矩阵进行求逆，在 11.3.1 小节中，已经讲到用 SVD 对矩阵进行求逆时的巨大方便性。另一方面，为了解耦参考自谱矩阵，需要用到上一小节相同的过程。

在此，我们还谈一谈求解传递率的另一方面。对于结构的固有频率而言，讲到当转速变化时，结构的固有频率是不变的，因此，如果出现共振现象，在阶次图中会出现垂直频率轴的亮线。因此，当对升降速的工况数据求解传递率时，需要获得平均的传递率，因为，固有频率是不变的。

当升速时，需要获得每个频率下的传递率，因而，需要计算升速工况下每个频率处的阶次方程，如图 11-16 所示。当在某个频率处，参与计算的阶次数目较少时，计算的误差必然增大。另一方面，如果路径数越多，则误差也将增大。

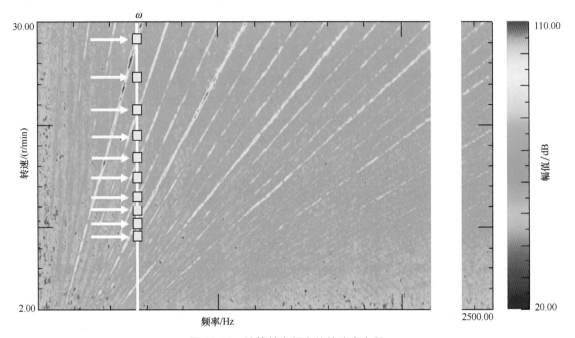

图 11-16   计算某个频率处的阶次方程

图 11-17a 为 6 条路径，24 阶次的传递率，图 11-17b 为 24 条路径，24 阶次的传递率。从图中可明显看出，阶次数相同时，传递率的误差随着路径数和相关程度的增大而增大。

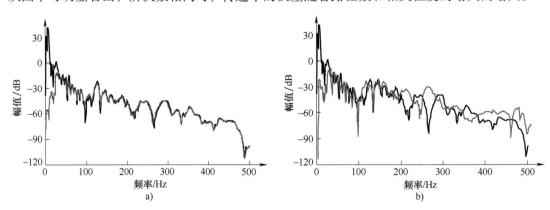

图 11-17   不同路径数与阶次对结果的影响

a）6 条路径24 阶次   b）24 条路径24 阶次

11.4 多参考 TPA

在之前的文章中，已经简要地说明过，多参考 TPA 并不是指有多个振动噪声激励源，而是指各个激励源之间不相关的激励源有多个（大于 1）。如果各个激励源之间是相关的，即各个激励源之间有固定的相位关系，这时只使用一个信号作为相位参考信号，即可描述各个源之间的相位关系，这种情况属于单参考 TPA 的范畴，哪怕有多个激励源。如果各个源之间是部分相关，或者完全不相关，则需要使用多个信号作为相位参考信号，这种情况属于多参考 TPA 的范畴，当然，对于多参考 TPA 而言，系统中激励源的数量肯定要大于 2。

参考是指为了确定系统中不相关的激励源的个数，用作相位参考的信号的个数。单参考 TPA 只需要一个参考信号即可确定激励源之间的相位关系，而多参考 TPA 由于存在多个不相关的激励源，则需要多个参考信号。典型的单参考 TPA 是发动机 TPA；典型的多参考 TPA 是车辆的路噪 TPA。

行驶中的汽车受到多个、部分相关或不相关的源激励，如车内噪声既有来自路面激励传递进来的噪声，也有来自发动机传递或辐射的噪声，还可能存在风噪的贡献。那么路面激励、发动机激励、风载激励可以认为是完全不相关的；而来自路面的激励作用在 4 个车轮上，4 个轮子接触不同的路面，彼此之间的激励不会完全相关，也不会完全不相关，而是部分相关。因此，如果既考虑发动机激励，又考虑路面激励，则属于多参考。即使只考虑路面激励，也属于多参考 TPA，这是因为受路面激励的 4 个轮胎是部分相关的。

路面激励首先作用在轮胎上，而轮胎连接在轴头上，在轴头连接处产生多个部分相关的激励力，这些力通过悬架系统（中间也可能存在车架或副车架）对车身产生激励，导致车内产生噪声。下面以路噪为例，来看如何处理多参考 TPA 问题。

11.4.1 基本思路

道路激励频率依赖于路面，对于前后悬架而言，这个频率成分是相同的。因此，图 11-15 中的两个激励源 S_1 和 S_2 非常相似，这将导致很难区分它们。后轮与前轮的激励部分相同，二者存在一个固定的相位延迟，这取决于车速。然而，后轮的激励与前轮部分不同，所以这两个源只是部分相关。因此，测量点（如目标点和指示点）的响应行为是多个不相关的主分量（主分量是指信号中不相关的分量）的组合。分析系统中从路径到目标点的能量传递的关键是将测量分解成不同的主分量。然后，分别分析每个主分量的能量传递，最后将每个独立分析的主分量的结果叠加起来，得到多参考 TPA 分析结果。

多参考 TPA 分析所需的数据仍为工况数据和频响函数，由于频响函数是在系统处于静止状态下测量的，所以不受不相关或部分相关的激励源的影响，但工况数据是系统处于工作状态下测量获得的，这些工况数据严重受各个激励源的影响。目标点的响应是各个不相关或部分相关的激励源共同作用的结果。因此，需要将工况数据进行分解，分解成多个不相关的主分量，然后对每个不相关的主分量进行单参考 TPA 分析，最后将各个单参考 TPA 分析结果进行叠加，得到多参考 TPA 的分析结果。在分解工况数据时，需要选择合适位置与数量的参考信号，要求参考信号的数量大于系统中存在的不相关的激励源的个数。这就是多参考 TPA 处理的基本思路。

下面，我们将进一步解释如何将工况数据分解成不同的主分量，以及如何进行结果叠加。

11.4.2　分解工况数据

当道路引起的车内噪声的多源特性得到充分描述时，经典的传递路径分析技术可以用于车内噪声问题的贡献量分析。但是，多参考的互谱测量不能直接用于传递路径分析，需要对多参考的互谱数据进行分解。道路噪声不仅具有多参考特性，其他问题也具有多参考特性，也可以通过这种多参考方法来解决：例如空调压缩机和发动机噪声的联合影响的研究。

当系统中存在多个部分相关的源时，需要对工况数据进行多参考频谱处理。一个完全不相关的源可以通过单个参考互谱测量从其他源中分离出来，使用一个描述源行为的参考信号。然而，在许多情况下，很难找到一个合适的参考传感器位置，当然，其中的源不是完全不相关，而是部分相关，或物理上没有很好地分离，这就需要多个参考信号。

仍以图 11-15 中所示的两个车轮中单个方向的激励为例来说明这个问题，如图 11-18 所示，假设车辆左后轮和左前轮受到来自路面的垂向激励 S_1 和 S_2，必然在这两个车轮中心处产生相应的响应 X_1 和 X_2，最终在车内目标点处产生响应 Y。目标点处的响应既有来自路面 S_1 的激励，也有路面 S_2 的激励。同时响应 X_1 和 X_2 既有来自路面 S_1 的激励，也有路面 S_2 的激励，如图 11-18 所示。

此时，目标点处的响应 Y 是来自各个激励源在此处产生响应的叠加。此时目标点 Y 与响应 X_1 和 X_2 之间的互功率谱 G_{XY} 如下：

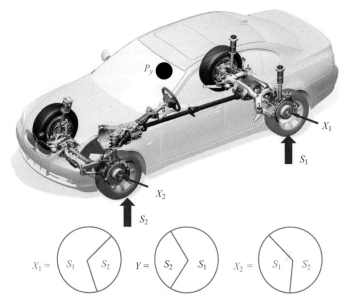

图 11-18　激励源耦合传递到目标点处产生响应

$$G_{XY}(f) = X(f) Y^*(f)$$

Y^* 表示共轭，在对上式平均时，会导致不相关的信号被平均掉，即不相关的信号平均之后越来越趋向于零值。$\overline{G}_{YX_1}$ 只包含 Y 与响应 X_1 相关的部分，同样，$\overline{G}_{YX_2}$ 只包含 Y 与响应 X_2 相关的部分。但实际上由于 X_1 中不仅有来自路面激励 S_1 在这个位置产生的响应，还有 S_2 在这个位置产生的响应，如图 11-18 所示。相同的道理，X_2 中也包括 S_1 和 S_2 产生的响应。这样给后续分离不相关的激励源时带来困难。

为了分离出不相关的激励源，需要将总响应 Y 分解成来自各个不相关的源（解耦的）产生的响应 Y_1，Y_2，$\cdots$，Y_m，通过以下公式求解，也就是求解所谓的虚拟参考谱（以 Y_1 和 Y_2 为例）：

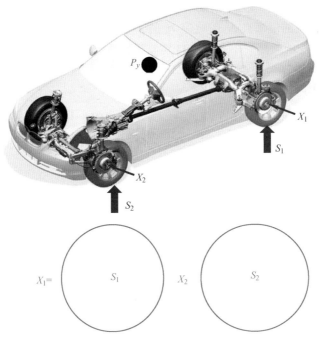

图 11-19　各个激励源不相关

$$Y_{X_1} = \frac{G_{YX_1}}{\sqrt{G_{X_1X_1}}}, Y_{X_2} = \frac{G_{YX_2}}{\sqrt{G_{X_2X_2}}}$$

上式中，如果 X_1 和 X_2 具有以下特点，即各个激励源之间相互独立，彼此不耦合。那么，按上式求解虚拟参考谱时，能真正分解出仅由引 X_1（更进一步是 S_1）在目标点引起的响应 Y_1。Y_2 也是相同的道理。通过上面的分析，我们知道，X_1 和 X_2 中都包括 S_1 和 S_2 产生的响应，如直接按上式求解，则不能进行有效的分离。因此，按上式求解时，就要求式中的分母（参考信号）彼此之间必须是不相关的信号，彼此之间没有固定的相位关系，这样才能求出各个参考信号在目标点处独自引起的响应。

倘若参考信号 X_n 全部来自路面 S_n 的激励（不相关），如图 11-19 所示，那么 X_n 所组成的互谱矩阵（此时矩阵中仅包含对角元素，对称元素为各个参考信号的自谱）和目标点的响应 Y 与 X 的互谱矩阵为

$$\overline{G_{XX}} = XX^* = \begin{bmatrix} X_1X_1^* & 0 & \cdots & 0 \\ 0 & X_2X_2^* & \cdots & 0 \\ \vdots & \vdots & \vdots & \vdots \\ 0 & 0 & \cdots & X_nX_n^* \end{bmatrix}$$

$$\overline{G_{YX}} = YX^* = \begin{bmatrix} Y_1X_1^* & Y_1X_2^* & \cdots & Y_1X_n^* \\ Y_2X_1^* & Y_2X_2^* & \cdots & Y_2X_n^* \\ \vdots & \vdots & \vdots & \vdots \\ Y_mX_1^* & Y_mX_2^* & \cdots & Y_mX_n^* \end{bmatrix}$$

式中，m 表示响应自由度数，包括指示点和目标点；n 表示参考信号数量。这时，进行虚拟参考谱求解各个不相关的仅来自 S_n 的响应 Y_n 时，参考信号的自谱矩阵只有对角线元素，求得的 Y_n 仅只有来自 S_n 的激励，不存在来自其他源的激励，这是我们希望出现的情况。但是实际情况是 X 的互谱矩阵是耦合的，实际矩阵如下所示。也就是说，各个参考信号除了来自自身的激励之外，还有其他的激励。

$$\overline{G_{XX}} = XX^* = \begin{bmatrix} X_1X_1^* & X_1X_2^* & \cdots & X_1X_n^* \\ X_2X_1^* & X_2X_2^* & \cdots & X_2X_n^* \\ \vdots & \vdots & \vdots & \vdots \\ X_nX_1^* & X_nX_2^* & \cdots & X_nX_n^* \end{bmatrix}$$

实际情况也确实如此：车轮的输入总是部分相关的，一定程度上依赖于路面特征。因此，为了正确地描述路噪问题，需要进行多参考互谱测量。参考信号的数量 n 必须大于要系统存在的不相关的源的数量 r（$n>r$）。在将上式处理成对角阵时，可以只考虑参考信号的互谱矩阵中的对角元素，人为地忽略非对角元素。相当于认为各个参考信号之间是不相关的了，但这种思路显然是不合理的，因为实际情况彼此之间是部分相关的。因此，需要找到另一种解决办法。如果能用一种方法可以将参考信号的互谱矩阵转换成对称阵，那么目的就达到了，即

$$XX^* = \begin{bmatrix} X_1X_1^* & X_1X_2^* & \cdots & X_1X_n^* \\ X_2X_1^* & X_2X_2^* & \cdots & X_2X_n^* \\ \vdots & \vdots & \vdots & \vdots \\ X_nX_1^* & X_nX_2^* & \cdots & X_nX_n^* \end{bmatrix} \Longrightarrow X'X'^* = \begin{bmatrix} X'_1X'^*_1 & 0 & \cdots & 0 \\ 0 & X'_2X'^*_2 & \cdots & 0 \\ \vdots & \vdots & \vdots & \vdots \\ 0 & 0 & \cdots & X'_nX'^*_n \end{bmatrix}$$

对于实现以上目的，主分量分析（PCA）是一个不错的方法。它可以将耦合的互谱矩阵分解成解耦的矩阵（只有对角元素），其实 PCA 分析的核心还是奇异值分解（SVD）。

对参考信号的互谱矩阵做 SVD 分解时，分解结果如下：

$$XX^*_{n\times n} = U_{n\times n}\Sigma_{n\times n}U^T_{n\times n}$$
$$= \left[\sum_{i=1}^{n} \{U_i\}_n \sigma_i \{U_i\}_n^T \right]_{n\times n} \qquad \Sigma_{n\times n} = \begin{bmatrix} \sigma_1 & 0 & \cdots & 0 \\ 0 & \sigma_2 & \cdots & 0 \\ \vdots & \vdots & \ddots & \vdots \\ 0 & \cdots & \cdots & \sigma_n \end{bmatrix}$$

此时，有

$$XX^* = UX'X'^*U^T$$
$$YX'^* = YX^*U$$

$$XX^* \xrightarrow{\text{SVD}} X'X'^* = \Sigma_{n\times n} = \begin{bmatrix} \sigma_1 & 0 & \cdots & 0 \\ 0 & \sigma_2 & \cdots & 0 \\ \vdots & \vdots & \ddots & \vdots \\ 0 & \cdots & \cdots & \sigma_n \end{bmatrix}$$

式中，$X'X'^*$ 是参考信号的主分量形式的自谱矩阵（之前一直称之为互谱矩阵，因为还存在非对角元素，经 PCA 分解之后，仅包括对角元素了，这时，我们称之为自谱矩阵），每一个

对角元素便是虚拟参考信号，彼此之间是正交的，是不相关的。矩阵 U 是单位特征向量矩阵。YX'^* 是虚拟的互谱矩阵，是原始的互谱矩阵与单位特征向量矩阵相乘之后得到的。

得到彼此独立的参考信号的自谱矩阵之后，就可以按虚拟参考谱公式计算各个独立的参考信号在目标点引起的响应 Y_i 了，这时，分离出来的 Y_i 只包含了虚拟参考信号引起的响应。把每个虚拟参考信号对应的主分量用经典的单参考 TPA 分析方法来处理，然后再把每个单参考 TPA 分析得到的贡献量叠加成最终的结果，如图 11-14 所示（图中的主分量表示一个单参考 TPA 分析），这就是多参考 TPA 的分析思路。

11.4.3 PCA 分析需要的数据

在获得频响函数和工况数据之后，需要按多参考后处理计算工况数据的互谱，然后再将互谱数据进行 PCA 分析，得到多个独立的主分量，再将每个 PCA 分量按单参考 TPA 来分析。在这个分析流程中，关键的步骤是计算互谱与 PCA。多参考 TPA 的其他步骤，如 TPA 模型定义、载荷识别等与单参考 TPA 处理并无明显差异，对这些方面不再介绍。

在计算互谱时，可以将原始的工况数据分为两类：参考信号和响应信号。实际的测量位置包括目标点、路径点和额外的指示点。需要从这些测量中确定哪些测点用作参考信号，那么，除了参考信号之外的信号则为响应信号。关于如何选择参考信号将在下一小节中介绍。

当选定参考信号之后，需要计算参考信号之间的互谱与自谱，以及参考信号与响应信号之间的互谱，同时还需要响应信号之间的自谱，如需数据如表 11-1 中绿色区域所示，也包括表中的右下角的绿色线条表示的响应与响应之间的自谱。其中参考信号之间的互谱与自谱用于奇异值分解，得到主分量的自谱矩阵 $X'X'^*$，参考信号与响应信号之间的互谱用于计算虚拟互谱矩阵 YX'^*，而响应信号的自谱主要用于数据检查。

表 11-1 PCA 分析需要的数据

因此，为了满足以上的数据处理要求，需要按多参考点处理方式计算这些互谱数据。为了平均掉互谱中不相关的信号，必然要有足够多的平均次数。另一方面，需要设置重叠率以避免因汉宁窗导致的数据丢失。

进行 PCA 分析之后，需要计算主分量的自谱矩阵和虚拟互谱矩阵。主分量的自谱矩阵主要用于确定信号中有多少个重要的主分量。参考信号与响应信号之间的互谱矩阵用于计算虚拟互谱矩阵，这个以频谱形式的数据将作为单参考 TPA 处理的输入（也就是单参考 TPA 的工况数据）。

11.4.4 参考信号的选择

为了确定部分相关的工况数据中到底是由多少个不相关的信号激励产生，需要对工况数据进行 PCA 分析，而用于 PCA 分析的数据为参考信号与响应的自谱和互谱。这就要求选择某些数据作为参考信号。并且要求参考信号的数量大于信号中确定存在的不相关的源的个数。通常有两种选择参考信号的方法：一种考虑所有进入车内的能量；一种考虑与车内相关的能量。

当考虑传递进入车内的能量时，路面的激励通过轮胎、半轴、悬架、车架等路径传递进入到乘员舱，此种情况下，通常将轮心处的振动信号作为参考信号，如 4 个车轮轮心，每个轮心 3 个方向，共 12 个振动信号作为参考信号。4 个轮胎在经过不同的路面时，不同轮胎在不同方向上，彼此之间是部分相关的，因此，最终 PCA 分析得到的主分量数量会小于12 个。

当考虑与车内相关的能量时，车内的目标点是车内多个测点位置的噪声信号。这时通常把车内多个目标点的噪声信号作为参考信号，以确定车内不相关的声学信号的个数。

11.4.5 与单参考 TPA 的区别

对于单参考 TPA 的载荷识别而言，常用的方法是悬置动刚度法和逆矩阵法。但是对于路噪 TPA 而言，由于悬置动刚度法不适用于刚性连接的接附点，因此，路噪 TPA 更多采用逆矩阵法来进行载荷识别。

多参考 TPA 需要的数据与单参考 TPA 相同：需要工况数据和频响函数。频响函数仍分为两类：从路径点到目标点的频响函数用于路径贡献量分析；从路径点到指示点的频响函数用于载荷识别。工况数据为各个测点的响应数据。因此，从最原始的数据测量方法来讲，二者并没有太多的差异。但从测点数量上看，由于多参考 TPA 测量的测点数要远多于单参考 TPA 的测点数量。这是因为多参考 TPA 考虑的路径更多，因此，需要付出更多时间与精力。

当获得时域工况数据之后，两类 TPA 分析均需要对时域信号进行后处理，以便得到频域的工况数据，但多参考 TPA 后处理要远复杂于单参考 TPA，这是因为多参考 TPA 要计算互谱矩阵，然后进行 PCA 分析，确定工况信号中有多少个 PCA 分量，将获得的 PCA 分量以频谱的形式作为工况数据输入，而分析单参考 TPA 的工况数据时较为简单，因为通常是以阶次或频谱等形式的工况数据。在获得 PCA 分量之后，多参考 TPA 将每个 PCA 分量当成一个单参考 TPA 来处理，因此，单参考 TPA 是多参考 TPA 的基础。

第12章

OPA

OPA（Operational Path Analysis）称为工作传递路径分析，只测量工况数据，不测量任何频响函数，因而，测试方式有点类似于工作模态分析。由于不测量任何频响函数，因此，OPA 分析精度受一些应用限制条件的制约。

12.1 OPA 分析考虑事项

OPA 分析对应于响应-响应类型 TPA 模型，它的基本数学模型公式如下：

$$y_k = \sum_{i=1}^{n} T_{ik} \times a_i + \sum_{j=1}^{p} T_{jk} \times p_j$$

式中，y_k 是目标点的响应，a 和 p 是相关路径上的结构响应和声学响应，T_{ik} 和 T_{jk} 分别是结构传递路径输入点和空气传递路径输入点到目标点的传递率，由响应数据估计得到。n 和 p 分别表示结构传递和空气传递的路径数。式中所有项都是其频域描述，因此，方程中省略了频率 ω。

从上式可以看出，OPA 分析不需要测量任何位置的频响函数，仅需要测量工况数据。然后利用工况数据进行传递率估计，估计传递率时通常采用 H_1 估计。由于估计传递率时要用到工况数据，在进行贡献量分析时，传递率要乘以输入位置的工况数据。为了提高传递率的估计质量和避免工况响应数据重复利用，推荐使用不同组的工况响应数据分别用于传递率估计和贡献量分析。

12.1.1 与传统 TPA 的区别

对于源、路径输入点和接收者（目标点）的定义与传统 TPA 相同。整个 OPA 模型只测量路径输入点和目标点的工况数据，不测量任何位置的传递函数数据。由工况响应数据来估计路径输入点与目标点之间的传递率。从式中可以看出，OPA 模型不需要进行载荷识别，直接使用工况响应数据与传递率计算各个路径的贡献量。因此，相比较于传统 TPA，它的处理过程更简单、更快速。但另一方面，传递率不是结构的固有属性，因此，它与传统的 NTF 有很大的差异，这样，有时将导致结果解释起来很困难。

由于 OPA 分析只需要测量工况响应数据，不测量传递函数，因而，测量效率会大大提高，节省了测量传递函数的时间，处理过程也更快。但 OPA 模型的应用与传统 TPA 相比，有一些本质差异：

1）首先，相对于经典 TPA 模型而言，OPA 模型之间不存在因果关系。经典 TPA 模型使用载荷-响应关系，这种关系能描述模型中存在的因果关系；而 OPA 模型使用响应-响应关系，它只能描述两个信号之间的共存关系，而非因果关系。这意味着 TPA 模型可以得出结论，即关于某个载荷对总响应的影响；而 OPA 模型只能说明目标点和输入点的响应之间共同存在关系。

2）其次，传递率不是系统的固有特性，它依赖于测点位置和作用在系统上的力的数目。

3）最后，传递率不等价于经典载荷-响应类 TPA 模型中的传递函数。

这些差异导致 OPA 的应用存在一些限制条件。然而，仍存在一些情况可以应用 OPA 分析。通过 OPA 方法获得物理上有意义的结果必须满足以下必要条件：

1）路径之间相互耦合应该低，这意味着一个给定的作用力引起的响应主要作用在这条路径上，可以忽略所有其他输入路径上的响应。

2）为了得到有效的传递率估计和贡献量分析，作用在结构上的力相互之间的相干系数应较低。

3）必须考虑所有的路径。这是因为在估计传递率时，用到了目标点与路径输入点之间的互谱，当丢失某条输入路径时，由于互谱中仍存在丢失的那条路径的响应，这将导致贡献量分析时，无法区别出丢失路径的影响。

由于这些限制条件和缺乏应用指导方针，使得 OPA 模型不能替代经典载荷-响应类 TPA 模型。

接下来，让我们更详细地说明 OPA 分析的这些限制条件。

12.1.2 路径相互耦合

路径之间相互耦合意味着在被动侧某个确定位置的加速度响应（噪声响应也是相同的道理）不仅依赖于作用在这条路径上的作用力，还依赖于其他路径上的作用力。换句话说，作用在某条路径的力不仅引起这条路径自身的响应，还会在其他路径上引起较大的响应。当路径之间存在相互耦合时，被动侧某条路径 i 上的响应 $a_{p,i}$ 可以表示成：

$$a_{p,i} = \sum_{j=1}^{n} H_a(i,j) \times F_j$$

式中，$H_a(i,j)$ 表示路径之间的频响函数；F_j 表示作用在路径 j 上的作用力。从上式来看，OPA 方法有点类似于传统 TPA 中的逆矩阵法，因为逆矩阵法中需要用到各个路径之间的频响函数矩阵。

理论上讲，对同一系统采用 OPA 方法与传统 TPA 方法得到的结果应该相同，因此，理论上有如下关系（为了简单起见，式中忽略了噪声响应）

$$\sum_{i=1}^{n} T_{ik} \times a_{p,i} = \sum_{i=1}^{n} \mathrm{NTF}_{ik} \times F_i$$

则有

$$T_{ik} \times a_{p,i} \equiv \mathrm{NTF}_{ik} \times F_i$$

式中，NTF 为路径到目标点之间的传递函数。

然而，这并不是一个一般规则，只有在极少数情况下才满足。接下来，我们引入向量的形式来表示以上方程，各向量表示如下

$$a = (a_1, \cdots, a_n)$$
$$F = (F_1, \cdots, F_n)$$
$$T = (T_1, \cdots, T_n)$$
$$NTF = (NTF_1, \cdots, NTF_n)$$

上式可以表示成

$$T^{\mathrm{T}} a = NTF^{\mathrm{T}} F$$

而之前我们知道

$$a = H_a F$$

代入上式，有

$$T^{\mathrm{T}} H_a F = NTF^{\mathrm{T}} F$$

则有

$$T^{\mathrm{T}} H_a = NTF^{\mathrm{T}}$$
$$T^{\mathrm{T}} = NTF^{\mathrm{T}} H_a^{-1}$$

此时，再代入 $T^{\mathrm{T}} a = NTF^{\mathrm{T}} F$，有

$$NTF^{\mathrm{T}} H_a^{-1} H_a F = NTF^{\mathrm{T}} F$$

当然，这个方程两侧完全相同。但这有严格要求，即如果路径之间不存在相互耦合，或耦合度非常低，则可以忽略路径之间的频响函数矩阵 H_a 中的非对角元素，此时矩阵为对角阵才成立。

现在对一个发动机同时采用传统 TPA 和 OPA 进行对比，发动机转速区间为 1000 ~ 2000r/min，阶次为 0.5 ~ 10 阶次，6 个结构路径点，每个路径点考虑三个方向，共 18 条路径，目标点为驾驶员耳旁噪声。在这里为了简单起见，只考虑其中 6 条路径，由于系统模态行为导致路径 3 在路径 5 处引起了强烈的响应，从而导致在 OPA 分析时，路径 5 变成了重要的路径，贡献量最大，如图 12-1 所示。在这里传统 TPA 的结果作为参考，以对比 OPA 分析下的结果。

路径 5 的贡献来自于

$$p_5 = T_5 \times a_5 = T_5 \times \left(\sum_{j=1}^{6} H_{j1} \times F_j \right)$$

从上式可以看出，路径 5 处的加速度响应除了路径 5 处的作用力引起的响应之外，还有路径 1 ~ 4 和 6 处的作用力引起的响应。路径 5 处的总响应是这 6 条路径上的作用力共同作用的结果，这 6 个作用力在路径 5 处引起的加速度响应如图 12-2 所示。从图中可以看出，路径 3 处的作用力在路径 5 中引起的响应占主导地位，因而，这说明路径 3 与路径 5 耦合严重，而路径 5 处的作用力引起的响应反而占比非常小。这样导致使用 OPA 分析时，路径 5 变成了重要的路径，而不是传统 TPA 分析中的路径 3。

通过上面的分析可知，如果各个路径之间不存在相互耦合，即路径之间的频响函数矩阵为对角阵，则传统 TPA 的结果与 OPA 结果相同。现在，人为地忽略路径 1 ~ 6 之间的频响函数矩阵的非对角元素，则此时矩阵为

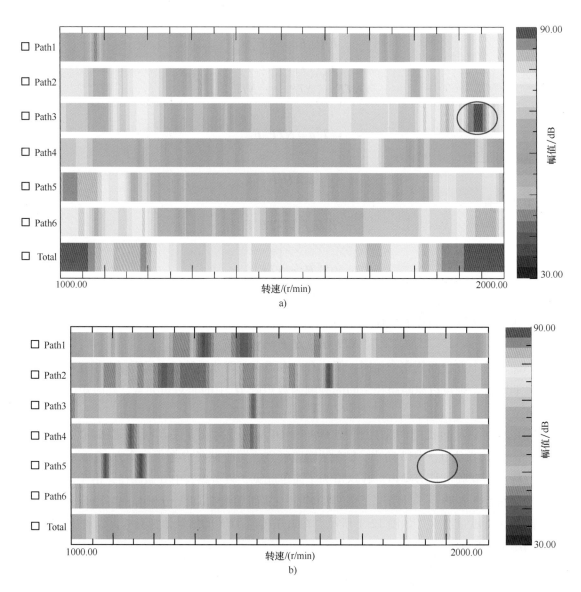

图 12-1　路径 3 与路径 5 之间存在强耦合

a) 传统 TPA 作为参考　b) OPA 结果

$$
\boldsymbol{H}_{6\times6} = \begin{bmatrix} H_{11} & 0 & \cdots & 0 \\ 0 & H_{22} & \cdots & 0 \\ \vdots & \vdots & \vdots & \vdots \\ 0 & 0 & \cdots & H_{66} \end{bmatrix}
$$

此时，OPA 结果与传统 TPA 结果相同：各个路径的贡献量相等，总的贡献量也相等，如图 12-3 所示。这也验证了上面的结论，即要求各个路径之间不能存在相互耦合。

现在，考虑另一种路径耦合情况：路径之间有强耦合，但在某条路径上没有作用力（断开这条路径）。对于经典 TPA 而言，由于断开路径 3，所以在这条路径上没有作用力，

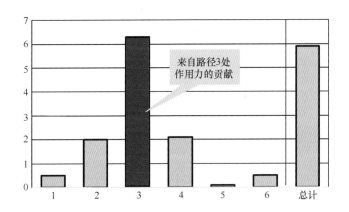

图 12-2　6 个作用力在路径 5 处引起的加速度响应

因此，这条路径对目标点的响应不存在任何贡献，如图 12-4a 所示。但对于 OPA 而言，虽然在路径 3 上没有作用力，但由于路径之间存在强相互耦合，这样其他路径上的输入力将在路径 3 上产生响应，从而导致路径 3 对目标点的响应仍有贡献，贡献量的大小取决于路径之间的耦合程度。如果耦合程度高，即其他路径上的输入载荷在路径 3 上产生的响应大，那么，路径 3 对目标点的贡献量就大，路径 3 就成为重要的一条路径，如图 12-4b 所示，反之亦然。

12.1.3　传递率估计误差

从工况响应数据中估计传递率时，可能存在病态问题，通常采用 H_1 估计：

$$T(\omega) = \left[AP(\omega)_{xx}\right]^{-1}\left[XP(\omega)_{xy}\right]$$

式中 AP 是路径的自谱矩阵，XP 是路径与目标点之间的互谱矩阵。

执行这个操作的基本条件是参考自谱矩阵可求逆，这要求自谱矩阵是满秩矩阵，或者任何两个输入信号都不是完全相关的。在平均功率谱的过程中，在每条谱线处应该有不同的数值条件数，这些条件数至少要等于路径数，这样才能保证可求逆。这种情况可能需要联合不同测试条件下的数据才能实现。例如，在发动机升速测试中，当转速变化时，每条谱线都受到不同阶次的激励，每个阶次都会在悬置响应之间引起不同的相位关系，当求这个转速平均值时，将解耦这个自谱矩阵。然而，大多数情况下，在高频段才满足这个要求。在低频段，输入处的振动大多是相关的，这是因为结构有显著的模态行为使得自谱矩阵不满秩。这种情况下，可应用奇异值分解（SVD）进行求解，获得一个近似的伪逆解。但这可能会导致传递率估计不正确，给 OPA 分析带来误差。

在估计传递率时，需要对功率谱进行平均，那么，平均次数也可能会给估计结果带来影响。平均次数越多，信号中不相关的信号（如噪声）会减少，因此，要求采集的工况数据应足够长使得信号平均有一个较大的平均次数。

如果路径数接近或超过阶次数，那么测量数据将不包含足够多的变化或差异，在平均输入信号的自谱矩阵时，将使得该矩阵不满秩，只能得到一个伪逆的近似解。传递率作为近似解，将使得 OPA 结果偏离 TPA 的结果。如图 12-5 所示，图 a 中为 6 条路径，图 b 中为

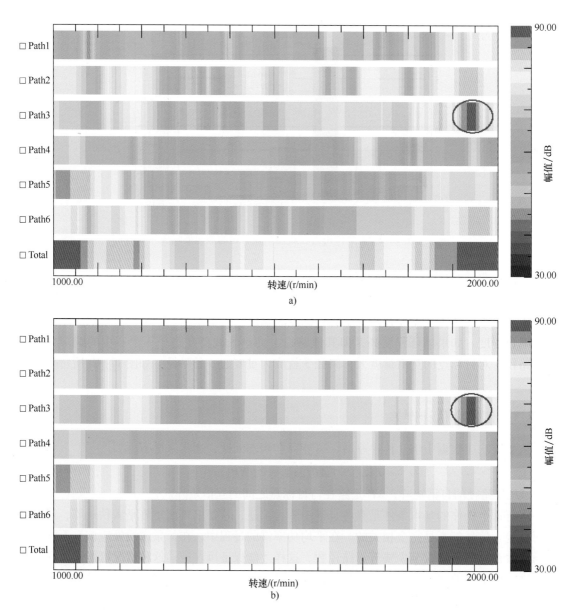

图 12-3 忽略路径之间频响矩阵的非对角元素

a）传统 TPA 作为参考 b）OPA 结果

24 条路径，阶次数均为 24，图中黑色曲线为 TPA 结果，红色曲线为 OPA 结果，从图中可以看出，当路径数为 6 时，OPA 的结果与 TPA 结果一致；而当路径数等于阶次数时，OPA 的结果与 TPA 结果相差明显，特别是在高频段。这是因为在图 12-5a 中，阶次数 4 倍于路径数，估计的传递率个数为 6，此时，有足够的方程数用于估计这 6 个传递率。而在图 12-5b 中，路径数与阶次数相等，从而导致求解的方程数与未知数相等，而这时数据之间存在一定的相关性，导致矩阵不满秩，从求得的传递率是一种近似解，最终导致 OPA 结果差异明显。

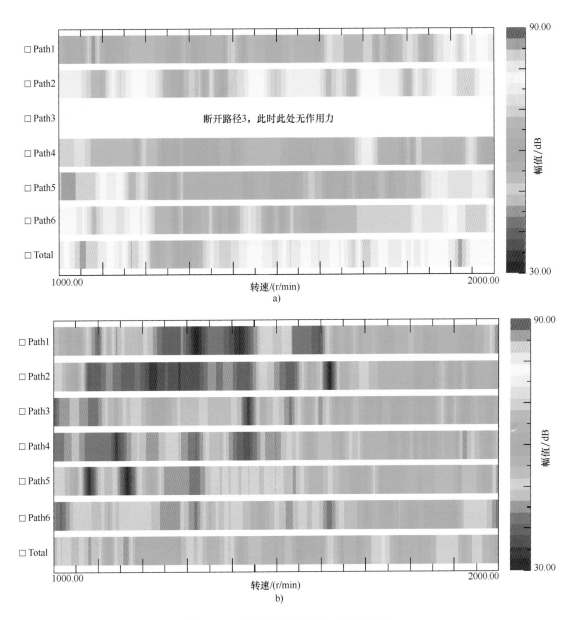

图 12-4 路径之间有强耦合，断开路径 3
a）TPA 结果 b）OPA 结果

　　这有两个关键的参数似乎在这个处理过程中起到了非常重要的作用：①阶次数限制了条件数；②输入力之间的相关程度。从图 12-5 可以看出，在阶次数一定的情况下，误差会随着路径数的增加而增加，也会随着力相关程度的增加而增加。

　　为了减少传递率估计误差，建议在测量工况响应数据时，联合不同的测量条件，如数据中包含不同档位下的升速和降速，或改变扭矩等，这将有助于降低传递率估计误差。但是改变载荷的幅值与相位，对传递率估计没有影响。但是可以引入额外的载荷，如对系统进行额外的锤击激励，也有助于降低传递率估计误差。但这些额外的激励不能作用于路径处，可以

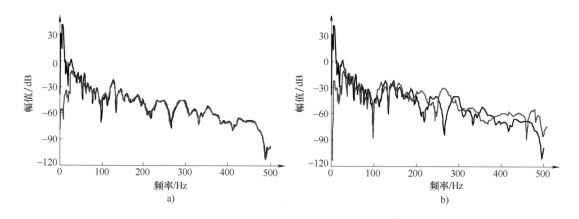

图 12-5　阶次数与路径数的影响

a) 6 条路径 24 阶次　b) 24 条路径 24 阶次

作用在主动侧，或悬置连接处，但不能作用在被动侧的任何位置。如果作用在被动侧任何位置处，都将给传递率估计带来新的误差，这是因为 2 个自由度（输入加速度与目标点响应）之间的传递率不是结构的系统特性。图 12-6 为一个示意性的例子。悬臂梁示意被动侧结构系统，估计 1、2 位置之间的传递率，从图 12-6b 中可以看出，当在被动侧不同位置（0 ~ 3 位置）进行激励时，估计出来的传递率均不相同。因此，当对结构进行额外的激励降低传递率估计误差时，不能激励被动侧结构，只能激励主动侧结构或主/被动侧结构的连接处。

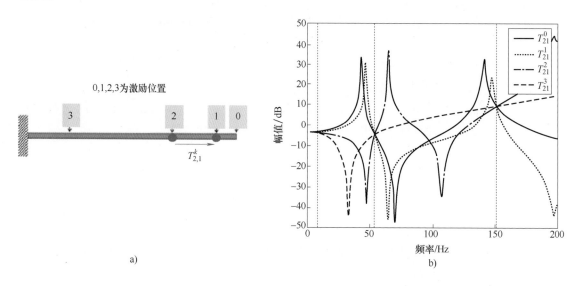

图 12-6　额外的激励位置的影响

a) 不同的激励位置　b) 估计的传递率

另一方面，为了避免工况响应数据重复利用，推荐使用不同组的工况响应数据分别用于传递率计算和贡献量分析。

12.1.4 　缺失路径带来的影响

缺失或丢失一条路径意味着一个载荷作用在这条路径上，但同时没有测量这条路径上的任何输入信号，也就是没有考虑这个载荷对目标点的贡献量。经典 TPA 方法，如悬置动刚度法、逆矩阵法等，都可能遭遇路径缺失或丢失的情况，这将导致目标点的总响应估计不正确。当然可能存在过估计或欠估计的情况，这取决于各个路径贡献量之间的相位关系。对于经典 TPA 而言，即使缺失一条路径，仍可以识别出这个误差，分析出来的其他路径的贡献量仍然有效，这是因为各个路径与目标点之间的 NTF 并不随激励位置和数量的变化而变化。

在 OPA 分析中，如果存在路径丢失或缺失的情况，这将使得结果变得更为复杂。因为这依赖于路径之间的相关程度。路径的相关性有两个极端情况：丢失的路径与其他路径之间完全相关和完全不相关。由于传递率是互谱矩阵与自谱逆矩阵的乘积，互谱中仍包含所有路径的信息，即使缺失了某条路径，但目标点数据中仍有这条缺失路径的贡献。对于缺失路径与其他路径之间完全相关的情况，缺失路径的贡献简单地扩散到其他路径中，这意味着 OPA 分析中即使缺失了某条路径，但是其他路径的总响应仍与目标点的响应相等，这将导致忽略缺失路径带来的影响。对于缺失的路径的贡献与其他路径不相关的情况，这将使得缺失的路径的贡献在总响应中不可见，结果理论上与经典 TPA 相同，目标点的响应能体现出缺失路径的影响。但现实中，可能结果仍不清晰，这是因为估计传递率采用 H_1 估计带来的结果。为了降低不相关的缺失路径的影响，就必须要求有足够多的平均次数，信号时间足够长才足以提高平均次数。

现实世界中的情况，更多不是这两个极端情况，而是各路径之间具有一定的相关性。当缺失某个路径时，路径中不相关的能量仍然能显示在其他路径中。如图 12-7 所示，在 OPA 中丢失了路径 3，对于 TPA 的参考结果而言，图 12-7b 的 OPA 结果显示每条路径的贡献均与参考结果中每条路径的贡献有差异，但 OPA 总的响应却与目标点测量的响应完全相同，如图 12-8 所示，哪怕丢失了路径 3。

因此，对于 OPA 分析而言，即使 OPA 分析得到的总响应与目标点测量的响应二者完全一致，但这也不能认为分析结果有效。或者说这个结果不能作为分析结果有效的指示，因为即使丢失了某些路径，由于互谱矩阵中仍然包含这些路径的信息，从而导致在丢失路径的情况下，总的贡献量与测量值仍一致。

12.1.5 　总结

为了避免工况数据重复利用，建议使用不同组的工况数据分别用于传递率估计和贡献量分析。对于 OPA 而言，主要需要考虑以下事项：

1）路径之间的相互耦合。

2）从升速/降速数据中估计传递率时，要考虑数值条件误差。

3）因路径缺失带来的潜在误差。

4）即使总的响应与测量值相一致，也不代表分析结果质量高。

这些限制条件可能导致识别错误的重要路径，从而很难获得正确的工程决策去解决相关问题。这些限制条件将严重制约 OPA 作为一种通用的传递路径分析方法得到广泛的使用。

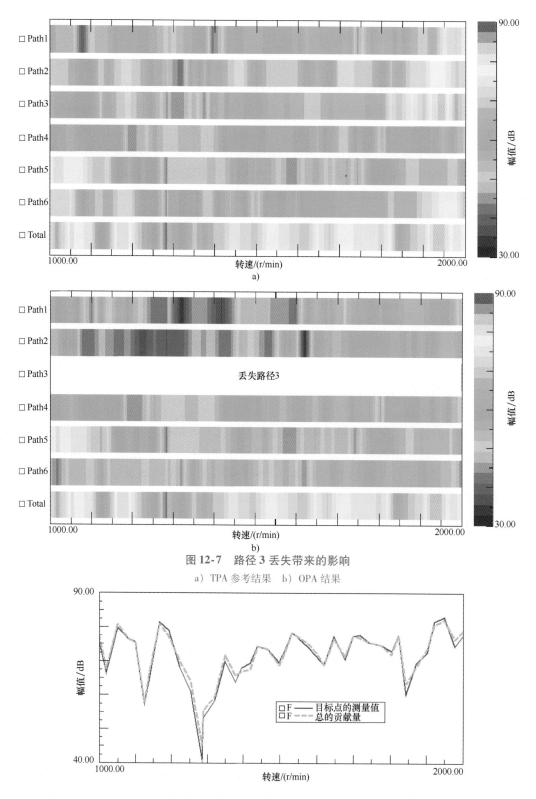

图 12-7　路径 3 丢失带来的影响

a）TPA 参考结果　b）OPA 结果

图 12-8　路径 3 丢失对总响应没有影响

12.2 Testlab 中的 OPA 流程

这一节主要介绍利用 Simcenter™ Testlab 软件进行 OPA 的具体分析流程。在这，主要介绍 OPA 的大致流程，限于篇幅，不涉及具体细节。

12.2.1 时域数据测量

OPA 分析采用响应-响应类型 TPA 模型，因此只需要测量工况数据。测量位置为路径输入位置和目标点位置，测量工况可为稳态或非稳态工况，视具体问题而定。振动信号和噪声信号可同时测量。在这以某个数据为例，获得的时域信号如表 12-1 所示。

表 12-1 测量的时域数据

编　号	测点位置	方　向	类　型
1	Cab Noise	S	目标点
2	Engin speed		发动机转速
3	Rear Hood	S	路径
4	Chamber Noise	S	路径
5	Pump	+ Z	路径
6	Cab plate	+ Z	路径
7	Front Frame	+ X	路径
8	Valve	+ Z	路径
9	T1	+ Z	路径
10	T2	+ Z	路径
11	P1	+ Z	路径
12	P2	+ Z	路径
13	P3	+ Z	路径

12.2.2 频域数据准备

获得时域数据之后，需要将时域数据转化到频域，以便获得 OPA 所需的工况数据和传递率数据。此处，工况数据类型为阶次，因此，需要提取相应的问题阶次，这组数据的问题阶次是 10 阶次和 20 阶次。

传递率定义为目标点的响应与路径点（参考）响应之比，也就是目标点响应与路径点响应的互谱与路径点响应的自谱之比：

$$T = \frac{响应}{参考点响应} = \frac{S_y S_x^*}{S_x S_x^*} = \frac{G_{yx}}{G_{xx}}$$

除了在 OPA 分析中要计算传递率之外，许多时候在其他一些情况下，也需要测量传递率。这可能是基于这样的事实，在大型振动台上对产品进行可靠性测试，测试对象安装在大型振动台上，"测试试件"上所有的加速度计测量的数据是相对于输入到被测试件上的参考加速度（参考响应点）。或者测试时设备处于运行状态，输入力无法测量，只能使用加速度计测量到结构的响应。

从上式可以看出，计算传递率时，需要相应的自谱与互谱数据，因此，在对原始时域数据进行工况数据处理时，可一并计算得到自谱和互谱数据。需要用到的模块为时域后处理和多参考后处理插件。

此次测量的数据既有加速度信号又有噪声信号，因此，对振动组和噪声组信号计算函数类型时选择互功率谱（简称互谱），选择除目标点之外的信号（路径）为参考，如图 12-9 所示。由于参考点既有加速度，又有噪声，所以，要求振动组和噪声组的频率分辨率必须相同才能同时处理。

图 12-9　计算多参考点的互功率谱

在 section 中进行阶次切片，选择发动机转速作为切片的参考转速，设置 10 阶次和 20 阶次的切片，如图 12-10 所示。这样可获得想要的阶次工况数据，以及计算传递率所要的自谱与互谱数据。如果工况数据是其他类型，可将工况数据与互谱计算分开进行。

接下来将计算传递率。将上一步获得的自谱和互谱数据导入多参考后处理模块，数据如图 12-11 所示。在计算工作页面选择带奇异值分解的 FRF，勾选带奇异值分解的 FRF，然后单击左侧的计算，即可获得传递率数据。在计算模块有 FRF 和带奇异值分解的 FRF，此处选择后者，是为了获得解耦的传递率。

12.2.3　OPA 分析

准备好数据之后，就可以进入传递路径分析模块了，首先定义 OPA 模型，即确定哪些点是目标点，哪些点是路径点，选择 FRF 与工况数据。

图 12-10 阶次切片设置

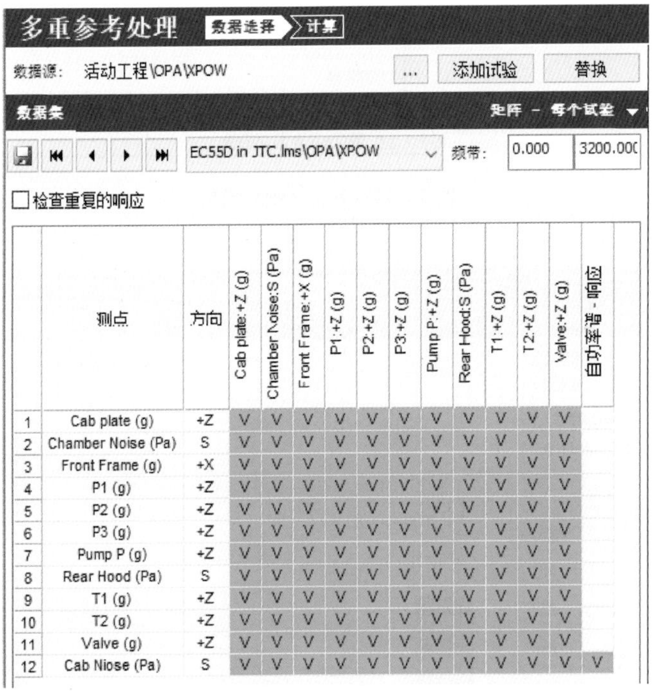

图 12-11 数据导入多参考后处理模块

　　将阶次切片数据替换数据篮原有数据,同时将计算的传递率数据加入数据篮。在 TPA 模型模块中,单击左上角的"读取数据篮"按钮,在"可用的测点"一栏中将出现所有可用的测点名称。这时将相应的目标点和路径点加入目标栏和路径栏,如图 12-12 所示。

　　需要注意的是,在路径栏中相应的单位默认是力和体积加速度。需要手动更改为加速度和声压单位,如图 12-13 所示。然后将工况导入:10 阶次和 20 阶次。在 FRF 数据选择和工况数据选择页面分别从数据篮中导入数据。工况数据成功导入后,如图 12-13 所示。

　　然后进入载荷识别模块,选择直接法,如图 12-14 所示。因为 OPA 是传递率乘以工况

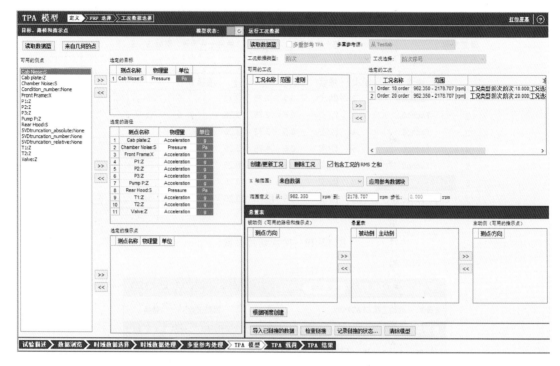

图 12-12　定义 OPA 模型

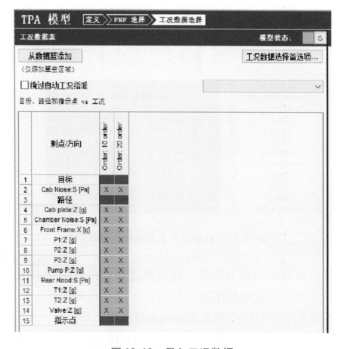

图 12-13　导入工况数据

数据，所以将工况数据直接当成载荷，不需要识别，而在模型定义中将路径栏的单位改成加速度和声压单位，也正是因为这个原因。全选可用的直接载荷，单击应用于载荷表，最终结果如图 12-14 所示。因为有两个阶次工况数据,所以,表中的函数为 2/2,表明两个工况数据全部有效。

图 12-14　直接法识别载荷

12.2.4　后处理

　　进入 TPA 结果模块进行后处理。后处理流程与传统 TPA 并无差异,但此处需提示一点,即由于 OPA 中共有 11 个路径:2 个噪声路径和 9 个加速度路径。很多情况下,希望区别出空气声路径与结构声路径对目标点的贡献,那么就需要定义一个空气声路径和结构声路径。空气声路径由 2 个噪声路径组成,结构声路径由 9 个加速度路径组成。这个功能可采用左侧的组集功能实现。最后得到的路径排序如图 12-15 所示,空气声路径(Airborne)和结构声路径（Strborne）也将显示在图 12-15 中。

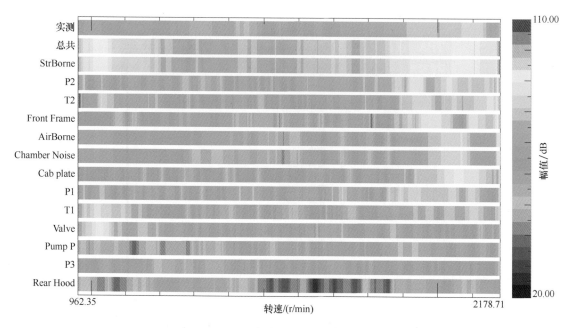

图 12-15　各个路径的贡献排序

从图 12-15 可以看出，实测的目标点数据与计算得到的结果相差明显。这可能是由于丢失了一些关键路径，或者是路径之间耦合严重等原因造成的。

第13章 OPAX 方法

OPAX (Operational Path Analysis with eXogenous inputs) 称为使用外部输入的工作传递路径分析方法。字母 X 表示该方法使用了额外的输入测量数据进行参数化载荷估计。OPAX 方法与系统辨识中广泛使用的外部输入类型的自回归参数化模型相关，是一种高级的创新型载荷-响应类 TPA 方法，由 LMS 国际公司在悬置动刚度法和逆矩阵法的基础上开发出来的。

13.1 OPAX 基本思路

OPAX 方法是基于悬置动刚度和逆矩阵的方法开发出来的，而传统的悬置动刚度法和逆矩阵法是经典 TPA 的载荷识别方法，这些都是基于载荷-响应类 TPA 模型，因而 OPAX 的理论公式仍是基于经典 TPA 的公式：仍采用路径到目标点的 NTF 与工况载荷的乘积来进行贡献量分析。只不过在进行载荷识别时，采用了创新的方法：使用参数化载荷模型缩减数据进行载荷识别。经典 TPA 的理论公式为

$$y_k = \sum_{i=1}^{n} \mathrm{NTF}_{ik} \times F_i + \sum_{j=1}^{p} \mathrm{NTF}_{jk} \times Q_j$$

式中，y_k 是目标点的响应，F_i 和 Q_j 是结构载荷和声学载荷，NTF_i 和 NTF_j 分别是结构传递路径输入点和空气传递路径输入点到目标点的传递函数。n 和 p 分别表示结构传递路径和空气传递路径数目。式中所有项都是其频域描述，因此，方程中省略了频率 ω。在以上公式中，OPAX 的方法与传统方法的主要差别在于载荷识别方法上，获取 NTF 与经典方法相同。

经典 TPA 模型既需要测量传递函数，也需要测量工况数据，同样的道理，OPAX 系统模型（见图 13-1）也测量这些数据。图 13-1 所示的为产生结构载荷 F_i 和声学载荷 Q_j 的主动侧系统与被动侧系统的典型 OPAX 系统模型。但与经典 TPA 模型中需要测量的数据略有差别，OPAX 系统模型测量的数据类型如下，并且所有的数据都是其频域描述。

1）工况数据：

① 目标点：加速度或（和）声压信号 y_k，$k = 1$，…，u。

② 在路径附近增加一些额外的指示点响应数据（可选项）u_q，$q = 1$，…，v，这些额外的指示点数据可用于提高模型的估计精度。

③ 结构路径：悬置主/被动侧的加速度信号 a_{ai} 和 a_{pi}，$i = 1$，…，n。

④ 声学路径：声源附近的声压信号 p_j，$j = 1$，…，p。

⑤ 转速信号或相位参考信号 y_{ref} 用于提取阶次或计算相位参考谱。

2）在移除主动侧系统的被动侧系统上测量 FRF：

① 从路径点到目标点的 NTF：结构路径 NTF_i 和（或）声学路径 NTF_j。

② 从路径点到额外指示点之间的 FRF（可选项）：H_{iq} 和 H_{jq}。

由于 OPAX 可以仅用一个包括少量测量数据的简单模型快速地进行故障诊断，也可以使用一个要求额外测量数据的复杂模型来提高分析精度，因此，在进行快速故障诊断的简单模型中，可以不测量额外的指示点数据，包括工况数据和频响函数，而在复杂模型中，则要求测量这些数据。额外的指示点的工况数据和频响函数不是必测项，但是从提高分析精度来考虑，建议测量它们。

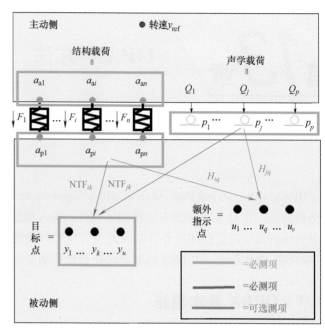

图 13-1　OPAX 系统模型

从工作流程上讲，OPAX 与经典 TPA 方法基本相同。首先，测量原始的时域工况数据，测量的具体数据视结构特点和选择的参数化载荷模型而定。如果主/被动侧是通过软悬置连接，选择单自由度的参数化载荷模型，则需要测量悬置主/被动侧的加速度信号；如果主/被动侧是硬连接，选择多频带的参数化载荷模型，则需要测量被动侧的加速度信号。但在这种情况下，也建议测量主动侧的加速度信号，这样可通过对比主/被动侧的加速度信号进一步确定连接类型，即软连接还是硬连接。其他的时域信号（如转速信号或参考信号、目标点的响应和额外指示点的响应）仍需要同时测量。得到了时域信号之后，需要处理成相应的频域数据。另一方面，为了提高参数化载荷模型的精度，提取的阶次越多，则载荷估计精度越高。因为阶次越多表明用于载荷估计的方程数越多，方程组越超定。但是，应用多个阶次时，应避免使用量级过小的阶次，这是因为各阶次之间要考虑平衡问题，过小的阶次会带来误差，而且量级过小的阶次也难以追踪。

接下来是测量传递函数，这时需要将激励源从系统中移除，与经典 TPA 测量相同。可采用直接测量法：在路径位置激励，测量目标点和指示点的响应；也可以采用互易性测量：在每个目标处激励，测量各个路径点的响应。互易性测量传递函数将极大地提高测量效率，节省测量时间与精力。另一方面，由于路径点位置空间有限，采用直接测量时，可能会增加测量误差。当采用互易性测量时，路径点到指示点之间的传递函数仍需要使用直接法进行测量。当然，测量工况数据与测量传递函数的顺序可互换，视便捷性而定。

悬置动刚度法和逆矩阵法均需要分别对每条谱线进行载荷估计，因此，这两种方法均需要付出大量的精力用于数据准备，特别是逆矩阵法。OPAX 方法是悬置动刚度法和逆矩阵法的改进型方法，因此，它不需要对每条谱线进行载荷估计，而是采用参数化载荷模型进行载荷估计。参数化载荷模型的优势在于使用少数参数来描述载荷，这些参数独立于频率，可大大降低问题的复杂程度。这些参数仅对少数频率（或频带），而不是对每条谱线进行估计，因此，相比悬置动刚度法和逆矩阵法，OPAX 公式中仅包含少量的未知量，估计起来更快捷。

在获得工况数据和传递函数之后，就需要确定参数化载荷模型：单自由度模型或多频带模型。两种参数化载荷模型中的结构载荷和声学载荷是路径上的加速度 a_i 和声压信号 p_j 的函数：

$$F_i(\omega) = f(parameters, a_{ai}(\omega), a_{pi}(\omega))$$
$$Q_j(\omega) = g(parameters, p_j(\omega))$$

在单自由度模型中，每条路径上待估计的参数最多只有三个，分别是质量 m、阻尼 c 和刚度 k。而在多频带模型中，无须对每条谱线进行估计，只需要对一定宽度的频带估计一个参数，这些参数都是独立于频率的。这与传统的每条谱线都需要估计的方法相比，待估计的参数大为减少，大大降低了问题的复杂程度。

在快速故障诊断中，额外的指示点数据是可以不测量的，但如果想获得精度更高的结果，OPAX 方法还要测量额外的指示点，在这先介绍复杂模型的方程。对于不需要额外指示点测量数据的情况，只需要忽略指示点的公式即可。将上式代入经典的载荷-响应类 TPA 模型的公式中，可得到一组新的方程组。

从路径到目标点有：

$$y_k(\omega) = \sum_{i=1}^{n} \text{NTF}_{ik}(\omega) \times F_i(parameters, a_{ai}(\omega), a_{pi}(\omega)) + \sum_{j=1}^{p} \text{NTF}_{jk}(\omega) \times Q_j(parameters, p_j(\omega))$$

从路径到指示点有：

$$u_q(\omega) = \sum_{i=1}^{n} H_{iq}(\omega) \times F_i(parameters, a_{ai}(\omega), a_{pi}(\omega)) + \sum_{j=1}^{p} H_{jq}(\omega) \times Q_j(parameters, p_j(\omega))$$

式中，H_q 表示路径到指示点的频响函数。

经典 TPA 方法中的悬置动刚度法需要获得悬置的动刚度曲线，通常获取动刚度曲线比较困难，而 OPAX 方法不需要动刚度曲线。逆矩阵方法需要对每条谱线进行载荷估计，而 OPAX 方法只用少量参数或对有限个固定宽度的频带进行载荷估计。但是，OPAX 方法到底是如何进行载荷识别的呢？接下来讲介绍其主要过程。

分两种情况考虑：①精度较高的复杂模型；②快速故障诊断的简单模型。在复杂模型中，要求测量额外的指示点，而简单模型不需要测量额外的指示点数据，这将会给载荷估计带来一些差异：复杂模型不仅使用目标点的响应数据，也使用指示点的数据，而简单模型仅使用目标点的响应数据，这样将导致方程数大为减少，从而导致分析精度降低。上述两个方程组针对每个测点的每个响应数据可以用矩阵形式描述成

$$AX = B$$

式中，矩阵 A 是关于每个测点每个响应数据的系数矩阵。向量 X 是待估计的参数向量（参数与路径数量、模型类型等相关）。对于单自由度模型，参数为 m_i、c_i 和 k_i；对于多频带模型，参数为 k_i 和 θ_j。矩阵 B 是目标点或（和）指示点的响应数据。这些矩阵的具体形式在后面将给出。

两边左乘 A 的逆，则有

$$X = A^{-1}B$$

在求解过程中涉及矩阵求逆，因此，求逆会遭遇矩阵求逆过程中的数值条件问题。求逆会使用奇异值分解，然后采用最小二乘估计出向量 X。

估计出这些参数之后，再代入参数化的载荷模型，按经典的理论公式进行贡献量分析，得出最终的分析结果。

13.2　单自由度模型

动力总成悬置安装如图 13-2 所示，经典 TPA 模型估计载荷通常采用悬置动刚度法，测量悬置两侧（主/被动侧）的加速度信号，根据以下公式，可计算得到悬置处的工作载荷。

$$F_i(\omega) = K_i(\omega) \times \frac{a_{ai}(\omega) - a_{pi}(\omega)}{-\omega^2}$$

从上式可以看出，要估计悬置处的工作载荷，必须要获得悬置的动刚度曲线，但悬置的动刚度曲线通常很难获得。而单自由度参数化载荷模型不需要使用动刚度曲线，而是使用相关参数来估计动刚度曲线。也可以说，悬置动刚度法是 OPAX 方法的一种极端情况。

单自由度系统（SDOF）的动刚度曲线 K 可以表示为

$$K_i = -m_i\omega^2 + \mathrm{j}c_i\omega + k_i$$

式中，i 表示第 i 条路径。这个多项式中的系数，即动质量 m_i、阻尼 c_i 和动刚度 k_i，是与某个悬置物理特性相关的参数。而这三个参数正是单自由度参数化载荷模型需要估计的参数。悬置的实际动刚度曲线与 SDOF 模型的关系如图 13-3 所示。

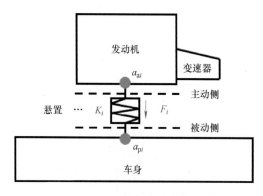

图 13-2　动力总成悬置测量示意图

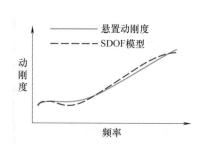

图 13-3　实际动刚度曲线与 SDOF 模型的关系

13.3　多频带模型

悬置的动刚度曲线在多频带模型中假设在给定宽度的频带内（$\omega_{z,\min} < \omega \leqslant \omega_{z,\max}$，$z$ 为自然数，表示分析频带按给定频带宽度划分的个数）为复常数，即

$$K_i(\omega) = k_i$$

悬置的实际动刚度曲线与多频带模型的关系如图 13-4 所示。在多频带模型中，每个频

带的宽度都是相同的，在每个频带内，动刚度曲线均为常数。但不同的频带区间常数值不相同，如图 13-4 所示。

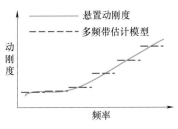

图 13-4　实际动刚度曲线与
多频带模型的关系

同样的道理，对于声学载荷采用多频带模型时，也是假设在给定频带内其值为常数，即

$$Q_j(\omega) = \theta_j(\omega) \times p_j(\omega)$$

$$\theta_j(\omega) = \theta_j$$

倘若主/被动侧为硬连接，此时，二者的相对位移特别小，只需要测量被动侧的加速度即可，这时悬置动刚度公式如下，动刚度曲线采用多频带模型与之前相同，即

$$F_i(\omega) = K_i(\omega) \times \frac{a_{pi}(\omega)}{\omega^2}$$

不管载荷类型如何，多频带模型均假设在给定频带内，待估计的参数为常数。通常可以参考一些先验知识以进一步减少未知数数量，改善方程求解过程中的数值条件，提高估计精度，如一些悬置的静刚度值已知或者悬置在 x 向和 y 向的属性相同。另一方面，可以增加数据来改善方程求解过程中的数值条件，提高模型精度，如增加阶次数，指示点数目和目标点数量等。

当悬置展现出非线性行为时，如因载荷导致的非线性，可以认为在一些载荷区域是线性的，故可以对这些不同的载荷区域按多频带模型来估计。

13.4　模型选择

1）对于软悬置（隔振率大于 6dB），其结构载荷公式为

$$F_i(\omega) = K_i(\omega) \times \frac{a_{ai}(\omega) - a_{pi}(\omega)}{-\omega^2}$$

参数化载荷模型可使用单自由度模型或多频带模型，其表达式为

单自由度模型为：$K_i(\omega) = -m_i\omega^2 + \mathrm{j}c_i\omega + k_i$

软悬置使用 SDOF 模型是合适的，因为许多软悬置在低频段都展示了类似 SDOF 的行为特性。当对软悬置使用 SDOF 模型时，有时可进一步减少估计的参数，如设置 $m = 0$ 或（和）$c = 0$，待估计的参数只有刚度值 k。如果此时的数值条件数大于 100，刚度参数在 300Hz 内保持为常数也是可接受的。

多频带模型：$K_i(\omega) = k_i$

如果对软悬置使用多频带模型，频带宽度可取 100~300Hz，精度也是可接受的，但通常设置频带宽度为 60Hz。当然更小的频带宽度可以减少误差，但这时要求更多的指示点以改善方程的数值条件。在没有额外指示点的快速测量中，可能会应用更宽的频带以改善方程的数值条件，同时路径载荷估计精度并不会降低。

对于液压型悬置，不适用于 SDOF 模型，它们展示出更复杂的行为特性，此时多频带模型更适用。

2）对于硬连接，其结构载荷参数化模型为

$$F_i(\omega) = K_i(\omega) \times \frac{a_{pi}(\omega)}{\omega^2}$$

参数化载荷模型使用多频带模型：$K_i(\omega) = k_i$

对硬连接使用多频带模型时，为了准确地估计出局部刚度值，通常使用较窄的频带宽度，如频带宽度为 15 ~ 25Hz。在逆矩阵方法中，要求指示点数目 2 倍于路径数目，对于 OPAX 的情况，也可以按此要求来增加指示点数目，能进一步提高模型的精度。

对于结构载荷而言，总是建议同时测量悬置主/被动侧的加速度信号。将主/被动侧的频域加速度信号叠加显示在一起，如果幅值和相位一致，则是硬连接，否则为软连接。如图 13-5 所示，在波德图中，绿色代表主动侧加速度，红色代表被动侧加速度，每个分图中有三个波德图代表 XYZ 三个方向。从图 13-5a 中可以看出，硬连接方式下，主/被动侧的加速度的幅值和相位较一致；而在图 13-5b 中的软连接方式下，主/被动侧的加速度的幅值和相位相差明显。通过这种方式可以判断悬置的连接类型，因此，总是建议同时测量悬置两侧的加速度信号。

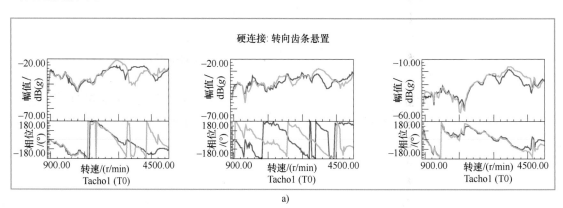

a)

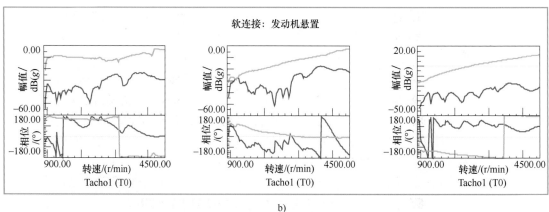

b)

图 13-5   两类连接方式下的主/被动侧加速度

a) 硬连接的两侧加速度叠加显示   b) 软连接的两侧加速度叠加显示

3）声学载荷参数化模型为

$$Q_j(\omega) = \theta_j(\omega) \times p_j(\omega)$$

参数化载荷模型使用多频带模型：$\theta_j(\omega) = \theta_j$

只考虑软悬置的结构载荷通常采用 SDOF 模型，如果同时考虑结构载荷和声学载荷，则采用多频带模型。因此，多频带模型适用于任何类型的软悬置、刚性连接和声学载荷。

对于主/被动侧采用硬连接方式，结构载荷通常采用多频带模型，而任何连接方式下的声学载荷均采用多频带模型，因而，模型中只要考虑了声学载荷，不管是否考虑了结构载荷，则必须采用多频带模型。

对于硬连接和声学载荷，更窄的频带宽度可以合理地描述驱动点的行为。频带越窄，模型描述越合理，但要求更多的指示点数据。最极端的情况是，频带宽度为一个频率分辨率（对每条谱线进行估计），此时，OPAX 方法将转化为经典 TPA 的逆矩阵法。

当测量数据中包含的可用信息较少时，如目标点数目，阶次数目，额外的指示点数目等较少、转速范围窄时，能获得的方程数目就会大为减少，为了获得一个可接受的分析结果，应考虑较宽的频带宽度，可以减少估计的参数数目，以便获得超定方程组。

在多频带模型中，对于频带宽度的选择也有一个经验性的指导公式，要求频带宽度 bw 满足以下条件

$$v \times \left[\frac{m}{2}\right] \times \left[\frac{bw}{10}\right] \geqslant 2 \times n$$

式中，v 为指示点数目（包括路径点）；m 为工况数目（如阶次数目）；n 为路径数；[ ] 表示取整。这个经验性的指导公式对于经典 TPA 中的逆矩阵法也适用，如当 $m < 3$ 时，频率分辨率很小时，[ ] 内的两项取值均为 1，此时上式简化为 $v \geqslant 2n$，即要求指示点数目至少是路径数的 2 倍。

13.5　单独估计结构载荷

很多情况下，只需关注中低频的结构载荷引起的 NVH 问题，如发动机 TPA 通常更关注 500Hz 以下的结构路径引起的噪声，这时只需单独考虑结构载荷即可。

从路径到指示点有：

$$u_q(\omega) = \sum_{i=1}^{n} H_{iq}(\omega) \times F_i(parameters, a_{ai}(\omega), a_{pi}(\omega))$$

$$= \sum_{i=1}^{n} H_{iq}(\omega) \times K_i(\omega) \times \frac{a_{ai}(\omega) - a_{pi}(\omega)}{-\omega^2}$$

1）当参数化载荷模型采用 SDOF 模型时，其公式为

$$K_i(\omega) = -m_i\omega^2 + jc_i\omega + k_i$$

代入路径点公式，则有，

$$u_q(\omega) = \sum_{i=1}^{n} H_{iq}(\omega) \times K_i(\omega) \times \frac{a_{ai}(\omega) - a_{pi}(\omega)}{-\omega^2}$$

$$= \sum_{i=1}^{n} H_{iq}(\omega)(-m_i\omega^2 + jc_i\omega + k_i) \times \frac{a_{ai}(\omega) - a_{pi}(\omega)}{-\omega^2}$$

$$= \sum_{i=1}^{n} (-m_i\omega^2 G_{iq}(\omega) + jc_i\omega G_{iq}(\omega) + k_i G_{iq}(\omega))$$

其中，令

$$G_{iq}(\omega) = H_{iq}(\omega) \times \frac{a_{ai}(\omega) - a_{pi}(\omega)}{-\omega^2}$$

采用矩阵与向量来描述，则有

$$\begin{bmatrix} \cdots & -\omega^2 G_{iq}(\omega) & j\omega G_{iq}(\omega) & G_{iq}(\omega) & \cdots \end{bmatrix} \begin{bmatrix} \vdots \\ m_i \\ c_i \\ k_i \\ \vdots \end{bmatrix} = \begin{bmatrix} \vdots \\ u_{iq}(\omega) \\ \vdots \end{bmatrix}$$

令

$$AX = B$$

其中，$A = \begin{bmatrix} \cdots & -\omega^2 G_{iq}(\omega) & j\omega G_{iq}(\omega) & G_{iq}(\omega) & \cdots \end{bmatrix}, X = \begin{bmatrix} \vdots \\ m_i \\ c_i \\ k_i \\ \vdots \end{bmatrix}, B = \begin{bmatrix} \vdots \\ u_{iq}(\omega) \\ \vdots \end{bmatrix}$

在这，以汽车行业的典型应用为例来说明，考虑工况数据有 m 个阶次，每个阶次有 r 个转速点（r 会随阶次的变化而变化），则上述各项可以写成

$$\begin{array}{c} \text{阶次 1} \left\{ \begin{bmatrix} \cdots & -\omega_{11}^2 G_{iq}(\omega_{11}) & j\omega_{11} G_{iq}(\omega_{11}) & G_{iq}(\omega_{11}) & \cdots \\ \cdots & -\omega_{21}^2 G_{iq}(\omega_{21}) & j\omega_{21} G_{iq}(\omega_{21}) & G_{iq}(\omega_{21}) & \cdots \\ & \vdots & \vdots & \vdots & \\ \cdots & -\omega_{r1}^2 G_{iq}(\omega_{r1}) & j\omega_{r1} G_{iq}(\omega_{r1}) & G_{iq}(\omega_{r1}) & \cdots \end{bmatrix} \right. \\ \text{阶次 2} \left\{ \begin{bmatrix} \cdots & -\omega_{12}^2 G_{iq}(\omega_{12}) & j\omega_{12} G_{iq}(\omega_{12}) & G_{iq}(\omega_{12}) & \cdots \\ \cdots & -\omega_{22}^2 G_{iq}(\omega_{22}) & j\omega_{22} G_{iq}(\omega_{22}) & G_{iq}(\omega_{22}) & \cdots \\ & \vdots & \vdots & \vdots & \\ \cdots & -\omega_{r2}^2 G_{iq}(\omega_{r2}) & j\omega_{r2} G_{iq}(\omega_{r2}) & G_{iq}(\omega_{r2}) & \cdots \\ & \vdots & \vdots & \vdots & \end{bmatrix} \right. \\ \text{阶次 } m \left\{ \begin{bmatrix} \cdots & -\omega_{1m}^2 G_{iq}(\omega_{1m}) & j\omega_{1m} G_{iq}(\omega_{1m}) & G_{iq}(\omega_{1m}) & \cdots \\ \cdots & -\omega_{2m}^2 G_{iq}(\omega_{2m}) & j\omega_{2m} G_{iq}(\omega_{2m}) & G_{iq}(\omega_{2m}) & \cdots \\ & \vdots & \vdots & \vdots & \\ \cdots & -\omega_{rm}^2 G_{iq}(\omega_{rm}) & j\omega_{rm} G_{iq}(\omega_{rm}) & G_{iq}(\omega_{rm}) & \cdots \end{bmatrix} \right. \end{array} \begin{bmatrix} \vdots \\ m_i \\ c_i \\ k_i \end{bmatrix} = \begin{bmatrix} u_q(\omega_{11}) \\ u_q(\omega_{21}) \\ \vdots \\ u_q(\omega_{r1}) \\ u_q(\omega_{12}) \\ u_q(\omega_{22}) \\ \vdots \\ u_q(\omega_{r2}) \\ \vdots \\ u_q(\omega_{1m}) \\ u_q(\omega_{2m}) \\ \vdots \\ u_q(\omega_{rm}) \end{bmatrix}$$

其中，$\omega_{rm} = o_m \times RPM_r/60$。待估计的参数为 m、c 和 k，对于单自由度模型而言，每个路径点都需要估计这 3 个参数（也有 1 个或 2 个的情况），如果总路径数为 n，则待估计的参数总数为 $3n$。对于每一个阶次而言，都需要估计这 $3n$ 个参数，因此，上式中向量 X 不随阶次

数的变化而变化。但矩阵 **A** 和向量 **B** 会随阶次发生变化，在上式中，每个框内，矩阵 **A** 和向量 **B** 都只有与这一阶次相关的信息。每个阶次有 r 个转速点，又有 m 个阶次，因此，矩阵 **A** 的维度为 $mr \times 3n$。这意味着方程数远大于未知量数，因此，数值条件数通常会很小。对矩阵 **A** 求逆时，要用到奇异值分解，当然也可能是一个伪逆结果。得到相应的参数之后，再进行载荷估计，得到每条路径处的载荷，进一步进行贡献量分析。

2）当参数化载荷模型采用多频带模型时，其模型为

$$K_i(\omega) = k_i$$

对于路径到指示点而言，有：

$$u_q(\omega) = \sum_{i=1}^{n} H_{iq}(\omega) \times F_i(parameters, a_{ai}(\omega), a_{pi}(\omega))$$

$$= \sum_{i=1}^{n} H_{iq}(\omega) \times K_i(\omega) \times \frac{a_{ai}(\omega) - a_{pi}(\omega)}{-\omega^2} = \sum_{i=1}^{n} k_i G_{iq}(\omega)$$

对所有阶次和转速点写出以上公式，矩阵 **A** 和 **B** 只包含相应频带内的信息（$\omega_{z,min} < \omega \leq \omega_{z,max}$），相应的矩阵描述如下：

$$A = \begin{bmatrix} \cdots & G_{iq}(\omega_{11}) & \cdots \\ \cdots & G_{iq}(\omega_{21}) & \cdots \\ \vdots & \vdots & \vdots \\ \cdots & G_{iq}(\omega_{r1}) & \cdots \\ \cdots & G_{iq}(\omega_{12}) & \cdots \\ \cdots & G_{iq}(\omega_{22}) & \cdots \\ \vdots & \vdots & \vdots \\ \cdots & G_{iq}(\omega_{r2}) & \cdots \\ \vdots & \vdots & \vdots \\ \cdots & G_{iq}(\omega_{1m}) & \cdots \\ \cdots & G_{iq}(\omega_{2m}) & \cdots \\ \vdots & \vdots & \vdots \\ \cdots & G_{iq}(\omega_{rm}) & \cdots \end{bmatrix} \quad B = \begin{bmatrix} u_q(\omega_{11}) \\ u_q(\omega_{21}) \\ \vdots \\ u_q(\omega_{r1}) \\ u_q(\omega_{12}) \\ u_q(\omega_{22}) \\ \vdots \\ u_q(\omega_{r2}) \\ \vdots \\ u_q(\omega_{1m}) \\ u_q(\omega_{2m}) \\ \vdots \\ u_q(\omega_{rm}) \end{bmatrix} \quad X = \begin{bmatrix} \vdots \\ k_i \\ \vdots \end{bmatrix}$$

阶次1、阶次2、阶次 m

在每一个频带，只有一个待估计的参数 k_i，所有的指示点和阶次一起组合成一个超定方程组，然后按最小二乘法估计每条路径在每个频带的动刚度值。通常，频带越宽，阶次和指示点数目越多，则方程组越超定，越能得到一个精度更高的估计。对每个频带的估计过程示意如图 13-6 所示。假设频带带宽为 60Hz，对频带 60 ~ 120Hz 进行估计，频率等于 $f_i = o_m \times RPM_r/60$，每条谱线与阶次线的交点（图中的实心圆）代表一个指示点 q 的方程，因此，阶次数越多，指示点越多，则方程数越多，求解过程中的数值条件数越小，如图 13-7 所示。另一方面，频带越宽，待估计的参数越少，方程组越超定。但如果频带太宽，虽然估计的参数减少了，但误差也会越大，因此，对于频带宽度的选择应具有一定的指导原则。一般来说，如果主/被动是硬连接，则估计的频带宽度应窄一点，这是为了估计出合理的局部刚度值。

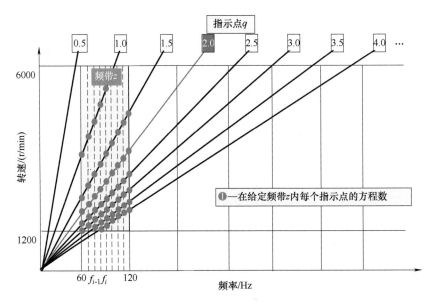

图 13-6　频带估计示意

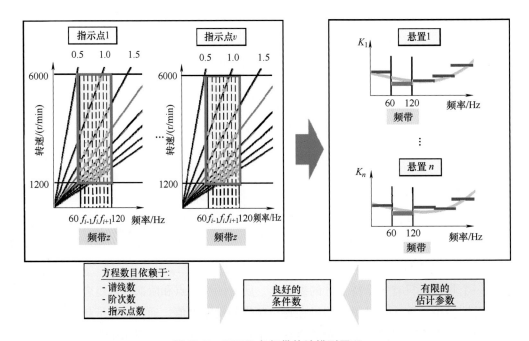

图 13-7　OPAX 多频带估计模型原理

13.6　同时估计结构载荷和声学载荷

很多情况下，为了快速地进行故障排查，没有过多时间用于测量额外的指示点，这时可能会同时考虑结构传递路径和声学传递路径。对于快速故障排查的简单模型而言，不存在额外的指示点，只测量路径点和目标点，此时，对目标点应用多频带模型为

$$y_k(\omega) = \sum_{i=1}^{n} H_{ik}(\omega) F_i(parameters, a_{ai}(\omega), a_{pi}(\omega)) + \sum_{j=1}^{p} H_{jk}(\omega) Q_j(parameters, p_j(\omega))$$

$$= \sum_{i=1}^{n} H_{ik}(\omega) K_i(\omega) \frac{(a_{ai}(\omega) - a_{pi}(\omega))}{-\omega^2} + \sum_{j=1}^{p} H_{jk}(\omega) \theta_j(\omega) p_j(\omega)$$

$$= \sum_{i=1}^{n} k_i G_{ik}(\omega) + \sum_{j=1}^{p} \theta_j G_{jk}(\omega)$$

其中，

$$G_{ik}(\omega) = H_{ik}(\omega) \frac{a_{ai}(\omega) - a_{pi}(\omega)}{-\omega^2}, i = 1, \cdots, n$$

$$G_{jk}(\omega) = H_{jk}(\omega) p_j(\omega), j = 1, \cdots, p$$

同样的道理，也可以写出这些方程针对每一个频带内的测点和每一个阶次的矩阵 $\boldsymbol{A}$、$\boldsymbol{B}$ 和向量 $\boldsymbol{X}$，此时，待估计的参数为刚度 k 和声学阻抗 θ。这些方程为

在这个方程中只有路径点和目标点的响应数据，以及路径点到目标点的 NTF，没有额外的指示点，但求解过程与之前相同。

在同时考虑结构载荷和声学载荷时，需要考虑二者的量级平衡问题，如加速度的量级可能位于（$10^{-3} \sim 10$）g 之间，而声压信号可能在 $0.1 \sim 100\text{Pa}$ 范围内。由于幅值大小有差异，这可能会导致不正确的参数估计。为了避免出现这种情况，需要考虑二者的平衡问题，通常是缩放加速度和声压至相同的 RMS 量级。平衡因子定义为这两个信号的 RMS 的比率。在考虑平衡时，需考虑矩阵 $\boldsymbol{A}$ 的结构路径与声学路径之间的平衡，以及矩阵 $\boldsymbol{B}$ 中各阶次之间的平衡。

在矩阵 $\boldsymbol{B}$ 中各阶次之间的平衡因子 OSCF 应满足下式

$$\text{OSCF}_1 \times \left[\sum_{x=1}^{r} (y_k(\omega_{x1}))^2 \right]^{\frac{1}{2}} = \text{OSCF}_2 \times \left[\sum_{x=1}^{r} (y_k(\omega_{x2}))^2 \right]^{\frac{1}{2}} = \cdots = \text{OSCF}_m \times \left[\sum_{x=1}^{r} (y_k(\omega_{xm}))^2 \right]^{\frac{1}{2}}$$

上式表示目标点的各个阶次之间、各个转速点的总 RMS 相等。

在矩阵 A 中各测点之间的结构路径和声学路径的平衡因子 SCF 应满足下式

$$\text{SCF}_s \times \left[\sum_{i=1}^{n} \sum_{y=1}^{m} \sum_{x=1}^{r} (G_{ik}(\omega_{xy}))^2 \right]^{\frac{1}{2}} = \text{SCF}_a \times \left[\sum_{j=1}^{p} \sum_{y=1}^{m} \sum_{x=1}^{r} (G_{jk}(\omega_{xy}))^2 \right]^{\frac{1}{2}}$$

在整个方程组中，每个方程考虑的平衡因子如下。在按最小二乘方式求解得到结果之后，还需要按平衡因子的倒数重新缩放解向量，获得实际的结果。

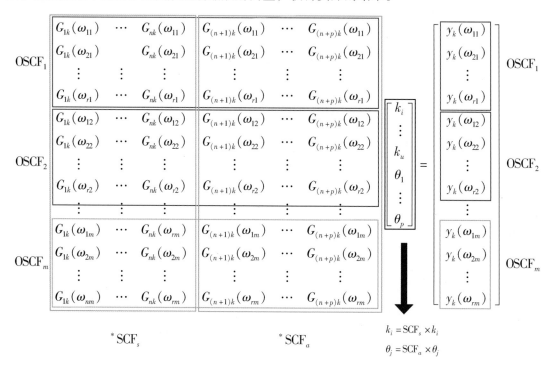

13.7 考虑事项

当采用 OPAX 方法进行 TPA 分析时，必须考虑以下内容。

1）模型的复杂程度：是快速故障排除的简单模型还是精度更高的复杂模型。在简单模型中，不需要测量额外的指示点，目标点响应测点也可能有限，大多数情况下是 1 个。精度更高的复杂模型要求测量额外的指示点的频响函数和工况数据，这将导致需要付出更多的时间与精力花费在测量上。

2）模型中待估计的参数数量：这依赖于路径数和参数化的载荷模型，采用 SDOF 还是多频带模型。在 SDOF 模型中，可根据先验知识，进一步降低估计的参数数量，如在悬置横截面两个方向的属性相同。当选择多频带模型时，需要依据悬置特性、连接方式考虑频带的宽度。理论上讲，频带越宽，则将分析带宽按频带宽度划分的个数越少，即待估计的参数越少。

3）响应点的数目：这些响应点包括目标点和指示点。虽然不测量额外的指示点，目标点只有 1 个，也可进行 OPAX 分析，但是精度有限，不利于进一步洞悉问题的本质，因此，总是建议进行更多的测量，但需要在测量精力与精度上进行权衡。

4）指示点的位置选择：布置额外的指示点是为了获得超定的方程组，从而提高模型精度。在经典 TPA 的逆矩阵法中，要求额外的指示点须遵循以下原则：①靠近路径点位置，其他的路径对这个额外的指示点影响有限；②离这个路径点要"足够远"，以避免相同的信息重复测量两遍；③避免在一些薄弱的面板上布置额外的指示点，这些位置可能存在局部共振频率。通常额外的指示点布置在离路径点 10cm 左右的位置，如图 13-8 中红圈所示位置为额外的指示点测量位置，其他位置为路径点测量位置。同样，在 OPAX 方法中，也应该遵循这些原则。

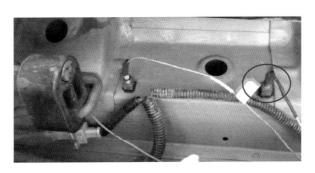

图 13-8　额外的指示点测量位置

5）工况数目：从上面的分析可以看出，工况数目（如阶次数）越多，方程组越超定。但是在各个阶次之间，需要考虑平衡问题，即需要将各个阶次缩放至相同的 RMS 量级。虽然阶次数越多，方程数越多，但如果包括的阶次量级过小，平衡因子就会特别大，而在实际问题中，量级过小的阶次是很难追踪的，这反而会给结果分析带来更大的误差。因此，在工况数目中不应包括阶次量级过小的阶次。

6）参数化载荷模型：需要考虑使用 SDOF 模型还是多频带模型，关于参数化载荷模型与频带选择可参考第 13.4 节。

7）已有的先验知识：对于 SDOF 模型而言，如果知道悬置的动质量 m，阻尼 c 或刚度 k，可缩减未知量，提高精度。对于多频带模型而言，如果知道悬置在轴向横截面的两个方向属性相同，或几个悬置特性相同，都可以提前定义这些关系，进一步缩减待估计的未知量。如果有这样的信息可用，总是应提前考虑这些关系。

8）避免数据重复使用：当仅把目标点的数据用于参数化载荷模型，然后又用估计出来的参数进行贡献量分析，与目标点的数据进行对比时，目标点的数据重复使用了两遍。为了避免数据重复使用，建议使用指示点的数据进行模型估计，使用目标点的数据进行数据综合。

13.8　OPAX 的可扩展性

基于以上的分析可知，OPAX 方法采用参数化载荷模型使得这个方法具有可扩展性：工程人员可以利用一个仅包括少量测量数据的简单模型快速地进行故障排除，也可以使用一个要求额外测量数据的复杂模型来提高分析精度。这个可扩展性如图 13-9 所示。对于悬置动刚度法而言，悬置的动刚度曲线是已知的，不需要估计任何参数，因此，悬置动刚度法可以认为是 OPAX 方法的一种极限情况（下限）——待估计的参数个数为 0。另一方面，如果 OPAX 方法采用多频带模型，而频带宽度为一个频率分辨率，也就是一个频带只估计一条谱线，那么，这时估计的参数总数为路径数 n 乘以谱线数 s，等价于经典 TPA 中的逆矩阵法。因而，逆矩阵法可以认为是 OPAX 方法中的另一个极限情况（上限）——待估计的参数最多，为 sn 个。

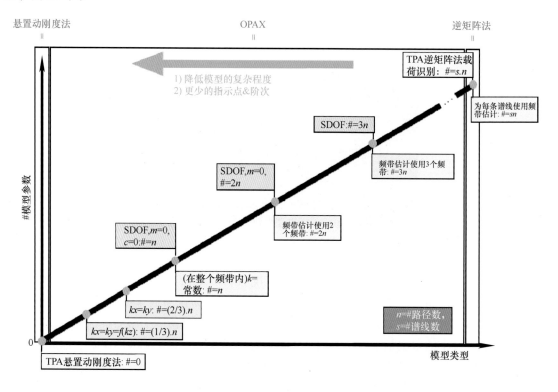

图 13-9　OPAX 方法的可扩展性

在图 13-9 中，悬置动刚度法为 OPAX 方法的下限，逆矩阵法为上限，分别位于图中的左右两侧。对于中间情况，先从单自由度模型说起，当 3 个估计的参数有一个或两个设置为 0 时，总的估计参数为 n 或 $2n$；当 3 个参数都需要估计时，估计的参数总数为 $3n$。而对于多频带模型而言，如果悬置 3 个方向特性相同，则估计的参数总数为 $n/3$；若 x 和 y 向特性相同，则估计的参数总数为 $2n/3$；3 个方向不相同，则参数总数为 n。如果将整个分析频带划分为 z 个频带，则估计的总参数为 zn；当为每条谱线进行频带估计时，估计的参数总数为 sn，这时方法与逆矩阵方法相同，即 OPAX 方法收敛于逆矩阵法。换句话说，当 OPAX 方法的多频带模型使用单条谱线作为估计频带时，OPAX 方法等价于经典的逆矩阵法。

由此可以看出，OPAX 方法富有极强的弹性。不必须知道悬置的动刚度特性，也不必须进行路径间的满频响矩阵测量，就可进行传递路径分析。即可以使用一个简单模型进行快速地故障排查，也可以使用一个精度更高的需要额外指示点的复杂模型更仔细地追踪问题根源。

13.9　与其他方法的区别

与经典 TPA 中的悬置动刚度法相比，OPAX 方法不需要提供动刚度数据。

与逆矩阵方法相比，OPAX 方法更快速，可以测量有限数目的传递函数，效率更高。当对每个目标点采用互易性方法测量从路径到目标点的 NTF 时，对于确定参数较少的模型是满足要求的。经典的逆矩阵载荷识别方法对每条谱线进行估计，这样将对不连续的 FRF 非常敏感，如由激励位置和方向等因素引起的 FRF 的频率峰值移动。而 OPAX 方法采用频带估计方法对 FRF 中的这些不连续特性不会太敏感。

与 OPA 相比，OPAX 方法使用载荷-响应模型，而 OPA 采用响应-响应模型，因此，OPAX 方法不会遭遇 OPA 的限制条件，能给出可信的路径贡献量分析。

OPAX 是一种快速、基于传递函数和工况数据的传递路径分析方法，以一种非常有效和可靠的途径解决振动噪声问题。其精度与常规的 TPA 方法相当，同时效率可与传统的工况路径分析方法相媲美。

OPAX 方法可以确保工程师花费比以前更少的测试时间来准确地识别问题的根源。传统 TPA 由于测量数据较多，工作量大，而 OPAX 除了测量工况数据之外，可通过互易性快速高效地测量得到少量传递函数，与 OPA 相比，二者工作量几乎相当。

OPAX 支持稳态、加速或减速等各种工况下的贡献量分析。可以对结构载荷和声学载荷同时进行识别，也可以分开识别，采用少量额外的指示点可以确保载荷识别的精度。

13.10 OPAX 创新处

OPAX 方法是基于载荷-响应模型，是一种快速分析方法，且能提供可信的路径贡献量结果。与经典 TPA 方法的差异主要体现在工况载荷识别上，OPAX 利用具有扩展性的参数化载荷模型，因此，使得工程人员可以使用一个仅包含少量测量数据的简单模型快速地进行故障诊断，也可以使用一个包含额外指示点数据的复杂模型来提高分析精度。

OPAX 的主要优点在于只需要识别有限数量的估计参数，不需要提供动刚度曲线，而获得动刚度曲线通常比较困难，这就减轻了获得这个数据的压力。方程组包含多个阶次克服了需要测量许多个响应点生成一个大的频响函数矩阵，大大减少了测量时间与精力。仅使用路径的测量数据，比如悬置的加速度和声压，通过少量的参数化模型或缩减的参数化模型去描述工况结构载荷和声学载荷。

参数化载荷模型的优势在于使用少数参数来描述载荷，这些参数独立于频率，可大大降低问题的复杂程度。这些参数仅对少数频率（或频带），而不是对每条谱线进行估计，因此，相比悬置动刚度法和逆矩阵法，OPAX 公式中仅包含少量的未知量，估计起来更快捷。当采用频带估计时，能减少对因激励位置与方向等因素导致的 FRF 峰值频率移动的敏感程度。在同时考虑结构载荷和声学载荷时，考虑了两类信号之间的量级平衡问题。OPAX 利用参数化载荷模型，因此，OPAX 方法也是一种新颖的载荷识别方法。

在大多数情况下，参数化载荷模型可以仅由目标点数据识别得到，而不需要额外的指示点数据。每个目标只需要 1 个互易性的 NTF 测量（可能需要 +/−20min）。系统方程中可以包含少数几个额外的指示点（测量这些点的工况数据和频响函数）可以提高求解的鲁棒性；还可选择对结构/声学载荷进行同时或单独识别。

第14章

TPA 分析的一般原则、建议、技巧与考虑事项

TPA 分析有多种不同的方法，如经典的悬置动刚度法和逆矩阵法，以及基于这两类经典方法开发出来的 OPAX 方法等。每一种方法都有不同的测量与分析要求，不同的测量分析要求又对应不同的考虑事项、技巧和原则。从 TPA 分析的一般流程上讲，首先需要进行 TPA 模型定义、测量工况数据和频响函数，然后进行 TPA 计算，最终解释 TPA 分析结果。在这个过程中，也存在相应的考虑事项、技巧和原则。因此，这一节主要介绍 TPA 分析过程中需要考虑的注意事项、原则、建议与技巧等方面。

在这，先从一般流程上来介绍需要考虑的注意事项、原则、建议与技巧，然后再按方法分类来介绍与之相关的部分。某些内容可能之前已经描述过，在这里将再次描述，这样会使你对这些内容印象更深刻。

14.1　模型定义

TPA 采用"源-路径-接收者"模型，模型定义即确定哪些是激励源、哪些是路径点与哪些位置是目标点（接收位置）。车辆的振动激励源主要包括动力装置、排气系统、传动轴、车轮与悬架系统和风激励等。因此，这些激励源与车身和副车架的连接点通常应考虑作为路径输入点，每个路径输入点考虑 x、y、z 三个方向。

对于前驱型车辆而言，通常应考虑以下位置作为路径：

1）发动机悬置（3 个悬置 9 条路径）。

2）变速器悬置（2 个悬置 6 条路径）。

3）悬架与车身连接点（4 个连接点 12 条路径）。

4）转向器与车身连接点（2 个连接点 6 条路径）。

5）前减振器与车身连接点（2 个连接点 6 条路径）。

6）排气吊耳位置（1~3 个连接点对应 3~9 条路径）。

对于后驱型的车辆而言，通常应考虑以下位置作为路径：

1）发动机悬置（3 个悬置 9 条路径）。

2）变速器悬置（1 个悬置 3 条路径）。

3）驱动轴轴承位置（3 条路径）。

4）后副车架与车身连接点（4 个连接点 12 条路径）。

5）后减振器与车身连接点（2 个连接点 6 条路径）。

6）排气吊耳位置（1~3 个连接点对应 3~9 条路径）。

以上括号中的路径点数量会因车辆配置不同而有所变化，应依据实际情况而定。

噪声激励源主要包括动力装置的噪声、进排气系统的噪声、传动轴系的噪声、车轮与路面的摩擦噪声和各种结构噪声等。空气声路径主要包括动力总成表面位置处、进气入口位置和排气出口位置等。通常，将动力总成表面划分为若干子面，每个子面对应一个空气声路径，如将动力总成表面划分成 12 个子面，则对应 12 条空气声路径。而进气入口或排气出口位置，一个入口或一个出口对应 1 条路径。

确定目标点位置的原则是以人（包括驾驶人和乘员）作为接收者，由听觉、触觉或视觉等方面感受到明显的振动或（和）噪声的位置作为目标点。人耳听觉感受噪声明显的位置包括驾驶员或（和）乘员的耳旁噪声。人体触觉感受振动明显的位置包括方向盘、地板脚踏处和座椅（以座椅导轨为目标点）等位置。人体视觉感觉明显的振动位置包括仪表盘表面和后视镜等位置。

14.2 通用原则

在确定目标点、路径点和额外的指示点（视方法而定，有的不需要指示点）之后，由于 TPA 模型测点数量较多，为了避免出现命名错误、混淆路径与额外指示点等情况，在正式测量之前应根据模型定义确定一个完整的测点命名表，如表 14-1 所示。表中应包括声学目标点和（或）结构目标点、路径点和额外指示点等。如果路径点包含主（被）动侧，则应分别命名。如果不能在路径点的几何中心处布置传感器，需要在其几何中心附近两侧布置测点，可采用 A 和 B 命名同一几何中心测点附近两个测点，如表中的发动机悬置处车身被动侧路径的几何中心测点 BODY：0001 附近两个测点分别用 BODY：A001 和 BODY：B001 表示。

TPA 测点数量较多，应在测试之前将所需传感器、导线和通道数准备充分，最理想的情况是所有路径与目标点的数据应一次同时测量。测量时，各个测点的坐标应尽量采用总体坐标系，但对于悬置处，可能会使用局部坐标系，如果采用了局部坐标系，那么，FRF 测量与工况数据测量时，各个测点的方向应保持一致。

对于数据分析而言，通常的做法是在第一次分析之前完成所有数据的测量，但是，如果测量数据出现问题，那么，在测量完毕之后就无法进行修正了。如测量完毕之后发现传感器过载、放置在不正确的测量位置等问题，特别是传感器已从试验车辆上拆卸下来，车辆已交给下一个项目组，测试人员已回到了办公室时，很难再有机会再次进行测量。所以，建议在测试过程中，花费 1~2 天的时间用于数据检查与预分析。测点命名和方向错误可能需要花费很长的时间才能修正过来，因此，对每个测点进行拍照是解决这类问题的有效手段。在检查测点方向错误和位置错误时，可使用 ODS 动画分析追踪可能的错误。

TPA 分析测量需要花费大量的时间，同时，对数据质量进行检查也需要花费大量的时间。一个小型的 TPA 项目可能需要花费一周的时间，而对于大型的 TPA 项目，可能需要花费 2~3 周时间。

表 14-1　TPA 模型中数据命名样表

噪声目标点				
FRLE				
FRRI				
RELE				
RERI				

加速度目标点				
DRIVE SEAT				

路径和指示点				
路径	被动侧指示点		主动侧	
发动机				
BODY：0001	BODY：A001	BODY：B001	ENGI：A001	ENGI：B001
BODY：0002	BODY：A002	BODY：B002	ENGI：A002	ENGI：B002
BODY：0005	BODY：A005	BODY：B005	ENGI：A005	ENGI：B005
A 臂				
FSUB：0101	FSUB：A101	FSUB：B101	FLOA：A101	FLOA：B101
FSUB：0601	FSUB：A601	FSUB：B601	FLOA：A601	FLOA：B601
FSUB：0102	FSUB：0102		FLOA：A102	FLOA：B102
FSUB：0602	FSUB：0602		FLOA：A602	FLOA：B602
悬架减振器				
BODY：0103	BODY：A103	BODY：B103	FSTR：0103	
BODY：0603	BODY：A603	BODY：B603	FSTR：0603	
转向齿条				
FSUB：0105	FSUB：A105	FSUB：B105	SRAK：0118	
FSUB：0605	FSUB：A605	FSUB：B605		
排气				
BODY：0801	BODY：0801		EXHA：0801	
BODY：0802	BODY：0802		EXHA：0802	
BODY：0803	BODY：0803		EXHA：0803	
转向节				
	FKNK：0112	FKNK：0116	FKNK：0117	
	FKNK：0612	FKNK：0616	FKNK：0617	
额外指示点				
	BODY：0121			
	BODY：0621			
	BODY：1001			
	BODY：1002			
省略以下部分				

对分析结果应进行仔细的调查，已有的经验和常识也可用于结果调查，以确定获得最可信的结果。为了获得最优解，可以联合经验和先验知识、多种不同的方法并对比各自的结果。对于 FRF 数据的低频精度较差，可以联合动刚度法和 OPAX 来分析，并对比各自的结果。

14.3 频响函数测量

频响函数是除 OPA 方法之外，其他方法均需要的数据之一。可以将频响函数测量分为两类，一类是从路径与指示点之间的频响函数，可以称之为结构 FRF，如用逆矩阵法进行载荷识别；另一类是从路径到目标点之间的频响函数，可以称之为 NTF（包括 VTF），以区别路径与指示点之间的结构 FRF，用于贡献量分析。结构 FRF 可以用直接法（如锤击法或激振器法）进行测量，获得 NTF 可以用直接法或互易性测量方法，并且两类频响函数可以同时测量，取决于测量方法。

在进行频响函数测量时，车辆状态应处于自由边界条件下的整备车身状态（TB），激励源作为主动部件应移除。这些主动部件包括动力总成、悬架摆臂、转向器、排气系统，如果是后驱型车辆，还包括后副车架等主动部件。这些起激励作用的主动部件，如果选择的路径包含这些激励源与车身的连接位置，则频响函数测量时，应将它们移除；如果它们与车身的连接点不作为路径，则应保留它们。譬如，考虑发动机 TPA 时，动力总成与车身连接的悬置是路径，则在测量频响函数时应将动力总成移除，其他主动部件，如排气系统，则应保留。测量发动机 TPA 的频响函数时，图 14-1 是只移除动力总成之后的发动机舱，对移除动力总成之后的车身进行频响函数测量。

图 14-1　移除动力总成之后的发动机舱

测量频响函数的边界条件为自由边界，可采用弹性绳、空气弹簧、软橡胶块等弹性单元来支持待测的 TB 车身，图 14-2 所示为通过弹性绳或空气弹簧支承的车身。模拟自由边界时，通常建议选取的弹性单元的支承刚度应能保证车身的刚体模态在 8Hz 以下。

直接法测量时，可以使用力锤或激振器在路径位置进行激励，同时测量指示点和目标点处的响应（同时测量两类 FRF），获得响应位置与激励点之间的频响函数。力锤一般为中小

 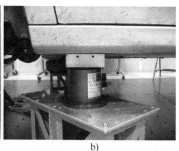

图 14-2　不同支承方式下的自由边界

a）弹性绳悬挂　b）空气弹簧支承

型力型，如 PCB 086C03/D05（见图 14-3），但力锤的频率范围有限，为了获得想要的频率范围的频响函数，可能需要更换不同的锤头或（和）配重。这时要注意，不同配置下力传感器的灵敏度可能会发生变化。另外，如果锤头不同，激励起的频率范围会不同，那么，可以合并低频和中频的频响函数曲线。关于频响函数测量的更多细节与注意事项可以参考《模态试验实用技术：实践者指南》一书。

图 14-3　PCB 不同型号的力锤

a）086D05　b）086C03

通常，除极少数情况之外，不会使用常规的激振器进行频响函数测试。如果要使用激振器，更多的是使用集成式的小型激振器，图 14-4 所示为 Simcenter™ Qsource 不同型号的集成式小型激振器与其对应的激励频率范围。Q- HSH 小型激振器尺寸与一角硬币大小相当。车辆包含越来越多的子系统，增加了封装密度，有限的空间使得传统的测量频响函数硬件不再适用。Simcenter™ Qsource 小型激振器在紧凑的设计中具有高量级的激振力，并集成了传统激振器的相关特性，从而能够在空间受限的位置以有效的方式进行高精度的频响函数测量。

当采用互易性进行 NTF 测量时，通常在以声压作为测量量的目标点位置布置体积声源，在路径位置测量加速度响应。相比传统的直接法，互易性测量极大地提高了测量效率，节省了测量时间。应根据不同的应用场合和关心的频率范围，选择不同类型的体积声源，如输出频率 10～1000Hz 的中低频体积声源 Q- LMF，200～10000Hz 的中高频体积声源 Q- MHF，50～1000Hz 的紧凑型设计中低频体积声源 Q- IND 等。除此之外，还有低频的单极声源 Q- MED，输出频率范围至 1000Hz，这些体积声源如图 14-5 所示。

测量结构某些位置的频响函数时，由于部件的安装特性，需要采用局部坐标，如测量悬置处，这时会按悬置的局部坐标系进行激励和测量响应。如图 14-6 所示的转向节，局部坐标系的一个方向沿转向节轴向，另外两个方向为轴向截面两个正交的方向。

当移除动力总成之后，在车身被动侧悬置安装位置仅剩下安装支架，此时，沿悬置轴向是一个孔洞，如图 14-7 所示。为了获得被动侧几何中心位置（孔洞处）到目标点的 NTF，通常需要使用其他金属片安装在悬置安装位置处，如图 14-7 所示 Y 向需要粘贴铁片用于激励。要求粘贴的铁片不能太硬，也不能太软，铁片的模态频率不能出现在关心的频率范围以

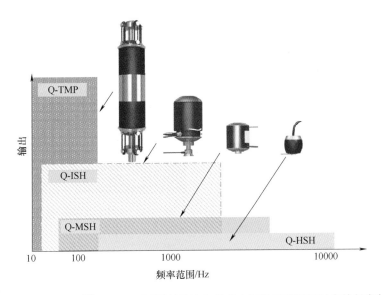

图 14-4 Simcenter™ Qsource 不同型号的集成式小型激振器与其对应的频率范围

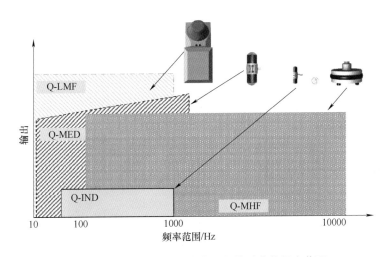

图 14-5 不同型号的体积声源与其对应的频率范围

内，这时就需要测试人员具有相应的工程经验了。

为了获得更为精确的频响函数测量结果，通常要求将激励源移除。这是因为激励某一路径时，这个激励会通过激励源作用到其他路径上，从而在响应测量点产生来自非激励位置的响应，导致测量结果不准确，如图 14-8 所示。只有当该点的激励引起测量点的响应远大于该激励通过激励源作用在其他路径上引起测量点的响应时，才可以不移除激励源。当没有移除激励源时，从图 14-8 右侧的两次 FRF 测量结果对比也可以看出移除动力总成前后的差异（绿色为 Nastran 仿真结果）。

对于悬架连接位置而言，当拆除悬架之后，可能需要在安装位置使用钢管代替原来的衬套。这时，要保证"假"衬套长度合适，螺栓扭矩与正常安装时相当。某些方向的激励也是激励"假"衬套，但此时激励位置应尽可能地通过衬套的弹性中心，测量三个方向的响应可以使用三个单向传感器，如图 14-9 所示。

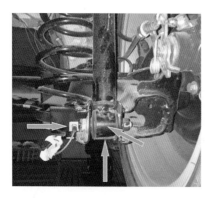

图 14-6　使用局部坐标系测量转向节

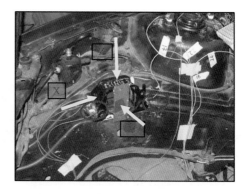

图 14-7　在悬置安装位置轴向粘贴铁片

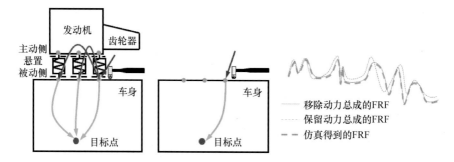

图 14-8　移除与不移除激励源的 FRF 数据对比

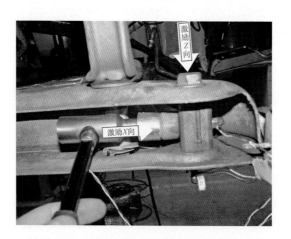

图 14-9　安装位置使用钢管代替原来的衬套

14.4　工况数据测量

对工况数据进行测量时，最好是所有测点同时一次测量完毕。测量表面应平整，安装牢靠，以防数据测试过程中出现传感器跌落事件，尤其是在路试过程中。另外，建议同一工况数据多测量几次，目的是为了减少偶发事件的影响，最终对几次测量的工况数据进行平均，

TPA 分析时，用多次试验的平均数据作为工况数据输入。在对工况数据进行多次测量过程中应保持各次试验数据的可重复性，因而要求在热车一定时间之后才进行测量，这是因为某些测量位置的温度在刚起动时会发生改变。另外，还要保证车上人数保持不变。运行工况不应采用部分载荷运行，这样的运行工况每次试验时很难保证重复性。而应采用满载荷运行，如全油门加速，关闭节气门降速等工况可以保证重复性。路试时，每次试验的路面应尽量相同。

现实情况可能受传感器数量和数据采集系统通道数量等因素的限制，很难保证一次能测量完所有测点的数据，因而需要分批测量。分批测量时，应最小化每次测试之间的差异，如边界条件、测量位置的温度等条件。分批测量时，通常要设置参考点，如在发动机表面安装一个 Z 向传感器作为参考，这时，每一次测试应测量这个参考点位置和目标点位置，可以对比不同批次试验中的目标点数据，以确定是否在每次试验之间存在明显的差异。如果转速不可用，也可以利用这个参考传感器信号进行离线转速提取。

建议总是保存所有测点的时域信号，即使在测量过程中，已经通过在线处理获得了想要的频域数据。因为，保存原始的时域信号，后续还可以修改分析参数，获得想要的频域工况数据。

由于频响函数与工况数据是分开测量的，测量这两类数据的先后顺序无特定要求。由于测量频响函数时，需要将激励源移除，这时必然要将某些位置的传感器拆卸下来。因此，在测量一类数据之后，在测量第二类数据时，应保证各个测点的位置和方向与第一类数据测量时一致。

如果悬置为软悬置，采用悬置动刚度法或 OPAX 方法时，需要测量悬置主/被动两侧的加速度信号，必须同时测量每一个悬置主/被动两侧的加速度信号，不能分开测量。同时测量悬置在工作状态下主/被动侧的加速度时，应该测量的位置是悬置几何中心处的加速度，但由于结构安装特性，导致不能直接测量得到悬置几何中心处的加速度，这时应使用多个（通常是 2 个）加速度传感器进行测量，然后空间上平均得到几何中心处的加速度，通常平均多个加速度计也可以避免扭矩对几何中心位移的影响。

典型的橡胶悬置包括与发动机安装的螺栓，橡胶衬套和车身侧的固定支架，如图 11-4a 所示，绿色表示螺栓，蓝色表示弹性橡胶单元，黑色为车身侧的固定支架。螺栓安装在发动机侧，在车身侧使用支架固定悬置。通常在悬置主动侧上下位置布置两个三向加速度计（见图 11-4 绿色位置），在被动侧左右位置布置两个三向加速度计（见图 11-4 黄色位置），分别对它们进行空间上的平均，得到主/被动侧悬置几何中心位置处的加速度，主/被动侧的加速度传感器应尽量靠近悬置几何中心。对于同一连接点两侧的加速度信号，建议采用 A 和 B 命名，如 A001 和 B001 表示为 001 号测点两侧。

当测量悬架与车身或副车架位置的工况数据时，由于连接位置可能出现一定的转动，如图 14-10 所示。如果测量位置不在旋转中心位置，而是位于偏离旋转中心的位置，如图 14-10a所示，那么，当仅使用一个传感器时，会将因旋转带来的转动测量为平动。正确的做法是在圆周上的过旋转中心的直径两端布置两个传感器，然后平均得到旋转中心的数据，这样能消除因旋转带来的影响，如图 14-10b 所示。

连杆通过多个橡胶单元将激励源连接在车身上时，如图 14-11 所示的排气系统连接方式，这时整个连杆可视作为一个悬置单元，主动侧位于激励源（排气系统）一侧，被动侧

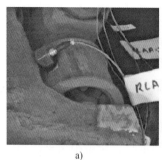
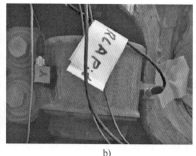

a)   b)

图 14-10   可放置位置的传感器安装

a）错误安装：旋转轴上只安装一个传感器   b）正确安装：旋转轴上一条直径两端安装一对传感器

位于车身一侧。由于连杆两端均通过橡胶单元连接，因此，在连杆上不应该布置任何测点，而是在两端的橡胶单元两侧布置传感器，如图 14-11 所示。在连杆一端的连接单元上有时也需要布置两个传感器，在空间上平均得到连接中心处的信号，类似图 11-4。对于这类连接方式，通常更多考虑的是连接孔的轴向方向，因而在图 14-11 中就是在连接单元两端各布置了一个单向传感器进行测量。

由于测点过多，大多数测点每个要测量三个方向，光时域数据本身就占用计算机的 CPU 资源较多，为了保证测试的顺利进行，通常不会在线处理得到频域数据，而是待测量完成之后，再处理成想要的频域数据。在处理得到频域工况数据时，有一点要注意。虽然工况数据同时包括加速度信号和声压信号，而后续需要同时处理它们，如计算相位参考谱时，同时选取振动信号和噪声信号，那么，要求它们的采样频率与频率分辨率必须相同。

通常，频域的工况数据类型可以是阶次、频谱、自谱和倍频程等。如果工况数据为阶次，应提取能量较大的阶次，如果阶次能量太小，反而会降低数据质

图 14-11   连杆上不布置任何测点

量，因为能量低的阶次，噪声成分（干扰信号）占比大，难以追踪到相关原因。使用频谱数据多为相位参考谱。自谱数据为实数，没有相位信息，因此，多用于考虑能量，而不考虑相位的情况下使用。如果是倍频程数据，为了获得更低频的倍频程，可能需要更改每个频谱带内最少的谱线数至 1，或（和）提高频率分辨率。

14.5   悬置动刚度法

采用悬置动刚度法识别工作载荷要求悬置是隔振效果在 6dB 以上的软悬置。为了验证悬置的隔振效果，需要同时测量悬置主/被动侧的加速度信号，然后计算每个方向的传递率。也可以将主/被动侧的频域加速度信号叠加显示在一起，如果幅值和相位一致，则是硬连接；否则为软连接。如图 13-5 所示，在波德图中，绿色代表主动侧加速度，红色代表被动侧加

速度，每个子图中有三个波德图代表 X、Y、Z 三个方向。从图 13-5a 中可以看出，硬连接方式下，主/被动侧的加速度的幅值和相位较一致；而在图 13-5b 中的软连接方式下，主/被动侧的加速度的幅值和相位相差明显。通过这种方式可以判断悬置的连接类型，因此，总是建议同时测量悬置两侧的加速度信号。

悬置动刚度法需要悬置的动刚度曲线，如果不能从悬置供应商处获得动刚度曲线，也可以通过测量获得，但必须注意的是，在实验室获得的动刚度要与悬置在工作状态下的动刚度相等。因为悬置是非线性的，当在实验室测量悬置的动刚度时，必须要施加正确的预载荷。另外，悬置的刚度变化也受温度影响严重，测量时要考虑温度的影响。

14.6　逆矩阵法

用逆矩阵法进行载荷识别时需要测量至少一倍数量的额外指示点数据。这是因为如果不使用额外的指示点，仅用路径之间的频响函数，那么，必须要求各个频响函数之间是线性无关的，对应的矩阵为满秩矩阵，这样才能保证 n 个方程能求解出 n 个未知量。但实际上，对比 FRF，发现 FRF 非常相似，说明数据之间存在一定程度的线性相关，导致 n 个方程不能求解出 n 个未知量，需要增加方程数。测量额外的指示点就是为了增加方程数目，方程数越多，求解越精确，但是工作量增加明显。因此，需要在额外指示点数目与工作量之间寻求平衡，依据经验，至少增加一倍路径数目的额外指示点可以满足这种平衡。因此，逆矩阵法要求至少测量一倍路径数目的额外指示点。

布置这些额外的指示点通常要遵循以下原则：①靠近路径点位置，其他的路径对这个额外的指示点影响有限；②离这个路径点要"足够远"，以避免相同的信息重复测量两遍；③避免在一些薄弱的面板上布置额外的指示点，这些位置可能存在局部共振频率。建议额外的指示点布置在离路径点处 10cm 左右的位置，如图 14-12 中红圈所示位置为额外的指示点测量位置，其他位置为路径点测量位置。另外，用三个不同位置的单向传感器获得的数据优于使用一个三向传感器获得的数据。

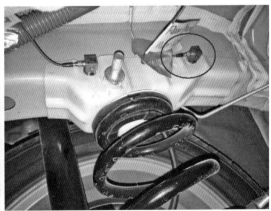

图 14-12　额外的指示点测量位置

逆矩阵法建议使用 1 倍路径数目的额外指示点进行载荷识别，这是因为在矩阵求逆过程中会遭遇数值条件问题。这些问题体现在以下三个方面：①由于频响函数包含一些相同的信息，使得它们之间存在较大的线性相关性，在矩阵中表现为各行之间非常线性相关；②病态，频响函数矩阵中小的误差在求逆之后会变成大误差；③测量数据不可避免地会受到噪声的影响。即使使用了 2 倍路径点数目的方程来求解路径点的载荷，仍不免会出现上述这些数值条件问题。

为了减少这些误差带来的影响，利用条件数来进行控制。条件数定义为矩阵通过奇异值分解（SVD）之后，最大的奇异值与最小奇异值的比值。奇异值越大，表明这个奇异值对应的奇异向量包含的信息越重要。如果各个奇异值大小相当，则条件数将非常小，那么，表明每个奇异值对应的奇异向量所包含的信息重要性相当。如果数据包含噪声或误差，那么，将导致对应的奇异值非常小，因而条件数非常大。在求逆之后，这些不重要的噪声或误差所对应的奇异值反而变得重要了。因为奇异值在奇异值矩阵中是按从大到小排列，舍弃噪声或误差对应的最后部分小奇异值，可以降低条件数。通常要求可接受的条件数应小于等于 100。

在奇异值矩阵中，奇异值按从大到小的顺序排列，不重要的小奇异值减少特别快，在很多情况下，前 10% 甚至 1% 的奇异值的和就占了全部奇异值之和的 99% 以上了。也就是说，我们可以用前面若干个奇异值来近似描述矩阵，将奇异值矩阵中后面小的奇异值去掉，以降低条件数。有三种方法可用来去掉小的奇异值，改善条件数：①去掉固定数目的奇异值曲线，如数值为 3，表示将最后 3 个最小的奇异值曲线置 0；②按相对比例去掉奇异值，如取值为 1%，表示将小于最大值 1% 的奇异值置 0；③按绝对值去掉奇异值，如绝对值为 0.5，表示将小于 0.5 的奇异值全部置 0。

下面通过一个实例来说明舍弃奇异值的差异。实例中的路径数为 15，指示点数目为 28，因此，频响函数的满矩阵规模为 28×15。在对该矩阵进行奇异值分解之后，得到的条件数最大值为 565，如图 14-13a 中粗黑实曲线所示，而根据条件数取值的原则，应小于等于 100，方程对应的秩（路径数）如图 14-13b 所示。当按第 1 个方法，即舍弃固定数目的奇异值曲线时，随着舍弃的数目从 1 到 3，可以看出，舍弃的奇异值越多，条件数最大值越小。当舍弃 3 个奇异值曲线时，条件数最大值变为 163，如图 14-13a 中粗黑虚线所示。我们注意到，条件数的最大值出现在 185Hz 附近，绝大多数频率处的条件数小于 100，满足要求。当舍弃 1 个奇异值曲线时（图 14-13a 中浅黑实曲线），除了 185Hz 附近区域之外，其他的频率处的条件数已小于 100。但是当采用固定数目舍弃奇异值曲线时，不仅减少了峰值处的条件数，而且那些满足要求的频率区域的条件数也减少了。也就是说舍弃固定数目的奇异值曲线将会同时舍弃满足要求和不满足要求的频率区间的条件数，而在满足要求的频率区域，每条路径的量级相当，舍弃它们将会丢掉一些重要的信息。另一方面，按固定数目舍弃奇异值曲线，实际上是在舍弃一些路径，如图 14-13b 所示，每多舍弃一条奇异值曲线，就表明会舍弃一条路径。这种情况是我们不希望出现的。为了改善这一现象，可以采用第二种方法。

按相对比例来舍弃奇异值时，完全不同于按固定数目方式。按相对比例舍弃的是小于最大值某一比例的奇异值，只会在某些频段舍弃部分奇异值，而不是整个频带都舍弃，如图 14-14a 所示，当选取的相对比例为 0.5% 时，只舍弃了小于这一比例的频率区间（峰值频率附近区域），其他满足要求的频率区域与原始数据（图 14-14a 中的粗黑实线代表原始值）相同。对于这个例子而言，1.0% 的相对比例已能保证在整个频带上的条件数都不大于 100。

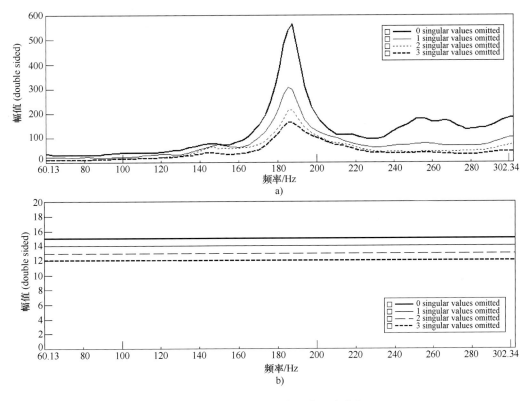

图 14-13　按固定数目舍弃奇异值曲线

a）条件数　b）秩

当然，相对比值越大，条件数会越小。通常，在绝大多数情况下，1% 的相对比例可满足要求。另一方面，我们再观察图 14-14b，可以看出，减少的方程的秩也完全不同于图 14-13b，相对比例只是在局部频率区域降低了方程的秩，这些频率区间对应于条件数大的频带范围。频率处的条件数越大，方程的秩减少越明显。从另一方面来看，相对比例方法没有去除条件数低的频率区域对应的奇异值，这样就降低了移除相关信息的风险。因此，使用相对比例方法明显优于固定数目方法。

第三种方法是按奇异值的绝对值来取舍，设定某一数值，将奇异值小于该值的奇异值全部舍弃。方法类似于第一种，但二者又有不同之处。相同之处是满足要求的频域区域也降低了，这意味着舍弃了一些重要的信息。从图 14-15 中可以看出，在低频段即使不舍弃任何奇异值，条件数都是小于 100 的，但实际上随着绝对值取值越来越大，这个频带降低越来越明显，而这个原始频带是满足要求的。所以，使用这个方法也存在一些不足之外。另一方面，从方程的秩能看出，随着绝对值的增大，在低频满足要求的频带减少越严重，因而，该方法也不如相对比例方法。

对比以上三种方法，可以看出，相对比例方法是最合适的，因为它只降低峰值区域的条件数，不会改变满足要求的频带区域的条件数，从而降低了移除低奇异值的风险，在这些频率区域，各个奇异值相差不大，移除任何一个奇异值都可能导致移除一个重要的信息。通常，1% 的取值能满足大多数情况。

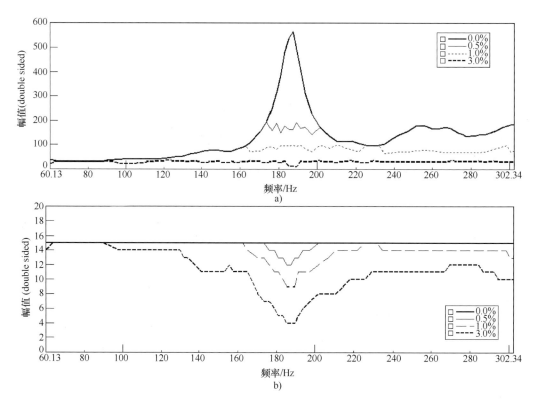

图 14-14　按相对比例舍弃奇异值

a）条件数　b）秩

移除奇异值可以改善条件数，但是移除奇异值总会或多或少地舍弃一些相关信息。因此，在移除奇异值时，必须考虑以下原则：

1）如果一些奇异值远小于其他奇异值，这些奇异值实际上对载荷识别没有影响，比如噪声或误差对应的奇异值，那么应该总是要移除它们。

2）如果奇异值的量级相差不大，这时舍弃一个奇异值可能导致载荷识别过程中丢失重要的信息。此种情况下，到底舍弃哪些奇异值，应通过不断尝试和检查来确定。

舍弃一个奇异值之后，新的条件数将变成总是低于最初的条件数。因此，舍弃一个奇异值总是会改善问题的条件数。但是，舍弃或忽略一些奇异值，需要非常小心，毕竟舍弃一个奇异值意味着总是会损失一些信息。因此，工程师需要运用相关知识和经验做出正确的抉择。

另一方面，逆矩阵法是利用路径与指示点之间的频响函数矩阵来进行载荷识别，如果在对原始的 FRF 进行检查时，就从原始的 FRF 矩阵中舍弃一些明显受噪声干扰或者信噪比差的 FRF，也能达到改善条件数的目的。这是因为强制减少了一些 FRF，那么 FRF 矩阵中不同的行之间的线性相关程度将降低。然而，这样做非常危险，因为舍弃一些 FRF 总会舍弃一些直接信息。如果采用这个方法来改善条件数，建议只舍弃一些明确知道质量差的 FRF，但是从另一方面来说，为了改善矩阵的数值条件，也可以保留它们。

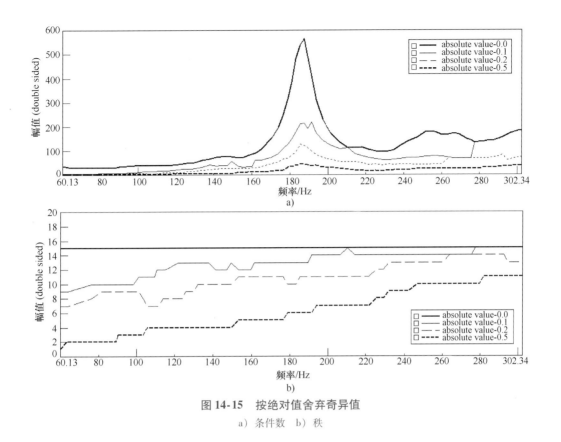

图 14-15　按绝对值舍弃奇异值

a）条件数　b）秩

14.7　OPAX 方法

　　OPAX 方法是基于悬置动刚度和逆矩阵的方法开发出来的，而传统的悬置动刚度法和逆矩阵法是经典 TPA 的载荷识别方法。对于悬置动刚度法而言，悬置的动刚度曲线是已知的，不需要估计任何参数，因此，悬置动刚度法是 OPAX 方法的一种极限情况（下限）：待估计的参数个数为 0。另一方面，如果 OPAX 方法采用多频带模型，而频带宽度仅为一个频率分辨率，也就是一个频带只估计一条谱线，那么，这时估计的参数总数为路径数 n 乘以谱线数 s，等价于经典 TPA 中的逆矩阵法。因而，逆矩阵法可以认为是 OPAX 方法中的另一个极限情况（上限）。而实际的情况是 OPAX 方法中参数化的载荷模型要估计的参数个数介于悬置动刚度法与逆矩阵法之间。

　　由于是基于悬置动刚度和逆矩阵法，因此，OPAX 的测量有些方面是与悬置动刚度法和逆矩阵法相同的。如同时测量悬置两侧的加速度信号，判断悬置是软连接还是硬连接与悬置动刚度法相同，额外的指示点布置原则与逆矩阵法相同等。对于与这两个方法相同的方面，在此不再赘述。

　　使用 OPAX 进行传递路径分析的首要任务是确定模型的复杂程度，你可以仅用一个包括少量测量数据的简单模型快速地进行故障诊断，也可以使用一个要求额外测量数据的复杂模型来提高分析精度，工作量的大小取决于模型复杂程度。在进行快速故障诊断的简单模型中，可以不测量额外的指示点数据，此时，测量费时与 OPA 相当；而在复杂模型中，需要测量额外的指示点数据，包括工况数据和传递函数。

在简单模型中仅使用目标点的数据用于参数化载荷模型，然后又用估计出来的参数进行贡献量分析，与目标点的数据进行对比。这时，目标点的数据重复使用了两遍。为了避免数据重复使用，建议使用指示点的数据进行模型估计，使用目标点的数据进行数据综合。

从方程的求解过程可以看出，如果包含的工况数目（如阶次数）越多，方程组越超定。但是在各个阶次之间，需要考虑平衡问题，即需要将各个阶次缩放至相同的 RMS 量级。虽然阶次数越多，方程数越多，但如果包括的阶次量级过小，平衡因子就会特别大，而在实际问题中，量级过小的阶次是很难追踪的，因此，这反而会给结果分析带来更大的误差。因此，在工况数目中，为了达到包含更多工况数目的前提条件，不应包括阶次量级过小的阶次。

OPAX 进行载荷识别的特色在于参数化的载荷模型，可采用 SDOF 模型或多频带模型。参数化载荷模型的选择原则如下：

1）软悬置使用 SDOF 模型是合适的，因为许多软悬置在低频段都显示了类似 SDOF 的行为特性。如果对软悬置使用多频带模型，频带宽度位于 100 ~ 300Hz 之间，精度也是可接受的，但通常建议设置频带宽度为 60Hz。当然更小的频带宽度可以减少误差，但这时要求更多的指示点数据以改善方程的数值条件。在没有额外指示点的快速测量中，可能会应用更宽的频带以改善方程的数值条件，同时路径载荷估计精度并不会降低。

2）对于液压型悬置，不适用于 SDOF 模型，它们具有更为复杂的行为特性，此时多频带模型更适用。

3）对硬连接使用多频带模型是合适的，为了准确地估计出局部刚度值，通常使用较窄的频带宽度，如频带宽度为 15 ~ 25Hz 之间。

4）声学载荷只能使用多频带模型。模型中只要考虑了声学载荷，不管是否考虑了结构载荷，则必须采用多频带模型。

5）多频带模型适用于任何类型的软悬置、刚性连接和声学载荷。

在 SDOF 模型中，可根据先验知识，进一步降低估计的参数数量，如在悬置横截面两个方向的属性相同，则可以减少一倍数目的估计参数。如果已知悬置的动质量 m、阻尼 c 或刚度 k，可缩减未知量，提高精度。对于多频带模型而言，如果知道悬置在轴向横截面的两个方向属性相同，或几个悬置特性相同，都可以提前定义这些关系，进一步缩减待估计的未知量。当选择多频带模型时，需要依据悬置特性、连接方式考虑频带的宽度。理论上讲，估计频带越宽，则将分析带宽按频带宽度划分的个数越少，也即是待估计的参数越少。

为了保证方程超定，可以使用较多的目标点、工况数、额外的指示点和较宽的转速区间，这时可以使用较窄的频带进行多频带参数估计。但是如果测量数据中包含的可用信息较少时，如目标点数目，阶次数目，额外的指示点数目等较少、转速范围窄时，能获得的方程数目就会大为减少，为了获得一个可接受的分析结果，应考虑较宽的频带宽度以减少估计的参数数目，便获得超定方程组。

在多频带模型中，对于估计的频带宽度的选择也有一个经验性的指导公式，要求频带宽度 bw 满足以下条件：

$$v \times \left[\frac{m}{2}\right] \times \left[\frac{bw}{10}\right] \geq 2 \times n$$

式中，v 为指示点数目（包括路径点）；m 为工况数目（如阶次数目）；n 为路径数；〔〕表示取整。这个经验性的指导公式对于经典 TPA 中的逆矩阵法也适用，如当 $m<3$ 时，频率分辨率很小时，〔〕内的两项取值均为 1，此时上式简化为 $v \geqslant 2n$，即要求指示点数目至少是路径数的 2 倍。

14.8 多参考 TPA 参考点选择原则

为了确定部分相关的工况数据中到底是由多少个不相关的信号激励产生，需要对工况数据进行 PCA 分析，而用于 PCA 分析的数据为参考信号与响应的自谱和互谱。这就要求选择某些数据作为参考信号。并且要求参考信号的数量大于信号中确定存在的不相关的源的个数。通常有两种选择参考信号的方法：一种考虑所有进入车内的能量；一种考虑与车内相关的能量。

当考虑传递进入车内的能量时，路面的激励通过轮胎、半轴、悬架、车架等路径传递进入到乘员舱，此种情况下，通常将轮心处的振动信号作为参考信号，如 4 个车轮轮心，每个轮心 3 个方向，共 12 个振动信号作为参考信号。4 个轮胎在经过不同的路面时，不同轮胎在不同方向上，彼此之间是部分相关的，因此，最终 PCA 分析得到的主分量数量会小于 12 个。

当考虑与车内相关的能量时，车内的目标点是车内多个测点位置的噪声信号。这时通常把车内多个目标点的噪声信号作为参考信号，以确定车内不相关的声学信号的个数。

附　录

名词术语

大写字母	小写字母	英 文 描 述	中 文 描 述
AC		Alternating Current	交流
AD		Analog to Digital	模数转换
ADC		Analog to Digital Converter	模数转换器
AM		Amplitude Modulation	调幅
ASQ		Airborne Source Quantification	空气声量化
BPFI		Ball Pass Frequency Inner race	滚动体通过内圈频率
BPFO		Ball Pass Frequency Outer race	滚动体通过外圈频率
BSF		Ball Spin Frequency	滚动体自转频率
BW	bw	Bandwidth	带宽
CAE		Computer Aided Engineering	计算机辅助工程
CPU		Central Processing Unit	中央处理器
DA		Digital to Analog	数模转换
DC		Direct Current	直流
DOF	dof	Degrees Of Freedom	自由度
DSP		Digital Signal Processing	数字信号处理
EMA		Experimental Modal Analysis	实验模态分析
FE		Finite Element	有限元法
FEA		Finite Element Analysis	有限元分析
FEM		Finite Element Model	有限元模型
FFT		Fast Fourier Transform	快速傅里叶变换
FHT		Frequency of Hunting Tooth	追逐齿频率
FM		Frequency Modulation	调频
FRF	frf	Frequency Response Function	频响函数
FTF		Fundamental Train Frequency	轴承保持架滚动频率
GMF		Gear Mesh Frequency	齿轮啮合频率
HTF		Hunting Tooth Frequency	追逐齿频率
HVAC		Heating，Ventilation and Air Conditioning	供热通风与空气调节

334

（续）

大写字母	小写字母	英 文 描 述	中 文 描 述
IE		Incremental Encoder	增量式编码器
IFT		Inverse Fourier Transform	傅里叶逆变换
MDOF	mdof	Multiple Degree Of Freedom	多自由度
MIMO		Multiple Input Multiple Output	多输入多输出
NTF		Noise Transfer Function	噪声传递函数
NVH		Noise，Vibration，Harshness	振动噪声舒适性
OA		Overall Level	总量级
OMA		Operational Modal Analysis	工作模态分析
OPA		Operational Path Analysis	工作传递路径分析
OPAX		Operational Path Analysis with eXogenous inputs	使用外部输入的工作传递路径分析方法
PBN		Pass-By Noise	通过噪声
PCA		Principal Component Analysis	主分量分析
PC		Principal Component	主分量
PFM		Pulse Frequency Modulation	脉冲频率调制
POT		Part Open Throttle	半油门加速
PPR		Pulse Per Revolution	每转脉冲数
PSD		Power Spectral Density	功率谱密度
PV		Principal Value	主值
PWM		Pulse Width Modulation	脉冲宽度调制
RMS		Root Mean Square	有效值
RPM	rpm	Revolution Per Minute	每分钟转速
SDOF	sdof	Single Degree Of Freedom	单自由度
SUM		Summation Function	和函数
SVD		Singular Value Decomposition	奇异值分解
TB		Trim Body	内饰车身
TCH		Torsion Channel	扭振通道
TPA		Transfer Path Analysis	传递路径分析
TTL		Transistor-Transistor Logic	晶体管-晶体管逻辑集成电路
VTF		Vibration Transfer Function	振动传递函数
WOT		Wide Open Throttle	全油门加速

后　记

我的十年工作总结

2018年7月是我工作满十周年的日期，2008年7月3日是我正式入职的时间，弹指一挥间，十年如白驹过隙。十年前我是父母的孩子，十年后我是孩子的父母；十年前我渴望离家去远方，十年后我渴望从远方回家；十年前我可以游戏人生，十年后我处在人生的游戏中……回首这十年，变化太多太多，唯一变化不大的是体重：波动不超过3kg。

由于本科和研究生都是力学专业，研究生期间主要是搞有限元计算，所以，毕业时一直想找一个有关CAE方面的工作。但事与愿违，结果从事了NVH试验类工作。从事这个职业之前，其实还有两件事与这个方面相关，也算是有缘：第一，我本科毕业设计课题是关于弹性支承梁在移动荷载作用下的动力学数值分析；第二，研究生入学考试报考的专业与动力学相关，但最后所学专业又与它不相关。从事NVH测试类工作，似乎更适合我，因为我自认为动手能力、现场解决问题的能力和学习能力还较强。

入职不久，领导让我写一下未来的职业规划。我清楚地记得写下了两个目标：①成为模态领域的专家；②精通英语和俄语。现在看来，不清楚为什么当时就选定了模态领域，可能是为了完成领导交代的任务，随意写的可能性较大，也可能与单位产品有关吧。这些年，英语一直在磕磕绊绊地学与用，但俄语彻底荒废了，原来滚瓜烂熟的单词都忘记了，这个目标肯定是实现不了了。但第一个目标，虽谈不上专家，但至少离这个目标近了许多。

工作这些年，大致可以分为三个阶段，2008年7月~2012年3月；2012年3月~2014年5月；2014年5月至今。第一阶段是一些专业领域知识的入门与提高阶段；第二阶段处于管理岗位，精进较少；第三阶段是全面精进阶段。

1. 第一阶段

在第一阶段，作为一个振动领域的小白，经历了第一次出差的战战兢兢与被客户嘲笑的尴尬。7月3日正式入职，9月8日第一次独自出差到浙江工商大学，因为从来没有出过差，内心充满了焦虑与担心，担心出现不能解决的问题。不过，实际情况还不错，虽然出现了三个小问题，但都在现场就解决了。另一方面也是因为客户王光庆教授对振动和信号处理很在行，所以，第一次出差顺利完成。

遭受客户嘲笑的出差是在10月份，算是临时受命，客户着急测量桥梁索力，而其他同事都有别的安排，所以，我就被推到了前面，虽然我从来没有测量过桥梁索力，对此一窍不通。在领导电话交代了近半个小时之后，就独自出差了。测量的对象是张家口通泰大桥的索力。10 月底的早晨 7 点，站在通泰大桥上，寒风凛冽，身穿军大衣都抵挡不了刺骨的寒气。由于对桥梁索力知之甚少，在解释拉索频率特点时，遭受了客户的嘲笑：你懂不懂呀？遭受的打击正是学习的动力，回单位后，我下载了 60 多篇桥梁索力的论文，仔细研究了拉索有效长度如何选取、影响因素与拉索频率特点等问题。经过这轮学习，我在桥梁索力方面得到了提高，以后再也不怕这方面的问题了，也没人说我不懂了。

在这一阶段，深知自己要学习的东西太多，所以，经常在网上搜索一些有价值的资料来武装自己。其中 Peter Avitabile 教授的《Modal Space In Our Own Little World》就是这些资料的典型代表。在通读几遍之后，决定翻译它，从 2009 年到 2011 年将它 1998 年至 2009 年的文章全部翻译了。通过翻译它（阅读超过 10 遍）使我真正理解了这个系列每一篇文章的精髓，再加上工作中模态试验没少做，因此，理论与实践相结合，大大地提高了我对模态的认识，无论是理论基础还是实践经验。在翻译完这个系列之后，我于 2011 年 7 月 3 日（工作三周年）开通了博客"模态空间"，发表这些译文。在网上搜集学习资料，包括辛辛那提大学相关的振动研究成果、国外仪器厂商的博客和工程师的博客等，这些事情对提高自身的知识与经验非常有帮助。同时，我偶尔也在博客中发布这些英文资料的翻译。

除了理论学习之外，实践经验也使我受益匪浅。刚参加工作没多久，就跟着单位经验丰富的老先生参加了"某核燃料包装容器跌落与贯穿试验项目"。这个大型试验除了振动、固有频率测试之外，还采集分析容器在跌落过程中的应变。这样大型的试验必须保证一次成功，因此，试验准备工作非常关键，这些工作包括传感器选型、详细的试验方案、实施流程和安全预案等。在工作过程中，做试验时总会出现这样或那样之前完全没有考虑到的情况，都需要现场解决。大量的试验帮助我获得了宝贵的实践经验。

在第一个单位工作的这些年，特别是第一阶段，我做了大量的试验，获得了丰富的经验，但是也存在短板，那就是对旋转机械、车辆行业知之甚少。这是因为第一个单位的产品在这些行业应用较少，客户不多，因而我对这些领域的知识了解较少，甚至都不清楚什么是阶次，更不明白阶次切片的意义。这期间试验主要是针对稳态类型的常规振动试验和各类模态试验。在 2011—2013 年为一家生产 HVAC 单元的客户做过很多振动噪声试验，这些试验都要提供英文报告，最长的报告近 100 页，主要是因为这家客户的产品要出口国外，试验报告需要提交给外国客户。

2. 第二阶段

第一阶段我对振动试验和模态试验都有了深入的了解，能够独立完成各类大型试验，工作能力得到了单位的认可。因而，我在 2012 年 3 月被提拔为部门领导，负责部门的管理工作。因此，我把从这个时间开始到入职第二家单位视为工作的第二阶段。

这一阶段，与其他两个阶段相比而言，在个人专业经验成长方面，我觉得是最少的。这是因为部门管理的工作太忙、太烦琐，没有太多的时间用来学习，另外，我还负责整个公司的技术热线，有时一天的电话都超过百个。虽然没有时间用来学习，但这段工作经历提高了我个人的管理与协调能力。另外，这些技术热线来自客户现场实际问题，因此，这也成为我获得实际经验的途径。虽然在这一阶段工作很忙，但我仍然坚持写博客，这些事情更多是在工作之余，如在上下班路上仔细阅读英文原版《Modal Space》。

这阶段，我作为试验负责人参与了一些重要的试验。其中最重要的试验要数"XXX 助推器热试车试验"，这个试验包含振动、噪声、模态和应变，要求在热试车的三分钟之内采集到全部的数据。这个试验需要点火试车，因此，防护是试验的难点，另一方面，试车时振动噪声异常巨大，如勤务塔在试车三分钟过程中，墙壁都震掉了大量的水泥块，这些极端的条件对传感器和数据采集设备都提出了更加苛刻的要求。在这个试验中，我更多充当的是工作分配与指挥的角色。由于有多个单位同时参与，分配给我们的时间并不多，所以，就要求每一步都必须按时完成，因而试验分配显得尤为重要。每天工作完成，所有参与单位要开会，确定第二天的工作安排与时间分配。这样的试验，不仅收获了试验经验，还锻炼了我对大型试验的指挥与协调安排能力。

在我看来，在一个单位工作最合适的时间跨度是五年左右，当我在第一个单位工作了近六年时间后，我选择了离开。

3. 第三阶段

离开第一家单位时，一心想进入汽车行业，但并没有找到合适的新东家，因此，调整了求职方向，由汽车行业转变成测试设备供应商，所以在 2014 年 4 月面试了 LMS，5 月 1 日正式入职，开启了工作十年的第三个阶段。

在这个阶段，得益于单位产品在汽车行业的广泛应用，我个人的知识面也得到了全面的提升。另一方面，相比于前一家单位的产品，LMS 的产品更全、更广，可学习的东西更多。刚入职时，由于对公司的产品不熟，除了正常工作之外，还利用大量的休息时间来学习相关产品。之前单位的产品应用领域主要是土桥桥梁行业，而现在单位主要在机械、汽车行业。相对而言，旋转机械和汽车行业的 NVH 与行业结合度更高，不同的结构有各自特有的 NVH 特性，因而，要学习的内容更多、更深。

2014—2015 年，在工作学习的同时，我又翻译了《Modal Space》系列中的 2010—2014 年的文章，并且对全文进行了再次校对。在模态分析方面，公司的产品更全面，这又加强了我对模态的认识，对校对《Modal Space》也非常有帮助，更正了不少之前翻译有误的名词术语。

在 2015—2016 年（开通公众号之前），我整理了大量的 PPT，这些看似益处不大的工作，在日后都给我带来了极大的帮助。因为，在当时并没有想过要开一个公众号，整理这些 PPT 并不是为了日后写公众号文章用，而仅仅把它当成学习资料来整理。但当我决定开通"模态空间"公众号后，这些 PPT 便成为了日后写文章的素材来源与指引。也正是这些 PPT 资料与之前积攒的文章，才保证我在开通公众号之后每周持续地更新 2~5 篇文章。之前每一步的工作与学习都在帮助我取得日后的成就，正是不积跬步，无以至千里；不积小流，无以成江海。所以，工作中点点滴滴的学习，都会在日后的工作中帮助到你。

在博客开通五年中，用户体验感从未得到提升，反而每况愈下。于是在 2016 年 6 月 16 开通了公众号，停更写了五年的博客。公众号的开通，真正开启了"全天候加班"模式：几乎每天都工作到 11 点，有时甚至到凌晨两三点。算上这些时间，可以说我的工作年限在 15~20 之间。相比前两个阶段，这个阶段将休息时间用于学习与撰写技术文章是最多的。

付出了终会有收获，2017 年 10 月份完成了第一本 NVH 图书《从这里学 NVH——噪声、振动、模态分析的入门与进阶》的初稿，耗时 15 个月，算是取得了阶段性的成果。2018 年 6 月初这本书终于上市了，销量相当喜人：3 天预售了 3000 册，当月又加印了 2 次，总册数达到了 10000 册，始终占据京东工业技术图书销量榜的第一位。截止到这本 NVH 姊妹篇图书交稿时，已销售了近 16000 册。

　　在完成第一本图书的初稿之后，我并没有停下脚步，2019 年 9 月第二本译作图书《模态测试实用技术：实践者指南》也出版上市了。截至 2020 年 4 月，《从这里学 NVH——噪声、振动、模态分析的入门与进阶》的第 2 版也交稿了，第三本 NVH 图书《从这里学 NVH——旋转机械 NVH 分析与 TPA 分析》也在 4 月份交稿了。计划这两本图书同时在 2021 年初上市。

　　截至 2020 年 4 月，撰写公众号已近四年时间，在这些日子里，共发布原创文章 570 篇，字数超过 150 万字。现在有这样一种感觉：撰写公众号文章越久，越发觉得文章难写。这是因为以前的知识储备已经不能满足公众号内容多样化的需求，因此，还需要加强自身的学习与提高。另一方面，写得越多，知识的储备就越不够用，可写的文章越少。在这，我想呼吁广大的同行们一起来模态空间分享自己的经验与见解。

　　在这三个阶段里，每个阶段都有显著的特点：第一阶段是振动与模态的入门阶段；第二阶段提高了管理与协调能力；第三阶段是全面提高的阶段，也是工作最为辛苦的阶段，同时也是小有收获的阶段。

　　因此，我坚信，只要认真地坚持做好一件事，早晚都会有收获的。

参 考 文 献

［1］谭祥军. 从这里学 NVH—噪声、振动、模态分析的入门与进阶 ［M］. 北京：机械工业出版社，2018.

［2］庞剑，谌刚，何华. 汽车噪声与振动——理论和应用 ［M］. 北京：北京理工大学出版社，2006.

［3］陈永校，诸自强，应善成. 电机噪声的分析与控制 ［M］. 杭州：浙江大学出版社，1987.

［4］HOWARD I. A Review of Rolling Element Bearing Vibration"Detection，Diagnosis and Prognosis" ［M］. Melbourne：DSTO Aeronautical and Maritime Research Laboratory，1994.

［5］李德葆，陆秋海. 工程振动试验分析 ［M］. 北京：清华大学出版社，2011.

［6］AVITABILE P. Modal Space——In Our Own Little World ［J］. SEM Experimental Techniques，2010 (1/2)：13-14.

［7］TUMA J. Vehicle Gearbox Noise and Vibration：Measurement，Signal Analysis，Signal Processing and Noise Reduction Measures ［M］. Chichester：Wiley，2014.

［8］柴畅. 齿轮啮合过程中节线冲击力矩的研究 ［J］. 安徽工学院学报，1997，16 (2)：71-75.

［9］MARLIN O，THURSTON. Noise of Polyphase Electric Motors ［M］. CRC Press，2006.

［10］阎治安，苏少平，崔新艺. 电机学 ［M］. 2 版. 西安：西安交通大学出版社，2008.

［11］GAJDÁTSY P A. Advanced Transfer Path Analysis Methods ［M］. Press University Leuven，2011.

［12］文伟，张军，宫世超，等. 轮胎空腔共振噪声工程控制及应用∥中国汽车工程学会年会论文集 ［C］. 2015.

［13］JANSSENS K，GAJDATSY P，et al. Critical assessment of operational path analysis：Effect of coupling between path inputs ［J］. The Journal of the Acoustical Society of America，2008，123 (5)：3876.